高职高专“十二五”规划教材
21世纪全国高职高专土建系列技能型规划教材

建筑识图与构造

（第2版）

主　编　郑贵超
副主编　庞崇安　于晓静
参　编　庞月魏　陶登科

内 容 简 介

本书为“21 世纪全国高职高专土建系列技能型规划教材”之一，共包括建筑识图和建筑构造两部分以及附录。建筑识图部分介绍了识图基础知识，并结合实例重点介绍了建筑施工图。建筑构造部分重点介绍了民用建筑的基本组成以及各组成部分的构造原理和做法。附录是以工程实例作为本课程综合实训内容。全书内容简明易懂，图文并重，每章都配有教学目标、教学要求、小结、习题和综合实训，以便于读者学习和应用。

本书注重把建筑识图与建筑构造的知识融会贯通，把培养学生的专业及岗位能力作为重心，突出其综合性、应用性和技能型的特色。

本书可作为高职高专建筑工程技术、建筑工程监理、工程造价、建筑工程管理、建筑装饰、物业管理等土建类专业的教学用书，也可作为岗位培训教材或供土建工程技术人员学习参考。

图书在版编目(CIP)数据

建筑识图与构造/郑贵超主编. —2 版. —北京：北京大学出版社，2014.1

(21 世纪全国高职高专土建系列技能型规划教材)

ISBN 978-7-301-23774-8

Ⅰ. ①建… Ⅱ. ①郑… Ⅲ. ①建筑制图—识别—高等职业教育—教材②建筑构造—高等职业教育—教材 Ⅳ. ①TU2

中国版本图书馆 CIP 数据核字(2014)第 013798 号

书　　名：建筑识图与构造(第 2 版)

著作责任者：郑贵超　主编

策 划 编 辑：赖　青　杨星璐

责 任 编 辑：杨星璐

标 准 书 号：ISBN 978-7-301-23774-8/TU・0384

出 版 发 行：北京大学出版社

地　　址：北京市海淀区成府路 205 号　100871

网　　址：http://www.pup.cn　　新浪官方微博：@北京大学出版社

电 子 信 箱：pup_6@163.com

电　　话：邮购部 62752015　发行部 62750672　编辑部 62750667　出版部 62754962

印　刷　者：北京富生印刷厂

经　销　者：新华书店

787 毫米×1092 毫米　16 开本　20 印张　462 千字

2009 年 2 月第 1 版

2014 年 1 月第 2 版　2020 年 2 月第 6 次印刷(总第 20 次印刷)

定　　价：40.00 元

第 2 版前言

"建筑识图与构造"是高职高专土建类专业主干课程之一，是进一步学习专业课程的重要基础课，也是一门实践性和综合性较强的课程。本书是"21 世纪全国高职高专土建系列技能型规划教材"之一，共包含建筑识图和建筑构造两部分内容。本书第 1 版名称为《建筑构造与识图》，自 2009 年 2 月出版发行以来，已经连续印刷十多次，深受高职院校师生欢迎。

为进一步适应土建专业形势的发展和课程教学改革的要求，我们对本书进行了较大幅度的改版，在内容上进行了较大的调整和更新。为突出学生识图能力的培养和知识结构顺序，将本书名称改为《建筑识图与构造》；为突出其专业基础课的功能，将内容由原来 15 章调整为 10 章，并对其进行了更新，以建筑识图与构造的工作任务为引领，来整合相关知识与技能；为及时贯彻国家最新建筑相关标准和规范，满足行业发展的需要，应用最新标准和规范对建筑识图基础知识、房屋建筑工程施工图概述、建筑施工图及建筑构造内容进行了较大的更新。

本书由淄博职业学院郑贵超任主编并完成统稿工作，由浙江同济科技职业学院庞崇安、淄博职业学院于晓静任副主编。参加本书编写的还有淄博职业学院庞月魏、山东水利职业学院陶登科。具体编写分工：郑贵超编写第 1 章 1.1、第 2 章、第 3 章、附录，陶登科编写第 1 章 1.2，庞崇安编写第 4 章～第 7 章，于晓静编写第 8 章、第 9 章，庞月魏编写第 10 章。

本书第 1 版由淄博职业学院郑贵超和聊城职业技术学院赵庆双任主编，山东城市建设职业学院李晓红和山东水利职业学院陶登科任副主编，浙江同济科技职业学院庞崇安和淄博职业学院袁庆铭参编，在此对第 1 版的编者表示衷心的感谢！

在编写本书的过程中，参考了有关书籍、标准、图片及其他资料和文献，在此谨向这些文献的作者和第 1 版的所有参编人员深表谢意，同时也得到了出版社和编者所在单位的指导与大力支持，在此一并致谢。由于编者水平所限，书中难免存在疏漏和不妥之处，恳请使用本教材的师生和广大读者批评指正。

编　者

2013 年 10 月

CONTENTS

目录

第1章

建筑识图的基础知识

教学目标

通过学习建筑制图的基本知识，使学生理解及遵守国家制图标准的有关规定，了解与掌握制图工具的性能及其使用方法，初步掌握建筑制图的基本技能。

通过学习投影的基本知识，了解投影的概念和分类；掌握平行投影的基本性质，三面投影的投影关系，点、直线、平面、基本几何体的投影规律；能够识读组合体的投影图。

教学要求

能力目标	知识要点	权重	自测分数
掌握建筑制图国家标准的有关规定	图纸与标题栏、图线、比例与图例、尺寸标注、字体	20%	
了解制图工具的性能与使用方法	制图工具及其使用	10%	
初步掌握建筑制图的基本画法	建筑制图的一般方法与步骤	15%	
了解投影的概念和分类	投影的基本概念与类型	10%	
掌握基本元素三面投影的规律	点、直线、平面、基本几何体的投影规律	25%	
能够识读投影图	组合体投影图的识读	20%	

引 例

我们知道工程图样是工程界的技术语言。建筑识图是建筑工程技术人员必备的基本能力，为此，就必须具备建筑识图的基础知识，主要包括建筑制图和投影的基本知识和基本技能。

用摄影或绘画的方法来表现建筑物，其形象都是立体的，这种图和我们看实际物体所得到的印象比较一致，建筑物远矮近高，门窗近大远小，很容易看懂。但是这种图不能把建筑物的真正尺寸、形状准确地表示出来，不能全面地表达设计意图，不能指导施工。那么，在工程图样中是如何表达建筑物的尺寸和形状的呢?

1.1 建筑制图基本知识

1.1.1 建筑制图有关标准

制定建筑制图的相关国家标准，是为了统一房屋建筑制图规则，保证制图质量，提高制图效率，适应建筑工程设计、施工、存档的要求。现行有关建筑制图的国家标准主要有《房屋建筑制图统一标准》(GB/T 50001—2010)、《总图制图标准》(GB/T 50103—2010)、《建筑制图标准》(GB/T 50104—2010)、《建筑结构制图标准》(GB/T 50105—2010)、《建筑给水排水制图标准》(GB/T 50106—2010)和《暖通空调制图标准》(GB/T 50114—2010)等。其中《房屋建筑制图统一标准》是房屋建筑制图的基本规定，下面介绍其中部分内容。

1. 图纸幅面与标题栏

1) 图纸幅面

(1) 图纸本身的大小规格称为图纸幅面。图纸幅面及图框尺寸应符合表1-1的规定和图1.1、图1.2的格式。从表1-1中可知，A1幅面是A0幅面的对裁，A2幅面是A1幅面的对裁，其余以此类推。

表1-1 图纸幅面及图框尺寸 (单位：mm)

尺寸代号 \ 幅面代号	A0	A1	A2	A3	A4
$b \times l$	841×1189	594×841	420×594	297×420	210×297
c	10			5	
a	25				

(2) 需要微缩复制的图纸，其一条边上应附有一段准确米制尺度，四条边上均附有对中标志，米制尺度的总长应为100mm，分格应为10mm。对中标志应画在图纸各边长的中点处，线宽应为0.35mm，伸入框内应为5mm。

(3) 若图纸幅面不够，按照标准规定，可将图纸的长边加长，短边一般不应加长。其加长尺寸应符合表1-2的规定。

表1-2 图纸长边加长尺寸 (单位：mm)

幅面代号	长边尺寸	长边加长后的尺寸
A0	1189	1486(A0＋1/4l) 1635(A0＋3/8l) 1783(A0＋1/2l) 1932(A0＋5/8l) 2080(A0＋3/4l) 2230(A0＋7/8l) 2378(A0＋1l)

续表

幅面代号	长边尺寸	长边加长后的尺寸
A1	841	1051(A1＋1/4*l*)　1261(A1＋1/2*l*)　1471(A1＋3/4*l*)　1682(A1＋1*l*) 1892(A1＋5/4*l*)　2102(A1＋3/2)
A2	594	743(A2＋1/4*l*)　891(A2＋1/2*l*)　1041(A2＋3/4*l*)　1189(A2＋1*l*) 1338(A2＋5/4*l*)　1486(A2＋3/2*l*)　1635(A2＋7/4*l*)　1783(A2＋2*l*) 1932(A2＋9/4*l*)　20800(A2＋5/2*l*)
A3	420	630(A3＋1/2*l*)　841(A3＋1*l*)　1051(A3＋3/2*l*)　1261(A3＋2*l*) 1471(A3＋5/2*l*)　1682(A3＋3*l*)　1892(A3＋7/2*l*)

注：有特殊需要的图纸，可采用 $b \times l$ 为 841mm×891mm 与 1189mm×1261mm 的幅面。

(4) 图纸以短边作为垂直边称为横式幅面，如图 1.1 所示；以短边作为水平边称为立式幅面，如图 1.2 所示。一般 A0～A3 图纸宜横式使用，必要时也可立式使用；而 A4 图纸只能立式使用。

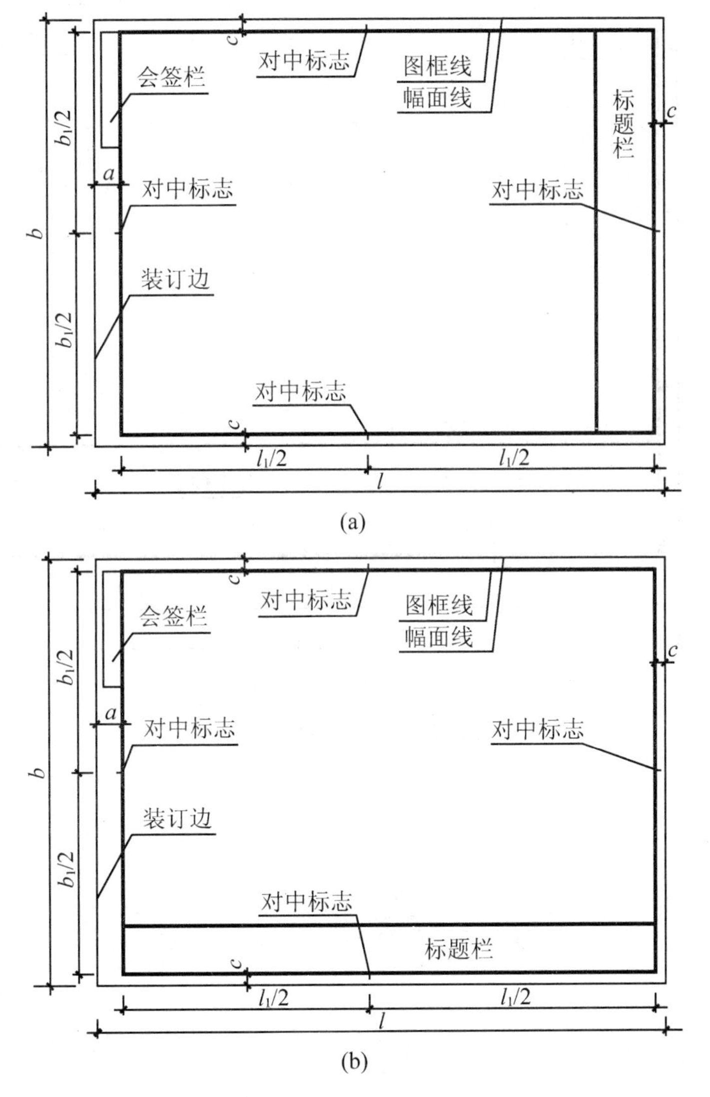

图 1.1　A0～A3 横式幅面

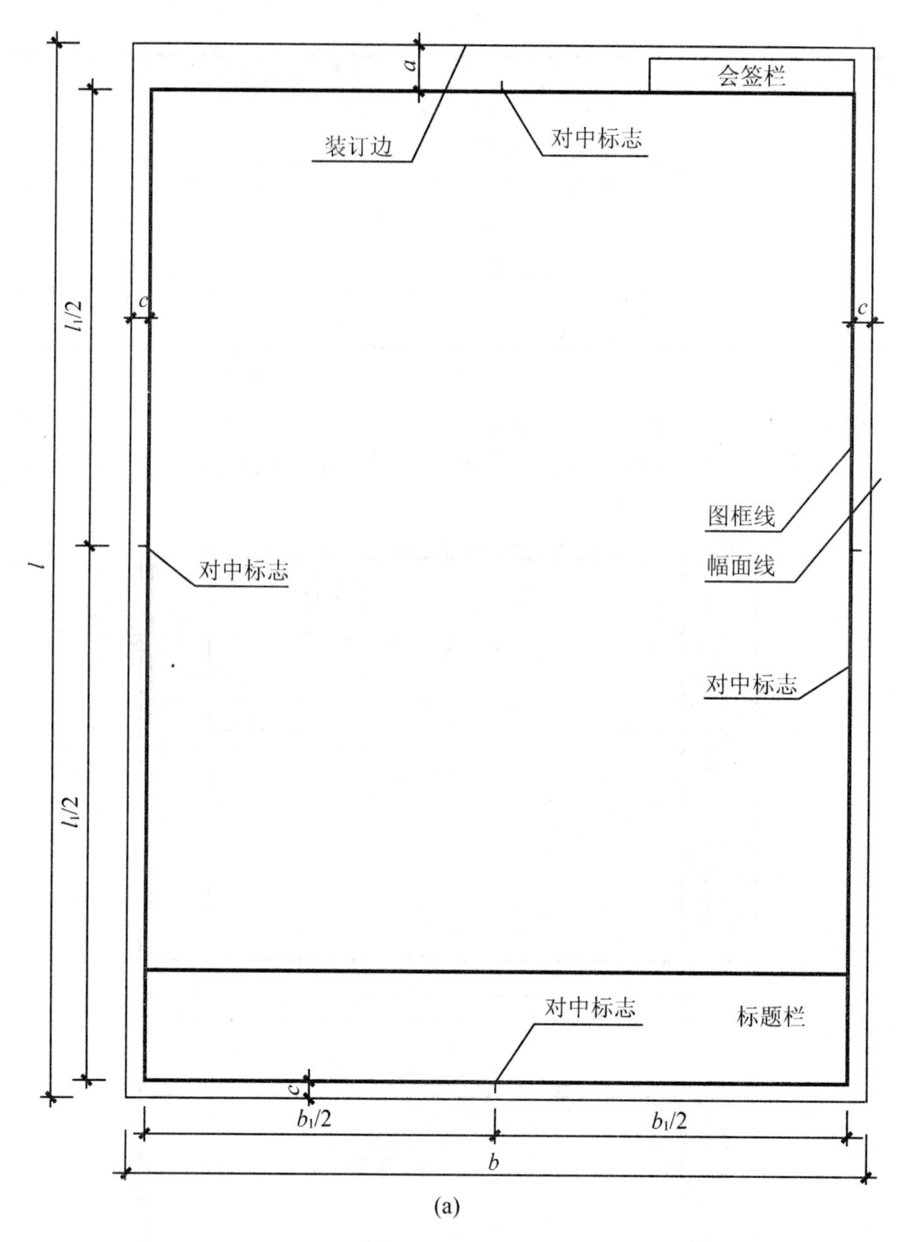

(a)

图 1.2　A0～A4 立式幅面

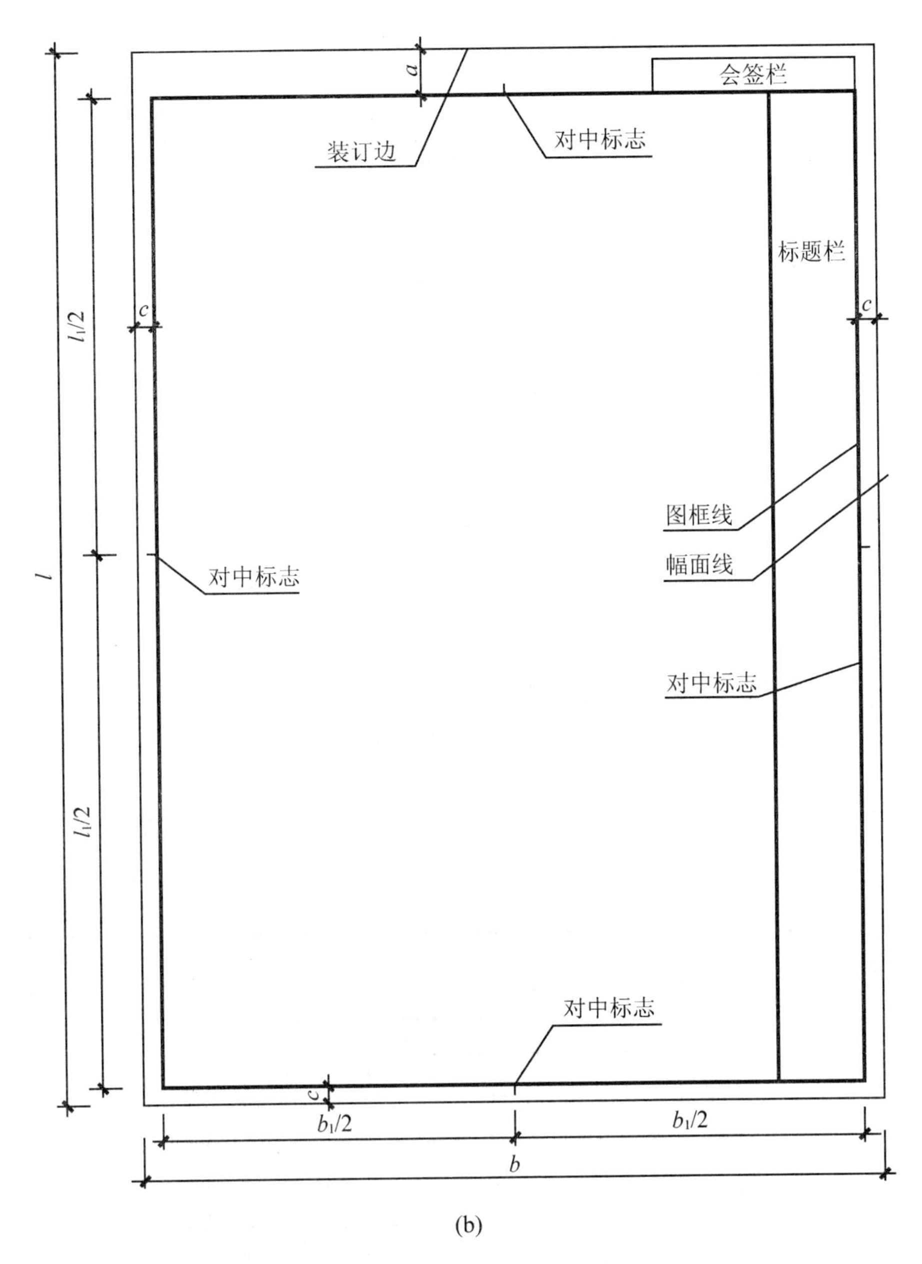

(b)

图 1.2　A0～A4 立式幅面(续)

2) 标题栏与会签栏

(1) 标题栏应按图 1.3 所示，根据工程需要选择确定其尺寸、格式及分区。签字区应包含实名列和签名列。涉外工程的标题栏内，各项主要内容的中文下方应附有译文，设计单位的上方或左方应加“中华人民共和国”字样。

(2) 会签栏应画在图纸图框线外规定位置，其尺寸应为 100mm×20mm，按照图 1.4 所示的格式绘制。栏内应填写会签人员所代表的专业、姓名、日期(年、月、日)。

(a)

设计单位名称	注册师签章	项目经理	修改记录	工程名称区	图号区	签字区	会签栏

30～50

(b)

图 1.3　标题栏

(专业)	(实名)	(签字)	(日期)

25　25　25　25　100　5　5　5　5　20

图 1.4　会签栏

2. 图线

画在图纸上的线条统称为图线。为使图样层次清楚、主次分明，需用不同的线宽、线型来表示。有关国家标准对此做了明确规定。

(1) 图线的宽度 b，宜从 1.4mm、1.0mm、0.7mm、0.5mm、0.35mm、0.25mm、0.18mm、0.13mm 线宽系列中选取。图线宽度不应小于 0.1mm。每个图样，应根据复杂程度与比例大小，先选定基本线宽 b，再选用表 1-3 中相应的线宽组。

表 1-3　线宽组　(单位：mm)

线宽比	线宽组			
b	1.4	1.0	0.7	0.5
$0.7b$	1.0	0.7	0.5	0.35
$0.5b$	0.7	0.5	0.35	0.25
$0.25b$	0.35	0.25	0.18	0.13

注：1. 需要缩微的图纸，不宜采用 0.18mm 及更细的线宽。

2. 同一张图纸内，各不同线宽中的细线，可统一采用较细的线宽组的细线。

(2) 工程建设制图应选用表 1-4 所示的图线。

表 1-4　图线

名称		线型	线宽	一般用途
实线	粗		b	主要可见轮廓线
	中粗		$0.7b$	可见轮廓线
	中		$0.5b$	可见轮廓线、尺寸线、变更云线
	细		$0.25b$	图例填充线、家具线
虚线	粗		b	见各有关专业制图标准
	中粗		$0.7b$	不可见轮廓线
	中		$0.5b$	不可见轮廓线、图例线
	细		$0.25b$	图例填充线、家具线
单点长画线	粗		b	见各有关专业制图标准
	中		$0.5b$	见各有关专业制图标准
	细		$0.25b$	中心线、对称线、轴线等
双点长画线	粗		b	见各有关专业制图标准
	中		$0.5b$	见各有关专业制图标准
	细		$0.25b$	假想轮廓线、成型前原始轮廓线
折断线	细		$0.25b$	断开界线
波浪线	细		$0.25b$	断开界线

(3) 同一张图纸内，相同比例的各图样，应选用相同的线宽组。图纸的图框和标题栏线，可采用表 1-5 中的线宽。

表 1-5　图框线、标题栏线的宽度　(单位：mm)

幅面代号	图框线	标题栏外框线	标题栏分格线
A0、A1	b	$0.5b$	$0.25b$
A2、A3、A4	b	$0.7b$	$0.35b$

(4) 相互平行的图线，其净间隙或线中间隙不宜小于 0.2mm；虚线、单点长画线或双点长画线的线段长度和间隔，宜各自相等。

(5) 点画线与点画线或点划线与其他图线交接时，应是线段交接；单点长划线或双点长画线，当在较小图形中绘制有困难时，可用实线代替；单点长画线或双点长画线的两端，不应是点。

(6) 虚线与虚线交接或虚线与其他图线交接时，应是线段交接。虚线为实线的延长线时，不得与实线连；图线不得与文字、数字或符号重叠、混淆，不可避免时，应首先保证文字等的清晰。

3. 比例

(1) 图样的比例，应为图形与实物相对应的线性尺寸之比。

(2) 比例的符号为“：”，比例应以阿拉伯数字表示。

(3) 比例宜注写在图名的右侧，字的基准线应取平；比例的字高宜比图名的字高小一号或两号，如图 1.5 所示。

平面图 1：100　　⑥1：20

图 1.5　比例的注写

(4) 绘图所用的比例应根据图样的用途与被绘对象的复杂程度，从表 1-6 中选用，并应优先采用表中常用比例。

表 1-6　绘图所用的比例

常用比例	1：1、1：2、1：5、1：10、1：20、1：30、1：50、1：100、1：150、1：200、1：500、1：1000、1：2000
可用比例	1：3、1：4、1：6、1：15、1：25、1：40、1：60、1：80、1：250、1：300、1：400、1：600、1：5000、1：10000、1：20000、1：50000、1：100000、1：200000

(5) 一般情况下，一个图样应选用一种比例。根据专业制图需要，同一图样可选用两种比例。

(6) 特殊情况下也可自选比例，这时除应注出绘图比例外，还必须在适当位置绘制出相应的比例尺。

4. 图例

为简化作图，工程图样中采用各种图例表示所用的建筑材料，称为建筑材料图例，标准规定常用建筑材料应按如表 1-7 所示图例画法绘制。本标准只规定常用建筑材料的图例画法，对其尺度比例不做具体规定。使用时，应根据图样大小而定，并应注意下列事项。

(1) 图例线应间隔均匀，疏密适度，做到图例正确，表示清楚。

(2) 不同品种的同类材料使用同一图例时(如某些特定部位的石膏板必须注明是防水石膏板时)，应在图上附加必要的说明。

(3) 两个相同的图例相接时，图例线宜错开或使倾斜方向相反。

(4) 两个相邻的涂黑图例间应留有空隙。其净宽度不得小于 0.5mm。

表 1-7　常用建筑材料图例

名称	图例	备注
自然土壤		包括各种自然土壤
夯实土壤		
砂、灰土		靠近轮廓线绘制较密的点
石材		应注明大理石或花岗岩及光洁度
毛石		应注明石料块面大小及品种
普通砖		包括实心砖、多孔砖、砌块等砌体，断面较窄不易绘出图例线时，可涂红
饰面砖		包括铺地砖、马赛克、陶瓷锦砖、人造大理石等
焦渣、矿渣		包括与水泥、石灰等混合而成的材料
混凝土		1. 本图例是指能承重的混凝土及钢筋混凝土。 2. 包括各种强度等级、骨料、添加剂的混凝土。 3. 在剖面图上画出钢筋时，不画图例线。 4. 断面图形小，不易画出图例线时，可涂黑
钢筋混凝土		
多孔材料		包括水泥珍珠岩、沥青珍珠岩、泡沫混凝土、非承重加气混凝土、软木、蛭石制品等
木材		1. 上图为横断面，上左图为垫木、木砖或木龙骨。 2. 下图为纵断面
石膏板		包括圆孔、方孔石膏板，防水石膏板等(应注明厚度)
金属		1. 包括各种金属。 2. 图形小时，可涂黑
玻璃		为玻璃剖面图，包括平面玻璃、磨砂玻璃、夹丝玻璃、钢化玻璃、中空玻璃、夹层玻璃、镀膜玻璃等(应注明厚度)
防水材料		构造层次多或比例大时，采用此图例
粉刷		本图例采用较稀的点

5. 尺寸标注

图样有形状和大小双重含义，建筑工程施工是根据图纸上的尺寸进行的，因此，尺寸标注在整个图纸绘制中占有重要的地位，必须认真仔细，准确无误。

1) 尺寸的组成

图样上标注的尺寸是由尺寸界线、尺寸线、尺寸起止符号和尺寸数字四部分组成的，故常称其为尺寸的四大要素，如图 1.6 所示。

(1) 尺寸界线。用细实线绘制，一般应与被注长度垂直，其一端应离开图样轮廓线不小于 2mm，另一端宜超出尺寸线 2～3mm。必要时，可利用图样轮廓线、中心线及轴线作为尺寸界线，如图 1.7 所示。

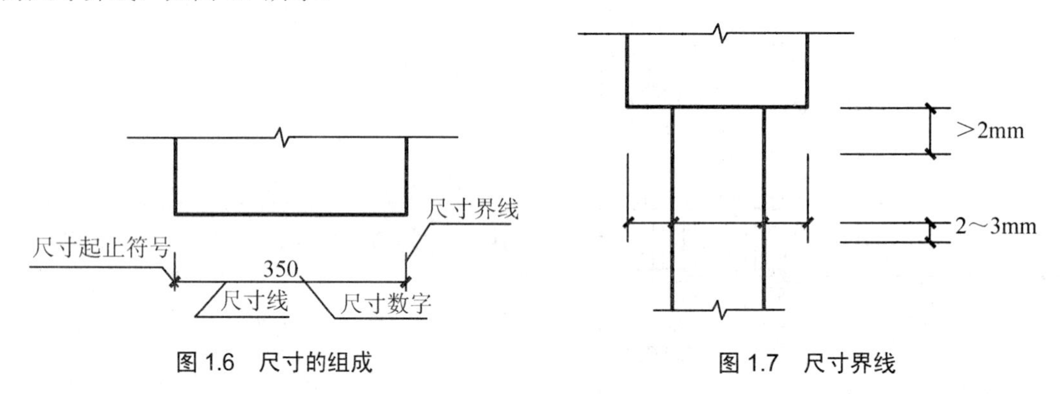

图 1.6　尺寸的组成　　　图 1.7　尺寸界线

(2) 尺寸线。应用细实线绘制，与被注长度平行且不超出尺寸界线。相互平行的尺寸线，应从被注写的图样轮廓线外由近向远整齐排列，较小尺寸靠近图样轮廓标注，较大尺寸标注在较小尺寸的外面。图样轮廓线以外的尺寸线，距图样最外轮廓之间的距离不宜小于 10mm。平行排列的尺寸线的间距，宜为 7～10mm，并应保持一致，如图 1.8 所示。

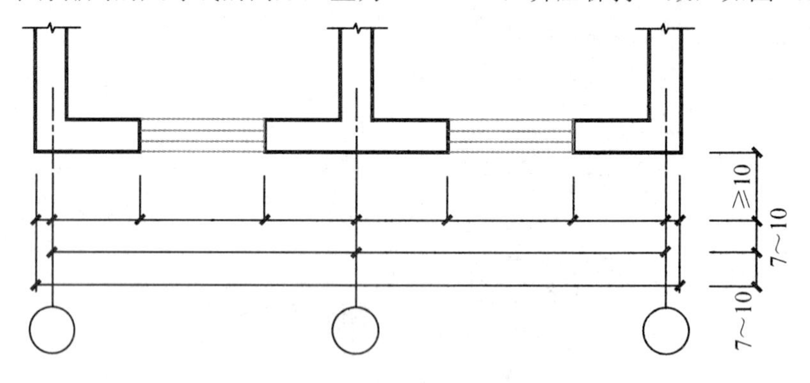

图 1.8　尺寸的排列

特别提示

图样本身的任何图线均不得用作尺寸线。

(3) 尺寸起止符号。一般用中粗斜短线绘制，其倾斜方向应与尺寸界线成顺时针 45°角，长度宜为 2～3mm，两端伸出长度各为一半，如图 1.9(a)所示。半径、直径、角度与弧长的尺寸起止符号，宜用箭头表示，如图 1.9(b)所示。当相邻尺寸界线间隔很小时，尺寸起止符号用小圆点表示。

图 1.9 尺寸起止符号注写法

(4) 尺寸数字。应靠近尺寸线，平行标注在尺寸线中央位置。水平尺寸要从左到右注在尺寸线上方(字头朝上)，竖直尺寸要从下到上注在尺寸线左侧(字头朝左)。其他方向的尺寸数字按图 1.10(a)的形式注写，当尺寸数字位于斜线区内时，宜按图 1.10(b)的形式注写。

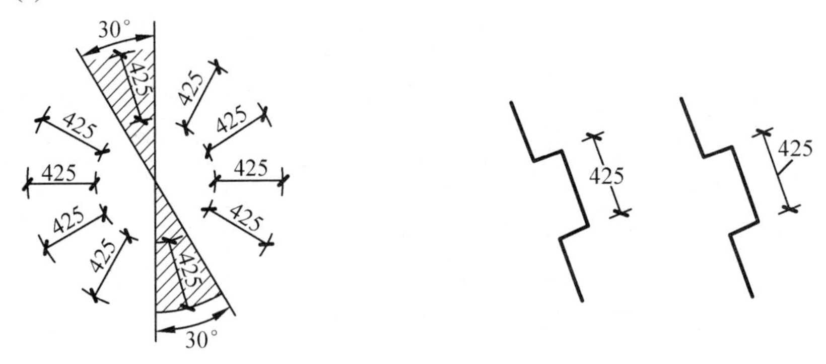

(a) 在 30° 斜线区内注写尺寸数字　　(b) 在 30° 斜线区内注写尺寸数字的形式

图 1.10 尺寸数字的注写方向

若没有足够的注写位置，最外边的尺寸数字可注写在尺寸界线的外侧，中间相邻的尺寸数字可错开注写，或用引出线引出后再进行标注，不能缩小数字大小，如图 1.11(a)所示。尺寸宜标注在图样轮廓以外，不宜与图线、文字及符号等相交。不可避免时，应将数字处的图线断开，如图 1.11(b)所示。

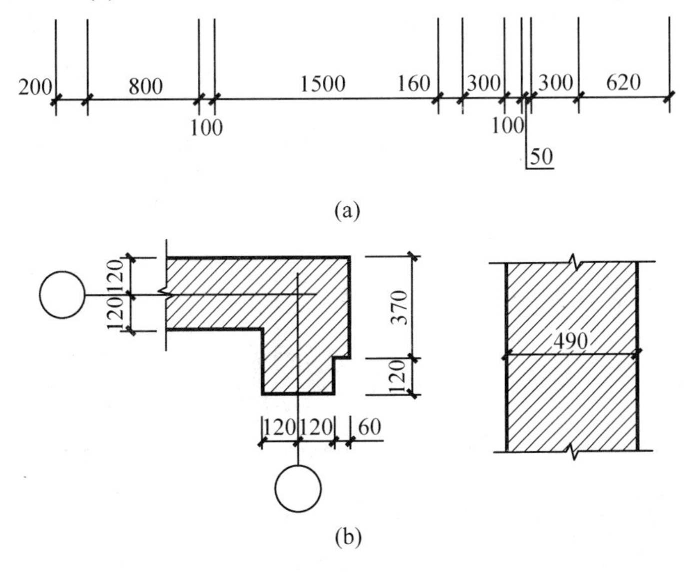

图 1.11 尺寸数字的注写位置

特别提示

图样上的尺寸一律用阿拉伯数字注写。它以所绘形体的实际大小标注，与所选绘图比例无关，应以尺寸数字为准，不得从图上直接量取。图样上的尺寸单位，除标高及总平面图以米(m)为单位外，其他必须以毫米(mm)为单位，图样上的尺寸数字一般不注写单位。

2) 尺寸注法示例

表1-8列出了国家标准所规定的一些尺寸标注。

表1-8 尺寸标注示例

标注内容	示例	说明
圆及圆弧	ϕ600　ϕ600　R300	半径的尺寸线应一端从圆心开始，另一端画箭头指向圆弧。半径数字前应加注半径符号“*R*”。标注圆的直径尺寸时，直径数字前应加直径符号“ϕ”。在圆内标注的尺寸线应通过圆心，两端画箭头指至圆弧
大圆弧	R150　R150	当在图样范围内标注圆心有困难(或无法注出)时，较大圆弧的尺寸线可画成折断线，按左图形式标注
小尺寸圆及圆弧	ϕ4　ϕ12　ϕ16　ϕ16　ϕ24　ϕ24　R5　R10　R16　R16	小尺寸的圆及圆弧，可标注在圆外，按左图形式标注
球面	Sϕ180　SR50	标注球的半径尺寸时，应在尺寸前加注符号“*SR*”。标注球的直径尺寸时，应在尺寸数字前加注符号“*S*ϕ”。注写方法与圆弧半径和圆直径的尺寸标注方法相同

续表

标注内容	示例	说明
角度	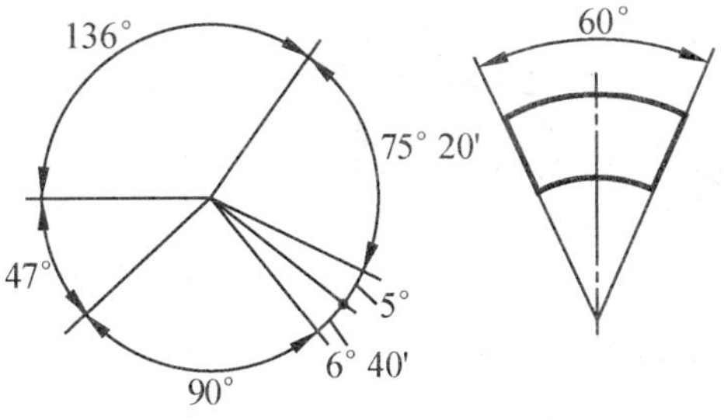	角度的尺寸线应以圆弧表示。该圆弧的圆心应是该角的顶点，角的两条边为尺寸界线。起止符号应以箭头表示，如没有足够位置画箭头，可用圆点代替，角度数字应沿尺寸线方向注写
弧度和弦长	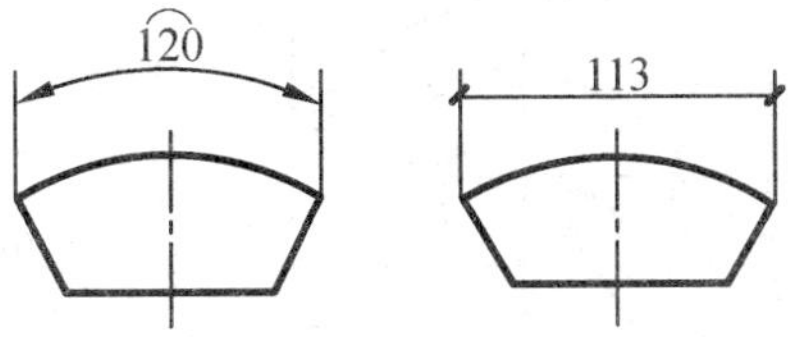	标注圆弧的弧长时，尺寸线应以与该圆弧同心的圆弧线表示，尺寸界线应垂直于该圆弧的弦，起止符号用箭头表示，弧长数字上方应加注圆弧符号“⌒”。 标注圆弧的弦长时，尺寸线应以平行于该弦的直线表示，尺寸界线应垂直于该弦，起止符号用中粗斜短线表示
薄板厚度	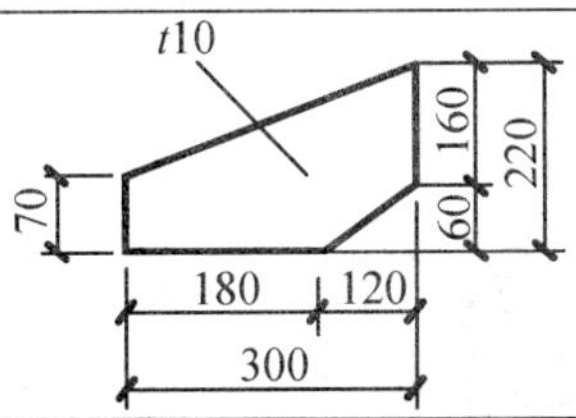	在薄板板面标注板厚尺寸时，应在厚度数字前加厚度符号“*t*”
正方形	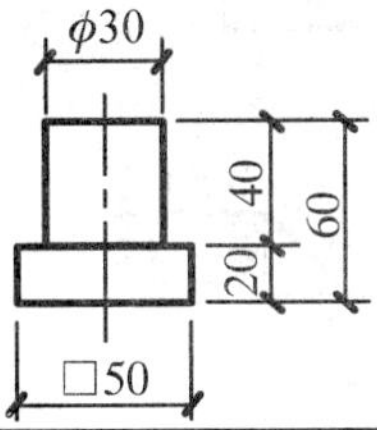	标注正方形的尺寸，可用“边长×边长”的形式，也可在边长数字前加正方形符号“□”
坡度	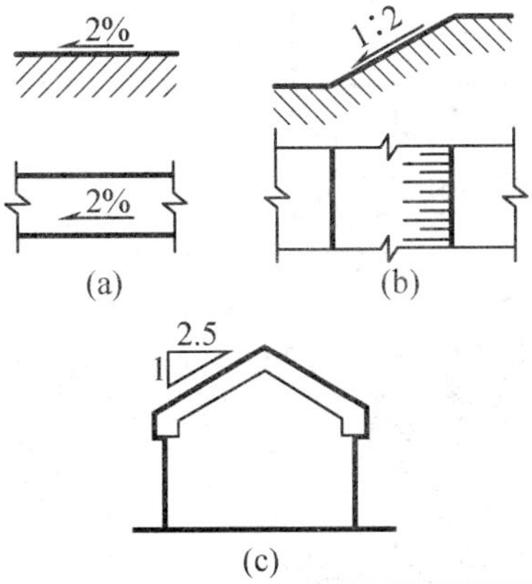	标注坡度(也称斜度)时，在坡度数字下，应加注坡度符号“ ⇀ ”，如图(a)、图(b)所示，该符号为单面箭头，箭头应指向下坡方向。坡度也可用由斜边构成的直角三角形的对边与底边之比的形式标注，如图(c)所示

续表

标注内容	示例	说明
曲线轮廓	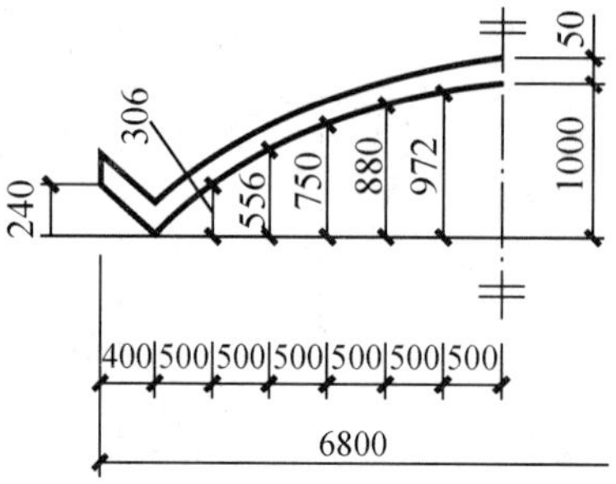 50 1000 306 240 556 750 880 972 400 500 500 500 500 500 500 6800	外形为非圆曲线的构件，可用坐标形式标注尺寸
	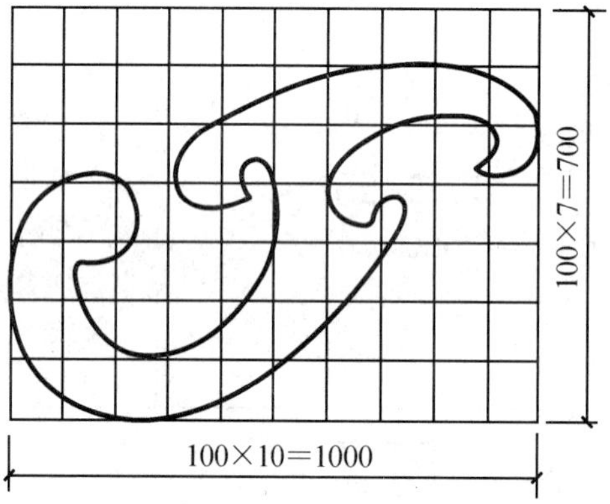 100×7=700 100×10=1000	复杂的图形，可用网格形式标注尺寸
单线图(桁架简图、钢筋简图、管线简图)	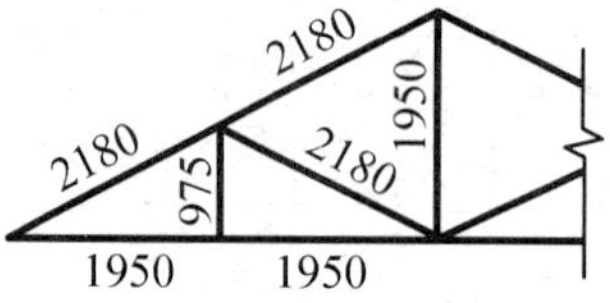 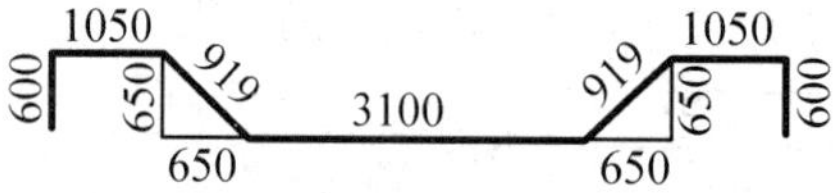 2180 2180 1950 975 2180 1950 1950 1050 600 650 919 3100 650 919 650 1050 600 650	杆件或管线的长度，可直接将尺寸数字沿杆件或管线的一侧注写
连续排列的等长尺寸	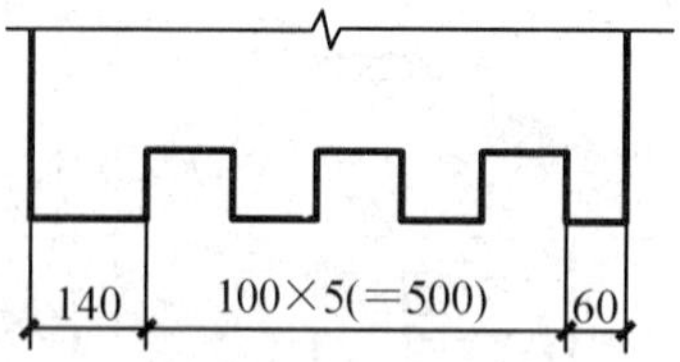 140 100×5(=500) 60	可用“等长尺寸×个数(=总长)”的形式标注
相同要素	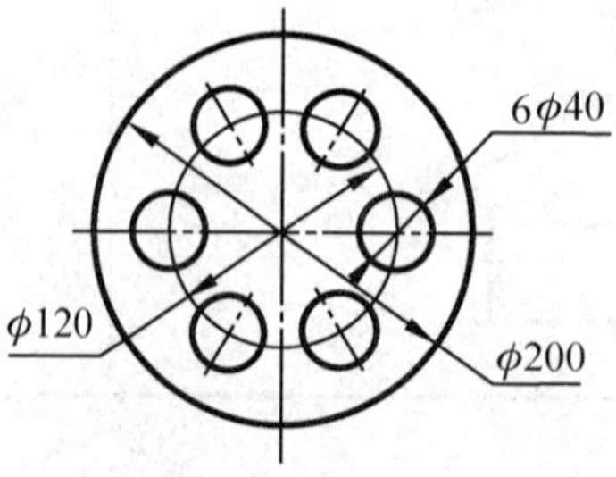 6ϕ40 ϕ120 ϕ200	当构配件内的构造因素(如孔、槽等)相同时，可仅标注其中一个要素的尺寸，并在尺寸数字前注明个数

续表

标注内容	示例	说明
对称构配件	200 2600 3000	对称构配件采用对称省略画法时，该对称构配件的尺寸线应略超过对称符号，仅在尺寸线的一端画尺寸起止符号，尺寸数字应按整体全尺寸注写，其注写位置宜与对称符号对齐

6. 字体

图纸上所需书写的文字、数字或符号等，均应笔画清晰、字体端正、排列整齐，标点符号应清楚正确。

(1) 文字的字高，应从表 1.9 中选用。字高大于 10mm 的文字宜采用 TRUETYPE 字体，如需书写更大的字，其高度应按 $\sqrt{2}$ 的倍数递增。

表 1-9　文字的字高　(单位：mm)

字体种类	中文矢量字体	TRUETYPE 字体及非中文矢量字体
字高	3.5、5、7、10、14、20	3、4、6、8、10、14、20

(2) 图样及说明中的汉字，宜采用长仿宋体(矢量字体)或黑体，同一图纸字体种类不应超过两种。长仿宋体的宽度与高度的关系应符合表 1-10 的规定，黑体字的宽度与高度应相同。大标题、图册封面、地形图等的汉字，也可书写成其他字体，但应易于辨认。

表 1-10　长仿宋字高宽关系　(单位：mm)

字高	20	14	10	7	5	3.5
字宽	14	10	7	5	3.5	2.5

(3) 汉字的简化字书写应符合国家有关汉字简化方案的规定。图样及说明中的拉丁字母、阿拉伯数字与罗马数字，宜采用单线简体或 ROMAN 字体。拉丁字母、阿拉伯数字与罗马数字的书写规则，应符合表 1-11 的规定。

表 1-11　拉丁字母、阿拉伯数字与罗马数字的书写规则

书写格式	字体	窄字体
大写字母高度	h	H
小写字母高度(上下均无延伸)	$7/10h$	$10/14h$
小写字母伸出的头部或尾部	$3/10h$	$4/14h$
笔画宽度	$1/10h$	$1/14h$
字母间距	$2/10h$	$2/14h$
上下行基准线的最小间距	$15/10h$	$21/14h$
词间距	$6/10h$	$6/14h$

特别提示

长仿宋体字的书写要领如下。

(1) 横平竖直。横笔基本要平，可顺运笔方向稍微向上倾斜 2°～5°。竖笔要直，笔画要刚劲有力。

(2) 起落分明。长仿宋体字有八个基本笔画，即横、竖、撇、捺、挑、点、钩、折。横、竖的起笔和收笔，撇、钩的起笔，钩、折的转角等都要顿一下笔，形成小三角和出现字肩。几种基本笔画的书写见表 1-12。

表 1-12　长仿宋体字基本笔画示例

名称	横	竖	撇	捺	挑		点		钩	
形状										
笔法										

(3) 填满方格。上下左右笔锋要尽可能靠近字格，但也有例外的，如日、月、二等字都要比字格略小。

(4) 结构匀称。练习时除注意写好基本笔画外，还要注意分析字体的结构特点，即合理安排字体各个组成部分所占的比例和位置，笔画布局要均匀紧凑，使写出的字匀称美观。长仿宋体字示例如图 1.12 所示。

图 1.12　长仿宋体字示例

数字和字母有直体和斜体两种书写方式，当与汉字混写时，宜写成直体。若需写成斜体字，其斜度应是从字的底线逆时针向上倾斜 75°。斜体字的高度与宽度应与相应的直体字相等，如图 1.13 所示。在同一张图样上，只允许选用一种形式的字体。

(a) 一般字体　　(b) 窄字体

图 1.13　数字和字母的写法

1.1.2　建筑制图基本技能

1. 建筑制图工具

目前，在工程制图中，一般采用计算机绘图，但在工程实践中，有时要用到制图工具现场手工绘图，学生在学习过程中也要学习如何使用制图工具进行手工绘图。

1) 图板

图板是用来铺放和固定图纸用的长方形案板，大小可根据图幅选定。图板表面要求平整光滑，图板四周镶有硬木边框，图板的工作边(短边)一定要平直，它是丁字尺的导边，用以保证用丁字尺画线画得水平，以提高绘图效率和精确度。矩形图板按横长竖短放置，在图板上固定图纸时，要用胶带纸贴在图纸四角上，并使图纸下方留有放丁字尺的位置，如图 1.14 所示。

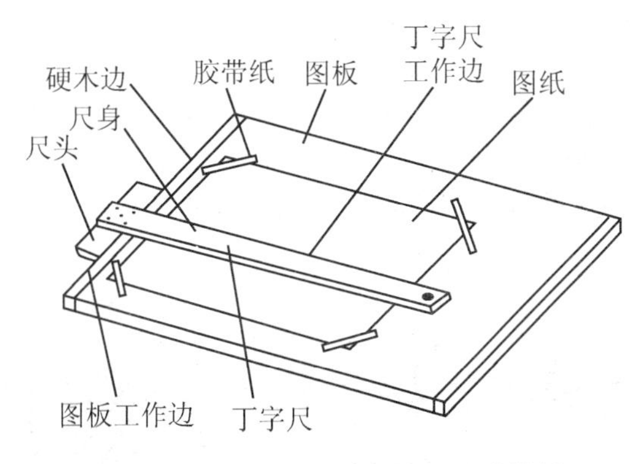

图 1.14　图板、丁字尺、图纸及胶带纸

图板的大小选择一般应与绘图纸张的尺寸相适应，表 1-13 列出了常用的图板规格。

表 1-13　图板常用规格

图板规格代号	0	1	2	3
图板尺寸(宽/mm×长/mm)	920×1220	610×920	460×610	305×460

2) 丁字尺

丁字尺又称T形尺，主要用于画水平线，与三角板配合使用，可以绘制垂直线或倾斜线，如图1.15所示。它由尺头和尺身两部分组成，大多由有机玻璃制成，尺头内侧为平直的移动边，与尺身垂直并连接牢固，尺身沿长度方向带有刻度的侧边为工作边。丁字尺一般有600mm、900mm、1200mm三种规格。其正确的使用方法如下。

(1) 左手握尺头，使尺头放在图板的工作边，并与边缘紧贴，尺头沿图板的工作边上下移动。

(2) 对准位置后，只能利用有刻度的尺身工作边画水平线，画水平线时必须以左手压住尺身，右手持笔从左向右画。

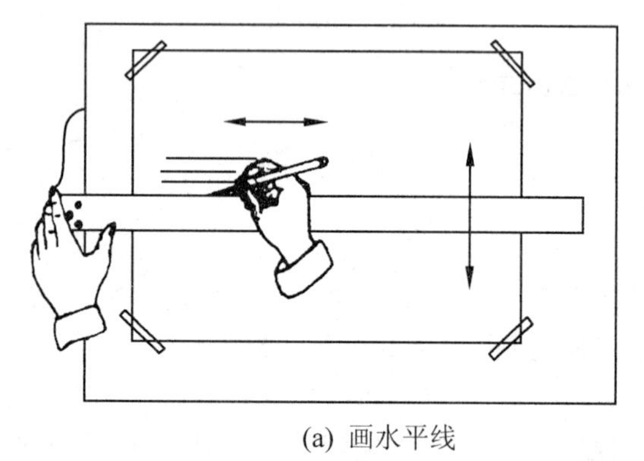

(a) 画水平线　　(b) 画竖直线

图 1.15　丁字尺的使用

(3) 画同一张图纸时，尺头不能在图板的其他各边移动，也不能用来画垂直线。

(4) 过长的斜线可用丁字尺来画，较长的直平行线组也可用具有可调节尺头的丁字尺来作图。

3) 三角板

一副三角板由两块组成，其中一块是锐角为45°的直角三角板，另一块是两锐角分别为30°、60°的直角三角板，可与丁字尺配合使用，用于画垂直线及与水平线成15°角倍数的倾斜线。两块三角板配合还可以作任意方向直线的平行线和垂直线，如图1.16所示。

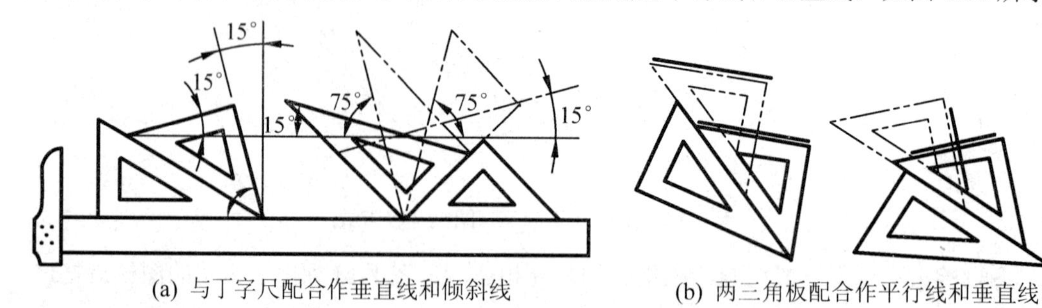

(a) 与丁字尺配合作垂直线和倾斜线　　(b) 两三角板配合作平行线和垂直线

图 1.16　三角板的使用

画垂直线时，先将丁字尺尺头紧靠图板的工作边，三角板一边紧靠在丁字尺的尺身，然后用左手同时按住丁字尺和三角板，右手用铅笔画线，且应靠在三角板的左边自下而上画线。画 30°、45°、60° 倾斜线时，均需丁字尺和三角板配合使用；当画 75° 和 105° 倾斜线时，需两只三角板和丁字尺配合使用。

4) 比例尺

比例尺是用来按一定比例量取长度的专用量尺，如图 1.17 所示。常用的比例尺有两种：一种外形呈三棱柱体，上有六种不同的刻度，称为三棱尺，单位为米；另一种外形像直尺，上有三种不同的刻度，称为比例直尺。画图时可按所需比例，直接用它在图纸上量取实际尺寸，而不需通过换算。例如，已知图形的比例为 1∶100，画出一条长度为 3600mm 的线段，用比例尺上 1∶100 的刻度量取的读数 15，即可得到该线段的长度 15m，即 1500mm。

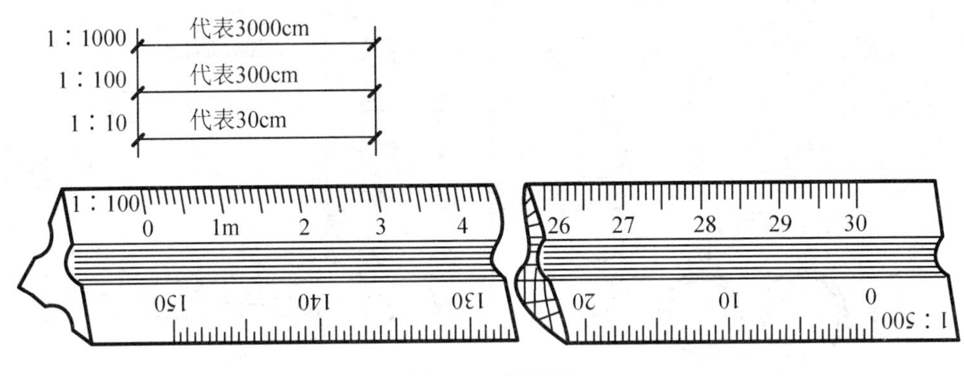

图 1.17　比例尺

5) 铅笔

铅笔是用来画图或写字的。绘图所用的铅笔以铅芯的软硬程度划分，铅笔上标注的“H”表示硬铅笔，“B”表示软铅笔，“HB”型号的铅笔表示软硬适中；“B”前面的数字越大表示铅芯越软，“H”前面的数字越大表示铅芯越硬。绘制工程图时，应使用较硬的铅笔打底稿，如 3H、2H 等，用 HB 铅笔注写文字和尺寸，用 B 或 2B 铅笔加深图线。

画底稿、注写文字用的铅笔削成圆锥形，笔芯露出 6～8mm，如图 1.17(a)所示；加深粗线用的铅笔削成扁平形，如图 1.18(b)所示。画图时，应使铅笔垂直纸面，向运动方向倾斜 75°。用圆锥形铅笔画直线时，要适当转动笔杆，可使整条线粗细均匀；用扁平铅笔加深图线时，铅芯应切削成与线条等宽的矩形断面，以保证所画线条线型的一致。此外，擦图片是用来修改图线的工具。

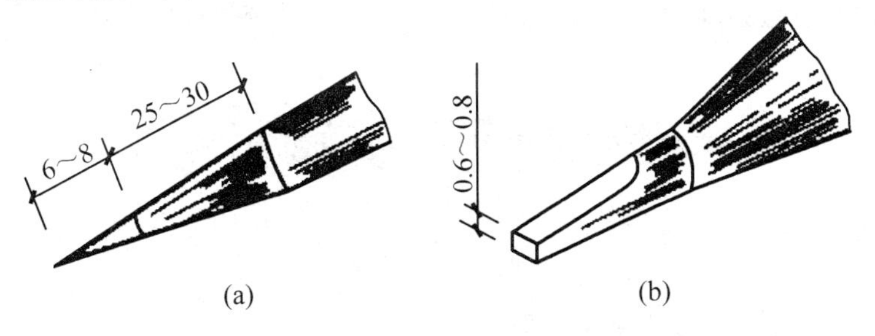

图 1.18　绘图铅笔

6) 圆规和分规

圆规是用来画圆及圆弧的专用工具。一般圆规附有钢针插脚、铅芯插脚、鸭嘴笔插脚和延长杆等。在画图时，应使针尖固定在圆心上，尽量不扩大圆心，应使圆心插脚与针尖大致等长。在一般情况下，画圆或圆弧应使圆规按顺时针方向转动，并稍向画线方向倾斜。在画较大的圆或圆弧时，应使圆规的两条腿都垂直于纸面。

分规是截量长度和等分线段的工具。其形状与圆规相似，但两脚都装有钢针。

7) 曲线板和建筑模板

曲线板是用以画非圆曲线的工具。建筑模板主要用来画各种建筑标准图例和常用符号，如柱、墙、门的开启线，大便器污水盆，详图索引符号，标高符号等。模板上刻有用以画出各种不同图例或符号的孔，如图 1.19 所示。

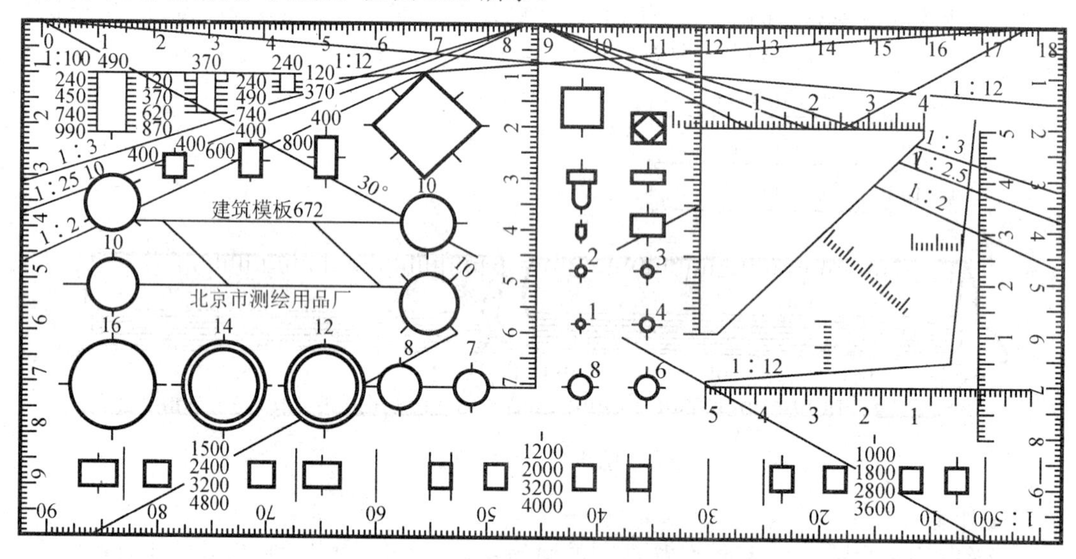

图 1.19　建筑模板

8) 墨线笔

墨线笔有直线笔、绘图小钢笔、针管绘图笔等形式。直线笔又称鸭嘴笔，是用来画墨线的工具，如图 1.20(a)所示。绘图小钢笔由笔杆和笔尖两部分组成，如图 1.20(b)所示，主要用来写文字、修图及为直线笔注墨水。针管绘图笔如图 1.20(c)所示，是手工绘图广泛选用的工具。墨线笔常用的笔尖有粗(0.9mm)、中(0.6mm)、细(0.3mm)三种规格，用来画粗、中、细三种线型，可用来代替直线笔描图。

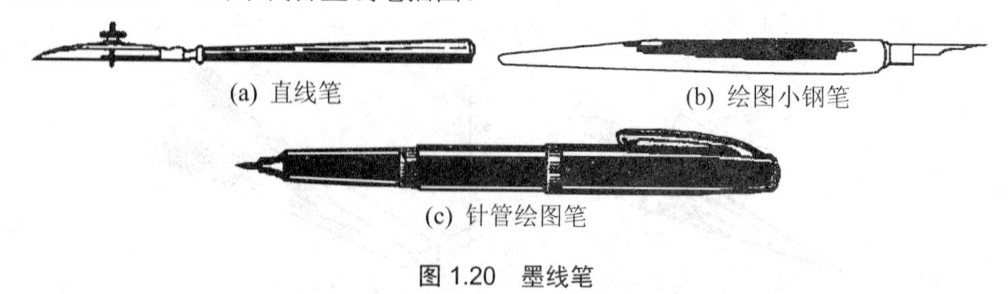

(a) 直线笔　(b) 绘图小钢笔　(c) 针管绘图笔

图 1.20　墨线笔

2. 建筑制图的基本方法与步骤

1) 准备工作

(1) 收集阅读有关的文件资料，对所绘图样的内容及要求进行了解，在学习过程中，对作业的内容、目的、要求，要了解清楚，在绘图之前做到心中有数。

(2) 准备好必要的绘图仪器、工具和用品，并且把图板、丁字尺、三角板、比例尺等擦洗干净，把绘图工具、用品放在桌子的右边，但不能影响丁字尺上下移动。

(3) 选好图纸，将图纸用胶带纸固定在图板上，位置要适当，此时必须使图纸上边对准丁字尺的上边缘，然后下移使丁字尺的上边缘对准图纸的下边。一般将图纸粘贴在图板的左下方，图纸左边至图板边缘3～5cm，图纸下边至图板边缘的距离略大于丁字尺的宽度。

2) 绘制底稿

(1) 按照制图标准的要求，首先把图框线及标题栏的位置画好。

(2) 根据所画图样的数量、大小及复杂程度选择好比例，然后安排各个图形的位置，定好图形的中心线，图面布置要适中、匀称，以便获得良好的图面效果。

(3) 首先画图形的主要轮廓线，其次由大到小，由外到里，由整体到局部，直至画出图形的所有轮廓线。

(4) 画出尺寸界线、尺寸线及其他符号等。

(5) 最后进行仔细的检查，修正底稿，改正错误，补全遗漏，擦去多余的底稿线。

3) 绘制铅笔图(铅笔加深)

(1) 当直线与曲线相连时，先画曲线后画直线。加深后的同类图线，其粗细和深浅要保持一致。加深同类线型时，要按照水平线从上到下、垂直线从左到右的顺序一次完成。

(2) 加深图线时，必须是先曲线，其次直线，最后为斜线，各类线型的加深顺序：中心线→粗实线→虚线→细实线。

(3) 最后加深图框线、标题栏及表格，并填写其内容及说明，画出起止符，注写尺寸数字及说明。

4) 绘制墨线图(描图)

一栋建(构)筑物的施工，往往需要几套图纸。为了满足施工上的需要，经常要用墨线把图样描绘在描图纸(也称硫酸纸)上，作为底图，再用来复制成蓝图，以便进行现场施工。

描图的步骤与铅笔加深的顺序基本相同。同一粗细的线要尽量一次画出，以便提高绘图的效率。但描墨线图时，每画完一条线，一定要等墨水干透后再画。因此，要注意画图步骤，否则容易弄脏图面。

1.2 投影的基本知识

1.2.1 投影的概念与分类

通常光线照射物体，在地面或墙面上就会出现影子，这就是自然界的投影现象。自然界中物体的影子是灰黑一片的，如图1.21所示，它只能反映物体外形的轮廓，不能反映物体上的一些变化或内部情况，这样不能符合清晰表达工程物体形状大小的要求。

在工程制图上，假设按规定方向射来的光线能够透过物体照射，形成的影子不但能反映物体的外形，同时也能反映物体上部和内部的情况，这样形成的影子就称为投影，如图1.22所示。我们把能够产生光线的光源称为投影中心，光线称为投射线，落影平面称为投影面，用投影表达物体形状和大小的方法称为投影法，用投影法画出的物体的图形称为投影图。

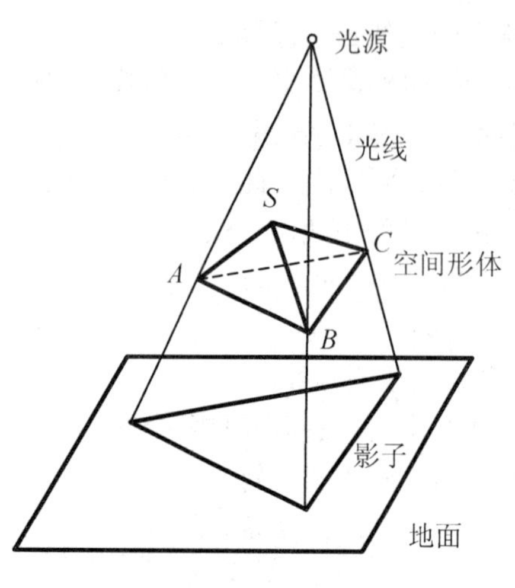

图 1.21 物体的影子

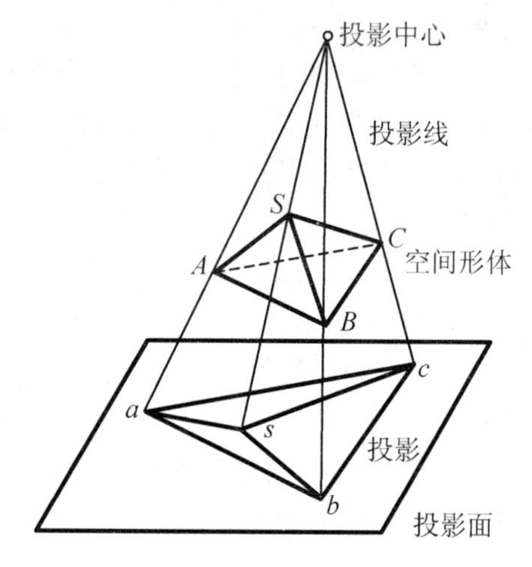

图 1.22 物体的投影

投影分中心投影和平行投影两种类型。

1) 中心投影

由一点发出的光线照射物体所形成的投影，称为中心投影。这种投影的方法称为中心投影法，如图 1.23 所示。

2) 平行投影

由一组相互平行的光线照射物体所形成的投影，称为平行投影。这种投影的方法称为平行投影法。平行投影又分正投影和斜投影两种。

(1) 正投影。如图 1.24(a)所示，当投射线相互平行且垂直于投影面时形成的投影，称为正投影。在正投影的条件下，使物体的某个面平行于投影面，则该面的正投影反映其实际形状和大小，所以一般工程图样都选用正投影原理绘制。

(2) 斜投影。如图 1.23(b)所示，当投射线相互平行且倾斜于投影面时形成的投影，称为斜投影。

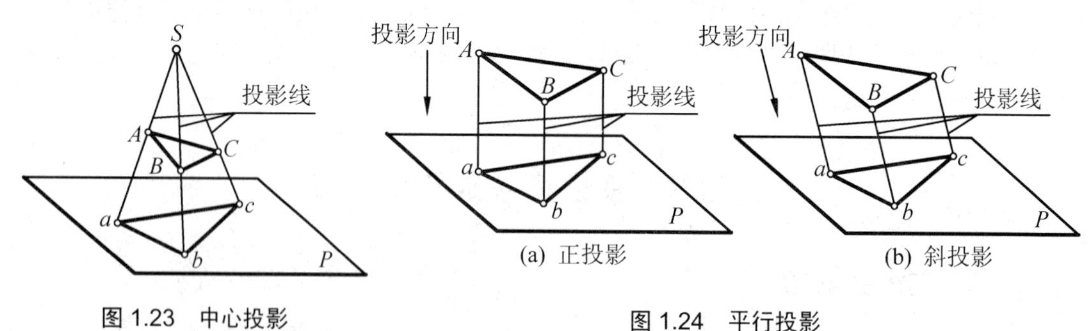

图 1.23 中心投影

图 1.24 平行投影

1.2.2 三面投影及其对应关系

1. 形体的三面投影

1) 三面投影体系的建立

如图 1.25 所示，设立三个相互垂直的投影面 H、V、W，组成一个三面投影体系。H 面称为水平投影面，V 面称为正立投影面，W 面称为侧立投影面。任意两个投影面的交线称为投影轴，分别用 X 轴、Y 轴、Z 轴表示。三个投影轴的交点 O 称为原点。

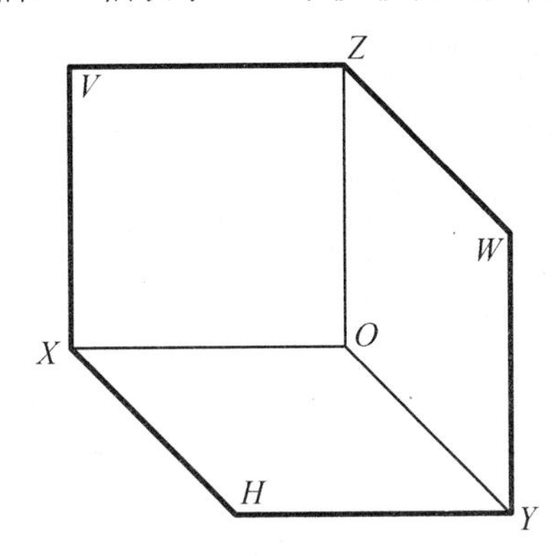

图 1.25　三面投影体系

2) 三面投影图的形成

如图 1.26(a)所示，在投影体系中，利用正投影原理将物体分别向这三个投影面上进行投影，就会在 H、V、W 面上得到物体的三面投影，分别称为水平投影、正面投影和侧面投影。为把空间三个投影面上所得到的投影画在一个平面上，需将三个互相垂直的投影平面展开摊平为一个平面，即 V 面不动，H 面以 OX 为轴向下旋转 90°，W 面以 OZ 为轴向右旋转 90°，使它们与 V 面在同一个平面上，如图 1.26(b)所示。这样，就得到了位于同一个平面上的三个正投影图，也就是物体的三面投影图，如图 1.26(c)所示，这时 Y 轴分为两条，在 H 面上的记作 Y_H，在 W 面上的记作 Y_W。因为投影面的边框及投影轴与表示物体的形状无关，所以在绘制工程图样时可不予绘出。

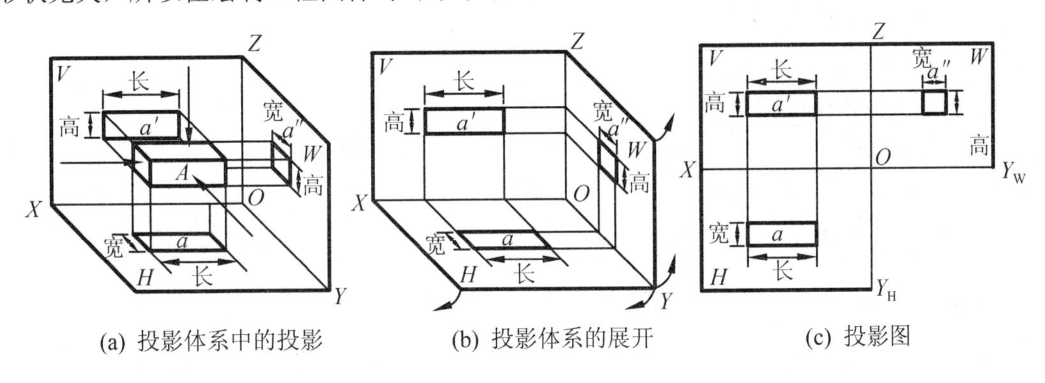

图 1.26　物体三面投影的形成

2. 三面投影的对应关系

1) 三面投影图的投影关系

在投影体系中，物体的 X 轴方向的尺寸称为长度，Y 轴方向的尺寸称为宽度，Z 轴方向的尺寸称为高度。如图 1.26 所示，由三面投影图的形成可知，物体的水平投影反映它的长和宽，正面投影反映它的长和高，侧面投影反映它的宽和高。由此可知，物体的三面投影之间存在下列的对应关系。

(1) 水平投影和正面投影的长度必相等，且相互对正，即“长对正”。

(2) 正面投影和侧面投影的高度必相等，且相互平齐，即“高平齐”。

(3) 水平投影和侧面投影的宽度必相等，即“宽相等”。

在三面投影图中，“长对正、高平齐、宽相等”是画投影图必须遵循的对应关系，也是检查投影图是否正确的重要原则。

2) 三面投影图的方位关系

当物体在投影体系中的相对位置确定之后，它就有上、下、左、右、前、后六个方位，如图 1.27(a)所示。由三面图的形成可以看出，物体的水平投影反映左、右、前、后四个方向；正面投影反映左、右、上、下四个方向；侧面投影反映上、下、前、后四个方向，如图 1.27(b)所示。

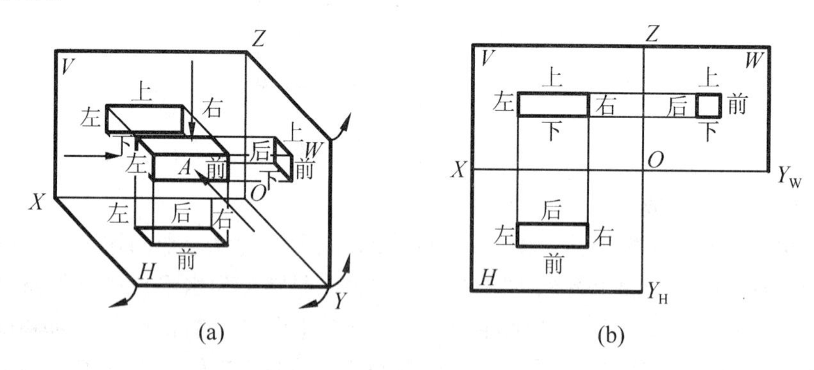

图 1.27 三面投影的方位关系

1.2.3 点、直线、平面的投影

任何复杂的形体都可以看成是由点、线和面所组成的。因此，研究点、线和面的投影特性对正确绘制和阅读物体的投影图十分重要。

1. 点的投影

1) 点的三面投影及其规律

如图 1.28(a)所示，为作出空间点 A 在三面投影体系中的投影，需过 A 点分别向三个投影面作垂线，所得三个垂足 a、a'、a'' 即为 A 点的三个投影。a 表示水平面投影，a'表示正立面投影，a''表示侧立面投影。将投影体系展开即得 A 点的三面投影图，如图 1.28(b)、(c)所示。

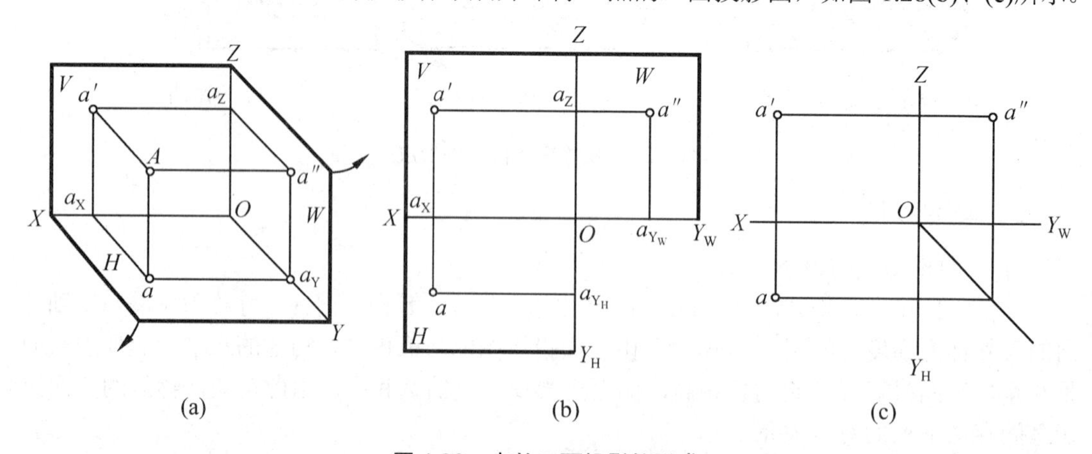

图 1.28 点的三面投影的形成

根据正投影的原理分析，由图 1.28 可知点的三面投影的规律如下。

(1) 点的投影仍是点。

(2) 点的任意两面投影的连线垂直于相应的投影轴。$aa' \perp OX$，$a'a'' \perp OZ$，$aa_{YH} \perp OY_H$，$a''a_{YW} \perp OY_W$。

(3) 点的投影到投影轴的距离，反映点到相应投影面的距离。

点 A 到 H 面的距离：$Aa=a'a_X=a''a_{YW}$。

点 A 到 V 面的距离：$Aa'=aa_X=a''a_Z$。

点 A 到 W 面的距离：$Aa''=aa_{YH}=a'a_Z$。

2) 重影点

当空间两点位于某一投影面的同一投影线上时，则此两点的投影重合，这个重合的投影称为重影，空间的两点称为重影点。如图 1.29 所示，A、B 两点在 H 面的同一投影线上，且 A 在 B 之上，则两点的水平面投影 a、b 重合。沿着射线方向看，点 A 挡住了点 B，则 B 点为不可见点，为在投影图中区别点的可见性，将不可见点的投影用字母加括号表示，如重影点 A、B 的水平投影用 $a(b)$表示。

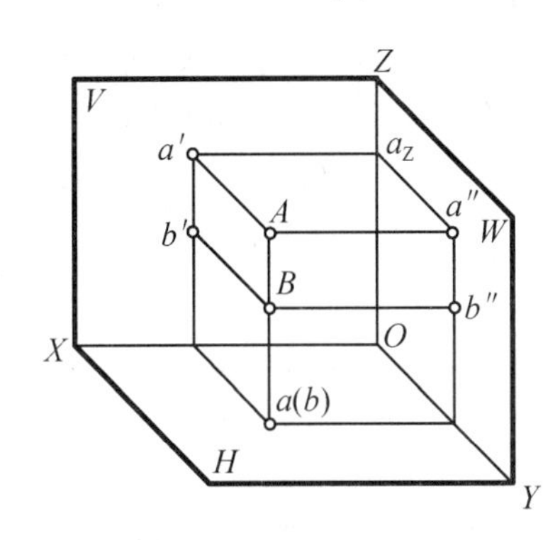

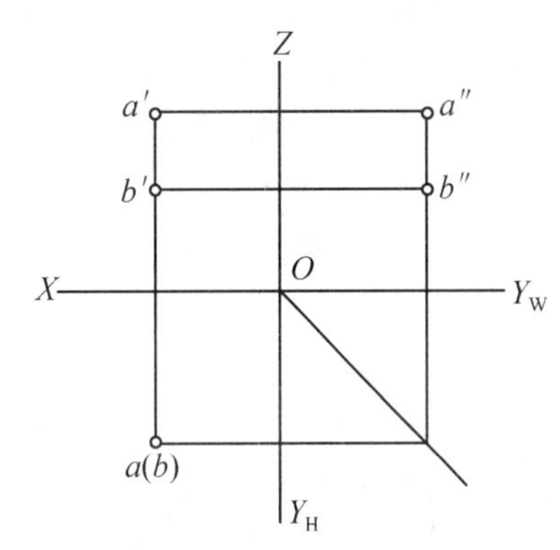

图 1.29 重影点的三面投影

2. 直线的投影

由初等几何可知，两点决定一条直线。所以要确定直线 AB 的空间位置，只要确定出 A、B 两点的空间位置，连接起来即可确定该直线的空间位置，如图 1.30(a)所示。因此，在作直线 AB 的投影时，只要分别作出 A、B 两点的三面投影 a、a'、a''和 b、b'、b''，再分别把两点在同一投影面上的投影连接起来，即得直线 AB 的三面投影 ab、$a'b'$、$a''b''$，如图 1.30(b)所示。

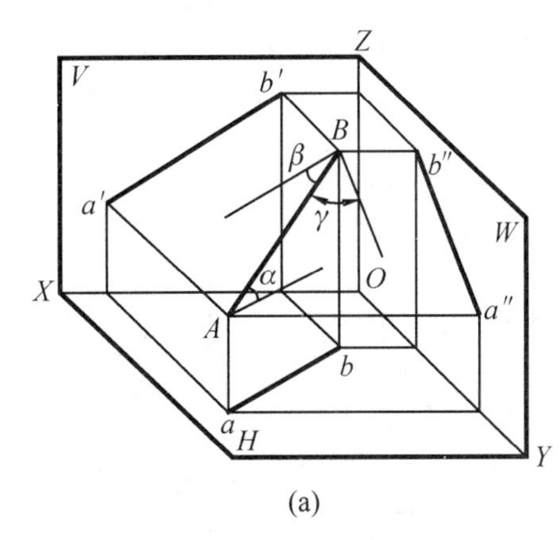

(a)

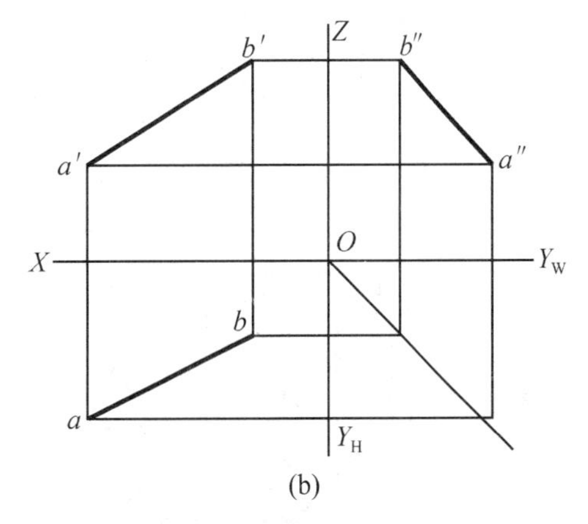

(b)

图 1.30 直线的三面投影的形成

按直线与投影面之间的相对位置不同，直线可分为三类：一般位置直线、投影面平行线和投影面垂直线。由于直线与投影面的相对位置不同，各种直线的投影特性也各不相同。

1) 一般位置直线

与三个投影面均处于倾斜位置的直线称为一般位置直线，如图 1.30(a)所示。由图可知，由于直线与各投影面都处于倾斜位置，与各投影面都有倾角，因此，线段投影长度均短于实长。直线 *AB* 的各个投影与投影轴的夹角不能反映直线对各投影面的倾角。由此可见，一般位置直线具有下列投影特性。

(1) 直线的三个投影都为直线且均小于实长。

(2) 直线的三个投影均倾斜于投影轴，任何投影与投影轴的夹角都不能反映空间直线与投影面的倾角。

2) 投影面平行线

只与一个投影面平行的直线称为投影面平行线。只与 *H* 面平行的直线称为水平线，只与 *V* 面平行的直线称为正平线，只与 *W* 面平行的直线称为侧平线。以水平线(表 1-14)为例说明投影面平行线的投影特性：因为直线 *AB* 平行于 *H* 面，所以 *ab* 反映线段实长，即 $ab=AB$；并且 *ab* 与 *OX* 轴的夹角β等于 *AB* 与 *V* 面的倾角，*ab* 与 OY_H 的夹角γ等于 *AB* 与 *W* 面的倾角。另外的两个投影 $a'b'$平行于 *OX* 轴，$a''b''$平行于 OY_W 轴，且较 *AB* 为短。投影面各平行线的投影特性见表 1-14。

表 1-14　投影面平行线的投影特性

类型	直观图	投影图	特征
水平线	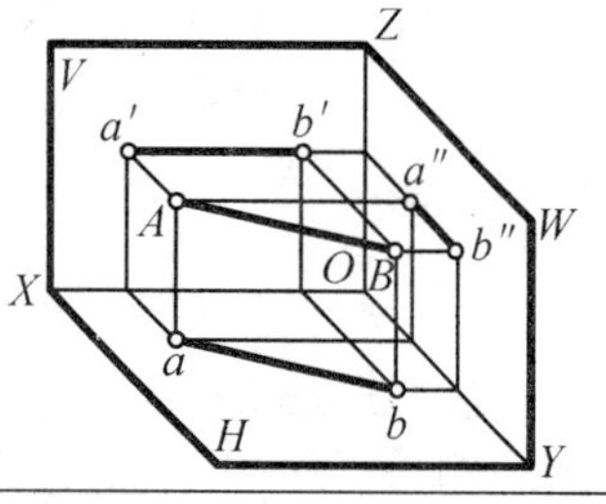	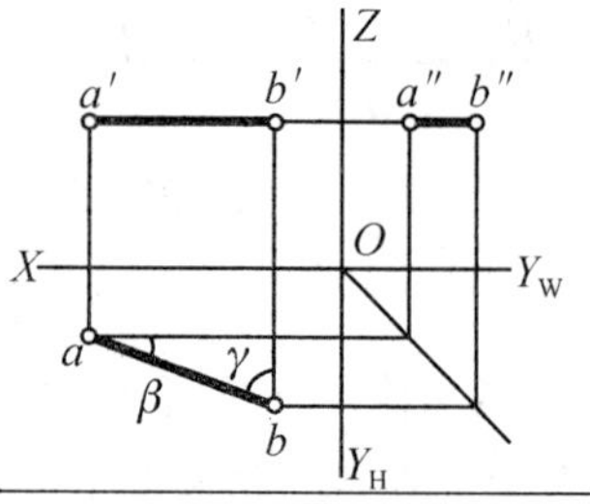	$ab=AB$ $a'b'//OX$ $a''b''//OY_W$ 反映β和γ角
正平线	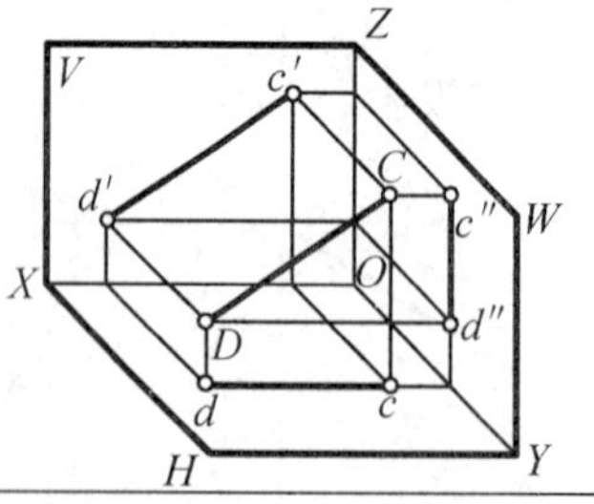	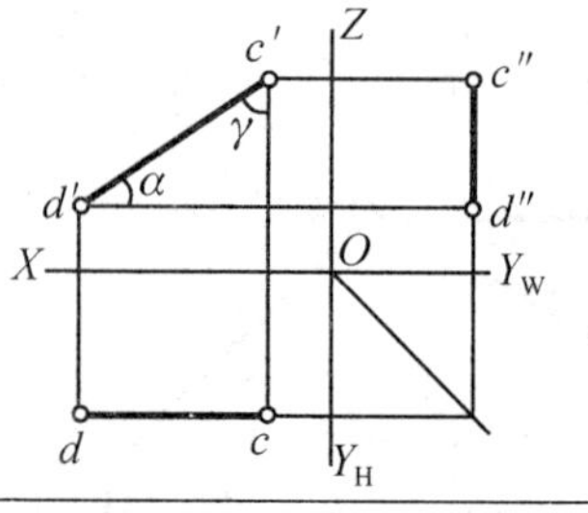	$c'd'=CD$ $cd//OX$ $c''d''//OZ$ 反映α和γ角
侧平线	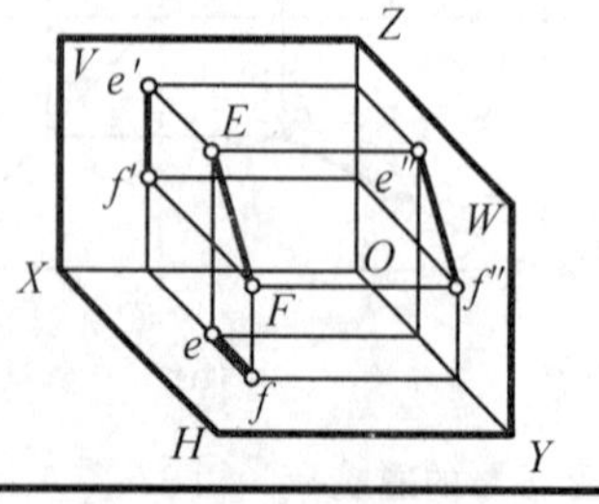	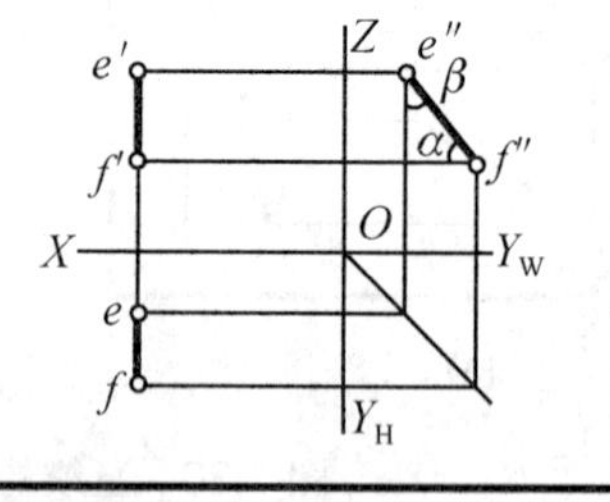	$e''f''=EF$ $e'f'//OZ$ $ef//OY_H$ 反映α和β角

综合分析各投影面平行线的投影特性可知，投影面平行线具有下列投影特性。

(1) 在其平行的投影面上的投影反映直线段实长，该投影与投影轴的夹角反映直线与另外两个投影面的真实倾角。

(2) 直线在另外两个投影面上的投影，分别平行于其所在投影面与平行投影面相交的投影轴，但不反映实长。

3) 投影面垂直线

只与一个投影面垂直的直线称为投影面垂直线。只与 H 面垂直的直线称为铅垂线，只与 V 面垂直的直线称为正垂线，只与 W 面垂直的直线称为侧垂线。以铅垂线(表 1-15)为例说明投影面垂直线的投影特性：因为 AB 垂直于 H 面，所以它的水平投影 ab 积聚成一点，而其他两个投影 $a'b'$和 $a''b''$平行于 OZ 轴，并且反映空间直线的实长。投影面各垂直线的投影特性见表 1-15。

表 1-15　投影面垂直线的投影特性

类型	直观图	投影图	特征
铅垂线	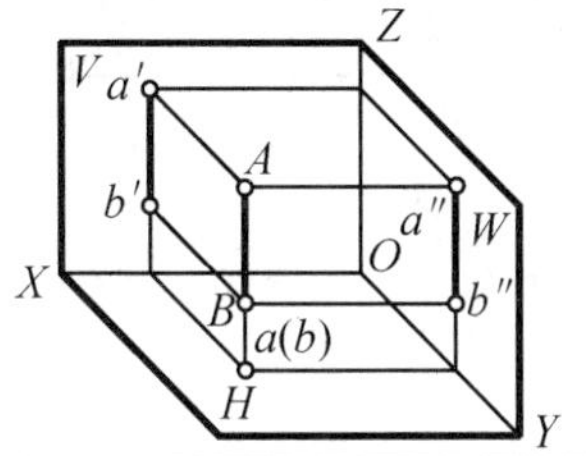	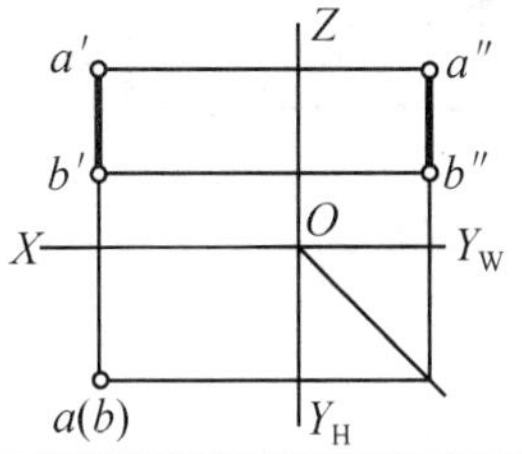	ab 积聚为一点 $a'b'=a''b''=AB$ $a'b' \perp OX$ $a''b'' \perp OY_W$
正垂线	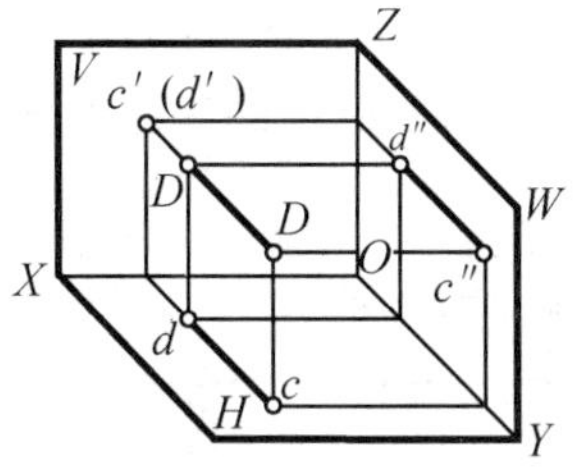	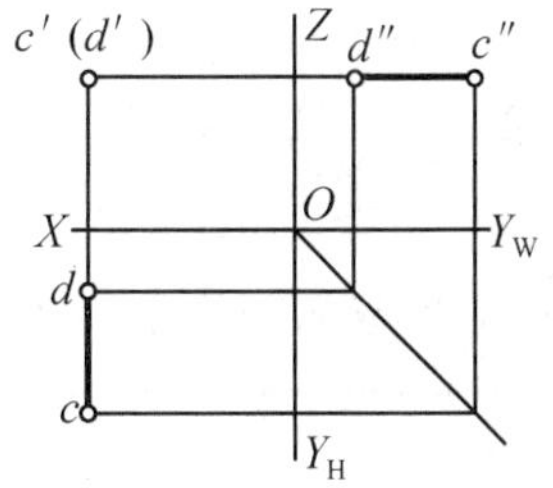	$c'd'$积聚为一点 $cd=c''d''=CD$ $cd \perp OX$ $c''d'' \perp OZ$
侧垂线	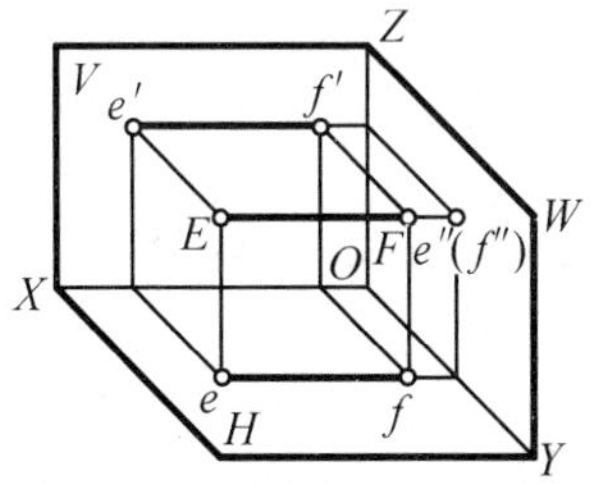	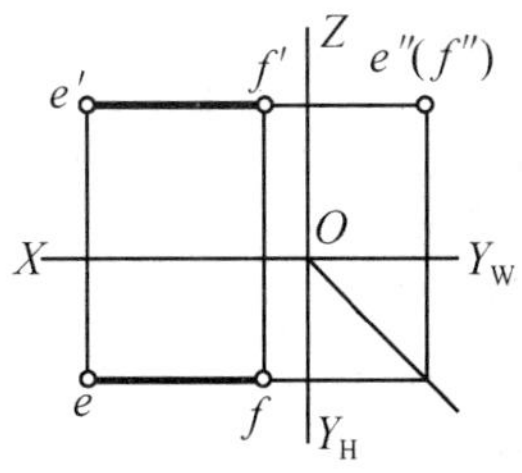	$e''f''$积聚为一点 $e'f'=ef=EF$ $e'f' \perp OZ$ $ef \perp OY_H$

综合分析各投影面垂直线的投影特性可知，投影面垂直线具有下列投影特性。

(1) 直线在其垂直的投影面上的投影，积聚为一点。

(2) 直线在其他两投影面上的投影，均垂直于其所在投影面与垂直投影面相交的投影轴，且反映实长。

3. 平面的投影

平面可以看成点和直线不同形式的组合，一般常用平面图形来表示，如三角形、四边形、圆形等。要绘制平面的投影，只需作出表示平面图形轮廓的点和线的投影，依次连接即可得平面的投影图。根据平面与投影面相对位置不同，平面可以分为三类：一般位置平面、投影面平行面、投影面垂直面。下面分别研究各类平面的投影特性。

1) 一般位置平面

与三个投影面均处于倾斜位置的平面称为一般位置平面。如图 1.31 所示为一般位置平面的投影，从中可以看出，三个投影均不反映平面的实形，也无积聚性，而是原图形的类似形。故可知一般位置平面的三面投影为三个原平面图形的类似形。

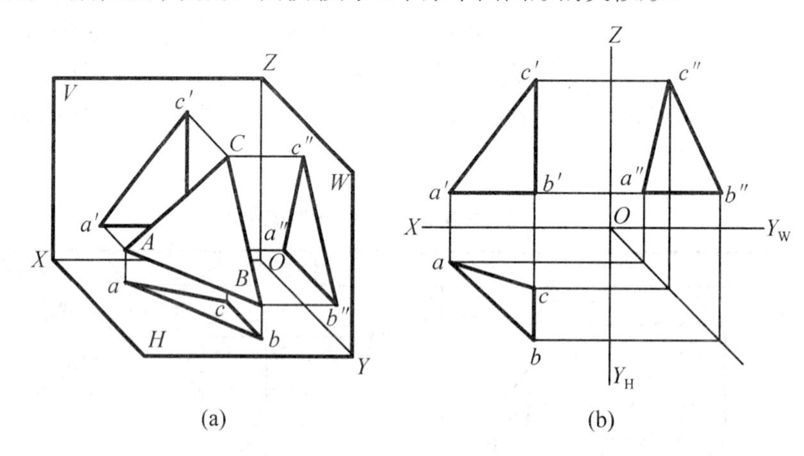

图 1.31　一般位置平面的三面投影

2) 投影面平行面

只与一个投影面平行的平面称为投影面平行面。只与 *H* 面平行的平面称为水平面，只与 *V* 面平行的平面称为正平面，只与 *W* 面平行的平面称为侧平面。各类投影面平行面的投影特性见表 1-16。

表 1-16　投影面平行面的投影特性

种类	直观图	投影图	投影特征
水平面			1. 在 *H* 面上的投影反映实形。 2. 在 *V* 面、*W* 面上的投影积聚为一条直线，且分别平行于 *OX* 轴和 OY_W 轴
正平面			1. 在 *V* 面上的投影反映实形。 2. 在 *H* 面、*W* 面上的投影积聚为一条直线，且分别平行于 *OX* 轴和 *OZ* 轴

续表

种类	直观图	投影图	投影特征
侧平面	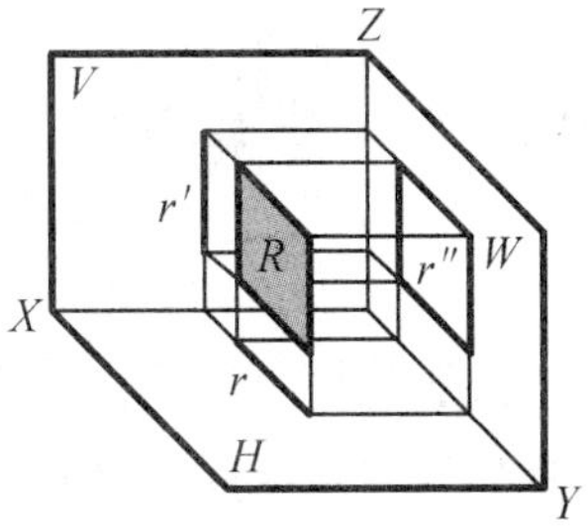	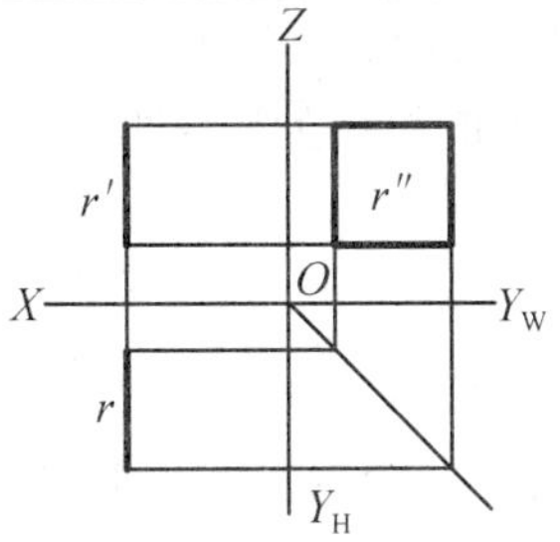	1. 在 W 面上的投影反映实形。 2. 在 H 面、V 面上的投影积聚为一条直线，且分别平行于 OZ 轴和 OY_H 轴

综合分析各类投影面平行面的投影特性可知，投影面平行面具有下列投影特性。

(1) 平面在其所平行的投影面上的投影反映实形。

(2) 平面在另外两个投影面上的投影积聚成一条直线，且分别平行于各投影所在平面与平行投影面相交的投影轴。

3) 投影面垂直面

只与一个投影面垂直的平面称为投影面垂直面。只与 H 面垂直的平面称为铅垂面，只与 V 面垂直的平面称为正垂面，只与 W 面垂直的平面称为侧垂面。它们的投影面垂直面的投影特性见表 1-17。

表 1-17 投影面垂直面的投影特性

种类	直观图	投影图	投影特征
铅垂面	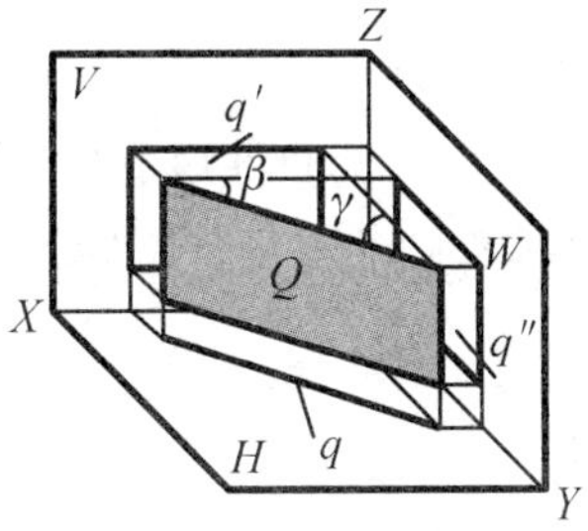	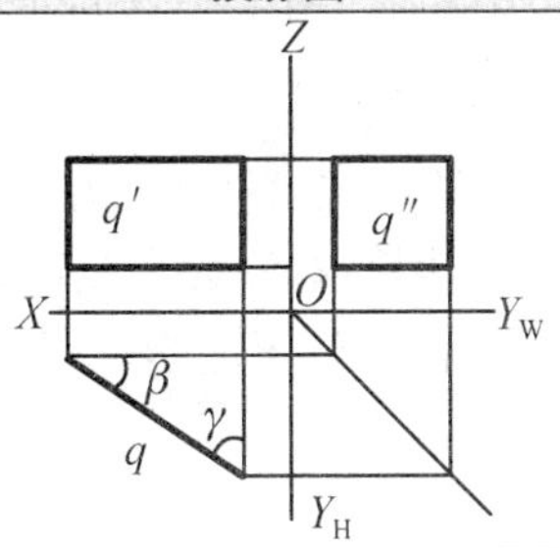	1. 水平投影积聚为一条斜直线，反映 β 和 γ 角。 2. 正面投影和侧面投影均为平面的类似图形
正垂面	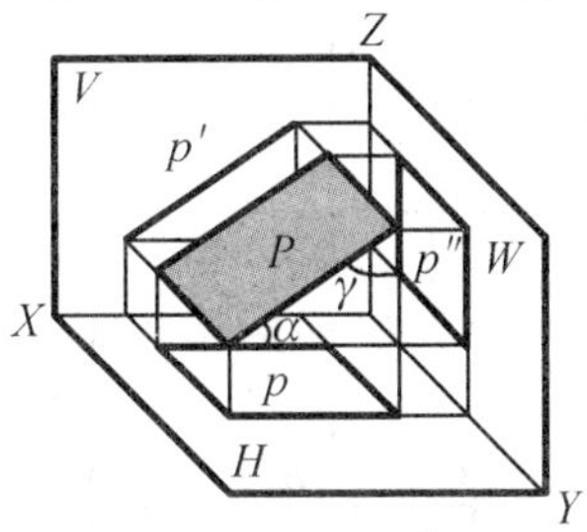	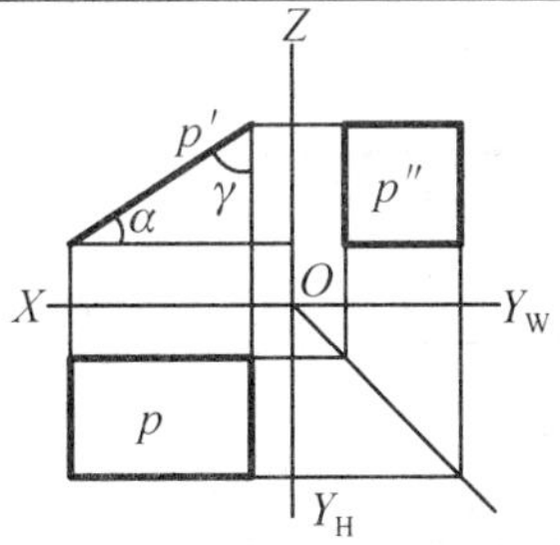	1. 正面投影积聚为一条斜直线，反映 α 和 γ 角。 2. 水平投影和侧面投影均为平面的类似图形
侧垂面	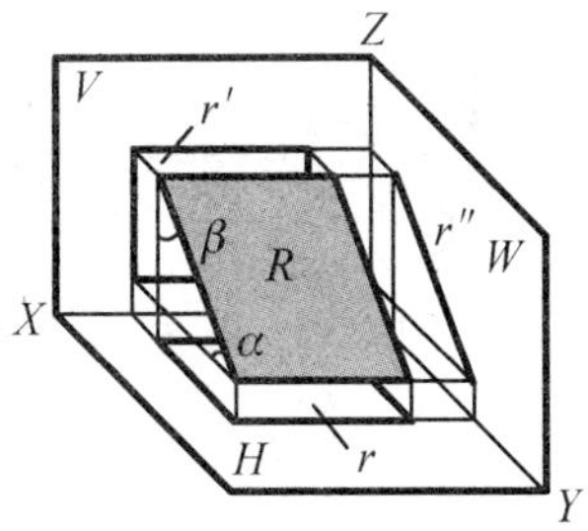	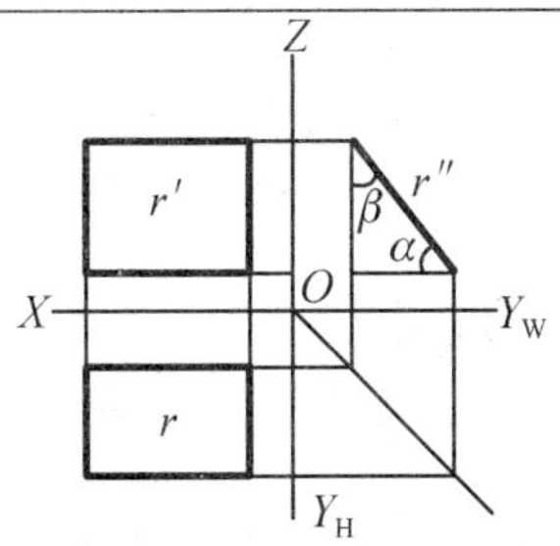	1. 侧面投影积聚为一条斜直线，反映 α 和 β 角。 2. 正面投影和水平投影均为平面的类似图形

综合分析各类投影面垂直面的投影特性可知，投影面垂直面具有下列投影特性。

(1) 平面在其垂直的投影面上的投影积聚成一条直线，且该直线与相应投影轴的夹角，反映该平面对另外两个投影面的倾角。

(2) 平面在另两个投影面上的投影为原平面图形的类似形，且小于实形。

4) 圆的投影

(1) 平行于投影面的圆。

当圆所在平面平行于某投影面时，由投影面平行面的投影特性可知：在所平行的投影面上的投影反映圆的实形；另外两个投影面上的投影分别积聚为直线段，其长度均等于圆的直径，且平行于相应的轴。

如图1.32所示的水平圆，其水平投影反映该圆的实形；正面投影积聚为直线段，长度为直径 AB 的长度，且平行于 OX 轴；侧面投影积聚为直线段，长度为直径 CD 的长度，且平行于 OY_H 轴。

(2) 垂直于某投影面的圆。

圆在与它倾斜的投影面上的投影为椭圆。当圆上一对相互垂直的直径之一平行某投影面时，此相互垂直的直径在该投影面上的投影也垂直，且成为椭圆的对称轴，即椭圆的长轴和短轴。因此投影为椭圆时的长轴是平行于投影面的直径的投影，短轴是与上述直径垂直的直径的投影。

当圆平面垂直于某投影面时，在该投影面上的投影积聚为直线段，长度等于直径；在另外两个投影面上的投影为椭圆，其长轴为同时平行于该两个投影面的平行线，即为圆平面所垂直的那个投影面的垂直线，长度为直径，短轴与之垂直。

如图1.33所示，圆平面垂直于正面 V，其正面投影积聚为直线段 $a'b'$，$a'b'$长度等于直径 AB；水平投影应为椭圆，其长轴 cd 为正垂线，且等于圆的直径，短轴 ab 与之垂直，其长度由短轴的正面投影 ab 的相应位置而定。

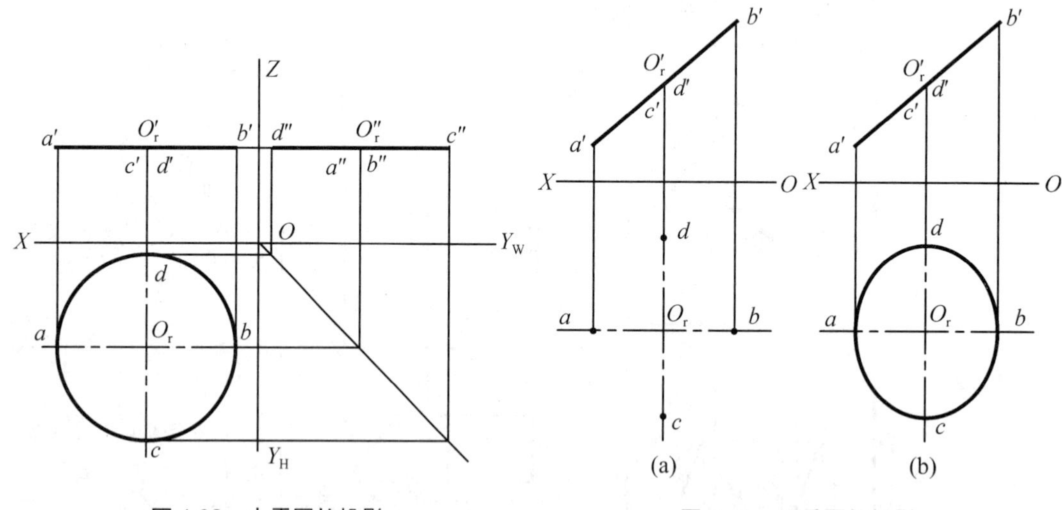

图1.32　水平圆的投影

图1.33　正垂圆的投影

1.2.4 立体的投影

1. 平面立体的投影

由平面构成的几何体称为平面几何体(即平面立体)。在建筑工程中多数构配件是由平面几何体构成的。常见的类型有棱柱体、棱锥体、棱台体等。

1) 棱柱体的投影

棱柱体是由平行的顶面、底面及若干个侧棱面围成的实体，且侧棱面的交线(棱线)互相平行。把棱线垂直于底面的棱柱称为直棱柱；棱线与底面斜交的棱柱称为斜棱柱；底面为正多边形的直棱柱称为正棱柱。下面以正棱柱为例来说明棱柱体投影的作法及正棱柱投影的规律。

(1) 棱柱体投影的作法。

以正三棱柱为例，如图1.34(a)所示，绘制其三面投影。

分析：由前面学习可知，当平面与投影面的相对位置不同时，得到的投影也不相同，平面体的投影亦是如此。通常为了画图和看图方便，在作棱柱的投影时，常使棱柱的两个底面与一个投影面平行。

该三棱柱顶面和底面均为水平面，其水平投影为正三角形，另两个投影均为水平的直线段(具有积聚性)。所有侧棱面都垂直于 H 面，水平投影为直线段，且重合在三角形的三条边上，三条棱线都为铅垂线。其作图结果如图1.34(b)所示。

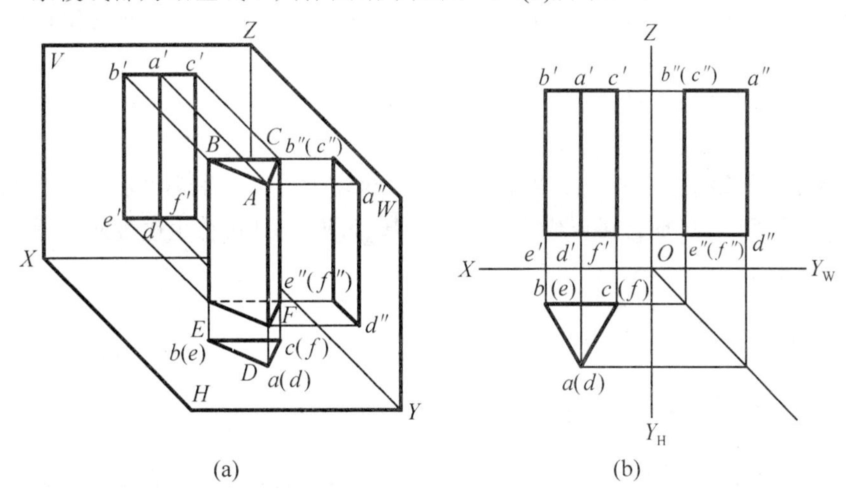

图1.34 正三棱柱的投影

同理，可以画出正四棱柱、正五棱柱、正六棱柱等棱柱体的投影。如图1.35所示为正五棱柱的投影，在 V 面投影中，有两条棱线不可见，画虚线。

(2) 正棱柱投影的规律。

综合分析正三棱柱、正五棱柱等棱柱体的投影，可知当正棱柱体底面与一个投影面平行时的三面投影规律为，正棱柱的一个投影为多边形，另两个投影的外部轮廓为矩形；多边形的边数为棱柱的棱数。

利用其投影规律可以绘制棱柱体的投影，反之，也可帮助识读棱柱体的投影。即当一个形体的三面投影具有如上特征时，则可判断该形体为棱柱体，根据多边形的边数可知其为几棱柱。

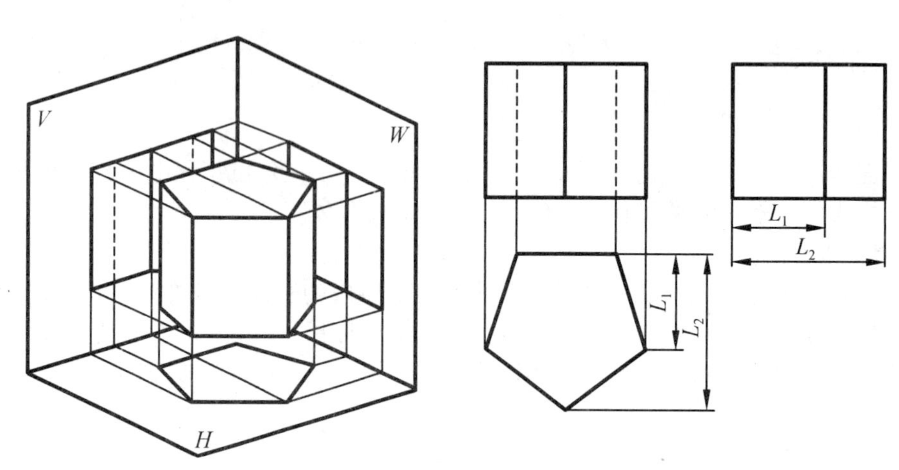

图 1.35　正五棱柱的投影

2) 棱锥体的投影

由一个底面和若干个侧棱面围成的实体称为棱锥体，其底面为多边形，各个侧棱面为三角形，所有棱线都汇交于锥顶。与棱柱类似，棱锥也有正棱锥和斜棱锥之分。下面以正棱锥为例来说明棱锥体投影的作法及正棱锥投影的规律。

(1) 棱锥体投影的作法。

为方便于作棱锥体的投影，常使棱锥的底面平行于某一投影面。通常使其底面平行于 *H* 面，如图 1.36(a)所示，绘制其三面投影。

分析：底面 *ABC* 为水平面，水平投影反映实形(为正三角形)，另外两个投影为水平的积聚性直线段。侧棱面 *SAC* 为侧垂面，侧面投影积聚为直线段；另两个棱面是一般位置平面，三个投影呈类似的三角形。棱线 *SA*、*SC* 为一般位置直线，棱线 *SB* 是侧平线，三条棱线通过棱锥顶点 *S*。作图时，可以先作出底面和棱锥顶点 *S*，再补全棱锥的投影。其作图结果如图 1.36(b)所示。

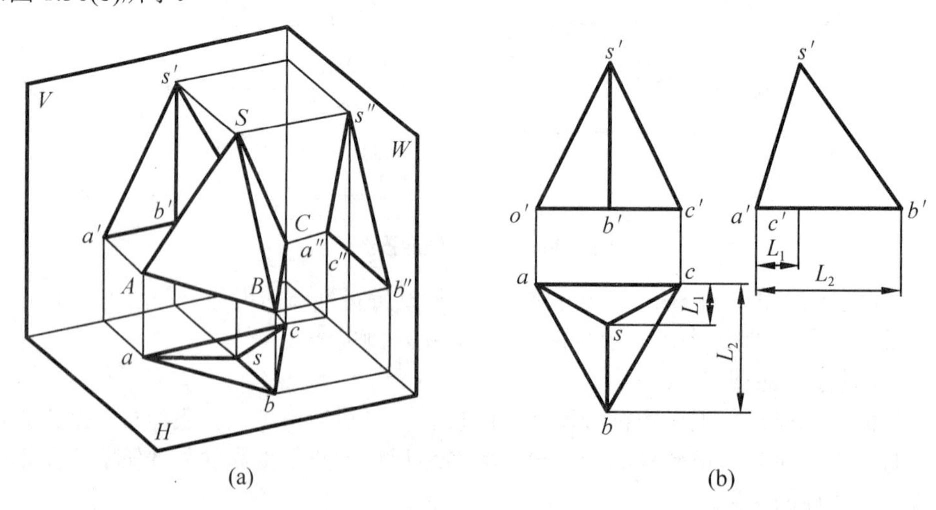

图 1.36　正三棱锥的投影

同理，可以画出正四棱锥、正五棱锥、正六棱锥等棱锥体的投影。如图 1.37 所示正五棱锥的投影，在 *V* 面投影中，有两条棱线不可见，画虚线。

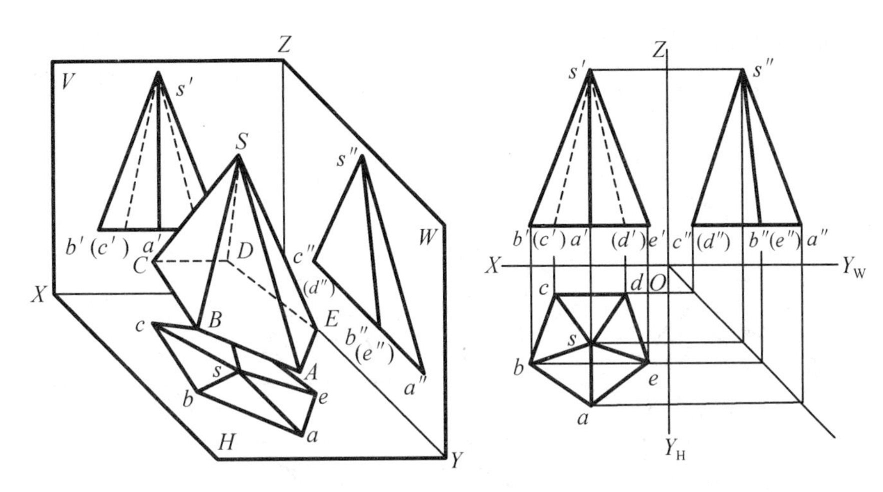

图 1.37 正五棱锥的投影

(2) 正棱锥投影的规律。

综合分析正三棱锥、正五棱锥等棱锥体的投影，可知当正棱锥体底面与一个投影面平行时的三面投影规律为，正棱锥的一个投影的外部轮廓为多边形，另两个投影的外部轮廓为三角形。

多边形投影的边数反映棱锥的棱数，其内部是以该多边形为底边，以棱锥的顶点为公共顶点的多个三角形。

另两个三角形投影的底边分别与相应投影轴平行，其内部是多个以棱锥的顶点为公共顶点的三角形。

利用其投影规律可以绘制正棱锥体的投影，反之，也可帮助识读正棱锥体的投影。即当一个形体的三面投影具有如上特征时，则可以判断该形体为正棱锥体，根据多边形的边数可知其为几棱锥。

3) 棱台体的投影

用平行于棱锥底面的一个平面切割棱锥后，底面与截面之间的中间部分称为棱台体。其特征是两底面相互平行，各侧面均为梯形。同样，棱台也有正棱台和斜棱台之分。下面以正棱台为例来说明棱台体投影的作法及正棱台投影的规律。

(1) 棱台体投影的作法。

为方便作棱台体的投影，常使棱台的底面平行于某一投影面。通常使其底面平行于 *H* 面，如图 1.38(a)所示。根据正投影原理，作正三棱台体的三面投影，如图 1.38(b)所示。

如图 1.39 所示为正四棱台的投影。

(2) 正棱台投影的规律。

综合分析正三棱台、正四棱台等棱台体的投影，可知当正棱台体底面与一个投影面平行时的三面投影规律为，正棱台的一个投影的外部轮廓为多边形，另两个投影的外部轮廓为梯形。

多边形的内部由与其相似的多边形及与之相应顶点相连而构成，多边形的边数反映棱台的棱数。

梯形的内部可能包含一个或多个梯形，且它们的上下底边均平行于各自所在投影面与棱台底面平行投影面相交的投影轴。

利用其投影规律可以绘制棱台体的投影，反之，也可帮助识读棱台体的投影。即当一个形体的三面投影具有如上特征时，则可以判断该形体为棱台体，根据多边形的边数可知其为几棱台。

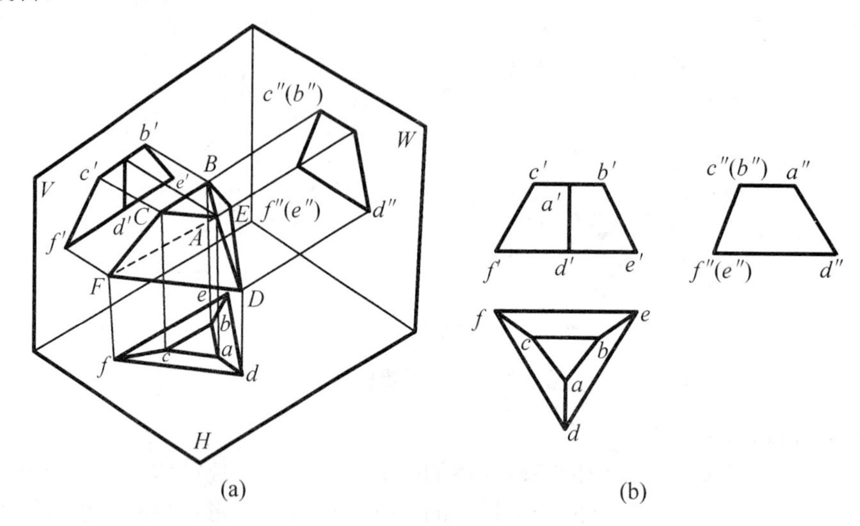

图 1.38　正三棱台的投影

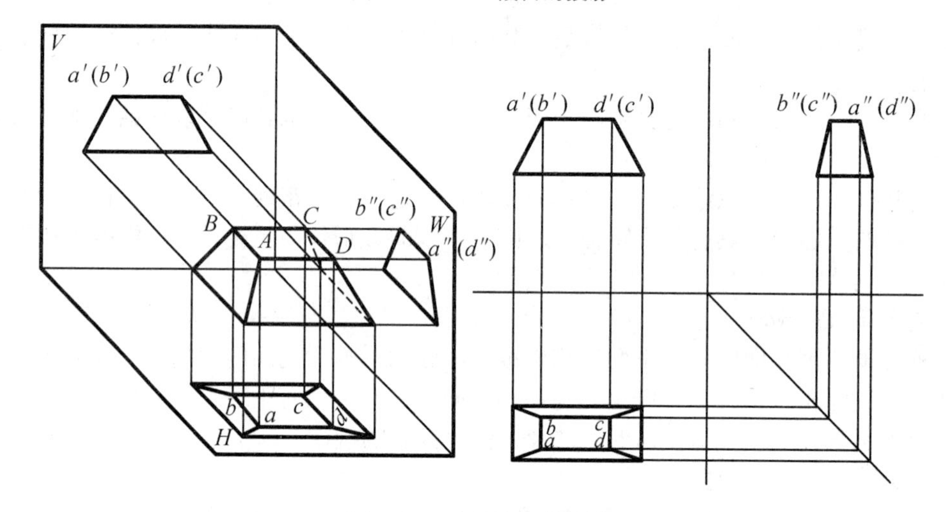

图 1.39　正四棱台的投影

2. 曲面立体的投影

由曲面或由曲面与平面围合而成的形体称为曲面几何体(即曲面立体)，如圆柱体、圆锥体、圆台体、球体等。

1) 圆柱体的投影

圆柱体是由两个相互平行且相等的圆平面和一个圆柱面围成的形体。两个圆平面称为圆柱的上下底面，圆柱面称为圆柱的侧面。

为方便作圆柱体的投影，常使圆柱的底面平行于某一投影面。通常使其底面平行于 H 面，其投影如图 1.40 所示。

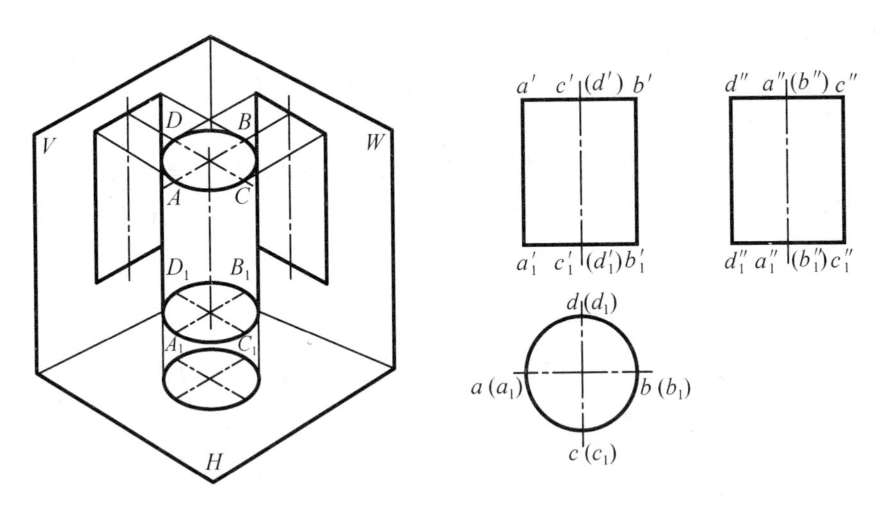

图 1.40 圆柱体的投影

圆柱的水平投影是一个圆，它是上下底面投影的重合和圆柱侧面投影的积聚。圆柱在 *V*、*W* 面上的投影是一个矩形，分别是由正面轮廓和侧面轮廓产生的。由此可知，底面与一个投影面平行的圆柱体的三面投影规律为，一个投影为圆，另两个投影为全等的矩形。

利用其投影规律可以绘制圆柱体的投影，反之，也可帮助识读圆柱体的投影。即当一个形体的三面投影具有如上特征时，则可以判断该形体为圆柱体。

2) 圆锥体的投影

圆锥体是由一个圆形平面与一个圆锥面围成的形体。圆平面称为底面，圆锥面称为侧面。

为方便作圆锥体的投影，常使圆锥的底面平行于某一投影面。如图 1.41 所示为其底面平行于 *H* 面的圆锥体的投影。

圆锥的水平投影为圆，反映了底面圆的实形，实际上是圆锥底面和侧面投影的重合，水平投影的圆心就是圆锥顶点的投影。*V* 面及 *W* 面的投影均为三角形，其水平线为底圆投影积聚而成，另两条与顶点相连的斜线为左右两素线的投影。由此可知，底面与一个投影面平行的圆锥体的三面投影规律为一个投影为圆，另两个投影为全等的等腰三角形。

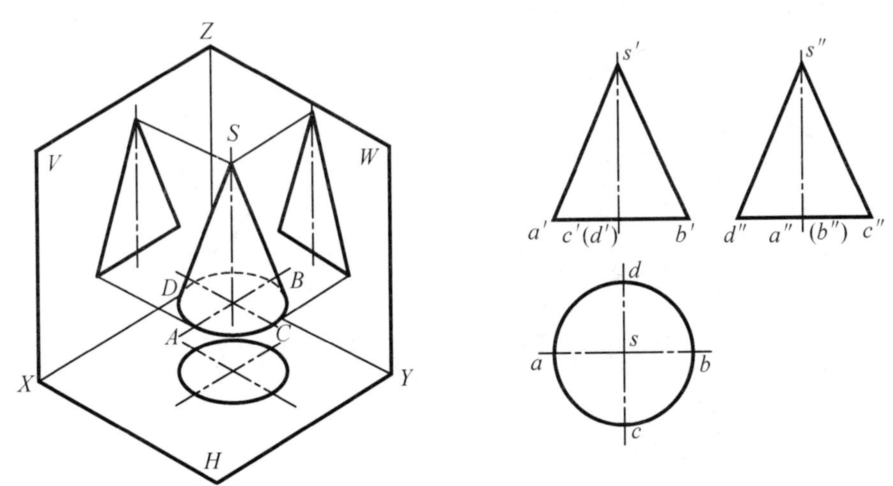

图 1.41 圆锥体的投影

利用其投影规律可以绘制圆锥体的投影，反之，也可帮助识读圆锥体的投影。即当一个形体的三面投影具有如上特征时，则可以判断该形体为圆锥体。

3) 圆台体的投影

用平行于底面的平面切割圆锥，截面和底面的中间部分称为圆台。

为方便作圆台的投影，常使圆台的底面平行于某一投影面。如图 1.42 所示为其底面平行于 *H* 面的圆台的投影。

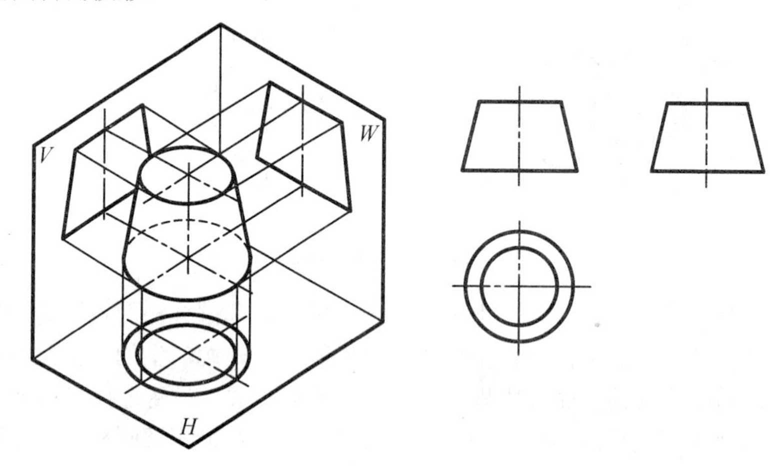

图 1.42 圆台的投影

圆台的水平投影为两个同心圆，是上下两底面的投影，且反映实形，两圆之间的部分为圆台侧面的投影。*V* 面及 *W* 面的投影为全等的等腰梯形，其水平线为上下两底面投影积聚而成，两条斜边为左右两素线的投影。由此可知，底面与一个投影面平行的圆台的三面投影规律为，一个投影为两个同心圆，另两个投影为全等的等腰梯形。

利用其投影规律可以绘制圆台体的投影，反之，也可帮助识读圆台体的投影。即当一个形体的三面投影具有如上特征时，则可以判断该形体为圆台体。

4) 球体的投影

球面自动封闭形成的形体称为球体。其投影如图 1.43 所示。

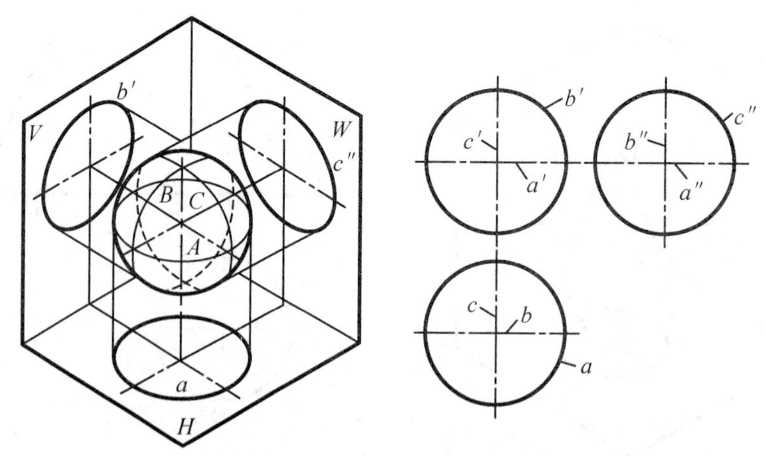

图 1.43 球体的投影

球体的三个投影外形轮廓均是以球体直径为直径的圆。H 面投影的圆形为球体上下半球面的重合，圆周是上下两半球分界面轮廓的投影。V 面与 W 面投影分别为球体前后和左右半球面的重合。由此可知，球体的三面投影规律为，球的投影为三个直径相等的圆。

利用其投影规律可以绘制球体的投影，反之，也可帮助识读球体的投影。即当一个形体的三面投影具有如上特征时，则可以判断该形体为球体。

3. 组合体的投影

1) 组合体的构成

组合体就是由基本几何体按不同方式组合而成的形体。建筑工程中的形体，大部分是以组合体的形式出现的。

组合体按构成方式的不同可分为以下几种形式。

(1) 叠加型组合体。由几个基本几何体堆砌或拼合而成的形体，称为叠加型组合体，如图 1.44 所示。其投影由几个基本几何体的投影组合而成。

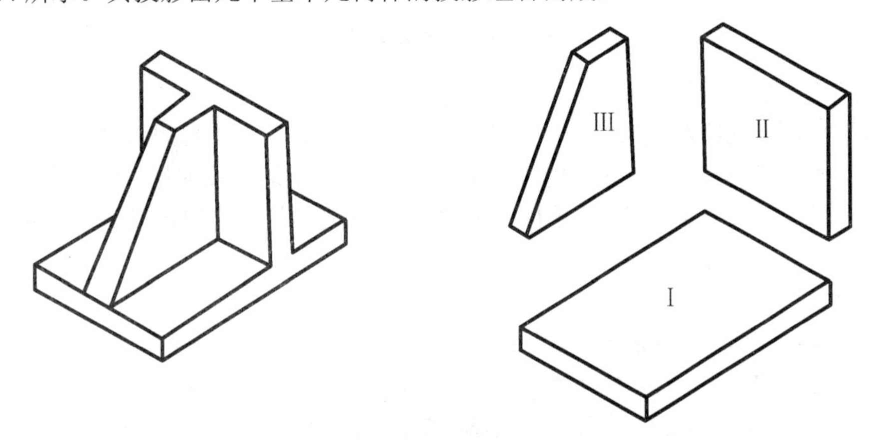

图 1.44 叠加型组合体

(2) 切割型组合体。由一个基本几何体经过若干次切割后形成的形体，称为切割型组合体，如图 1.45 所示。绘制其投影时，可先画基本几何体的三面投影图，然后根据切割位置，分别在几何体投影上切割。

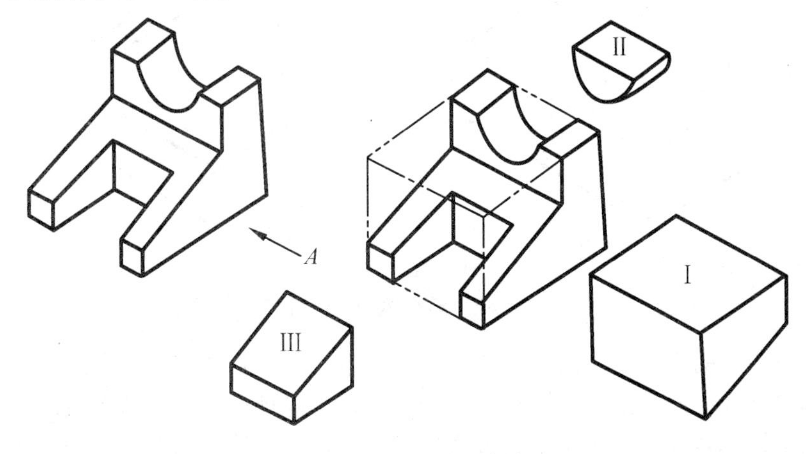

图 1.45 切割型组合体

(3) 混合型组合体。混合型组合体是既有叠加又有切割的组合体，如图 1.46 所示。

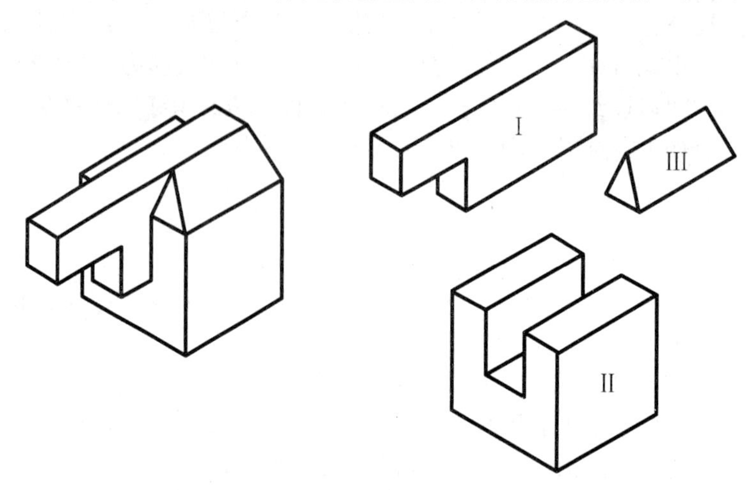

图 1.46 混合型组合体

2) 组合体三面投影图的画法

由于组合体形状比较复杂，一般绘制组合体的投影图时，总体思路是，将组合体分解成若干个基本几何体，并分析它们之间的相互关系，绘制每个基本几何体的投影，然后根据组合体的组成方式及基本体之间的关系，将基本几何体的投影组合成组合体的投影。

作投影图时，具体步骤如下。

(1) 形体分析。

为方便画图，通常将复杂形体人为地分解成若干个基本几何体进行分析，这种方法称为形体分析法。如图 1.47 所示的组合体，用形体分析的方法可把它看成由三个基本几何体组成。主体由下方长方体底板、后面四棱柱和上部横放的三棱柱组成，显然，这是叠加型组合体。

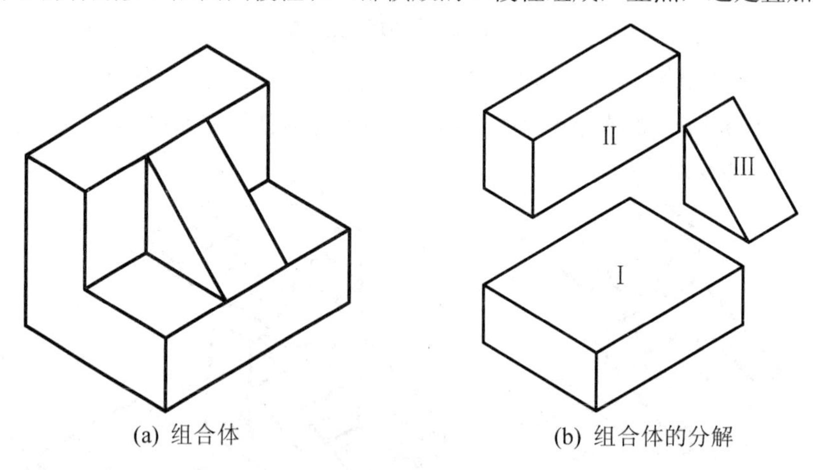

(a) 组合体　　(b) 组合体的分解

图 1.47 组合体的形体分析

形体分析的目的主要是弄清组合体的形状，为绘制组合体的投影图打基础。因此，同一个组合体允许采用不同的组合形式进行分析。即可以把一个组合体看成由几个基本体叠加而成，也可把其看成由一个基本体多次切割而成。但无论采用何种组合方式分析，只要分析正确，最后得出的组合体的形状是相同的。至于采用哪种组合方式进行分析，要根据形体的具体形状及个人的思维习惯灵活采用。

(2) 投影分析。

在用投影图表达形体时，形体的安放位置及投影方向，对形体形状特征的表达和图样的清晰程度等有明显的影响。因此，在画图前，需进行投影分析，确定较好的投影方案。一般从以下几个方面进行分析。

① 形体的安放位置。一般形体在投影体系中的位置，应使形体上尽可能多的线或面为投影面的特殊位置线或面。对于工程形体，通常按其正常状态和工作位置放置，一般保持基面在下并处于水平位置，如图 1.47(a)所示。

② 正面投影的选择。正面投影应选择形体的特征面。所谓特征面，是指能够显示出组成形体的基本几何体及它们之间的相对位置关系的一面。如图 1.48 所示的 1 方向为形体的特征面。此外，还应适当考虑其他的投影，尽可能减少投影图中的虚线。如选择 2 方向比较合适，其侧面图虚线较少。

③ 投影数量的确定。正面投影确定后，为减少画图的工作量，在能够完整、清楚地表达形体的形状及结构的前提下，尽量减少投影图的数量。对组合体而言，一般要画出三面投影。

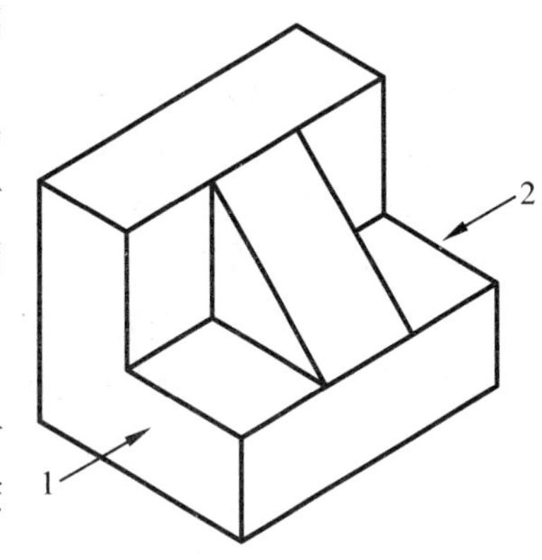

图 1.48　正面投影的选择

(3) 组合处的图线分析。

为了避免组合体的投影出现多线或漏线的错误，要对组合处的图线是否存在进行分析，以便正确画图。一般按下列几种情况进行分析处理。

当两部分叠加时，对齐共面组合处表面无线，如图 1.49(a)所示。

当两部分叠加，对齐但不共面时，组合处表面应有线，如图 1.49(b)所示。

当组合处两表面相切，即光滑过渡时，组合处表面无线，如图 1.49(c)所示。

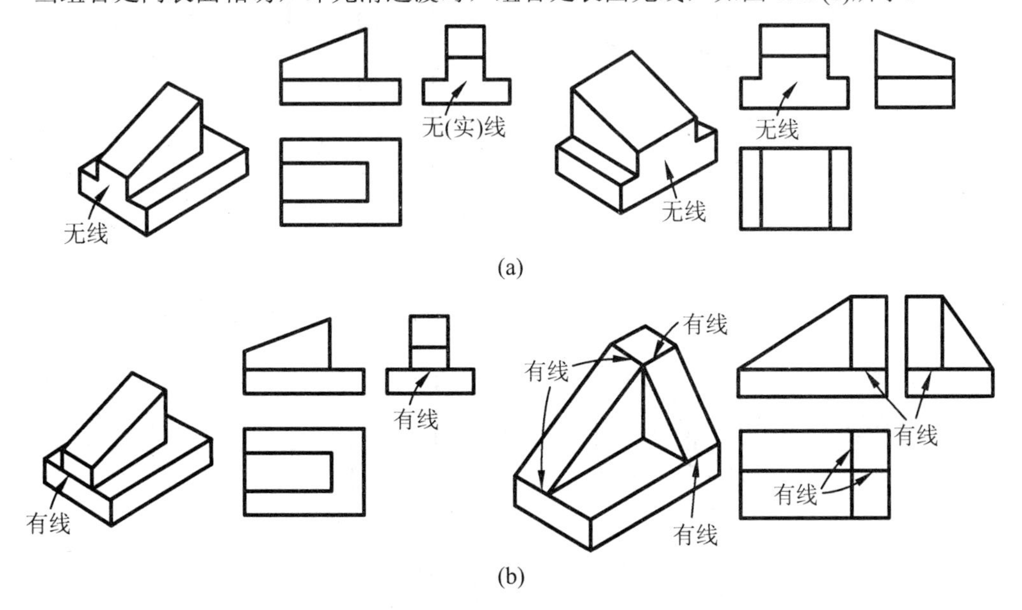

图 1.49　组合处的图线分析

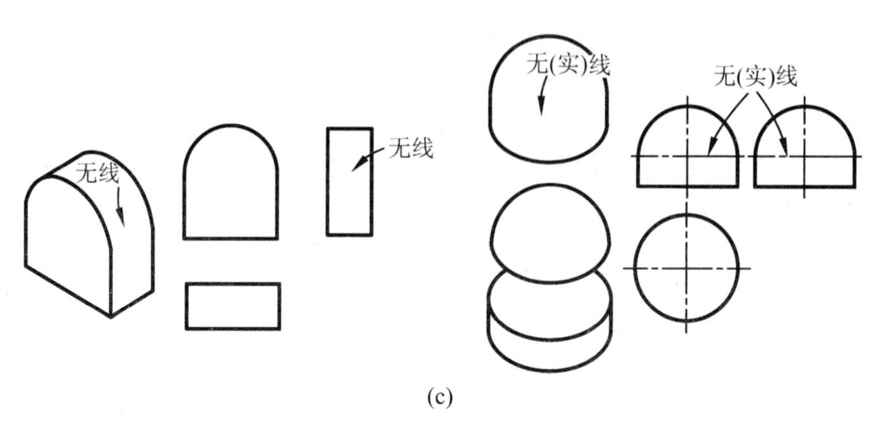

(c)

图 1.49　组合处的图线分析(续)

(4) 作投影图。

完成形体分析，确定投影方案后，再画投影图。

根据形体的大小和复杂程度，确定图样的比例和图纸的图幅，用形体的基准线、对称线确定出各投影的位置。

根据形体分析的结果，依次画出各基本形体的三面投影。对每个基本形体，应先画反映形状特征的投影(如圆柱反映圆的投影)，再画其他的投影。画图时，要注意各部分的组合关系，如图 1.50(a)～(f)所示。

检查投影图的正确性。各投影之间是否符合三面投影的基本规律，各基本几何体之间结合处的投影是否有多线或漏线现象。

通过与物体的对比，发现在正面投影上，Ⅰ与Ⅱ的交接处有多余线条，去掉后可得物体的三面投影，如图 1.50(g)、(h)所示。

检查无误后加深图形。

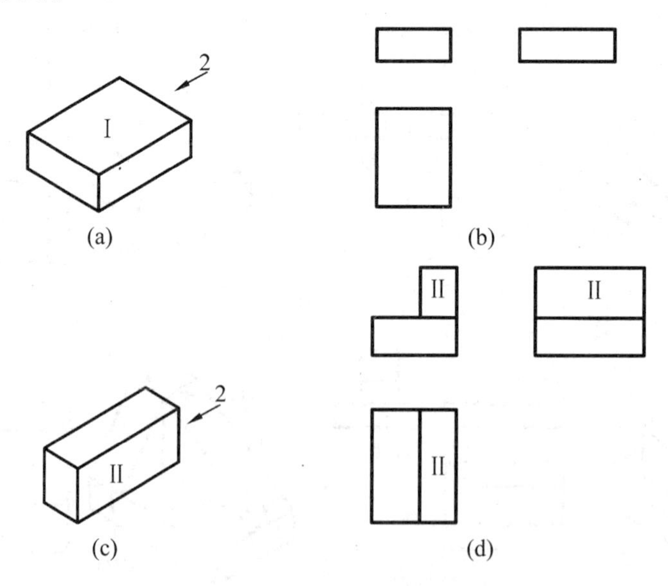

(a)　(b)　(c)　(d)

图 1.50　组合体三面投影的形成过程

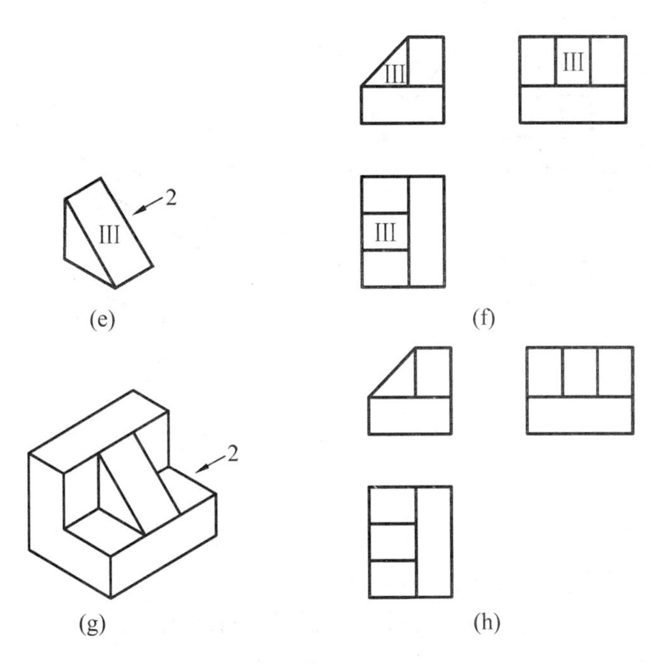

图 1.50　组合体三面投影的形成过程(续)

4. 组合体投影图的识读

读图就是运用正投影的原理，根据投影图想象出形体的空间形象，它是画图的逆过程。读图的基本方法一般有形体分析法和线面分析法两种。

1) 形体分析法

形体分析法是以特征投影图(一般为正面投影)为中心，联系其他投影图分析投影图上所反映的组合体的组合方式，然后在投影图上把形体分解成若干基本形体，并按各自的投影关系，分别想象出每个基本形体的形状，再根据各基本形体的相对位置关系，结合组合体的组合方式，把基本形体进行整合，想象出整个形体的形状。这种读图的方法称为形体分析法。

【例 1-1】如图 1.51(a)所示，想象其形状。

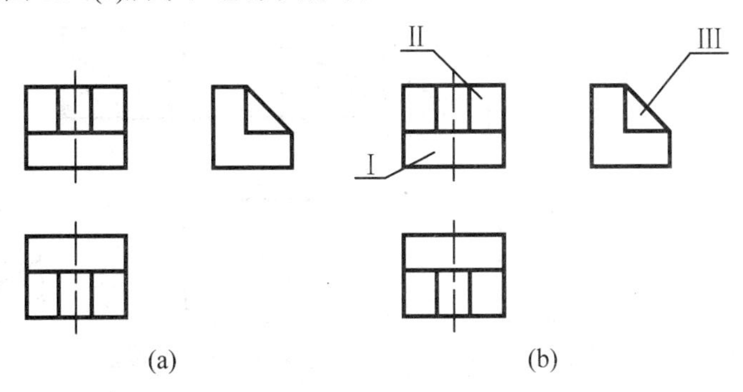

图 1.51　形体分析法识读投影图

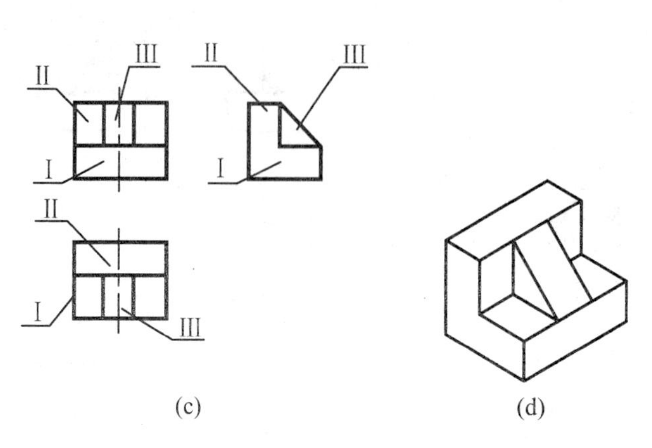

(c) (d)

图 1.51 形体分析法识读投影图(续)

分析：

(1) 根据三面投影的特征可判断该组合体为叠加体。按正面投影和侧面投影的特征，该组合体可分为三部分，如图 1.51(b)所示。

(2) 找出每一部分对应的三面投影，如图 1.51(c)所示。

(3) 根据每一部分投影的特征，推断出基本几何体的形状。可以分析出，Ⅰ是平放的长方体，Ⅱ是立放的长方体，Ⅲ是横放的三棱柱。

(4) 最后，根据各部分投影的相对位置关系，将三部分形体组合起来，组合体的形状就清楚了。然后对应三面投影图，最终确定出组合体的形状，如图 1.51(d)所示。

2) 线面分析法

根据组合体各线、面的投影特性来分析投影图中线和线框的空间形状和相对位置，从而确定组合体的总形状的方法称为线面分析法。它是一种辅助方法，通常是在对投影图进行形体分析的基础上，对投影图中难以看懂的局部投影，运用线面分析的方法进行识读。

要用线面分析法，需弄清投影图中封闭线框和线段代表的意义。一个封闭线框，可能表示一个平面或曲面，也可能表示一个相切的组合面，还可能表示一个孔洞。投影图中一个线段，可能是特殊位置的面，也可能是两个面的交线，还可能表示曲面的轮廓素线。

【例 1-2】如图 1.52(a)所示，想象其形状。

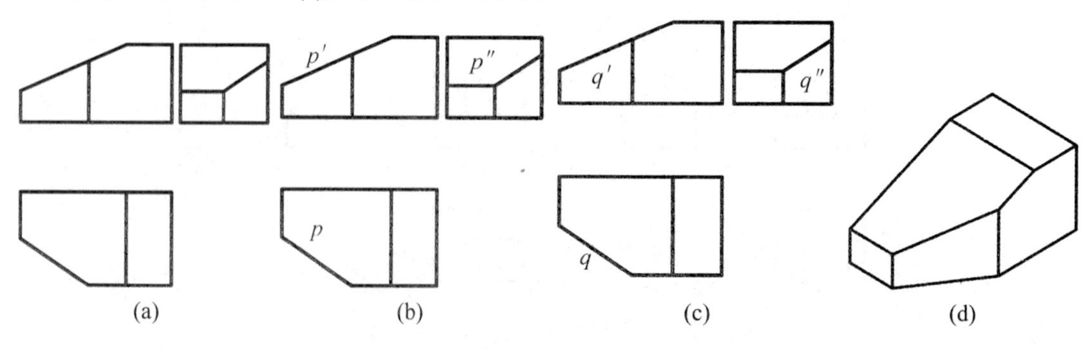

(a) (b) (c) (d)

图 1.52 线面分析法识读投影图

分析：

(1) 该物体的正面投影和水平投影的外形可补全成一个长方形，则该物体的外形可看成一个长方体。由于内部图线较多，因此可初步分析这是由一个长方体切割而成的形体，为了弄清切割方式，可用线面分析法识读。

(2) 如图 1.52(b)所示，正面投影中有一条斜线 p'，根据投影的基本原则，其对应的投影应为 p 和 p''，p 和 p''是两个线框，则 P 为正垂面。由此可知，长方体的左上部被正垂面 P 切去一个三棱柱。

(3) 如图 1.52(c)所示，水平投影中有一条斜线 q，根据投影的基本原则，其对应的投影应为 q'和 q''，q'和 q''是两个线框，则 Q 为铅垂面。由此可知，长方体左前部被铅垂面 Q 切去一个三棱柱。

(4) 如图 1.52(d)所示，是根据线面分析法分析出各平面位置和形状，想象出的整体空间形状。

3) 读图步骤

阅读组合体投影图时，一般可按下列步骤进行。

(1) 从整体出发，先把一组投影统看一遍，找出特征明显的投影面，粗略分析出该组合体的组合方式。

(2) 根据组合方式，将特征投影大致划分为几个部分。

(3) 区分各部分的投影，根据每个部分的三面投影，想象出每个部分的形状。

(4) 对不易确认形状的部分，应用线面分析法仔细推敲。

(5) 将已经确认的各部分组合，形成一个整体。然后按想出的整体作三面投影，与原投影图相比，若有不符之处，则应将该部分重新分析和辨认，直至想出的形体的投影与原投影完全符合为止。

读图是一个空间思维的过程，每个人的读图能力与掌握投影原理的深浅和运用的熟练程度有关。因为较熟悉的形状易于想象，所以读图的关键是每个人都要尽可能多地记忆一些常见形体的投影，并通过自己反复地进行读图实践，积累经验，以提高读图的能力和水平。

【例 1-3】 如图 1.53(a)所示，想象其空间形状。

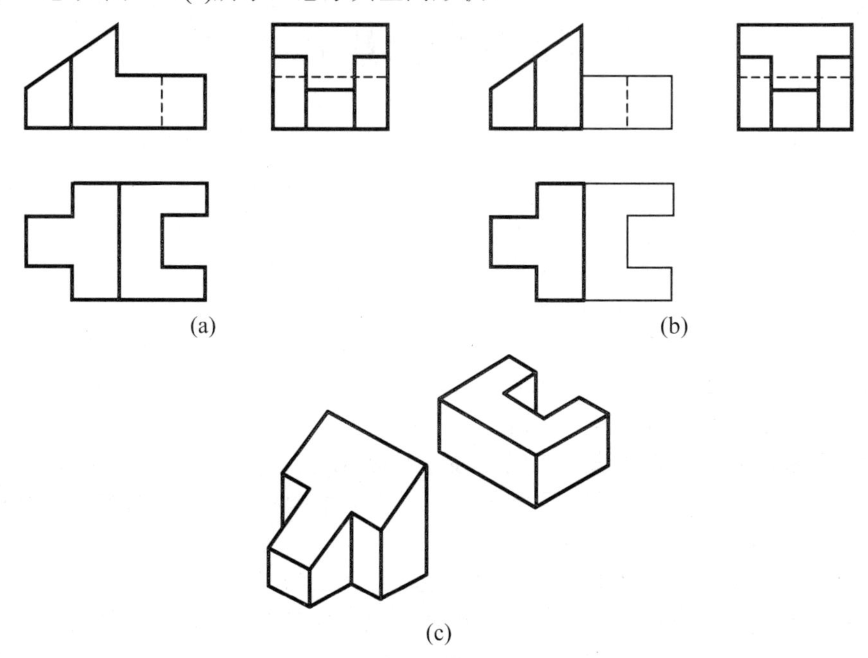

图 1.53 形体投影图的识读

分析：

(1) 从图 1.53(a)中可看出，水平投影比较能反映该形体的形状特征，从整体看该形体既有叠加又有切割，故该形体为混合型组合体。

(2) 按正面投影和水平投影的特征，整体上该组合体可分为左右两部分，细部上每一部分又是一个切割体，如图 1.53(b)所示。

(3) 分别找出各部分的投影。从投影图中可明显地分辨出各部分的水平投影和正面投影，如图 1.53(b)所示，粗线部分为左半部分投影，细线部分为右半部分投影，侧面投影需进一步分析。因此，可以先从正面投影和水平投影想象物体的空间形状，再用侧面投影进行验证。

(4) 想象各部分形体的形状。

左半部分的投影分析：将正面投影和水平投影外形补成长方形后，可看出左部形体的外形为一个长方体，从其水平投影可知，长方体的左前和左后各被切去了一个长方体；从其正面投影可知，长方体的上部被一个正垂面切去一部分，则可想象出其空间形状如图 1.53(c)所示左半部分。

右半部分的投影分析：该部分外形的投影是一个长方体，从其水平投影可知，长方体的右中部被切去了一部分；结合正面投影，可初步确定被切去的为一个长方体，则可想象出其空间形状如图 1.53(c)所示右半部分。

将两部分组合在一起，组成该物体的空间形状，与侧面图进行对照，左半部分侧投影相符，右半部分投影中，因左半部分高，故在侧投影中出现了虚线；又因右半部分凹口宽度和左半部分的凸块部分的宽度相等，故凹口在侧面投影上的虚线正好与凸块的实线重合，由分析可知右半部分投影也相符。

(5) 最后将想象出的空间形状和物体的三面投影一一对比，检查是否完全相符，对不符之处，再进行分析、辨认，直至想出的形体的投影与原投影完全符合为止。

本章小结

国家制图相关标准的部分内容，包括图纸幅面与标题栏、图线、比例与图例、尺寸标注、字体。这些内容是学习建筑制图与识图首先应掌握的，也是掌握绘图基本技能的前提。要注意图纸幅面与标题栏的格式、线宽与线型的选用、比例与图例的使用、尺寸标注与工程字体的规定等，还要经常查阅国家制图标准，做到绘图时严格执行国家制图标准的有关规定，读图时以国家制图标准为依据。

要在了解常用建筑绘图工具及用品的性能基础上，熟练掌握常用建筑绘图工具的使用方法和要领。要充分理解与把握建筑制图的基本方法与步骤。一定要加强训练，初步具备建筑制图与识图的基本技能，为后续内容的学习打牢基础。

投影是假设按规定方向射来的光线能够透过物体照射形成的影子，不但能反映物体的外形，同时也能反映物体上部和内部的情况。投影分中心投影和平行投影。平行投影又分正投影和斜投影两种。

设立三个相互垂直的投影面 H、V、W，组成一个三面投影体系。利用正投影原理将物体分别向这三个投影面上进行投影，就会在 H、V、W 面上得到物体的三面投影，分别称为水平投影、正面投影和侧面投影。物体的三面投影之间存在下列的对应关系：长对正、高平齐、宽相等。

任何复杂的形体都可以看成是由点、线和面所组成的。因此，研究点、线和面的投影特性对正确地绘制和阅读物体的投影图是十分重要的。点的投影仍是点。当空间两点位于某一投影面的同一投影线上时，则此两点的投影重合，这两点称为重影点。直线的投影可能是直线或点，平面的投影可能是平面或直线，根据其与投影面之间的相对位置不同，投影特性亦不同。

组合体是由基本几何体按不同方式组合而成的形体。基本几何体常分为平面体和曲面体。建筑工程中的基本形体大部分是较规整的形体，因此要理解好正平面体和正曲面体的投影特性。

由于组合体形状比较复杂，要下功夫掌握绘制和识读组合体的投影图的一般思路与方法。

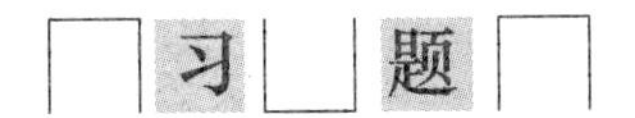

习题

一、选择题

1．图纸本身的大小规格称为图纸幅面，A1 的图幅为(　　)。

A．841mm×1189mm　　B．594mm×841mm　　C．420mm×594mm

2．在下列绘图比例中，比例放大的是(　　)；比例缩小的是(　　)；比例为原图样大小的是(　　)。

A．1∶2　　B．3∶1　　C．1∶1

3．利用投影的基本规律，根据两视图选出正确的第三视图。

(1)

A　　B　　C　　D

(2)

A　　B　　C　　D

(3)

A　　B　　C　　D

二、填空题

1. 点画线与点画线或点画线与其他图线交接时，应是________交接；虚线与虚线交接或虚线与其他图线交接时，应是________交接。

2. 水平方向的尺寸，尺寸数字要从左到右写在尺寸线的上面，字头________；竖直方向的尺寸，尺寸数字要从下到上写在尺寸线的左侧，字头________。

3. 平行投影的基本性质有________、________、________。

4. 三面投影体系中投影的基本规律为________、________、________。

5. 点的水平投影到 *OX* 轴的距离等于空间点到________面的距离；点的正面投影到 *OX* 轴的距离等于空间点到________面的距离。

6. 当空间的两点位于同一条投射线上时，它们在该投射线所垂直的投影面上的投影重合为一点，称这样的两点为对该投影面的________。

7. 直线在三面投影体系中的位置，可分为________、________、________。

8. 平面在三面投影体系中的位置，可分为________、________、________。

三、简答题

1. 图纸幅面有哪几种格式？它们之间有什么关系？

2. 尺寸标注的四要素是什么？尺寸标注的基本要求有哪些？

3. 常用的制图工具和仪器有哪些，如何使用？阐述绘制图样的一般方法和步骤。

4. 点、线、平面的正投影规律各是什么？

5. 三投影面体系是怎样展开的？三个正投影图之间有怎样的投影关系？

6. 三个投影面各反映形体的哪几个方向的情况？

7. 棱柱体、棱锥体、棱台体、圆柱体、圆锥体、球体的投影各有哪些特性？

8. 怎样绘制和识读组合体的投影图？

9. 怎样根据形体的立体图画出它的三面正投影图？

综合实训

1．工程字体练习。按照相关标准要求，进行一段时间的强化练习。

2．图纸、比例、图线、尺寸标注练习。用 A3 幅面图纸合理布置图面，分别用粗实线、中虚线完成矩形和圆形的绘制(选取适当比例尺与尺寸)并标注相关尺寸。

3．已知点的两面投影，如下图所示，求第三投影。

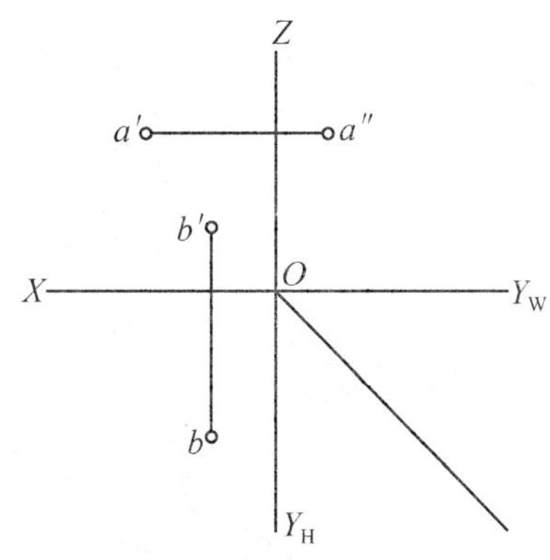

4．作直线的投影，如下图所示。

(1) 已知直线 *CD* 端点 *C* 的两投影，*CD* 长 20mm 且垂直于 *V* 面，求其三面投影。

(2) 已知直线 *EF*//*V* 面，*E*、*F* 两点分别距 *H* 面 3mm 和 14mm，求其 *V*、*W* 投影。

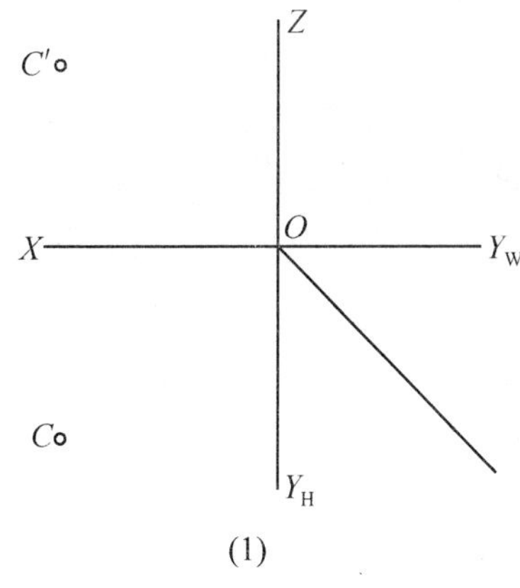

(1)

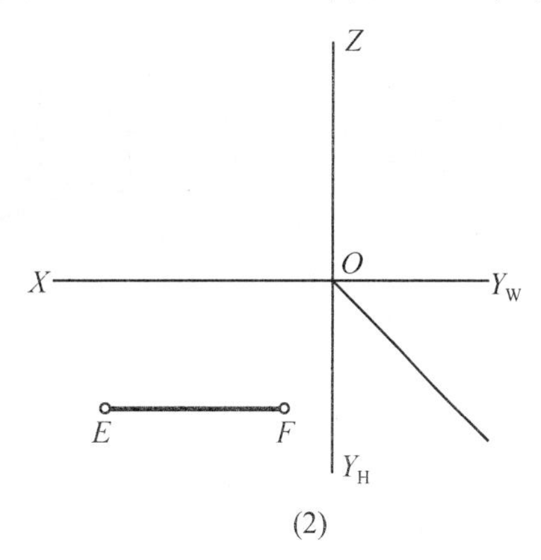

(2)

5．作出下列各平面的第三面投影。

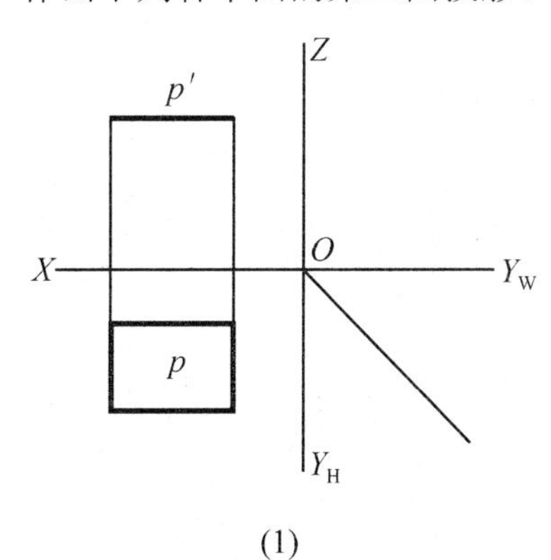

(1)

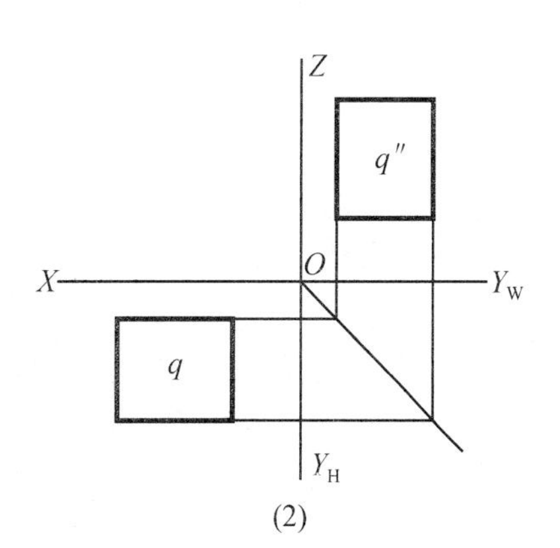

(2)

6．完成如下平面立体的第三投影。

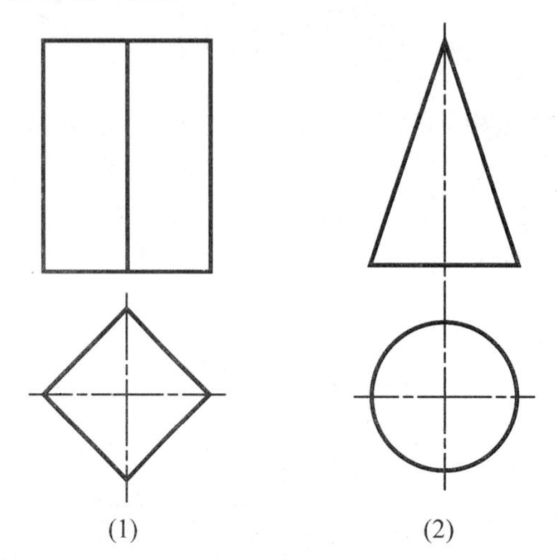

(1)　　(2)

7．根据如下立体图，画出三面投影图。

第2章

房屋建筑工程施工图概述

教学目标

通过学习了解房屋的组成及其作用，了解施工图设计程序与分类；掌握施工图的相关规定与图示特点；掌握房屋建筑工程施工图识读的一般方法与步骤。

教学要求

能力目标	知识要点	权重	自测分数
了解房屋组成及其作用	房屋的基本组成及其作用	20%	
了解房屋设计与施工图分类	房屋建筑施工图设计程序与分类	20%	
掌握相关规定与图示特点	房屋建筑施工图相关规定与图示特点	35%	
掌握施工图识读方法	房屋建筑施工图识读的一般方法与步骤	25%	

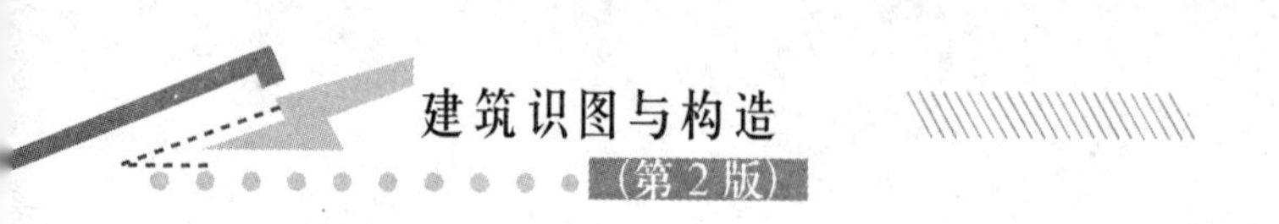

引 例

房屋建筑工程施工图是指导施工、审批建筑工程项目的依据，是编制工程概算、预算和决算，以及审核工程造价的依据，也是竣工验收和工程质量评价的依据。它是由多种专业设计人员分别把建筑物的形状与大小、结构与构造、设备与装修等，按照相关国家标准的规定，用正投影法准确绘制的一套图样，也是具有法律效力的文件。

2.1 房屋的组成及其作用

要学习建筑识图，首先应该了解房屋建筑的组成。房屋建筑按其使用功能的不同分为工业建筑(如各种厂房、仓库、动力车间)、农业建筑(如粮仓、温室、养殖场)和民用建筑三大类，民用建筑又分为居住建筑和公共建筑。虽然各种房屋的使用要求、空间组合、外形处理、结构形式和规模大小等各有不同，但一般由基础、墙、柱、楼地层、楼梯、屋顶、门窗等基本部分，以及台阶、散水、阳台、天沟、水落管、勒脚、踢脚等其他细部组成，如图2.1所示。下面简要介绍房屋的各个组成部分及其作用。

(1) 基础。基础是房屋埋在地面以下的最下方的承重构件。它承受着房屋的全部荷载，并把这些荷载传给地基。

(2) 墙或柱。墙或柱是房屋的垂直承重构件，它承受屋顶、楼层传来的各种荷载，并传给基础。外墙同时也是房屋的围护构件，抵御风雪及寒暑对室内的影响，内墙同时起分隔房间的作用。

(3) 楼地层。楼板层是水平方向的承重和分隔构件，它承受着人和家具设备的荷载并将这些荷载传给柱或墙。楼面是楼板上的铺装面层；地面是指首层室内地坪。

(4) 楼梯。楼梯是楼房中联系上下层的垂直交通构件，也是火灾等灾害发生时的紧急疏散通道。

(5) 屋顶。屋顶是房屋顶部的围护和承重构件，用以防御自然界的风、雨、雪、日晒和噪声等，同时承受自重及外部荷载。

(6) 门窗。门与窗属于围护构件。门具有出入、疏散、采光、通风、防火等多种功能，窗具有采光、通风、观察、眺望的作用。

(7) 其他。此外，房屋还有通风道、烟道、电梯、阳台、壁橱、勒脚、雨篷、台阶、天沟、水落管等配件和设施，在房屋中根据使用要求分别设置。

总之，基础起着承受和传递荷载的作用；屋顶、外墙、雨篷等起着隔热、保温、避风遮雨的作用；屋面、天沟、水落管、散水等起着排水的作用；台阶、门、走廊、楼梯起着沟通房屋内外、上下交通的作用；窗则主要用于采光和通风；墙裙、勒脚、踢脚板等起着保护墙身的作用。

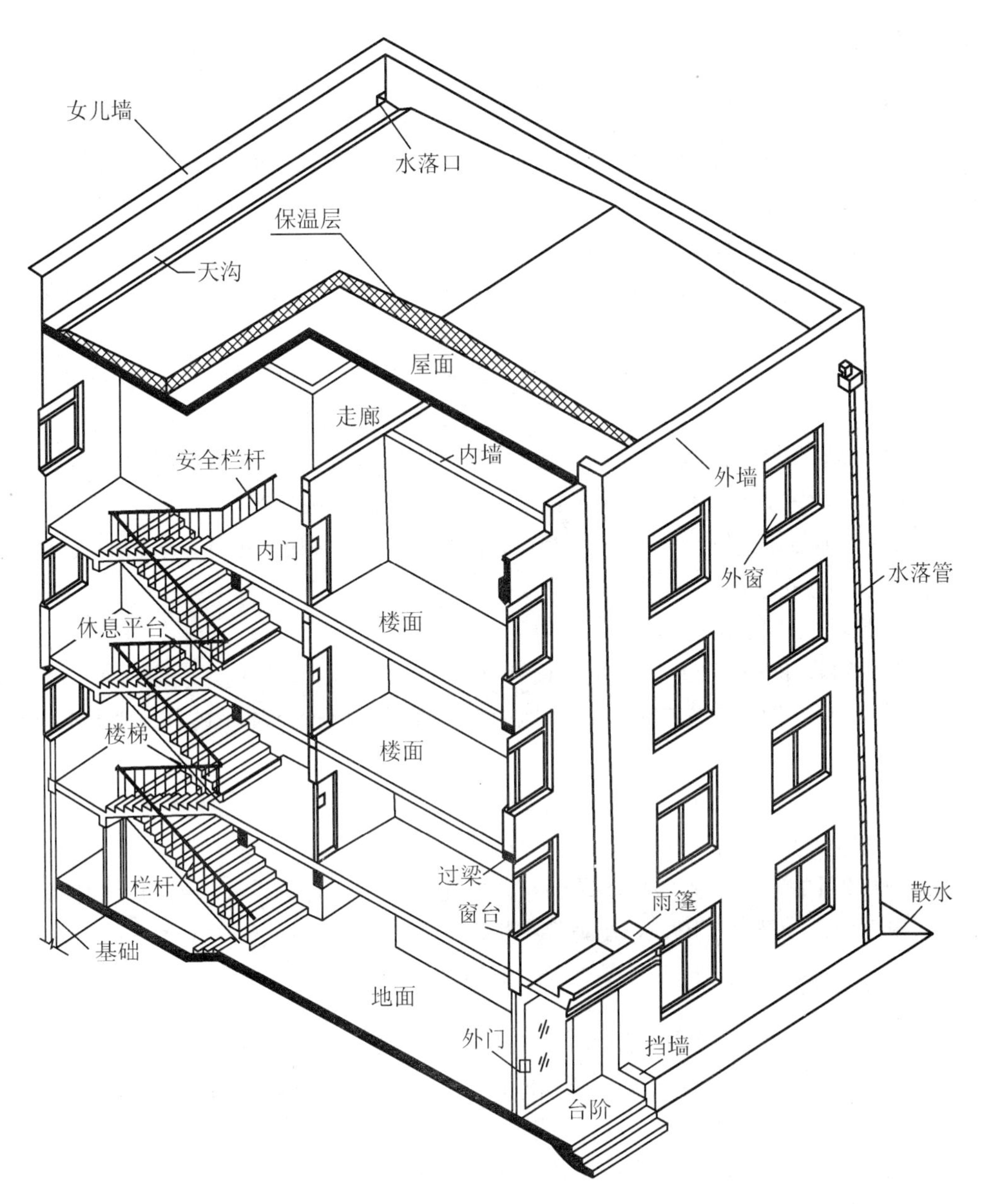

图 2.1　房屋的基本组成

2.2　房屋建筑设计程序与施工图分类

房屋的建造要经历设计和施工两个阶段。

设计人员分别把建筑物的形状与大小、结构与构造、设备与装修等，按照相关国家标准的规定，用正投影法准确绘制成图样，主要用以指导施工，所以称之为房屋建筑工程施工图，通常又简称为房屋施工图。

2.2.1 建筑设计程序

1. 建筑设计前期准备工作

建筑设计前期准备工作主要包括落实设计任务、熟悉设计任务书、调查研究与收集必要的设计原始资料数据等。

1) 设计前期调查研究的主要内容

(1) 深入了解使用单位对建筑物使用的具体要求，认真调查同类已有建筑的实际使用情况，进行分析和总结。

(2) 了解所在地区建筑材料供应的品种、规格、价格等情况，结合建筑使用要求和建筑空间组合的特点，了解并分析不同结构方案的选型、当地施工技术与设备条件。

(3) 进行现场踏勘，深入了解基地和周围环境的现状及历史沿革，包括基地的地形、方位、面积和形状等条件，以及基地周围原有建筑、道路、绿化等多方面的因素。

(4) 了解当地传统建筑设计布局、创作经验和生活习惯，根据拟建建筑物的具体情况，创造出有地方特色的建筑形象。

2) 设计原始资料数据收集的主要内容

(1) 气象资料，即所在地区的温度、相对湿度、日照、雨雪、风向、风速及冻土深度等。

(2) 基地地形及地质水文资料，即基地地形标高、土壤种类及承载力、地下水位及地震烈度等。

(3) 水电等设备管线资料，即基地底下的给水、排水、电缆等管线布置，基地上的架空线等供电线路情况。

(4) 设计项目的有关定额指标，即国家或所在省市地区有关设计项目的定额指标，如教室的面积定额，以及建筑用地、用材等指标。

2. 建筑设计阶段

建筑设计阶段主要包括方案设计阶段、初步设计阶段、技术设计阶段和施工图设计阶段。

(1) 方案设计阶段：在建筑设计前期准备工作的基础上，进行方案的构思、比较和优化。如图2.2所示为某住宅楼方案设计效果图，图2.3所示为鸟巢设计方案模型。

(2) 初步设计阶段：提出若干种设计方案供选用，待方案确定后，按比例绘制初步设计图，确定工程概算，报送有关部门审批，并作为技术设计和施工图设计的依据。

(3) 技术设计阶段：又称扩大初步设计阶段，是在初步设计的基础上，进一步确定建筑设计各工种之间的技术问题。技术设计的图纸和设计文件，要求建筑工种的图纸标明与技术工种有关的详细尺寸，并编制建筑部分的技术说明书，结构工种应有建筑结构布置方案图，并附初步计算说明，设备工种也应提供相应的设备图纸及说明书。

(4) 施工图设计阶段：通过反复协调、修改与完善，产生一套能够满足施工要求、反映房屋整体和细部全部内容的图样，即为施工图，它是房屋施工的重要依据。

图 2.2　某住宅楼方案设计效果图

图 2.3　鸟巢设计方案模型

2.2.2　施工图的分类

一套完整的房屋施工图按专业分工，主要分为建筑施工图、结构施工图和设备(水暖电)施工图三部分。

(1) 建筑施工图。建筑施工图(简称“建施”)主要表示房屋的建筑设计内容，包括总平面图、平面图、立面图、剖面图基本图和构造详图等。

(2) 结构施工图。结构施工图(简称“结施”)主要表示房屋的结构设计内容，包括结构平面布置图、构件详图等。

(3) 设备施工图。设备施工图(简称“设施”，又分为“水施”“暖施”“电施”)主要表示给水排水、采暖通风、电气照明等设备的设计内容，包括平面布置图、系统图等。

一套完整的房屋施工图一般按专业编排顺序应为：图纸目录、总图、建筑施工图、结构施工图、给排水施工图、暖通空调施工图、电气施工图等。其中，每个专业的图纸排序应为，主要的在前，次要的在后；全局性的在前，局部性的在后；先施工的在前，后施工的在后。

2.3 房屋建筑施工图的规定与特点

2.3.1 建筑施工图的相关规定

房屋建筑施工图要符合投影原理等图示方法与要求，此外，为了统一房屋建筑制图规则，保证制图质量，提高制图效率，做到图面清晰、简明，符合设计、施工、存档的要求，适应工程建设的需要，就必须制定建筑制图的相关国家标准。其中《房屋建筑制图统一标准》(GB/T 50001—2010)是房屋建筑制图的基本规定，适用于总图、建筑、结构、给水排水、暖通空调、电气等各专业制图。房屋建筑制图，除应符合《房屋建筑制图统一标准》外，还应符合国家现行有关强制性标准及各有关专业的制图标准，所有工程技术人员在设计、施工、管理中必须严格执行。以下介绍标准中的部分内容。

特别提示

在绘制建筑施工图时，要严格执行国家最新颁布的《房屋建筑制图统一标准》(GB/T 50001—2010)的规定，同时还要执行《总图制图标准》(GB/T 50103—2010)、《建筑制图标准》(GB/T 50104—2010)等国家标准的相关规定。

1. 图线

(1) 图线的宽度 b，应根据图样的复杂程度和比例，并按现行国家标准《房屋建筑制图统一标准》(GB/T 50001—2010)中的有关规定选用。绘制较简单的图样时，可采用两种线宽的线宽组，其线宽比宜为 b∶$0.25b$。每个图样，应根据复杂程度与比例大小，先选定基本线宽 b，再选用表 1-3 中相应的线宽组。

(2) 建筑专业、室内设计专业制图采用的各种图线，应符合表 2-1 的规定。

表 2-1 图线

名称		线型	线宽	用途
实线	粗		b	1．平面图、剖面图中被剖切的主要建筑构造(包括构配件)的轮廓线。 2．建筑立面图或室内立面图的外轮廓线。 3．建筑构造详图中被剖切的主要部分的轮廓线。 4．建筑构配件详图中的外轮廓线。 5．平面、立面、剖面的剖切符号
	中粗		$0.7b$	1．平面图、剖面图中被剖切的次要建筑构造(包括构配件)的轮廓线。 2．建筑平面图、立面图、剖面图中建筑构配件的轮廓线。 3．建筑构造详图及建筑构配件详图中的一般轮廓线
	中		$0.5b$	小于 $0.7b$ 的图形线、尺寸线、尺寸界线、索引符号、标高符号、详图材料做法引出线、粉刷线、保温层线、地面与墙面的高差分界线等
	细		$0.25b$	图例填充线、家具线、纹样线等

续表

名称		线型	线宽	用途
虚线	中粗	— — — — — — — —	0.7*b*	1．建筑构造详图及建筑构配件不可见的轮廓线。 2．平面图中的梁式起重机(吊车)轮廓线。 3．拟建、扩建建筑物轮廓线
	中	— — — — — — — —	0.5*b*	投影线、小于 0.5*b* 的不可见轮廓线
	细	— — — — — — — —	0.25*b*	图例填充线、家具线等
单点画线	粗	—·—·—·—	*b*	起重机(吊车)轨道线
单点长画线	细	—·—·—·—	0.25*b*	中心线、对称线、定位轴线
折断线	细	——\/——	0.25*b*	部分省略表示时的断开界线
波浪线	细	～～～	0.25*b*	部分省略表示时的断开界线，曲线形构之间的断开界线，构造层次的断开界线

注：地平线宽可用 1.4*b*。

(3) 同一张图纸内，相同比例的各图样，应选用相同的线宽组。

(4) 图纸的图框和标题栏线，可采用表 1-5 的线宽。

2. 比例

(1) 图样的比例，应为图形与实物相对应的线性尺寸之比。

(2) 比例的符号为“：”，比例应以阿拉伯数字表示。

(3) 比例宜注写在图名的右侧，字的基准线应取平；比例的字高宜比图名的字高小一号或两号，如图 1.5 所示。

(4) 绘图所用的比例应根据图样的用途与被绘对象的复杂程度，从表 2-2 中选用。

表 2-2　绘图所用的比例

图名	比例
建筑物或构筑物的平面图、立面图、剖面图	1：50、1：100、1：150、1：200、1：300
建筑物或构筑物的局部放大图	1：10、1：20、1：25、1：30、1：50
配件及构造详图	1：1、1：2、1：5、1：10、1：15、1：20、1：25、1：30、1：50

(5) 一般情况下，一个图样应选用一种比例。根据专业制图需要，同一图样可选用两种比例。特殊情况下也可自选比例，这时除应注出绘图比例外，还必须在适当位置绘制出相应的比例尺。

3. 定位轴线

(1) 建筑施工图中的定位轴线是确定建筑物主要承重构件位置的基准线，是施工定位、放线的重要依据。定位轴线应以细点画线绘制。

(2) 定位轴线一般应编号，编号应注写在轴线端部的圆内。圆应用细实线绘制，直径应为 8mm，详图上可增为 10mm。定位轴线圆的圆心，应在定位轴线的延长线上或延长线的折线上。

(3) 平面图上定位轴线的编号，宜注写在图样的下方与左侧。横向编号应用阿拉伯数字，从左至右顺序编写，竖向编号应用大写拉丁字母，从下至上顺序编写，如图 2.4 所示。

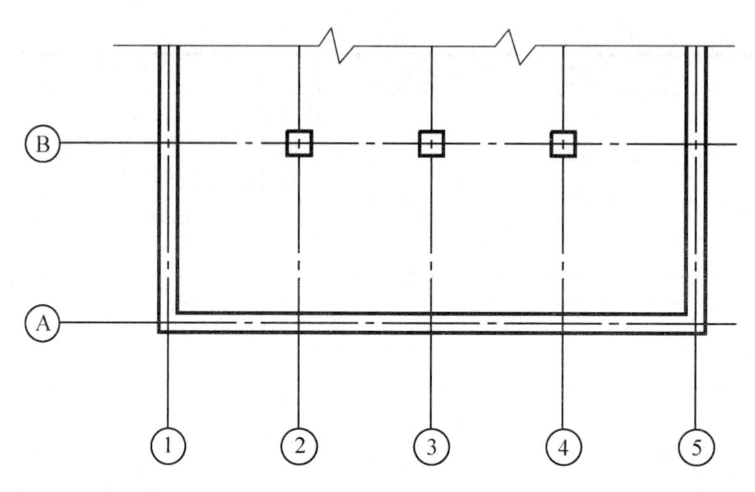

图 2.4　定位轴线的编号顺序

拉丁字母的 I、O、Z 不得用作轴线编号。如字母数量不够使用，可增用双字母或单字母加注脚，如 A_A、B_A、…、Y_A 或 A_1、B_1、…、Y_1。

(4) 附加定位轴线的编号，应以分数的形式表示，并应按下列规定编写。

① 两根轴线之间的附加轴线，应以分母表示前一轴线的编号，分子表示附加轴线的编号，编号宜用阿拉伯数字顺序编写。

② 1 号轴线或 A 号轴线之前的附加轴线应以分母 01、0A 分别表示位于 1 号轴线或 A 号轴线之前的轴线。

(5) 一个详图适用于几根轴线时，应同时注明各有关轴线的编号，如图 2.5 所示。

通用详图中的定位轴线，应只画圆，不注写轴线编号。

图 2.5　详图的轴线编号

4. 引出线

1) 一般引出线

引出线应以细实线绘制，宜采用水平方向的直线或与水平方向成 30°、45°、60°、90°的直线，或经上述角度再折为水平线，如图 2.6 所示。

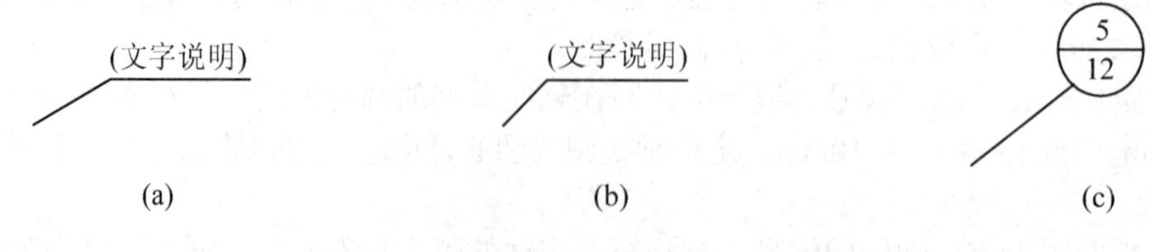

图 2.6　一般引出线

2) 共同引出线

共同引出线同时引出几个相同部分的引出线，如图 2.7 所示。

图 2.7 共同引出线

3) 共用引出线

多层构造或多层管道共用引出线，应通过被引出的各层。文字说明宜注写在横线的上方，也可注写在横线的端部，说明的顺序应由上至下，并应与被说明的层次相互一致；如层次为横向排列，则由上至下的说明顺序应与由左至右的层次相互一致，如图 2.8 所示。

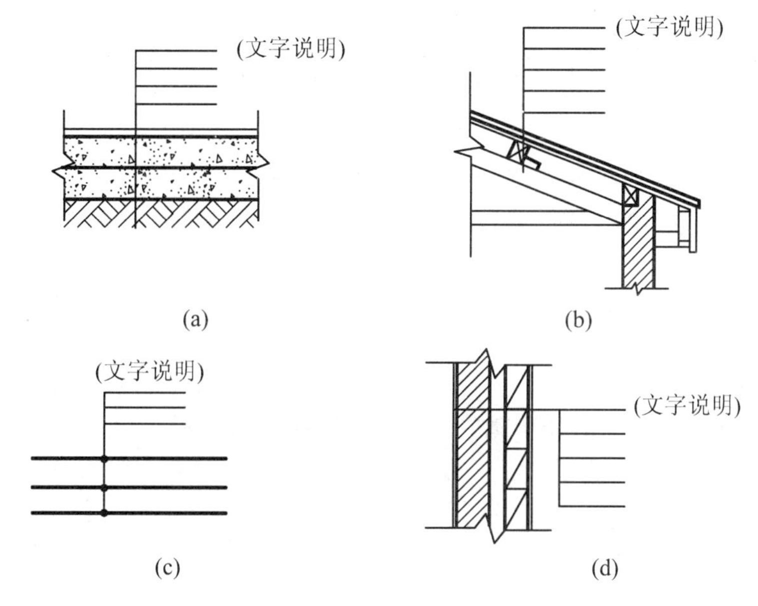

图 2.8 多层构造引出线

5. 索引符号与详图符号

(1) 索引符号。对图样中的某一局部或构件，如需另见详图，应以索引符号索引，如图 2.9(a)所示。索引符号由直径为 10mm 的圆和水平直径组成，圆及水平直径均应以细实线绘制。索引符号应按下列规定编写。

① 索引出的详图如与被索引的详图同在一张图纸内，应在索引符号的上半圆中用阿拉伯数字注明该详图的编号，并在下半圆中间画一段水平细实线，如图 2.9(b)所示。

② 索引出的详图如与被索引的详图不在同一张图纸内，应在索引符号的上半圆中用阿拉伯数字注明该详图的编号，在索引符号的下半圆中用阿拉伯数字注明该详图所在图纸的编号，如图 2.9(c)所示。数字较多时，可加文字标注。

③ 索引出的详图如采用标准图，应在索引符号水平直径的延长线上加注该标准图册的编号，如图 2.9(d)所示。

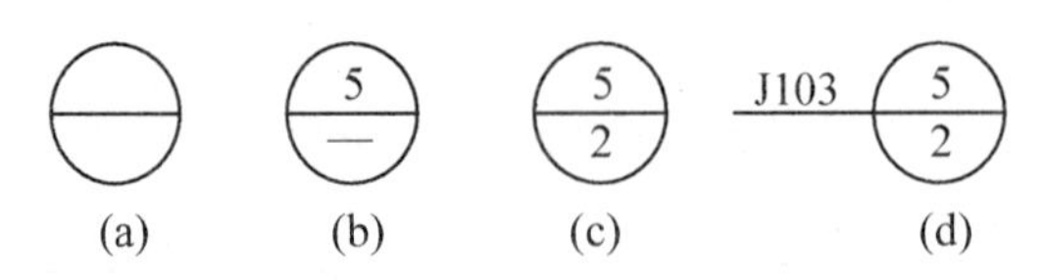

图 2.9　索引符号

(2) 索引符号如用于索引剖视详图，应在被剖切的部位绘制剖切位置线，以引出线引出索引符号，引出线所在的一侧应为投射方向。索引符号的编写同上条的规定，如图 2.10 所示。

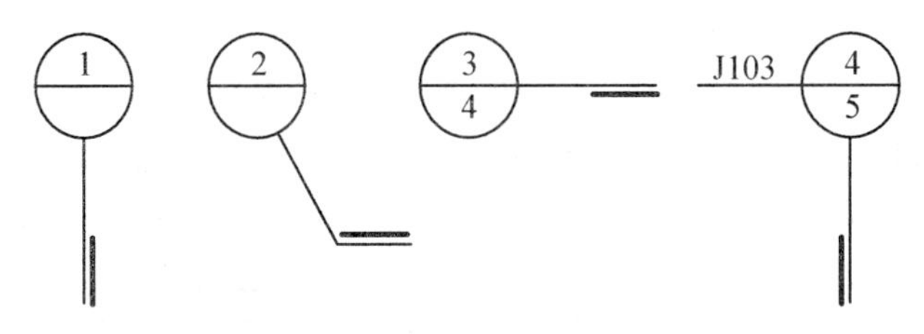

图 2.10　用于索引剖面详图的索引符号

(3) 钢筋、杆件、设备等的编号，以直径为 4～6mm(同一图样应保持一致)的细实线圆表示，其编号应用阿拉伯数字按顺序编写，如图 2.11 所示。

(4) 详图符号。详图的位置和编号，应以详图符号表示。详图符号的圆应以直径为 14mm 粗实线绘制。详图应按下列规定编号。

① 详图与被索引的图样同在一张图纸内时，应在详图符号内用阿拉伯数字注明详图的编号，如图 2.12 所示。

② 详图与被索引的图样不在同一张图纸内，应用细实线在详图符号内画一水平直径，在上半圆中注明详图编号，在下半圆中注明被索引的图纸的编号，如图 2.13 所示。

图 2.11　钢筋等的编号

图 2.12　与被索引图样同在一张图纸内的详图符号

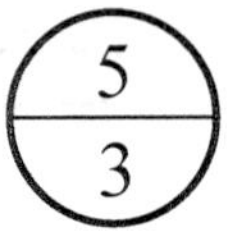

图 2.13　与被索引图样不在同一张图纸内的详图符号

6. 其他符号

(1) 对称符号。对称符号由对称线和两端的两对平行线组成。对称线用细点画线绘制；平行线用细实线绘制，其长度宜为 6～10mm，每对的间距宜为 2～3mm，对称线垂直于并平分两对平行线，两端超出平行线的长度宜为 2～3mm，如图 2.14(a)所示。

(2) 连接符号。连接符号应以折断线表示需要连接的部位。两部分相距过远时，折断线两端靠图样一侧应标注大写拉丁字母表示连接符号。两个被连接的图样必须用相同的字母编号，如图 2.14(b)所示。

(3) 指北针的形状宜如图 2.14(c)所示，其圆的直径宜为 24mm，用细实线绘制，指针尾部的宽度宜为 3mm，指针头部应注“北”或“N”字。需用较大直径绘制指北针时，指针尾部宽度宜为直径的 1/8。

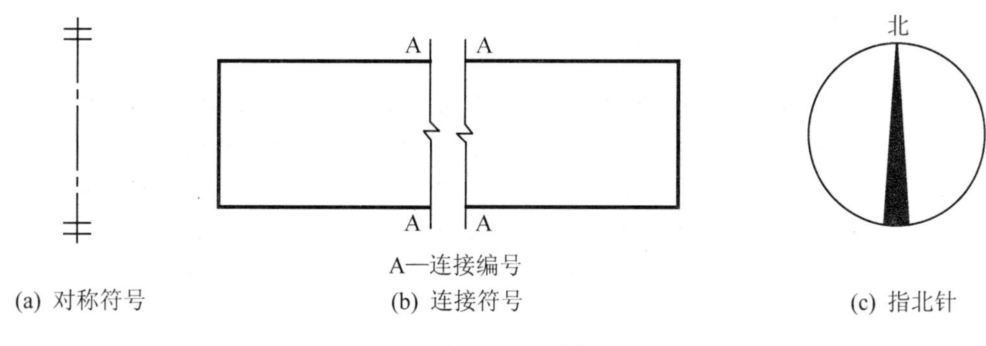

图 2.14 其他符号

7. 标高

1) 标高概念

标高是表示建筑物某一部位相对于基准面(标高的零点)的竖向高度，是竖向定位的依据。标高是标注建筑物高度的另一种尺寸形式。标高按基准面的不同分为绝对标高和相对标高。

(1) 绝对标高：以国家或地区统一规定的基准面作为零点的标高，称为绝对标高。我国规定以山东省青岛市的黄海平均海平面作为标高的零点。

(2) 相对标高：标高的基准面可以根据工程需要自由选定，称为相对标高。一般以建筑物一层室内主要地面作为相对标高的零点(±0.000)。

2) 标高符号

标高符号应以直角等腰三角形表示。

总平面图室外地坪标高符号，用涂黑的三角形表示。

标高数字以米为单位，注写到小数点第 3 位，总平面图中可注写到小数点后两位，零点标高注写成±0.000；正数标高不注“＋”号，负数标高应注“－”号，如图 2.15 所示。

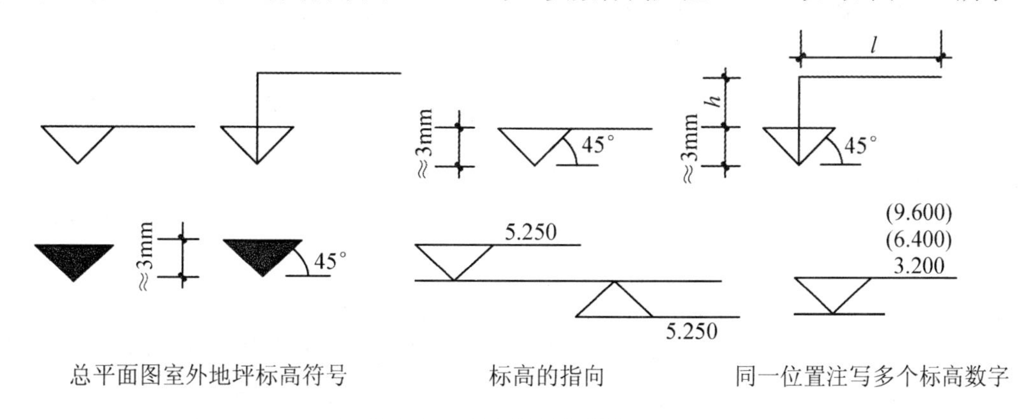

图 2.15 标高符号的标注

8. 常用建筑材料图例

为简化作图，工程图样中采用各种图例表示所用的建筑材料，称为建筑材料图例，标准规定常用建筑材料应按如表 1-7 所示图例画法绘制。

2.3.2 房屋建筑工程施工图的特点

(1) 房屋施工图主要是用正投影法绘制的。房屋形体较大，图纸幅面有限，所以施工图一般都用缩小的比例绘制。平面图、立面图、剖面图可以分别单独画出。

(2) 在用缩小比例绘制的施工图中，对于一些细部构造、配件及卫生设备等就不能如实画出，为此，多采用统一规定的图例或代号来表示。

(3) 施工图中的不同内容，采用不同规格的图线绘制，选取规定的线型和线宽，用以表明内容的主次和增加图面效果。

(4) 采用标准定型设计的，可只标明标准图集的编号、页数和图号。

2.4 房屋建筑施工图的识读

房屋建筑施工图是用投影原理的规定画法和制图标准绘制的，所以，要正确识读房屋建筑施工图，必须具备相关的基本知识，按照正确的方法步骤进行识读。

2.4.1 施工图的识读要求、方法与步骤

1. 施工图识读的一般要求

(1) 具备基本的投影知识。

(2) 了解房屋组成与构造。

(3) 掌握形体的各种图示方法及制图标准规定。

(4) 熟记常用比例、线型、符号、图例等，认真细致，全面准确。

2. 施工图识读的一般方法与步骤

识读施工图的一般方法是，先看首页图(图纸目录和设计说明)，按图纸顺序通读一遍，按专业次序仔细识读，先基本图，后详图，分专业对照识读(看是否衔接一致)。

一套房屋施工图是由不同专业工种的图样综合组成的，简单的有几张，复杂的有几十张，甚至几百张，它们之间有着密切的联系，读图时应注意前后对照，以防出现差错和遗漏。识读施工图的一般步骤如下。

(1) 对于全套图样来说，先看说明书、首页图，后看建筑施工图、结构施工图和设备施工图。

(2) 对于每一张图样来说，先看图标、文字，后看图样。

(3) 对于建筑施工图、结构施工图和设备施工图来说，先看建筑施工图，后看结构施工图和设备施工图。

(4) 对于建筑施工图来说，先看平面图、立面图、剖面图，后看详图。

(5) 对于结构施工图来说，先看基础施工图、结构布置平面图，后看构件详图。

当然上述步骤并不是孤立的，而是要经常相互联系进行，反复阅读才能看懂。

2.4.2 标准图的识读

一些常用的构配件和构造做法，通常直接采用标准图集，所以在阅读了首页图之后，

就要查阅本工程所采用的标准图集。

1. 标准图集分类

按编制单位和使用范围分，标准图集可分为以下三类。

(1) 国家通用标准图集(常用J102等表示建筑标准图集，用G105等表示结构标准图集)。

(2) 省级通用标准图集。

(3) 各大设计单位(院级)通用标准图集。

2. 标准图的查阅方法

(1) 按施工图中注明的标准图集的名称、编号和编制单位，查找相应图集。

(2) 识读时应先看总说明，了解该图集的设计依据、使用范围、施工要求及注意事项等内容。

(3) 按施工图中的详图索引编号查阅详图，核对有关尺寸和要求。

本章小结

房屋建筑工程施工图是建造房屋的技术依据。本章对房屋建筑工程施工图做了概括性的阐述，包括房屋建筑的组成与作用，房屋建筑设计程序与施工图分类，房屋建筑施工图的规定、特点与识读。

房屋一般由基础、墙、柱、楼地层、楼梯、屋顶、门窗等基本部分，以及台阶、散水、阳台、天沟等其他细部组成。各个部分在不同位置上发挥着各自不同的作用。

建筑设计程序包含建筑设计前期准备工作(落实设计任务、熟悉设计任务书、 调查研究与收集资料数据)和建筑设计阶段(方案设计阶段、初步设计阶段、技术设计阶段、施工图设计阶段)。一套房屋建筑工程施工图按专业分工，主要分为建筑施工图、结构施工图和设备(水暖电)施工图三部分。

房屋建筑施工图除了要符合投影原理等图示方法与要求外，还应严格遵守国家颁布的相关标准的规定。

识读房屋建筑施工图，必须具备一定的知识和要求，按照正确的方法、步骤进行识读。

习题

一、选择题

1. 下列标高标注正确的是(　　)。

A. 3.200m　　B. 3.200　　C. 3200mm　　D. 3.200

2. 在A号轴线之后附加的第二根轴线，正确的是(　　)。

A. A/2　　B. 2/A　　C. B/2　　D. 2/B

3. 定位轴线用细点画线表示，末端画实线圆，圆的直径为(　　)mm。

A. 5　　B. 8　　C. 12　　D. 14

4. 在建筑工程图比例选用中，平面图、剖面图、立面图常用的比例分别是(　　)。
A. 1∶500　1∶200　1∶100　　B. 1∶1000　1∶200　1∶50
C. 1∶50　1∶100　1∶200　　D. 1∶50　1∶25　1∶10
5. 在指北针符号表示中，圆用细实线绘制，圆的直径正确的是(　　)。
A. 20mm　　B. 22mm　　C. 24mm　　D. 25mm
6. 标高符号“小三角形”的高约为(　　)。
A. 2mm　　B. 3mm　　C. 4mm　　D. 5mm
7. 在指北针符号表示中，箭头尾部的宽度正确的是(　　)。
A. 1mm　　B. 2mm　　C. 3mm　　D. 5mm
8. 标高的单位是(　　)。
A. cm　　B. m　　C. mm　　D. km

二、简答题

1. 简述房屋的组成及其主要作用。
2. 简述房屋建筑设计包括哪几个阶段。
3. 房屋建筑施工图按专业是如何分类的？
4. 什么是标高、绝对标高、相对标高？
5. 简述房屋建筑施工图的特点。
6. 简述房屋建筑施工图识读的一般方法与步骤。

综合实训

1. 实训目标

为提高学生实践能力，使学生通过绘制练习，达到对房屋建筑施工图的相关规定理解、消化并真正掌握的目的，为后续学习施工图的识读打好基础。

2. 实训内容

(1) 定位轴线的编号与排序的标注练习。
(2) 标高符号的标注练习。
(3) 引出线及其他符号的标注练习。

第3章

建筑施工图

教学目标

通过学习了解建筑施工图的含义和作用，理解首页图图示内容；掌握总平面图的内容和图示方法；熟悉建筑平面图的内容、图示方法，掌握建筑平面图的识读方法与绘制方法；熟悉建筑立面图的内容、图示方法，掌握建筑立面图的识读方法与绘制方法；熟悉建筑剖面图的内容、图示方法，掌握建筑剖面图的识读方法与绘制方法；理解建筑详图的作用，掌握外墙详图和楼梯详图的内容与识读方法。

教学要求

能力目标	知识要点	权重	自测分数
理解建筑施工图的一般组成	建筑施工图含义	6%	
掌握建筑施工图首页图的组成	建筑施工图首页图	10%	
能够识读和编制简单工程的图纸目录、工程做法表、门窗表及设计说明			
理解建筑总平面图的形成和作用	建筑总平面图	15%	
能够识读和绘制建筑总平面图			
理解建筑平面图的成图原理和作用	建筑平面图	20%	
能够识读和绘制简单的建筑平面图			
理解建筑立面图的成图原理和作用	建筑立面图	17%	
能够识读和绘制简单的建筑立面图			
理解建筑剖面图的成图原理和作用	建筑剖面图	17%	
能够识读和绘制简单的建筑剖面图			
理解建筑详图的作用	建筑详图	15%	
能够识读和绘制简单的建筑详图			

引 例

某小区住宅楼工程项目(建筑施工图见附录)由某建筑设计研究院设计。

该建筑为某小区一栋六层三单元住宅楼，一层下设层高为2.2m的半地下室，六层上设阁楼，一～六层层高均为2.8m，该建筑平面外围尺寸：总长为44.00m，总宽为12.50m，建筑总高度为19.20m。该住宅楼设计合理，功能完善，美观大方。

一幢房屋从开工到建成，需要有全套房屋施工图作为指导。在整套施工图中，建筑施工图处于主导地位，也是本课程的重点内容之一。

请思考：建筑施工图包含哪些内容？应如何识读？

建筑施工图是整套房屋施工图中重要的专业图纸之一，它主要表达建筑物的总体布局、外部造型、内部布置、细部构造、内外装饰、固定设施和施工要求等。无论是设计阶段还是施工阶段，建筑施工图都是首先被绘制和识读的设计文件，它包含了工程项目的大部分信息，并且是其他专业工作的基础。因此，建筑施工图在整套房屋施工图中处于主导地位，是整套房屋施工图中具有全局性、基础性的重要组成内容。

建筑施工图由一系列图样及必要的表格和文字说明组成，分别被绘制在若干图纸上，图纸大小按建筑规模取用，规格尽量统一。图样的编排顺序一般按图纸内容的主次关系、逻辑关系有序排列。建筑施工图的组成内容与合理排序一般为首页图、总平面图、建筑平面图、建筑立面图、建筑剖面图及建筑详图。

3.1 首 页 图

建筑施工图中除各种图样外，还包括图纸目录、设计说明、工程做法、门窗统计表等表格和文字说明。这部分内容通常集中编写，编排在建筑施工图的前部，当内容较少时，可以全部绘制于建筑施工图的第一张图纸之上，成为建筑施工图首页图。

建筑施工图首页图服务于全套图纸，但习惯上多由建筑设计人员编写，所以可认为是建筑施工图的一部分。建筑施工图首页图是本套图纸的第一张图样，主要包括图纸目录、设计说明、工程做法表、门窗表等。

3.1.1 图纸目录

图纸目录说明该工程项目由哪几类专业图纸组成，以及各专业图纸的名称、张数和图纸顺序，以便查阅图纸。由于整套施工图最终要折叠、装订成A4大小的设计文件，所以图纸目录常单独绘制于A4幅面的图纸上，并置于全套图的首页。内容较多时，可分页绘制。看图前应首先检查整套施工图图纸与目录是否一致，防止缺页给识图和施工造成不必要的麻烦。

如表3-1所示为某单位综合楼图纸目录。由表可知，本套施工图中建筑施工图11张，结构施工图7张，设备施工图部分略去。

表3-1 图纸目录

序号	图别	图号	图样名称	图幅	备注
1	建筑施工图	1	建筑设计说明、工程做法表、门窗表	A1	
2	建筑施工图	2	总平面图	A2	

续表

序号	图别	图号	图样名称	图幅	备注
3	建筑施工图	3	首层平面图	A1	
4	建筑施工图	4	二层平面图、三层平面图	A1	
5	建筑施工图	5	四层平面图、屋顶平面图	A1	
8	建筑施工图	8	墙身详图、T1 平面及剖面图	A1	
9	建筑施工图	9	T2 平面及剖面图	A1	
10	建筑施工图	10	T3 平面及剖面图、玻璃幕墙立面分隔图	A1	
11	建筑施工图	11	卫生间放大图	A2	
12	结构施工图	1	基础平面图	A1	
13	结构施工图	2	二层结构布置图	A1	
14	结构施工图	3	三、四层结构布置图	A1	
15	结构施工图	4	平屋面结构布置图、坡屋面结构布置图	A1	
16	结构施工图	5	T1 详图、*A*—*A* 详图	A1	
17	结构施工图	6	T2 详图	A1	
18	结构施工图	7	T3 详图	A1	
19	给排水施工图	……	……	……	
20	暖通空调施工图	……	……	……	
21	电气施工图	……	……	……	

3.1.2 设计说明

建筑设计说明主要用于说明该工程设计依据、工程概况、构造做法与用料、施工要求及注意事项等。有时，其他专业的设计说明可以和建筑设计说明合并为整套图纸的总说明，放置于所有施工图的前面。

以下为某单位综合楼工程的设计说明。

建筑设计说明

一、本工程设计依据

(1) 某单位(甲方)设计委托书。

(2) 甲方提供的详细规划图及地形图。

(3) 规划部门的设计方案审查批复。

(4) 国家现行有关的设计规范。

二、本工程概况

1. 建筑名称

某单位综合楼。

2. 建筑概况

本工程共 4 层，坡屋顶，西侧一～三层为办公层，东侧一～三层为接待层，顶层为单身宿舍。耐火等级为二级。设计使用年限为 50 年。结构形式为砖混结构，基础采用条形基础。本工程按民用建筑工程设计等级为三级，按 6 度抗震设防。屋面防水等级为II级。

3. 规模

建筑面积为 3998.5m^2，建筑高度为 15.70m。

三、竖向设计

(1) 本建筑相对标高±0.000，相当于绝对标高71.3m。

(2) 室外道路及场地的标高与排水根据甲方提供的地形图的设计标高确定。

(3) 环境设计中庭院及绿地标高的确定应以不影响本设计的室内外标高为原则。

四、建筑装饰装修

(1) 本图纸室内装修设计为参考做法，如进行二次装修，具体做法详见装修公司所做装修施工图，但不应破坏承重体系及违反防火规范。

(2) 建筑物内装修材料的燃烧性能等级应满足下列要求：顶棚A级；地面、隔断B1级；固定家具、窗帘B1级；其他装饰材料B2级。

注：A级为不燃烧材料，B1级为难燃烧材料，B2级为可燃烧材料。

(3) 室内装饰装修活动，禁止下列行为。

① 未经原设计单位或者具有相应资质等级的设计单位提出设计方案，变动建筑主体和承重结构。

② 将没有防水要求的房间或者阳台改为卫生间、厨房。

③ 扩大承重墙上原有的门窗尺寸。

④ 损坏房屋原有节能设施，降低节能效果。

⑤ 其他影响建筑结构和使用安全的行为。

五、建筑材料及门窗

(1) 为保证工程质量，主要建筑装修材料须选用优质绿色环保产品，花岗岩、大理石、地面砖、吊顶、门窗、铁艺栏杆、涂料等材料应有产品合格证书和必要的性能检测报告，材料的规格、色彩、性能应符合现行国家产品标准和设计要求，不合格的材料不得在工程中使用。

(2) 所有门窗，其选用的玻璃厚度和框料均应满足安全强度要求，其抗风压变形、雨水渗透、空气渗透、平面内变形、保温、隔声及耐撞击等性能指标均应符合国家现行产品标准的规定。

(3) 所有门窗制作安装前需现场校核尺寸及数量。

六、有关注意事项

(1) 图中所注标高除屋面外，均为施工完成后的面层标高。

(2) 洗漱间、卫生间的地坪均低于室内地坪30mm，且按1%坡度坡向地漏。

洗漱间、卫生间的防水层应从地面延伸到墙面，高出地面300mm以上，楼板上翻挡水沿300mm高。

浴室墙面的防水层应高出地面1800mm以上。

(3) 楼梯、室内回廊及室外楼梯等临空处设置的栏杆应采用不易攀登的构造，垂直栏杆间的净距不应大于110mm。

(4) 施工单位应严格遵照国家现行施工及验收规范进行施工，若遇图纸有误或不明确之处，应及时与设计人员协商，待进行处理答复后方可继续施工。

(5) 施工单位应认真参阅设备、电气施工图，协调与土建施工的关系，做好预埋件、预留孔洞等。

(6) 本设计除注明外，施工单位还应遵照国家现行的有关标准、规范、规程和规定。

3.1.3 工程做法表

工程做法表主要是对建筑各部位构造做法用表格的形式加以详细说明。当大量引用通用图集中的标准做法时，使用工程做法表方便、高效。

工程做法表的内容一般包括工程构造的部位、名称、做法及备注说明等，因为多数工程做法属于房屋的基本土建装修，所以又称为建筑装修表。如表3-2所示为某单位综合楼的工程做法表，在表中对各施工部位的名称、做法等详细表达清楚；如采用标准图集中的做法，应注明所采用标准图集的代号；做法编号如有改变，在备注中应说明。

表 3-2　工程做法表

编号	名称		施工部位	做法	备注
1	外墙面	干粘石墙面	见立面图	98JI 外 10-A	内抹 30mm 厚保温砂浆
		瓷砖墙面	见立面图	98JI 外 22	
		涂料墙面	见立面图	98JI 外 14	
2	内墙面	乳胶漆墙面	用于砖墙	98JI 内 17	楼梯间墙面抹 30mm 厚保温砂浆
		乳胶漆墙面	用于加气混凝土墙	98JI 内 19	
		瓷砖墙面	仅用于厨房、卫生间阳台	98JI 内 43	规格及颜色由甲方定
3	踢脚	水泥砂浆踢脚	厨房用，卫生间不做	98JI 踢 2	
4	地面	水泥砂浆地面	用于地下室	98 对地 4-C	
5	楼面	水泥砂浆楼面	仅用于楼梯间	98JI 楼 1	
		铺地砖楼面	仅用于厨房及卫生间	98JI 楼 14	规格及颜色由甲方定
		铺地砖楼面	用于客厅、餐厅、卧室	98JI 楼 12	规格及颜色由甲方定
6	顶棚	乳胶漆顶棚	所有顶棚	98JI 棚 7	
7	油漆		用于木件	98JI 油 6	
			用于铁件	98JI 油 22	
8	散水			98JI 散 3-C	宽度 1000mm
9	台阶		用于楼梯入口处	98JI 台 2-C	
10	层面			98JI 屋 13(A.80)	

3.1.4　门窗表

门窗表是对建筑物上所有不同类型门窗的统计表格。它主要反映门窗的类型、大小、所选用的标准图集及其类型编号等，如有特殊要求，应在备注中加以说明。表 3-3 是某小区别墅的门窗表。

表 3-3　门窗表

统一编号	图集编号	洞口尺寸(长/mm×高/mm)	数量/个	材料	部位	备注
M-1	98J4(一)-51-2PM$_1$-59	1500×2700	2	塑钢	一层	现场定做
M-2		2400×2400	2	塑钢	一层	现场定做
M-3	98J4(二)-6-1M-37	900×2100	22	木	一～三层	现场定做
M-4	98J4(一)-51-2PM-69	1800×2700	4	塑钢	二～三层	现场定做
M-5	98J4(二)-6-1M-037	750×2100	2	木	二层	现场定做
M-6		2400×2700	2	塑钢	一～三层	现场定做
M-7	98J4(二)-6-1M-32	900×2000	8	木	地下室	现场定做
M-8	98J4(二)-6-1M-02	750×2000	2	木	地下室	现场定做
M-9	98J4(一)-54-2TM$_2$-57	1500×2100	2	塑钢	阁楼	现场定做
C-1	98J4(一)-39-1TC-76	2100×1800	2	塑钢	一层	现场定做
C-2	98J4(一)-39-1TC-66	1800×1800	8	塑钢	一～三层	现场定做
C-3	98J4(一)-38-1TC-53	1500×1800	8	塑钢	楼梯	参照定做

续表

统一编号	图集编号	洞口尺寸(长/mm×高/mm)	数量/个	材料	部位	备注
C-4	98J4(一)-39-1TC-46	1200×1800	12	塑钢	一～三层	现场定做
C-5	98J4(一)-39-1TC-86	2400×1800	6	塑钢	二～三层	现场定做
C-6	98J4(一)-39-1TC-73	2100×750	2	塑钢	地下室	参照定做
C-7	98J4(一)-39-1TC-64	1800×1200	4	塑钢	阁楼	现场定做
C-8	98J4(一)-39-1TC-63	1800×750	2	塑钢	地下室	参照定做
C-9	98J4(一)-39-1TC-43	1200×750	4	塑钢	地下室	参照定做

3.2 总平面图

3.2.1 总平面图概述

1. 总平面图的形成

将新建工程四周一定范围内的新建、拟建、原有和拆除的建筑物、构筑物连同其周围的地形、地物状况用水平投影方法和相应的图例所绘制的工程图样，即为总平面图。

总平面图是建设工程及其临近建筑物、构筑物、周边环境等的水平正投影，是表明基地所在范围内总体布置的图样。它主要反映当前工程的平面轮廓形状和层数、与原有建筑物的相对位置、周围环境、地形地貌、道路和绿化的布置等情况。

2. 总平面图的作用

总平面图是建设工程中新建房屋施工定位、土方施工、设备专业管线平面布置的依据，也是安排在施工时进入现场的材料和构件、配件堆放场地，构件预制的场地，以及运输道路等施工总平面布置的依据。

3.2.2 总平面图的图示内容与图示方法

1. 总平面图的图示内容

(1) 新建建筑物所处的地形、用地范围及建筑物占地界线等。如地形变化较大，应画出相应的等高线。

(2) 新建建筑物的位置，总平面图中应详细绘出其定位方式。

新建建筑物的定位方式有以下三种。

① 利用新建建筑物和原有建筑物之间的距离定位。

② 利用施工坐标确定新建建筑物的位置。

③ 利用新建建筑物与周围道路之间的距离确定新建建筑物的位置。

(3) 相邻原有建筑物、拆除建筑物的位置或范围。

(4) 周围的地形、地物状况(如道路、河流、水沟、池塘、土坡等)。应注明新建建筑物首层地面、室外地坪、道路的起点、变坡、转折点、终点及道路中心线的标高、坡向及建筑物的层数等。

(5) 指北针或风向频率玫瑰图。在总平面中通常画有带指北针的风向频率玫瑰图，来表示该地区常年的风向频率和房屋的朝向。明确风向有助于建筑构造的选用及材料的堆场，如有粉尘污染的材料应堆放在下风位。

(6) 新建区域的总体布局，如建筑、道路、绿化规划和管道布置等。

总平面图所反映的范围较大时，常用较小的比例绘制。

2. 总平面图的图示方法

(1) 绘制方法与图例。总平面图是用正投影的原理绘制的，图形主要以图例的形式表示。总平面图的图例采用《总图制图标准》(GB/T 50103—2010)规定的图例。表 3-4 给出了部分常用的总平面图图例符号，画图时应严格执行该图例符号。如图中采用的图例不是标准中的图例，应在总平面图下说明。

(2) 图线。图线的宽度 b，应根据图样的复杂程度和比例，按《房屋建筑制图统一标准》(GB/T 50001—2010)中图线的有关规定执行。主要部分选用粗线，其他部分选用中线和细线。例如，新建建筑物采用粗实线，原有的建筑物用细实线表示。绘制管线综合图时，管线采用粗实线。

(3) 标高与尺寸。在总平面图中，采用绝对标高，室外地坪标高符号宜用涂黑的三角形表示，总平面图的坐标、标高、距离以米为单位，并应至少取至小数点后两位。

(4) 总平面图应按上北下南方向绘制。根据场地形状或布局，可向左或右偏转，但不宜超过 45°。

(5) 指北针和风向频率玫瑰图。风向频率玫瑰图是根据当年平均统计的各个方向吹风次数的百分数，按一定比例绘制的，风的吹向是从外吹向该地区中心的。实线表示全年风向频率，虚线表示按 6 月、7 月、8 月三个月统计的风向频率，如图 3.1 所示。

(6) 比例。总平面图一般采用 1∶300、1∶500、1∶1000、1∶2000 的比例绘制，因为比例较小，图示内容多按《总图制图标准》(GB/T 50103—2010)中相应的图例要求进行简化绘制，表 3-4 摘录了其中的一部分。与工程无关的对象可省略不画。

表 3-4　总平面图图例

序号	名称	图例	备注
1	新建建筑物	X= Y= ① 12F/2D H=59.000m	新建建筑物以粗实线表示与室外地坪相接处±0.000 外墙定位轮廓线。 建筑物一般以±0.000 高度处的外墙定位轴线交叉点进行坐标定位。轴线用细实线表示，并标明轴线号。 根据不同设计阶段标注建筑编号，地上、地下层数，建筑高度，以及建筑出入口位置(黑色三角指示与向内开口两种表示方法均可，但同一图纸采用一种表示方法)。 地下建筑物以粗虚线表示其轮廓。 建筑上部(±0.000 以上)外挑建筑用细实线表示。 建筑物上部连廓用细虚线表示并标注位置
2	原有建筑物		用细实线表示

续表

序号	名称	图例	备注
3	计划扩建的预留地或建筑物		用中粗虚线表示
4	拆除的建筑物		用细实线表示
5	建筑物下面的通道	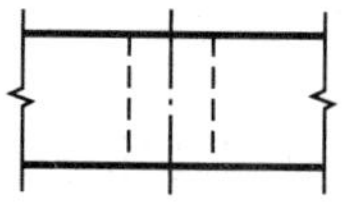	—
6	散状材料露天堆场		需要时可注明材料名称
7	其他材料露天堆场或露天作业场		需要时可注明材料名称
8	铺砌场地	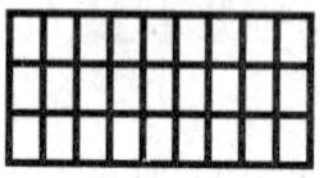	—
9	敞棚或敞廊	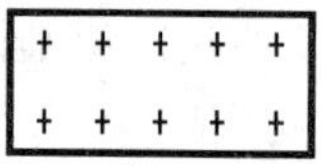	—
10	高架式料仓	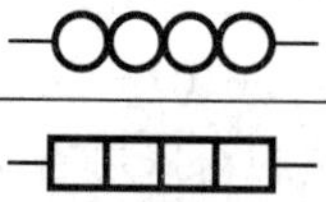	—
11	漏斗式储仓		左、右图为底卸式，中图为侧卸式
12	冷却塔(池)		应注明冷却塔或冷却池
13	水塔、储罐	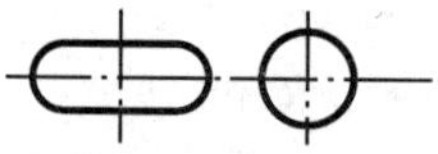	左图为卧式储罐，右图为水塔或立式储罐
14	水池、坑槽		也可以不涂黑
15	明溜矿槽(井)	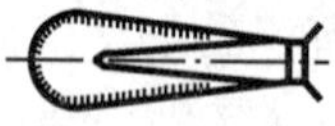	—
16	斜井或平硐	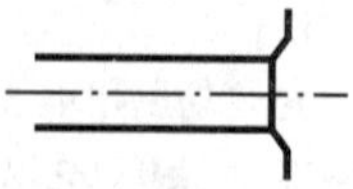	—
17	烟囱		实线为烟囱下部直径，虚线为基础，必要时可注写烟囱高度和上下口直径

续表

序号	名称	图例	备注
18	围墙及大门		—
19	挡土墙	5.000 1.500	挡土墙根据不同设计阶段的需要标注：$\frac{\text{墙顶标高}}{\text{墙底标高}}$
20	挡土墙上设围墙		—
21	台阶及无障碍坡道	1. 2.	1．表示台阶(级数仅为示意)。 2．表示无障碍坡道
22	露天桥式起重机	G_n=　(t)	起重机起重量 G_n 以吨计算。 “＋”为柱子位置
23	露天电动葫芦	G_n=　(t)	起重机起重量 G_n 以吨计算。 “＋”为支架位置
24	门式起重机	G_n=　(t) G_n=　(t)	起重机起重量 G_n 以吨计算。 上图表示有外伸臂，下图表示无外伸臂
25	架空索道		“Ⅰ”为支架位置
26	斜坡卷扬机道		—
27	斜坡栈桥(皮带廊等)		细实线表示支架中心线位置
28	坐标	1. X=105.000 Y=425.000 2. A=105.000 B=425.000	1．表示地形测量坐标系。 2．表示自设坐标系。 坐标数字平行于建筑标注
29	方格网交叉点标高	−0.500 | 77.850 78.350	“78.350”为原地面标高。 “77.850”为设计标高。 “−0.500”为施工高度。 “−”表示挖方(“＋”表示填方)

续表

序号	名称	图例	备注
30	填方区、挖方区、未整平区及零点线	+ −	“+”表示填方区。 “−”表示挖方区。 中间为未整平区。 点画线为零点线
31	填挖边坡		—
32	分水脊线与谷线		上图表示脊线。 下图表示谷线
33	洪水淹没线		洪水最高水位以文字标注
34	地表排水方向		—
35	截水沟	1 40.000	“1”表示1%的沟底纵向坡度，“40.000”表示变坡点间距离，箭头表示水流方向
36	排水明沟	107.500 + 1 40.000 107.500 1 40.000	上图用于比例较大的图面。 下图用于比例较小的图面。 “1”表示1%的沟底纵向坡度，“40.00”表示变坡点间距离，箭头表示水流方向。 “107.500”表示沟底变坡点标高(变坡点以“+”表示)
37	有盖板的排水沟	1 40.000 1 40.000	—
38	水落口	1. 2. 3.	1. 水落口。 2. 原有水落口。 3. 双落式水落口
39	消火栓井		—
40	急流槽		箭头表示水流方向
41	跌水		
42	拦水(闸)坝		—
43	透水路堤		边坡较长时，可在一端或两端局部表示
44	过水路面		—
45	室内地坪标高	151.000 ▽(±0.000)	数字平行于建筑物书写
46	室外地坪标高	▼143.000	室外标高也可采用等高线
47	盲道		—
48	地下车库入口		机动车停车场

续表

序号	名称	图例	备注
49	地面露天停车场		—
50	露天机械停车场		—

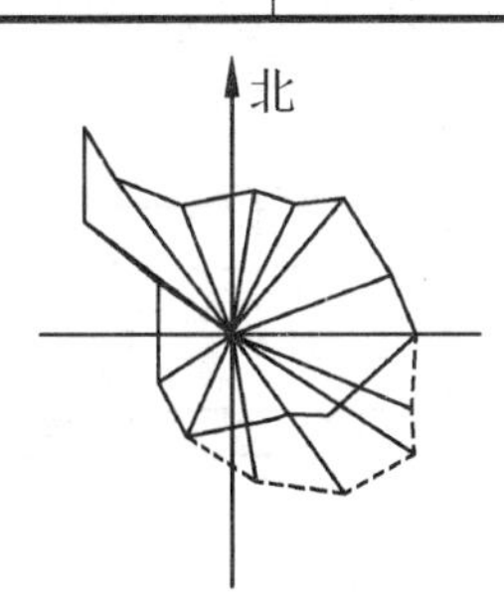

图 3.1 风向频率玫瑰图

3.2.3 总平面图的识读

1. 总平面图识读的方法与步骤

(1) 阅读标题栏、图名和比例。通过阅读标题栏可以了解工程名称、性质、类型等。

(2) 阅读设计说明。在总平面图中常附有设计说明，一般包括如下内容：有关建设依据和工程概况的说明，如工程规模、主要技术经济指标、用地范围等；确定建筑物位置的有关事项；标高及引测点说明、相对标高与绝对标高的关系；补充图例说明等。

(3) 了解新建建筑物的位置、层数、朝向及当地常年主导风向等。

(4) 了解新建建筑物的周围环境状况。

(5) 了解新建建筑物首层地坪、室外设计地坪的标高和周围地形、等高线等。

(6) 了解原有建筑物、构筑物和计划扩建的项目，如道路、绿化等。

2. 总平面图识读举例

(1) 了解图名、比例及文字说明。从图 3.2 中可以看出这是某小区的总平面图，比例为 1∶1000。

(2) 熟悉总平面图的各种图例。由于总平面图的绘制比例较小，许多物体不可能按原状绘出，因而采用了图例符号来表示。

(3) 了解新建房屋的平面位置、标高、层数及外围尺寸等。新建房屋平面位置在总平面图上的标定方法有两种：对小型工程项目，一般以邻近原有永久性建筑物的位置为依据，引出相对位置；对大型的公共建筑，往往用城市规划网的测量坐标来确定建筑物转折点的位置。

图中新建 10 幢相同的低层别墅。它的西北角有三幢高层住宅；它的前向从东至西设有图书馆、会馆中心、活动中心、变配电站、水泵房；紧临大门围墙以北，东向有传达室、综合楼；西向有收发室、办公楼及锅炉房；四周设有砖围墙。

新建别墅的轮廓投影用粗实线画出，其首层主要地面的相对标高为±0.000m，相当于绝对标高为775.62m；该楼总长和总宽分别为18.50m和14.90m，以北围墙和东围墙为参照进行定位。

(4) 了解新建房屋的朝向和主要风向。风向频率玫瑰图中离中心最远的点表示全年该风向风吹的天数最多，即主导风向。虚线多边形表示夏季6月、7月、8月三个月的风向频率情况，从图中可看到该地区全年的主导风向为西北风。

(5) 了解绿化、美化的要求和布置情况，以及周围的环境。

(6) 了解道路交通及管线布置情况。

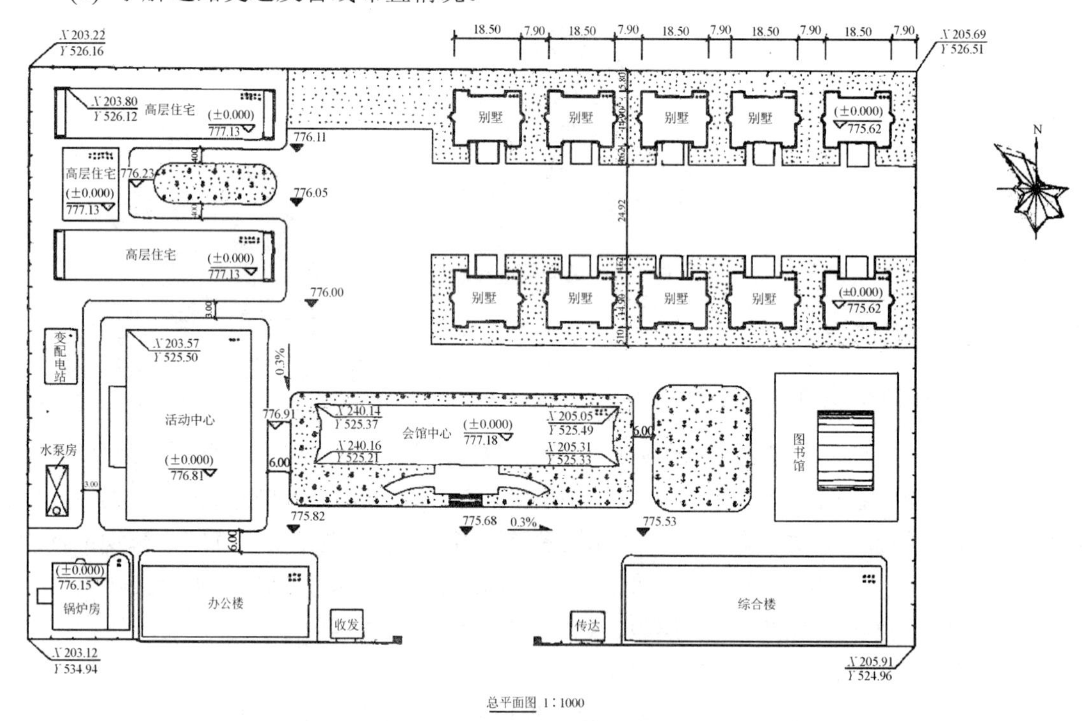

图3.2 某小区总平面图

3.3 建筑平面图

3.3.1 建筑平面图概述

1. 建筑平面图的形成与作用

用一个假想的水平剖切平面沿略高于窗台的部位剖切房屋，移去上面部分，将剩余部分向水平面做正投影而得到的水平投影图，称为建筑平面图，简称平面图，如图3.3所示。

建筑平面图实际上是剖切位置位于门窗洞口略高于窗台处的水平剖面图。

建筑平面图是建筑施工图最基本的图样之一，是施工放线、砌墙、安装门窗、室内装修和编制预算的重要依据。

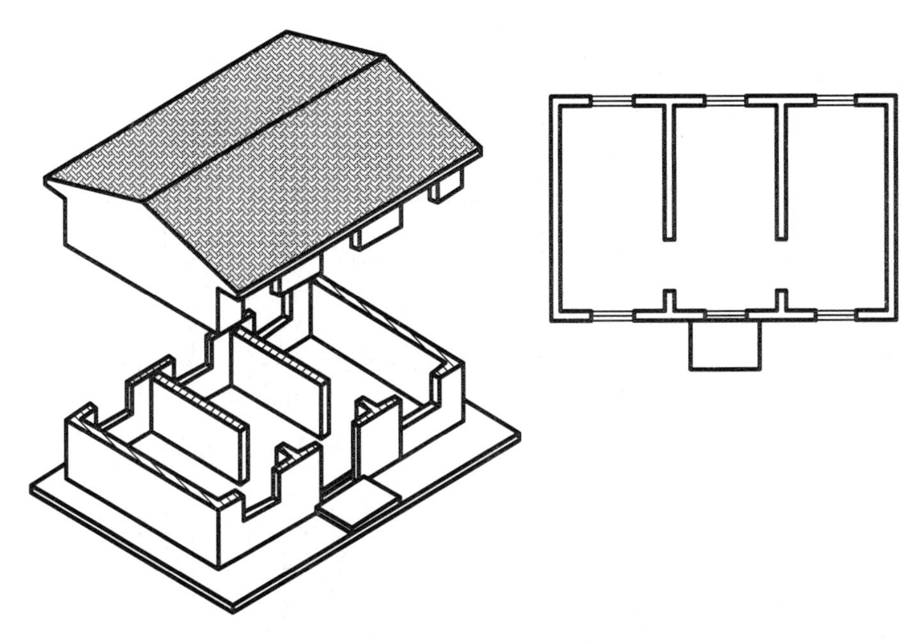

图 3.3 建筑平面图的形成

2. 建筑平面图的命名与组成

建筑平面图通常以层次来命名，如底层平面图、二层平面图、三层平面图等。一般情况下，房屋有几层，就应画出几个平面图，并在图形的下方注出相应的图名、比例等。

沿房屋底层窗洞口剖切所得到的平面图称为底层平面图，最上面一层的平面图称为顶层平面图，中间各层称为中间层平面图(依次为二层平面图、三层平面图、四层平面图等)。如果中间各层平面布置相同，可只画一个平面图表示，称为标准层平面图。如果建筑物设有地下室，还要画出地下室平面图。

因此，多层建筑的平面图一般由底层平面图、中间层平面图或标准层平面图、顶层平面图等楼层平面图组成，此外还包括屋顶平面图、地下室平面图。楼层平面图实质上是房屋各层的水平剖面图，而屋顶平面图是指从房屋屋顶上方向下所作的水平正投影图。它主要表明建筑物屋面的布置情况与排水方式。

(1) 底层(一层)平面图，表示房屋建筑底层的布置情况。在底层平面图上还需反映室外可见的台阶、散水、花台、花池等。此外，还应标注剖切符号及指北针。如图 3.4 所示为某住宅楼底层平面图。

(2) 中间层平面图(标准层平面图)，表示房屋建筑中间各层的布置情况，还需画出本层的室外阳台和下一层的雨篷、遮阳板等。如图 3.5 所示为某住宅楼标准层平面图。

(3) 顶层平面图，表示房屋建筑最上面一层的平面图的布置情况，如附录的附图 5 所示。

(4) 屋顶平面图，表示建筑物屋面的布置情况与排水方式，如屋面排水的方向、坡度、水落管的位置、上人孔及其他建筑配件的位置等。如图 3.6 所示为某住宅楼屋顶平面图。

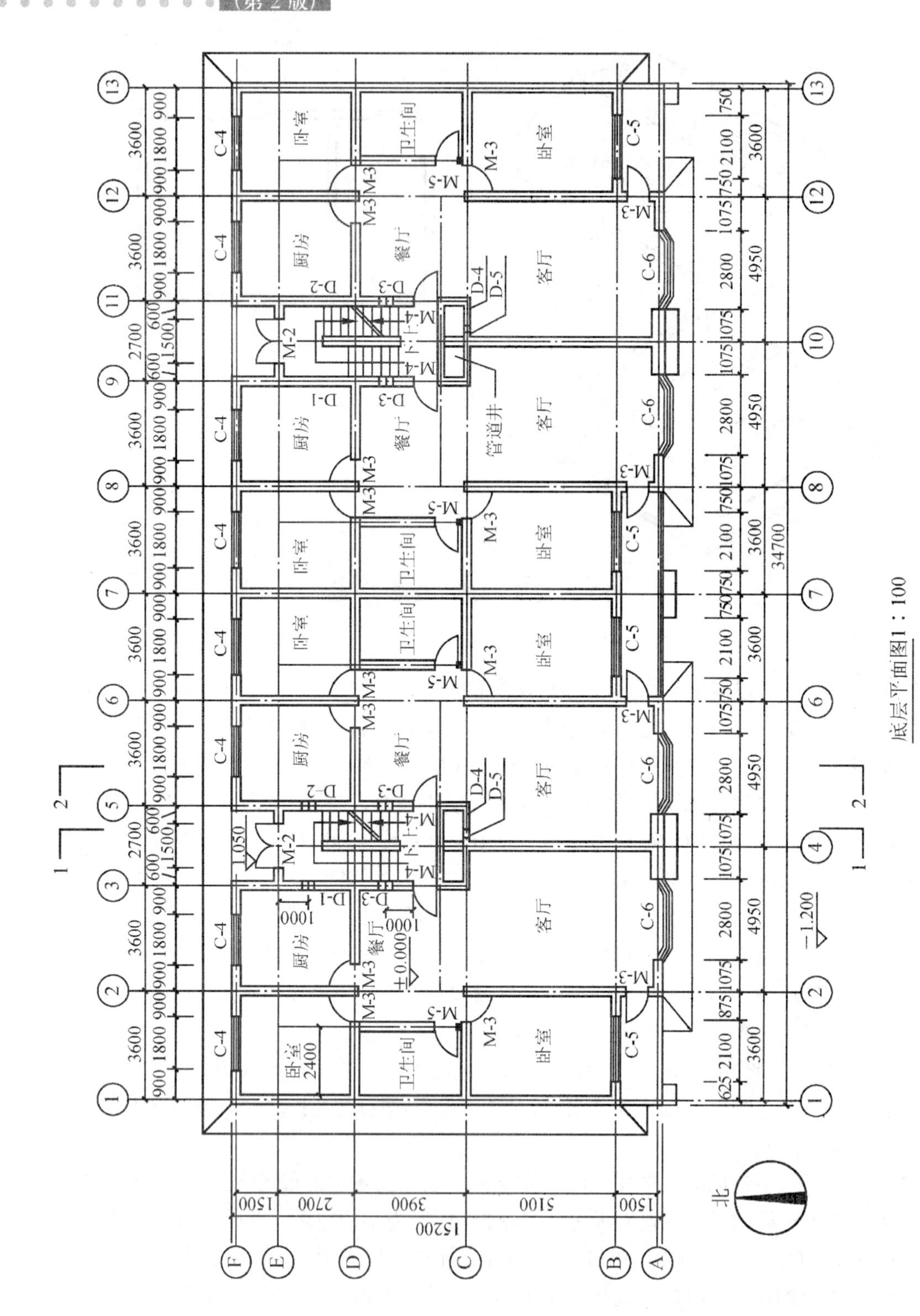

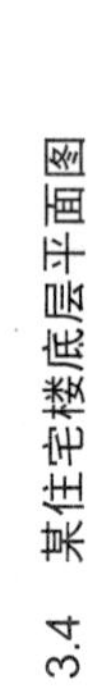
底层平面图1:100

图3.4 某住宅楼底层平面图

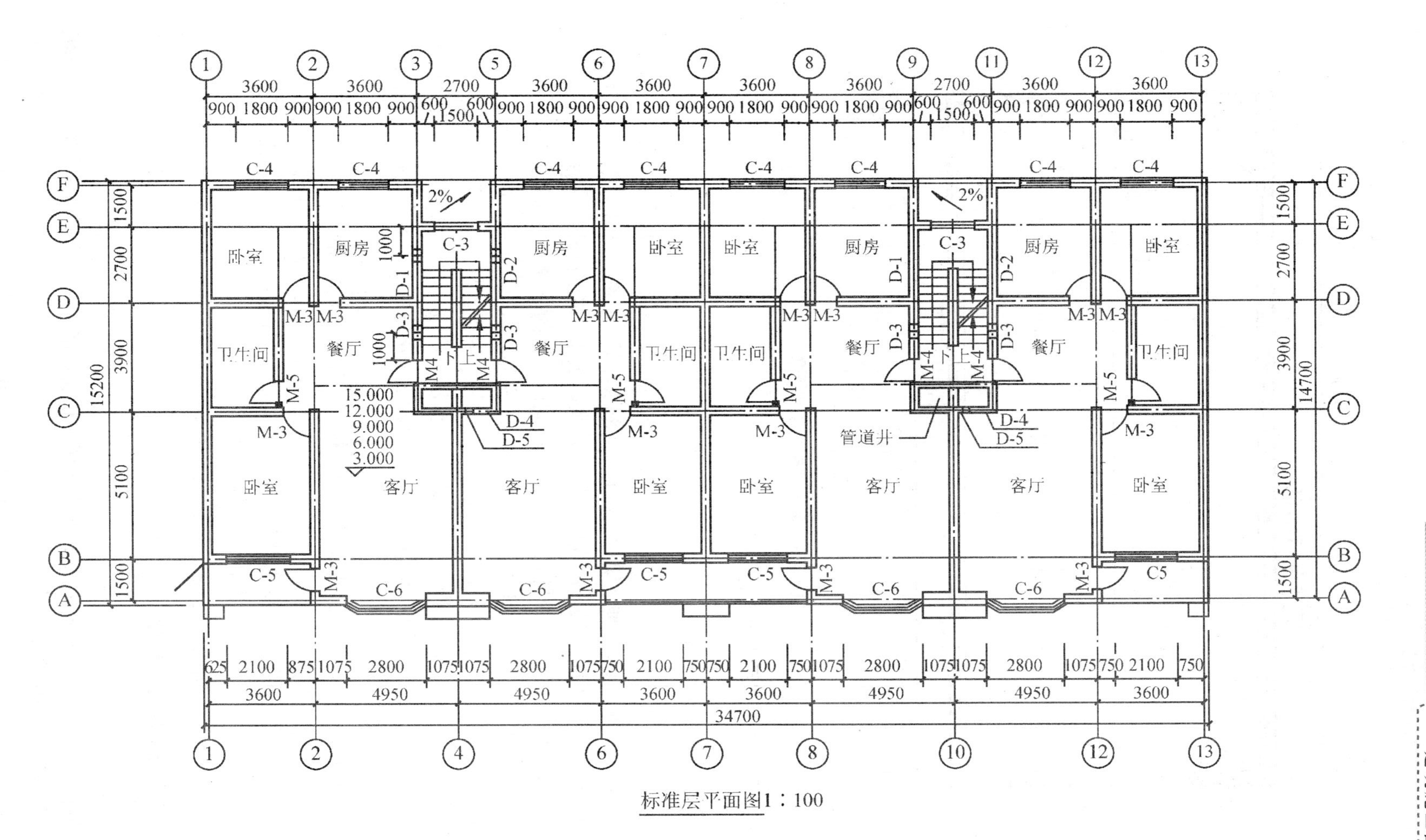

图3.5 某住宅楼标准层平面图

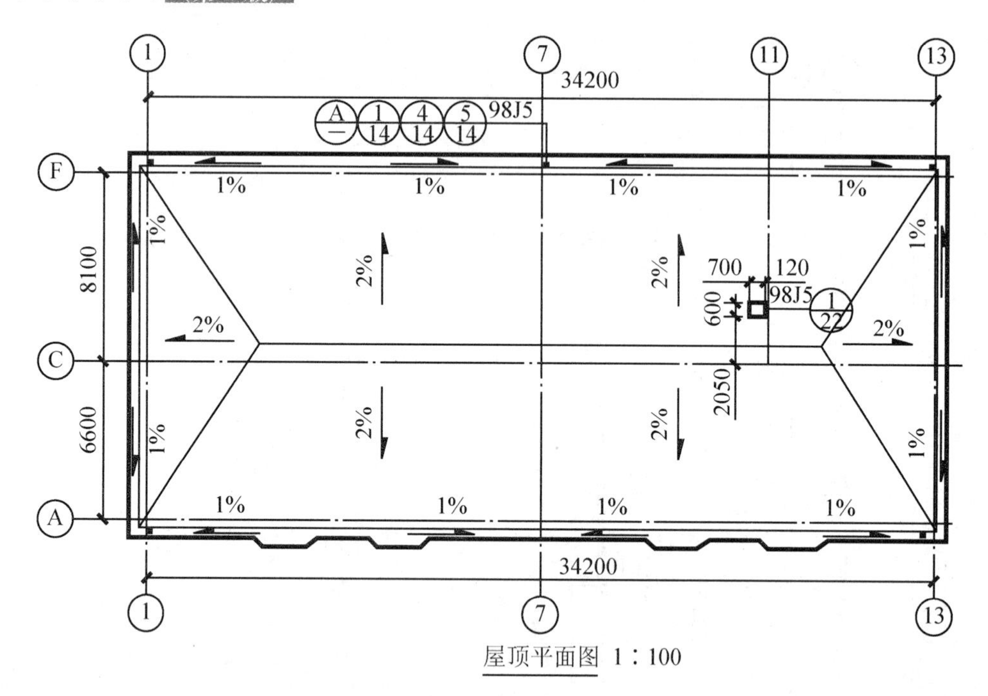

图 3.6　某住宅楼屋顶平面图

3.3.2　建筑平面图的图示内容与图示方法

1. 建筑平面图的图示内容

建筑平面图主要反映房屋的平面形状、大小，房间的相互关系、内部布置，墙的位置、厚度和材料，门窗的位置，以及其他建筑构配件的位置和大小等。建筑平面图主要图示内容如下。

(1) 反映建筑某一平面形状，房间的位置、形状、大小、用途及相互关系。

(2) 墙、柱的位置、尺寸、材料、形式，各房间门、窗的位置和开启形式等。

(3) 门厅、走道、楼梯、电梯等交通联系设施的位置、形式、走向等(一层)。

(4) 其他的设施、构造，如阳台、雨篷、室内台阶、卫生器具、水池等(中间层)。

(5) 属于本层但又位于剖切平面以上的建筑构造及设施，如高窗、隔板、吊柜等用虚线。

(6) 一层平面图应注明剖面图的剖切位置、投影方向及编号，确定建筑朝向的指北针，以及散水、入口台阶、花坛等。

(7) 标明主要楼面、地面及其他主要台面的标高，注明建筑平面的各道尺寸。

(8) 屋顶平面图则主要表明屋面形状、屋面坡度、排水方式、雨水口位置，挑檐、女儿墙、烟囱、上人孔及电梯间等构造和设施，由于屋顶平面图比较简单，常用小比例尺绘制。

(9) 在另有详图的部位，注明详图索引符号。

(10) 注明图名、绘图比例及必要的文字说明。

2. 建筑平面图的图示方法

1) 图名、比例

应注明是哪层平面图，在图名处加中实线作下划线，常用绘图比例为 1∶50、1∶100、1∶150、1∶200、1∶300 等。例如：

六层平面图 1∶100

2) 图线

建筑平面图中的线型要求粗细分明，应该严格按照《建筑制图标准》(GB/T 50104—2010)中图线的相关规定绘制。平面图图线宽度选用示例如图 3.7 所示。

(1) 粗实线——凡是被剖切的主要建筑构造(包括构配件)的轮廓线、剖切符号等。

(2) 中粗实线——被剖切到的次要部分的轮廓线和可见的构配件轮廓线，建筑构配件的轮廓线。

(3) 中实线——线宽小于0.7*b*的图形线、尺寸线、尺寸界限、索引符号、标高符号、详图材料做法引出线、粉刷线、保温层线、地面、墙面的高差分界线等。

(4) 细实线——图例填充线、家具线、纹样线等。

(5) 细单点画线——定位轴线和中心线。

(6) 需要注意的是，平面图实际上是水平剖面图，要画剖切到的部位，也要画投影到的构造。

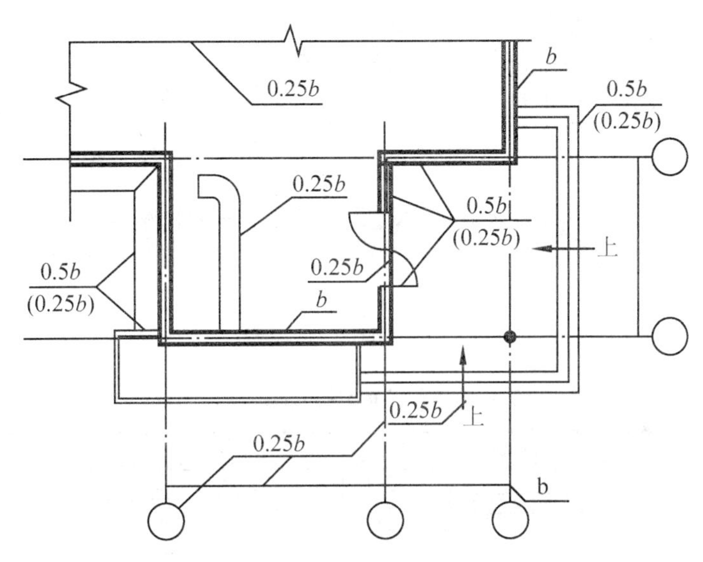

图 3.7　平面图图线宽度选用示例

3) 定位轴线及编号

定位轴线是建筑物中承重构件的定位线，是确定房屋结构、构件位置和尺寸的基准线，也是施工中定位和放线的重要依据。

在施工图中，凡承重的构件，如基础、墙、柱、梁、屋架都要确定轴线，并按国家标准规定绘制并编号。定位轴线采用细点画线表示，一般应编号，轴线编号的圆圈用细实线，直径为 8mm，在圆圈内写上编号，水平方向的编号用阿拉伯数字，从左至右顺序编写。垂直方向的编号，用大写拉丁字母，从下至上顺序编写。这里应注意的是，拉丁字母中的 I、O、Z 不得用为轴线编号，以免与数字 1、0、2 混淆。参见第 4 章相关内容。

定位轴线在墙、柱中的位置与墙的厚度有关，也与其上部搁置的梁、板支承深度有关。以砖墙承重的民用建筑，楼板在墙上搭接深度一般为 120mm 以上，所以外墙的定位轴线按与其内墙面的距离定位。对于内墙及其他承重构件，定位轴线一般在中心对称处。

4) 图例

由于平面图所用的比例较小，许多建筑细部及门窗不能详细画出，因此须用国家标准统一规定的图例来表示。表 3-5 列举了建筑构造与配件的常用图例。

5) 标高标注

建筑平面图中的标高，除特殊说明外，通常采用相对标高，并将底层室内主要房间地面定为±0.000。应标注不同楼面、地面高度，房间及室外地坪等标高。要标明主要楼面、地面及其他主要台面的相对标高。例如，室内、室外地面，室外台阶、楼梯的平台标高，要符合规定。

6) 门窗编号

为编制概预算的统计及施工备料，平面图上所有的门窗都应进行编号。门常用 M1、M2 或 M-1、M-2 表示，窗常用 C1、C2 或 C-1、C-2 表示。

7) 尺寸标注

(1) 外部尺寸一般分三道尺寸标注：最外面一道为总尺寸，表明建筑物的总长和总宽；中间一道是定位尺寸，一般表示房间的开间和进深；最里一道是细部尺寸，表示门窗洞口、墙垛宽度等，如图 3.4 所示。

(2) 内部尺寸：应标注各房间长、宽方向的净空尺寸，墙厚、轴线的关系、柱子截面、房屋内部门窗洞口、门垛等细部尺寸，如图 3.4 所示。

(3) 具体构造尺寸：室外的散水、台阶、花池，室内的固定设施的大小及定位尺寸，可单独标注，如图 3.4 所示。

8) 其他要求

(1) 要标注有关部位详图的索引符号，采用标准图集的构配件的编号及文字说明。

(2) 平面图中要注写各房间的名称，住宅平面图还要注写各房间的使用面积。

(3) 一层平面图中要标注剖面图的剖切符号、编号及指北针。

(4) 屋顶平面图中及其他层平面图中的阳台或露台，要标注排水坡度。

表 3-5 建筑构造与配件常用图例(GB/T 50104—2010)

序号	名称	图例	备注
1	墙体		上图为外墙，下图为内墙。 外墙细线表示有保温层或有幕墙。 应加注文字、涂色或图案填充表示各种材料的墙体。 在各层平面图中防火墙宜着重以特殊图案填充表示
2	隔断		加注文字、涂色或图案填充表示各种材料的轻质隔断。 适用于到顶与不到顶隔断
3	玻璃幕墙		幕墙龙骨是否表示由项目设计决定
4	栏杆		—
5	楼梯	下 下 上 上	上图为顶层楼梯平面，中图为中间层楼梯平面，下图为底层楼梯平面。 需设置靠墙扶手或中间扶手时，应在图中表示

续表

序号	名称	图例	备注
6	坡道	下	长坡道
		下 下 下	上图为两侧垂直的门口坡道，中图为有挡墙的门口坡道，下图为两侧找坡的门口坡道
7	台阶	下	—
8	平面高差	××↓ ××↓	用于高差小的地面或楼面交接处，并应与门的开启方向协调
9	检查口		左图为可见检查口，右图为不可见检查口
10	孔洞		阴影部分亦可填充灰度或涂色代替
11	坑槽		—
12	墙预留洞、槽	宽×高或φ 标高 宽×高或φ×深 标高	上图为预留洞，下图为预留槽。 平面以洞(槽)中心定位。 标高以洞(槽)底或中心定位。 宜以涂色区别墙体和预留洞(槽)
13	地沟		上图为活动盖板地沟，下图为无盖板明沟
14	烟道		阴影部分亦可涂色代替。 烟道、风道与墙体为相同材料，其相接处墙身线应连通。 烟道、风道根据需要增加不同材料的内衬

续表

序号	名称	图例	备注
15	风道	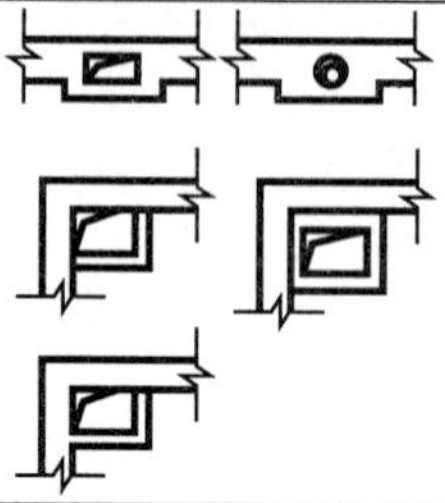	阴影部分亦可涂色代替。 烟道、风道与墙体为相同材料，其相接处墙身线应连通。 烟道、风道根据需要增加不同材料的内衬
16	新建的墙和窗	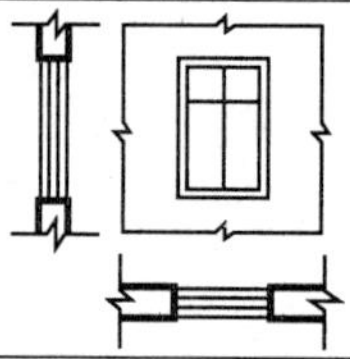	
17	改建时保留的墙和窗	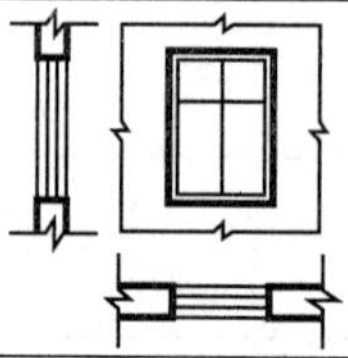	只要换窗，应加粗窗的轮廓线
18	拆除的墙	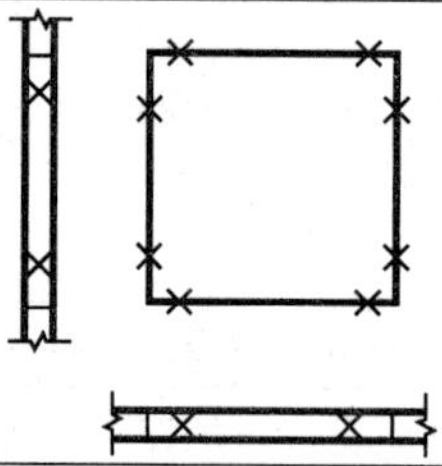	—
19	改建时在原有墙或楼板新开的洞	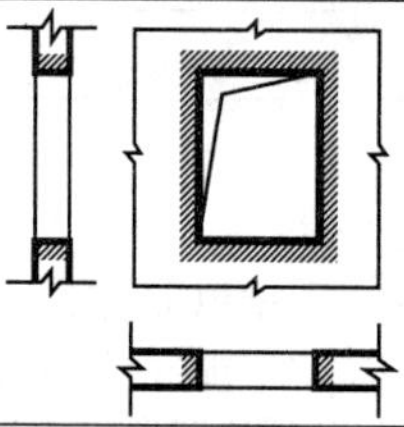	—
20	在原有墙或楼板洞旁扩大的洞	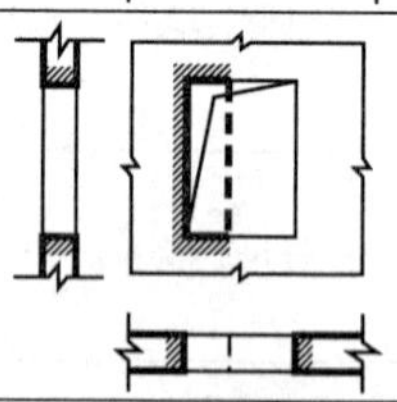	图示为洞口向左边扩大
21	在原有墙或楼板上全部填塞的洞	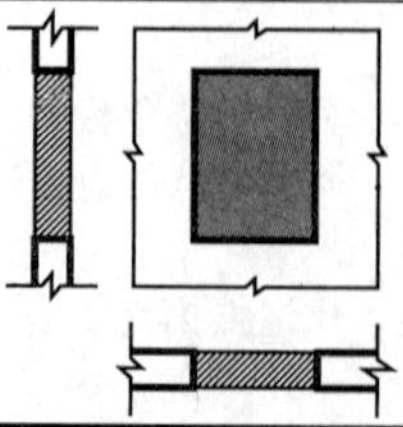	全部堵塞的洞。图中立面填充灰度或涂色

续表

序号	名称	图例	备注
22	在原有墙或楼板上局部填塞的洞	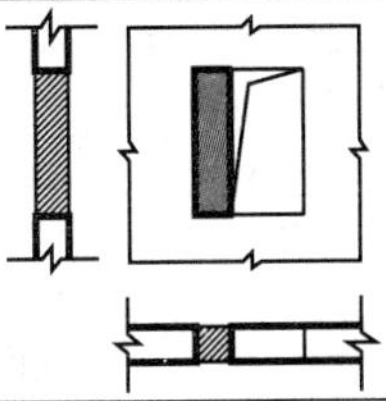	左侧为局部填塞的洞。图中立面图填充灰度或涂色
23	空门洞	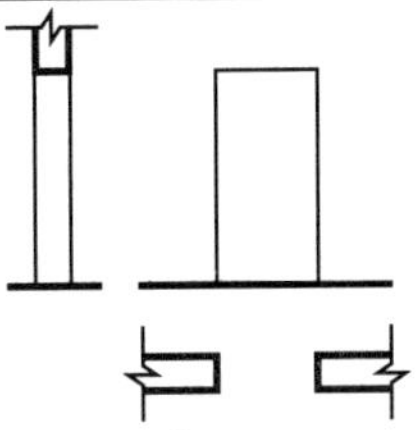 $h=$	h 为门洞高度
24	单扇平开或单向弹簧门	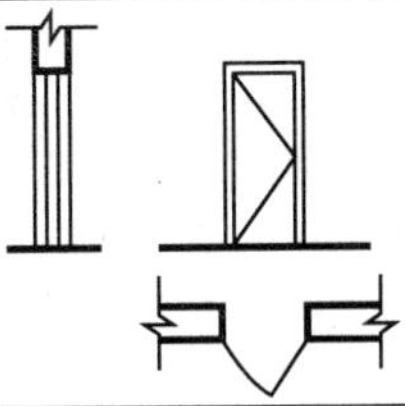	门的名称代号用 M 表示。 平面图中，下为外，上为内，门开启线为 90°、60°或 45°。 立面图中，开启线实线为外开，虚线为内开。开启线交角的一侧为安装合页一侧。开启线在建筑立面图中可不表示，在立面详图中可根据需要绘出。 剖面图中，左为外，右为内。 附加纱扇应以文字说明，在平面图、立面图、剖面图中均不表示。 立面形式应按实际情况绘制
	单扇平开或双向弹簧门	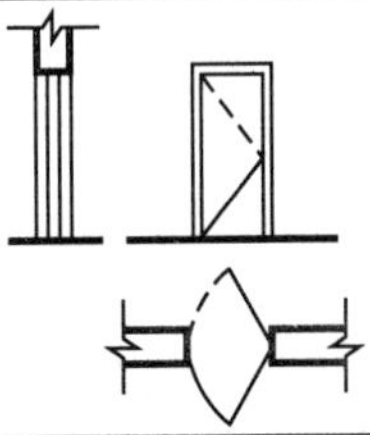	
	双层单扇平开门	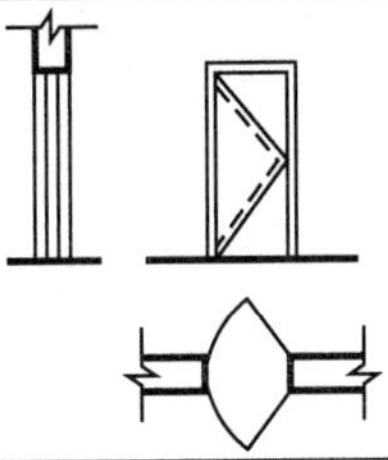	
25	单面开启双扇门(包括平开或单面弹簧)	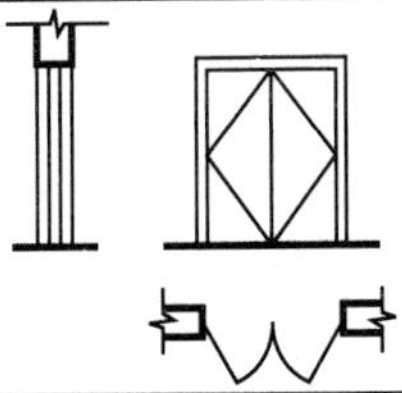	门的名称代号用 M 表示。 平面图中，下为外，上为内，门开启线为 90°、60°或 45°。 立面图中，开启线实线为外开，虚线为内开。开启线交角的一侧为安装合页一侧。开启线在建筑立面图中可不表示，在立面详图中可根据需要绘出。 剖面图中，左为外，右为内。 附加纱扇应以文字说明，在平面图、立面图、剖面图中均不表示。 立面形式应按实际情况绘制
	双面开启双扇门(包括双面平开或双面弹簧)	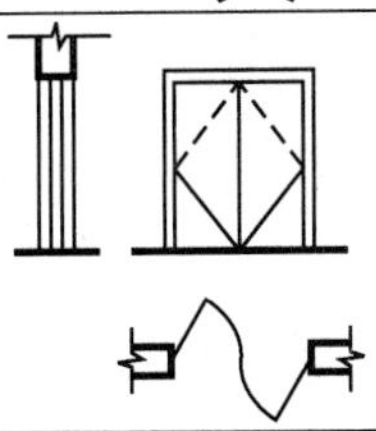	

续表

序号	名称	图例	备注
25	双层双扇平开门	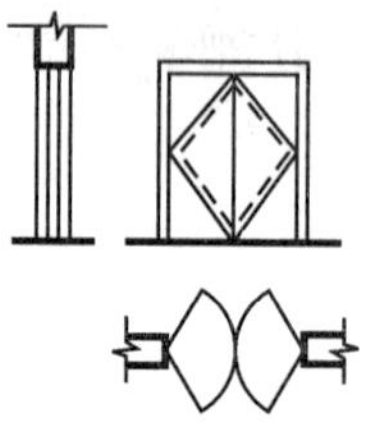	门的名称代号用M表示。 平面图中，下为外，上为内，门开启线为90°、60°或45°。 立面图中，开启线实线为外开，虚线为内开。开启线交角的一侧为安装合页一侧。开启线在建筑立面图中可不表示，在立面详图中可根据需要绘出。 剖面图中，左为外，右为内。 附加纱扇应以文字说明，在平面图、立面图、剖面图中均不表示。 立面形式应按实际情况绘制
26	折叠门	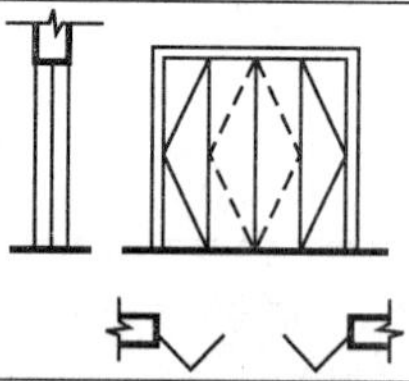	门的名称代号用M表示。 平面图中，下为外，上为内。 立面图中，开启线实线为外开，虚线为内开。开启线交角的一侧为安装合页一侧。 剖面图中，左为外，右为内。 立面形式应按实际情况绘制。
	推拉折叠门	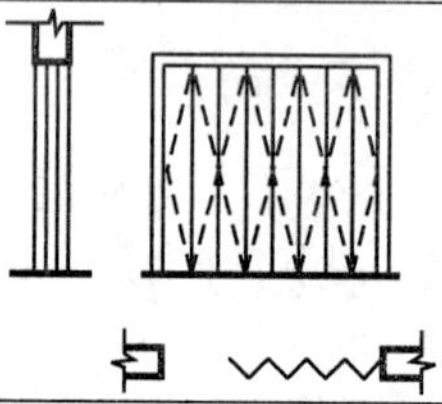	
27	墙洞外单扇推拉门	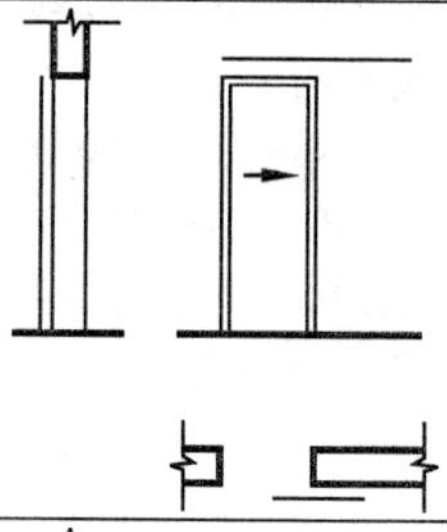	门的名称代号用M表示。 平面图中，下为外，上为内。 剖面图中，左为外，右为内。 立面形式应按实际情况绘制
	墙洞外双扇推拉门	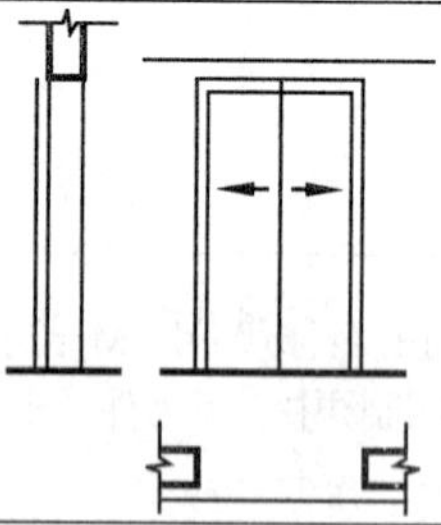	
	墙中单扇推拉门	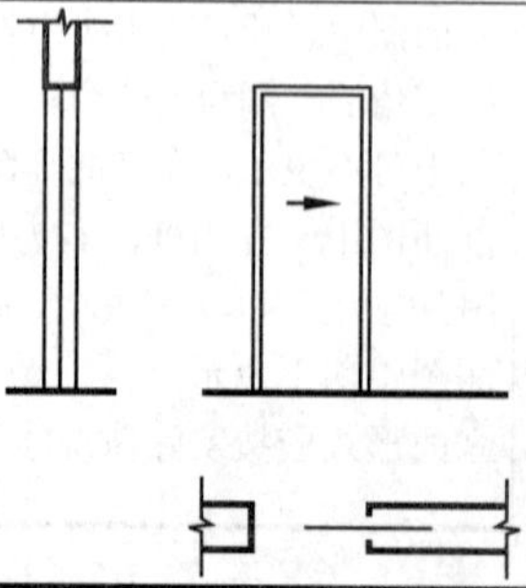	门的名称代号用M表示。 立面形式应按实际情况绘制

续表

序号	名称	图例	备注
27	墙中双扇推拉门	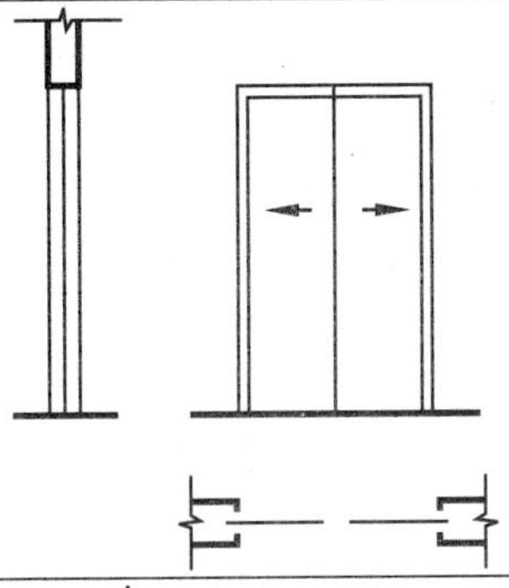	门的名称代号用M表示。 立面形式应按实际情况绘制
28	推拉门	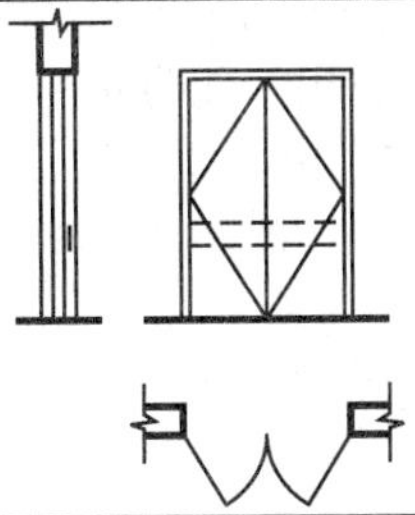	门的名称代号用M表示。 平面图中，下为外，上为内，门开启线为90°、60°或45°。 立面图中，开启线实线为外开，虚线为内开。开启线交角的一侧为安装合页一侧。开启线在建筑立面图中可不表示，在室内设计立面详图中可根据需要绘出。 剖面图中，左为外，右为内。 立面形式应按实际情况绘制
29	门连窗	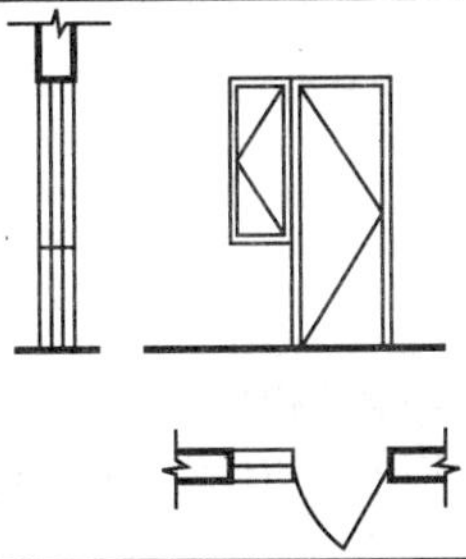	
30	旋转门	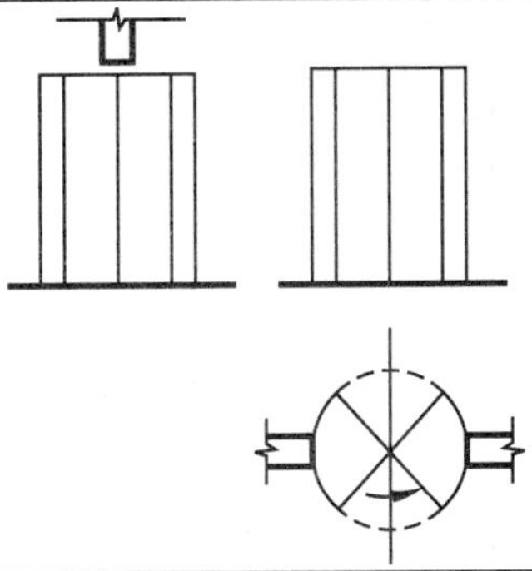	门的名称代号用M表示。 立面形式应按实际情况绘制
	两翼智能旋转门	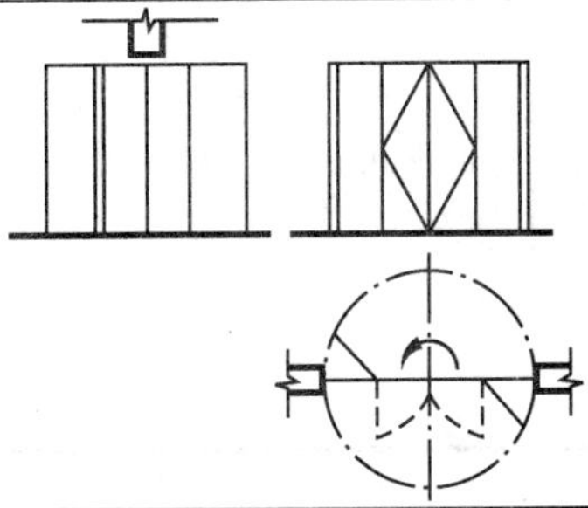	

续表

序号	名称	图例	备注
31	自动门	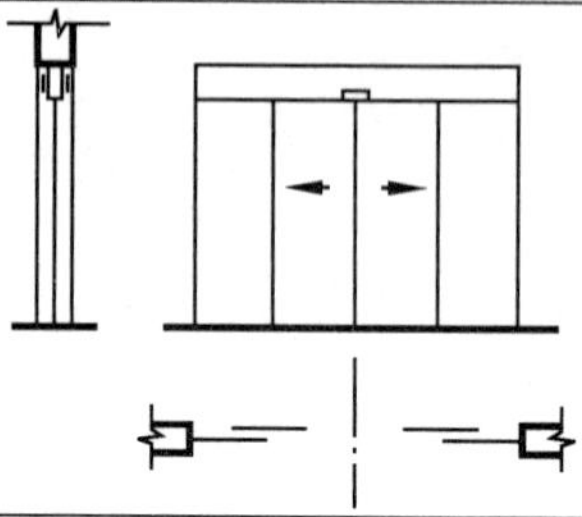	门的名称代号用 M 表示。 立面形式应按实际情况绘制
32	折叠 上翻门	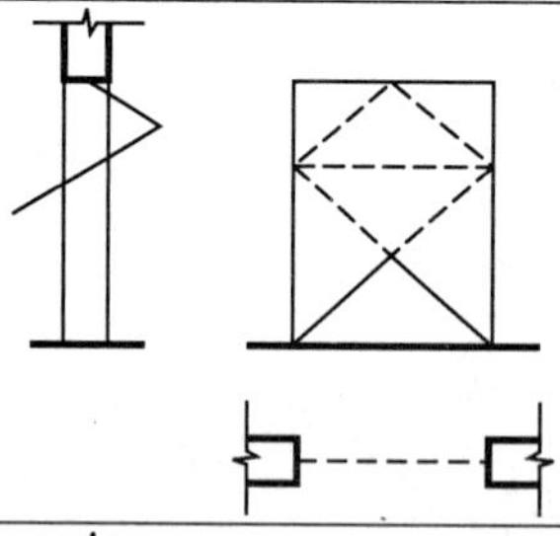	门的名称代号用 M 表示。 平面图中，下为外，上为内。 剖面图中，左为外，右为内。 立面形式应按实际情况绘制
33	提升门	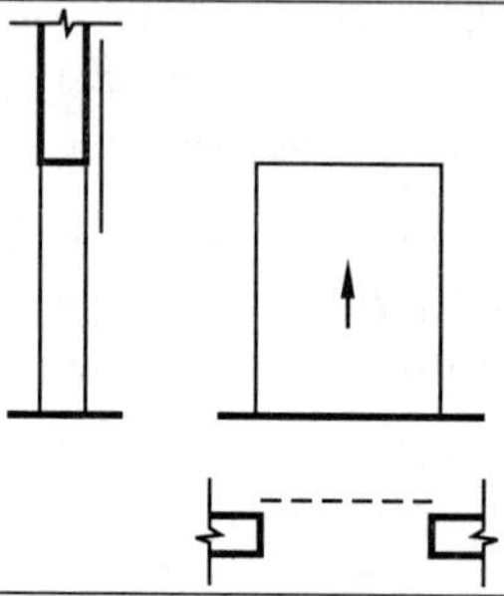	门的名称代号用 M 表示。 立面形式应按实际情况绘制
34	分节 提升门	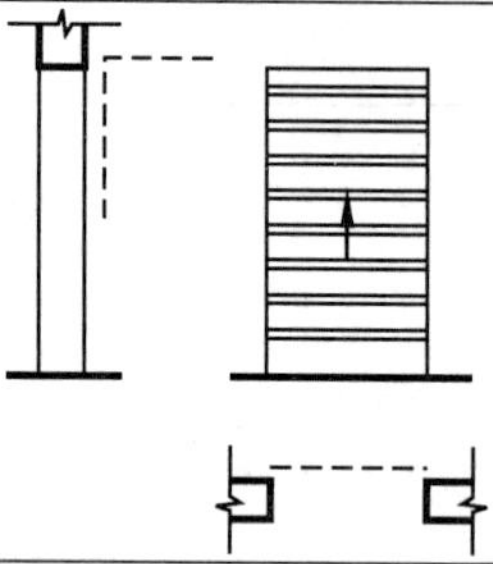	
35	人防单扇 防护 密闭门	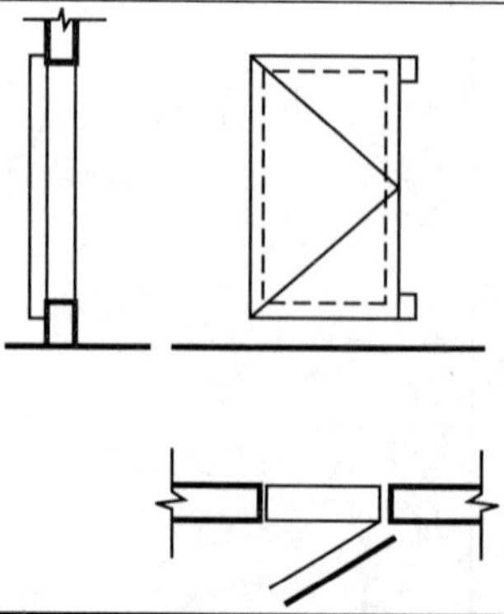	门的名称代号按人防要求表示。 立面形式应按实际情况绘制

续表

序号	名称	图例	备注
35	人防单扇密闭门	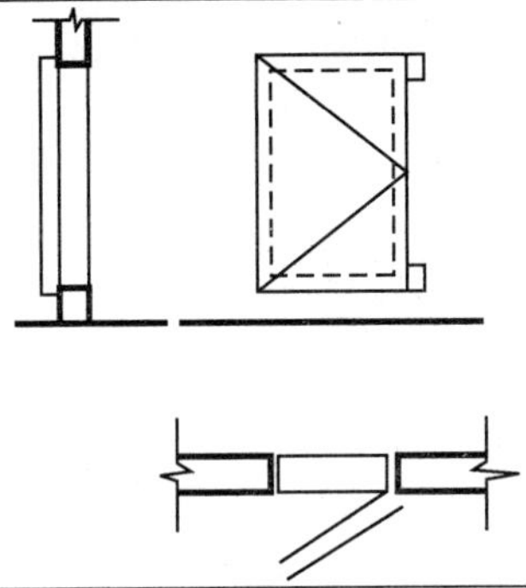	门的名称代号按人防要求表示。立面形式应按实际情况绘制
36	人防双扇防护密闭门	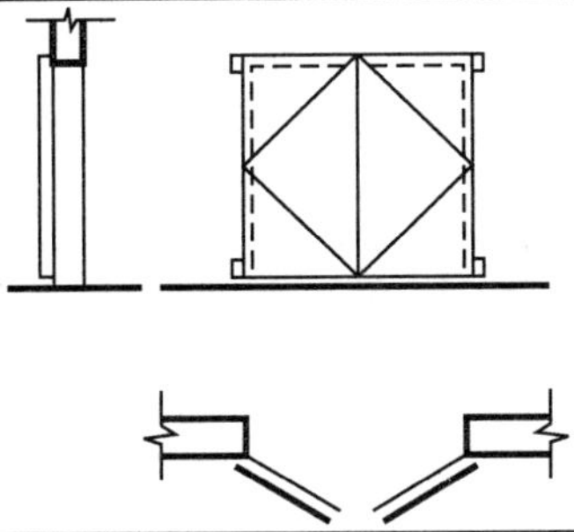	门的名称代号按人防要求表示。立面形式应按实际情况绘制
	人防双扇密闭门	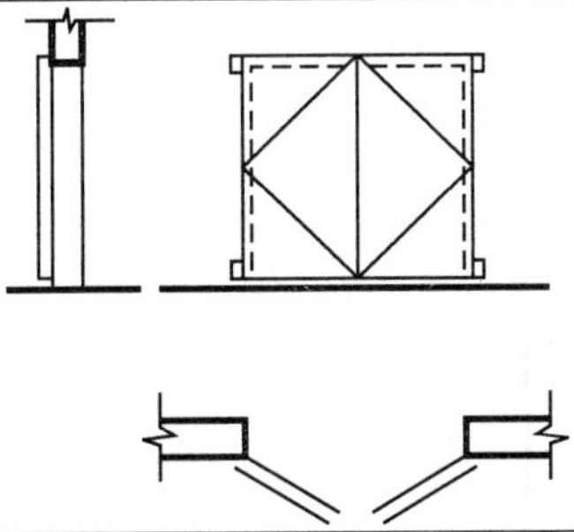	
37	横向卷帘门	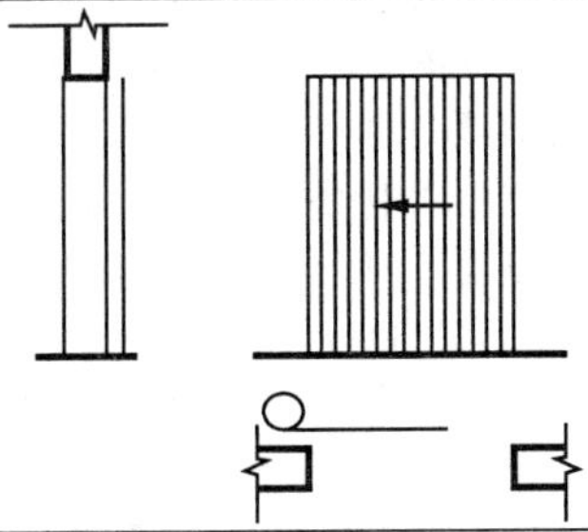	—
	竖向卷帘门	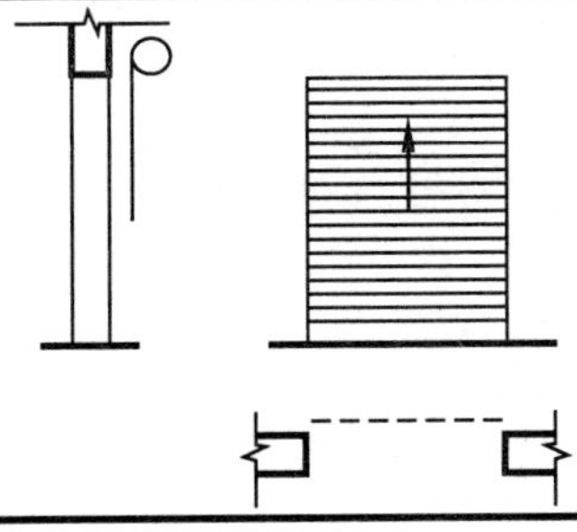	

续表

序号	名称	图例	备注
37	单侧双层卷帘门	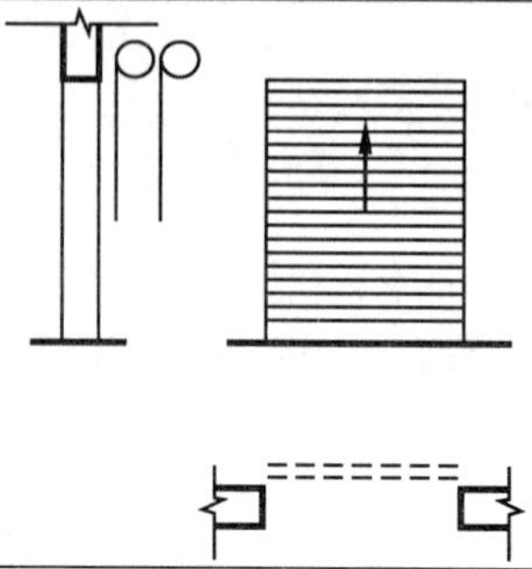	—
	双侧单层卷帘门	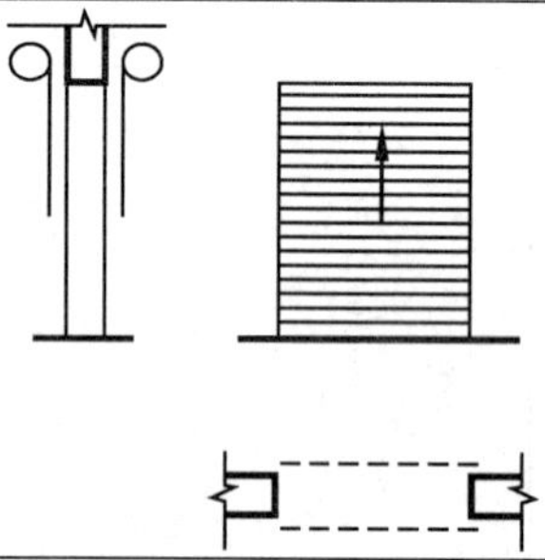	
38	固定窗	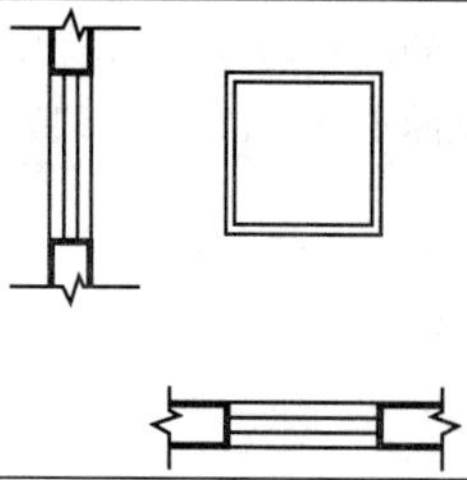	窗的名称代号用C表示。 平面图中，下为外，上为内。 立面图中，开启线实线为外开，虚线为内开。开启线交角的一侧为安装合页一侧。开启线在建筑立面图中可不表示，在门窗立面详图中需绘出。 剖面图中，左为外，右为内，虚线仅表示开启方向，项目设计不表示。 附加纱窗应以文字说明，在平面图、立面图、剖面图中均不表示。 立面形式应按实际情况绘制
39	上悬窗	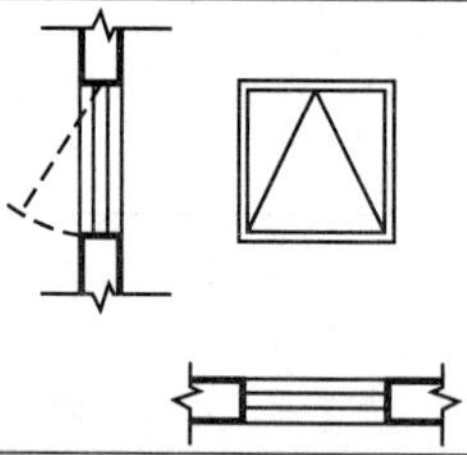	
	中悬窗	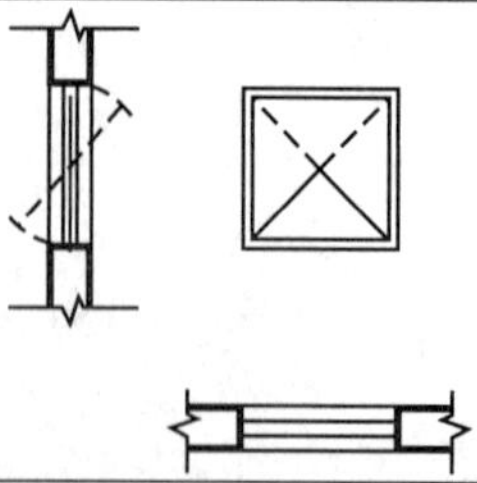	
40	下悬窗	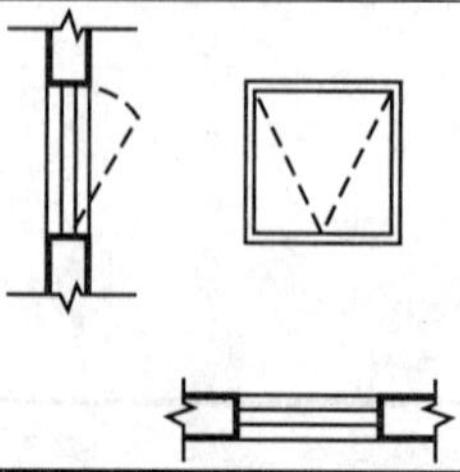	

续表

序号	名称	图例	备注
41	立转窗	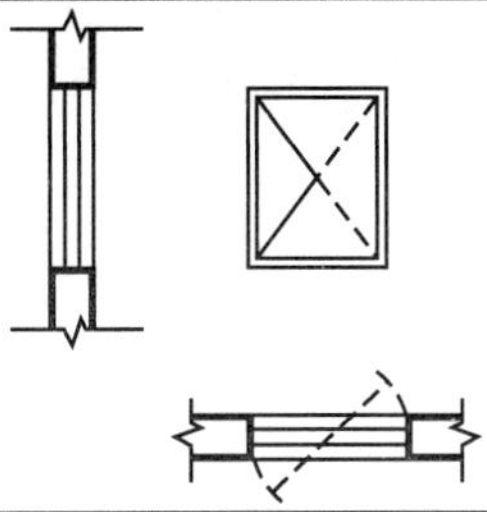	窗的名称代号用 C 表示。 平面图中，下为外，上为内。 立面图中，开启线实线为外开，虚线为内开。开启线交角的一侧为安装合页一侧。开启线在建筑立面图中可不表示，在门窗立面详图需绘出。 剖面图中，左为外，右为内，虚线仅表示开启方向，项目设计不表示。 附加纱窗应以文字说明，在平面图、立面图、剖面图中均不表示。 立面形式应按实际情况绘制
42	内开平开内倾窗	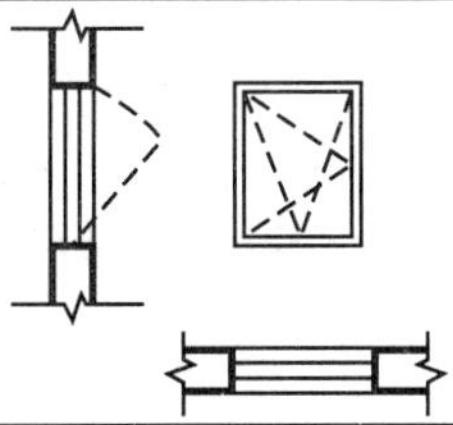	
43	单层外开平开窗	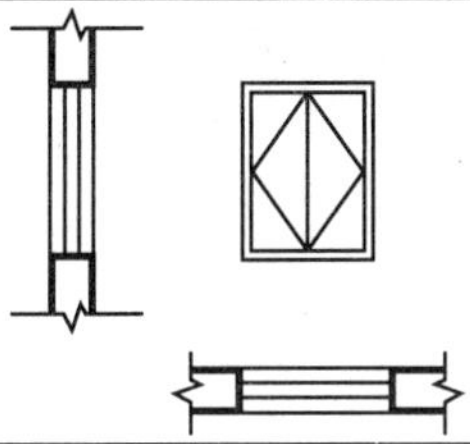	
	单层内开平开窗	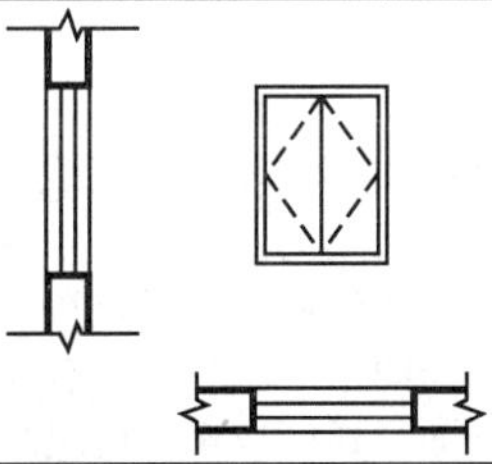	
	双层内外开平开窗	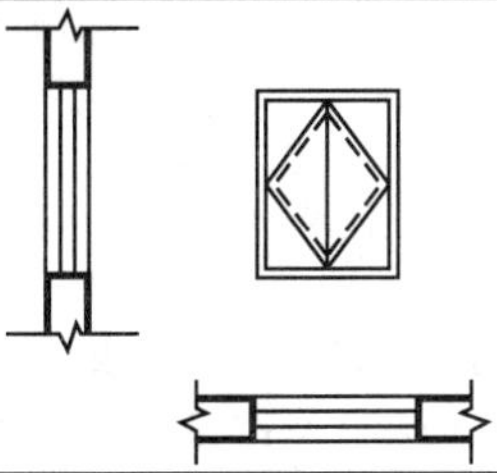	
44	单层推拉窗	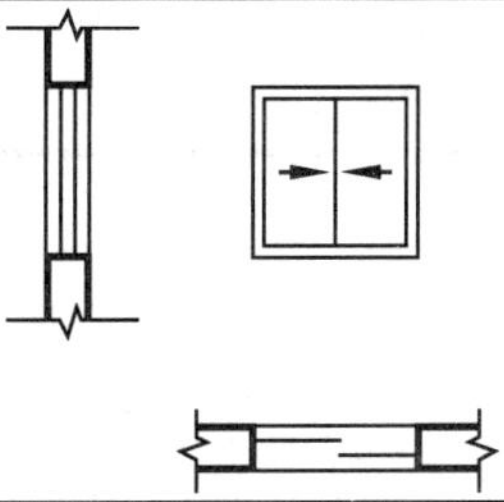	窗的名称代号用 C 表示。 立面形式应按实际情况绘制

续表

序号	名称	图例	备注
44	双层推拉窗	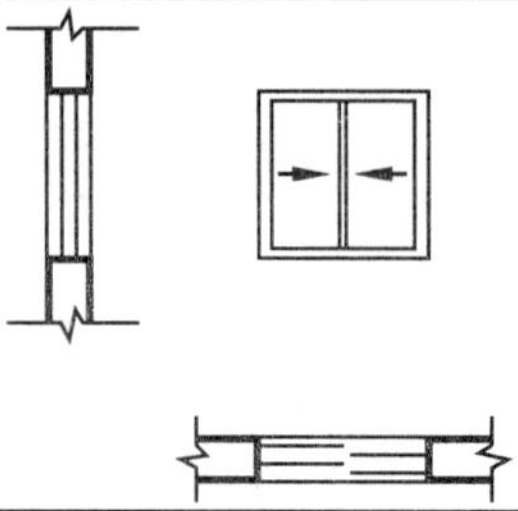	窗的名称代号用C表示。 立面形式应按实际情况绘制
45	上推窗	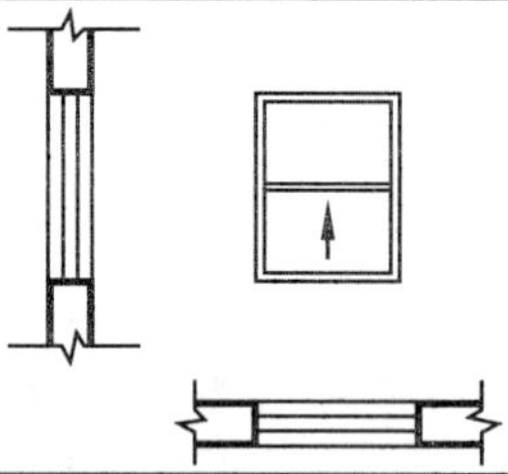	
46	百叶窗	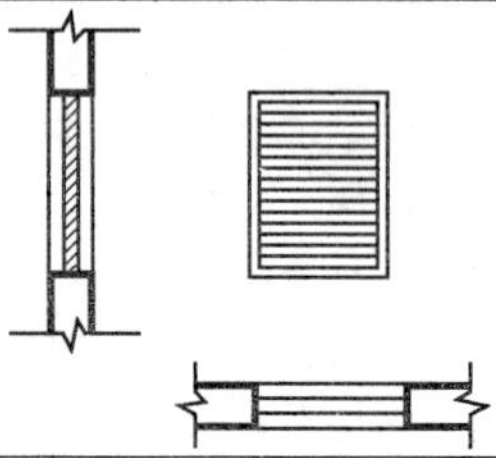	
47	高窗	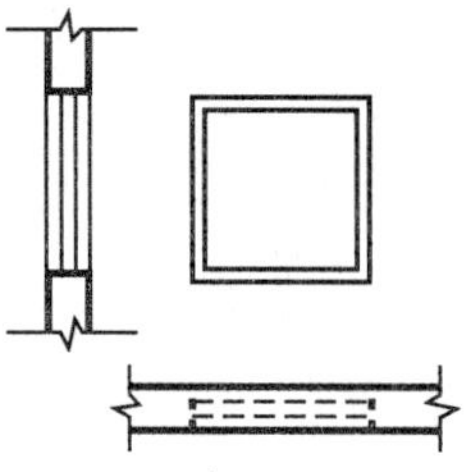 h=	窗的名称代号用C表示。 立面图中，开启线实线为外开，虚线为内开。开启线交角的一侧为安装合页一侧。开启线在建筑立面图中可不表示，在门窗立面详图中需绘出。 剖面图中，左为外，右为内。 立面形式应按实际情况绘制。 h表示高窗底距本层地面标高。 高窗开启方式参考其他窗型
48	平推窗	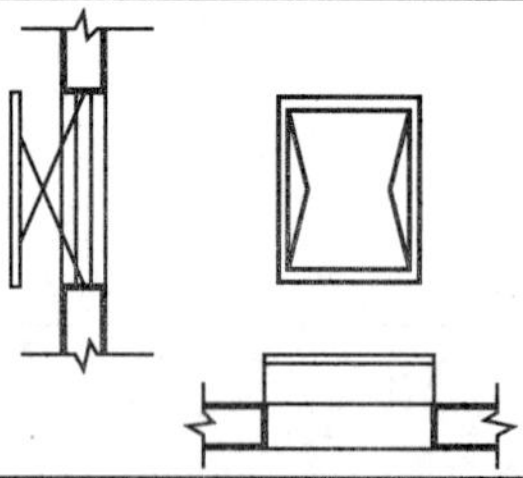	窗的名称代号用C表示。 立面形式应按实际情况绘制

3.3.3 建筑平面图的识读

1. 建筑平面图识读的方法与步骤

(1) 了解图名、比例及文字说明。

(2) 了解平面图中建筑物的朝向，内部房间的功能关系，平面布置方式等。

(3) 了解纵横定位轴线及其编号，墙(或柱)的平面布置。

(4) 了解平面图的尺寸与标高。

(5) 了解门窗的布置、数量及型号。
(6) 了解房屋室内设备配备等情况。
(7) 了解房屋外部的设施，如散水、花坛、台阶等的位置及尺寸。
(8) 了解剖面图的剖切位置、索引符号等。
(9) 了解屋面的布置与排水情况。

2. 建筑平面图识读举例

1) 底层平面图的识读(以图3.4所示的住宅楼底层平面图为例)

(1) 了解图名、比例及文字说明。

识读该图可知其图名为某住宅楼底层平面图，比例为1∶100。

(2) 了解平面图中建筑物的朝向，内部房间的功能关系，平面布置方式等。

一般仅需在底层平面图中画出指北针，以表明建筑物的朝向。由图中指北针可知该住宅建筑朝向为坐北朝南；建筑平面形状为矩形，为一梯两户的单元式住宅楼，共有两个单元，户型为两室两厅一卫一厨，每户设有阳台、管道井和室外空调搁置板，并对称布置。

(3) 了解纵横定位轴线及其编号，墙(或柱)的平面布置等。

一般相邻定位轴线之间的距离，横向的距离称为开间，纵向的距离称为进深。

从定位轴线可以看出墙(或柱)的布置情况：该住宅楼有6道纵墙，即6根纵向定位轴线，以及13道横墙，即13根横向轴线。

该楼所有外墙、内墙厚度应标明，定位轴线为中轴线(轴线居中布置)或者偏轴布置。

(4) 了解平面图的尺寸与标高。

注意平面图尺寸以mm为单位，但标高以m为单位。

① 外部尺寸。最外一道是外包尺寸，表示房屋外轮廓的总尺寸，即从一端的外墙边到另一端的外墙边总长和总宽的尺寸；中间一道是轴线间的尺寸，表示各房间的开间和进深的大小(一般相邻定位轴线之间的距离，横向的距离称为开间，纵向的距离称为进深)；最里面的一道是细部尺寸，它表示门窗洞口和窗间墙等水平方向的定位尺寸。该楼的总尺寸为总长34700mm，总宽15200mm；轴间尺寸为客厅开间4950mm，进深6600mm；南向卧室开间3600mm，进深5100mm；定位尺寸以C-4为例，洞宽1800mm，两洞口之间距离900＋900＝1800(mm)。

② 内部尺寸。内部尺寸应注明内墙门窗洞的位置及洞口宽度、墙体厚度、设备的大小和定位尺寸。内部尺寸应就近标注。如该图中卫生间隔墙距离①号轴线2400(mm)，D-1、D-2(洞1、洞2)距离Ⓔ轴线1000mm。

③ 具体构造尺寸。底层平面图中还应标出室外台阶、花台、散水等尺寸。如该楼应标明散水尺寸。

建筑平面图中的标高，除特殊说明外，通常都采用相对标高，并将底层室内主要房间地面定为±0.000。在该建筑底层平面图中，客厅、卧室地坪定为标高零点(±0.000)，厨房及卫生间地面标高应略低(如－0.020)，单元门外处标高为－1.050，室外地坪标高为－1.200。

(5) 了解门窗的布置、数量及型号。

建筑平面图中，只能反映出门窗的位置和宽度尺寸，而它们的高度尺寸、窗的开启形式和构造等情况是无法表达出来的。为了便于识读，在图中采用专门的代号标注门窗，其中门的代号为M，窗的代号为C，代号后面用数字表示它们的编号，如M-1、…、C-1、…。一般每个工程的门窗规格、型号、数量都由门窗表说明。

(6) 了解房屋室内设备配备等情况。

该工程底层平面中的卫生间应设有盥洗台、坐便器及其各自的定位尺寸等。

(7) 了解房屋外部的设施，如散水、花坛、台阶等的位置及尺寸。

在底层平面图中，需画出房屋外部被投影到的构造和设施，如散水、花坛、台阶等的位置及尺寸，该工程底层平面中外墙四周的散水(宽度一般为600～1000mm)。

(8) 了解房屋的剖面图的剖切位置、索引符号等。

在底层平面图中，应画上剖面图的剖切位置(其他平面图上省略不画)，以便与剖面图对照查阅。如图3.4中的1—1、2—2剖面图剖切符号。有时还标注有关部位详图的索引符号。

2) 其他楼层平面图的识读

其他楼层平面图(包括中间各层、标准层、顶层、地下室等)的识读与底层平面图基本相同，可参照进行。需要注意对照与底层平面图的异同点，如平面布置有无变化，楼面标高、墙体厚度及楼梯图例有无变化等。如图3.5为住宅楼的标准层平面图。

此外，如果设有地下室，则应了解地下室平面图的详细布置与其他图纸内容。楼梯平面的画法要符合国家标准中图例的规定，识读时要注意楼梯在各层中的不同表示。

3) 屋顶平面图的识读

对于屋顶平面图，应了解屋面处的天窗、水箱、屋面出入口、铁爬梯、女儿墙及屋面变形缝等设施，屋面排水分区、排水方向、坡度、檐沟、泛水、水落口等位置、尺寸及构造等情况，采用标准图集的代号，以及有无详图索引符号等。如图3.6所示，该住宅楼的屋面为有组织排水，四个分区，中间设分水线，排水坡度为2%，檐沟排水坡度为1%，水落口设在四角处和南北外墙中间位置，上人孔和挑檐均采用标准图集。

3.3.4 建筑平面图的绘制

建筑平面图应严格按照《建筑制图标准》(GB/T 50104—2010)中的相关规定绘制。平面图的方向宜与总图方向一致。平面图的长边宜与横式幅面图纸的长边一致。在同一张图纸上绘制多于一层的平面图时，各层平面图宜按层数由低向高的顺序从左至右或从下至上布置。除顶棚平面图外，各种平面图应按正投影法绘制。建筑物平面图应在建筑物的门窗洞口处水平剖切俯视，屋顶平面图应在屋面以上俯视，图内应包括剖切面及投影方向可见的建筑构造以及必要的尺寸、标高等，表示高窗、洞口、通气孔、槽、地沟及起重机等不可见部分时，应采用虚线绘制。建筑物平面图应注写房间的名称或编号。编号注写在直径为6mm、细实线绘制的圆圈内，并在同张图纸上列出房间名称表。平面较大的建筑物，可分区绘制平面图，但每张平面图均应绘制组合示意图。各区应分别用大写拉丁字母编号。在组合示意图中需提示的分区，应采用阴影线或填充的方式表示。

1. 绘制建筑施工图的一般步骤和方法

1) 建筑施工图绘制的一般步骤

(1) 确定绘制图样的数量。根据房屋的外形、层数、平面布置和构造内容的复杂程度，以及施工的具体要求，确定图样的数量，做到表达内容既不重复也不遗漏。图样的数量在满足施工要求的条件下以少为好。

(2) 选定比例和图幅。选择适当的比例，通常采用1∶100、1∶50、1∶200。确定合适的图纸幅面。

(3) 绘制图框、标题栏和布置图面。按标准绘制图框和标题栏，图面布置(包括图样、图名、尺寸、文字说明及表格等)要主次分明，排列均匀紧凑，表达清楚，尽可能保持各图之间的投影关系。同类型的、内容关系密切的图样，集中在一张图纸或图号连续的几张图纸上，以便对照查阅。

(4) 用2H铅笔绘制图样底稿。

(5) 按国家标准规定上墨线并加粗有关图线，标注尺寸、符号、说明，核对无误后完成图样。

2) 施工图绘制的一般方法

(1) 绘制建筑施工图的顺序，一般是按平面图→立面图→剖面图→详图顺序来进行的。

(2) 先用铅笔画底稿，经检查无误后，按国家标准规定的线型加深图线。

(3) 铅笔加深或描图上墨时的一般顺序：先画上部，后画下部；先画左边，后画右边；先画水平线，后画垂直线或倾斜线；先画曲线，后画直线。

2. 建筑平面图的绘制步骤

(1) 先画出所有定位轴线，然后画出墙、柱轮廓线，并补全未定轴线的次要非承重墙，如图3.8(a)所示。

(2) 确定门窗洞口的位置，绘出所有的建筑构配件、卫生器具等细部的图例或外形轮廓，如楼梯、台阶、卫生间、散水、花池等，如图3.8(b)所示。

(3) 经检查无误后，擦去多余的图线，按规定线型加粗。

(4) 标注轴线编号、标高尺寸、内外部尺寸、门窗编号、索引符号及其他文字说明。在底层平面图中，还应画剖切符号，以及在图外适当的位置画上指北针图例，以表明方位。

(5) 在平面图下方注写图名及比例等，完成平面图的绘制，如图3.8(c)所示。

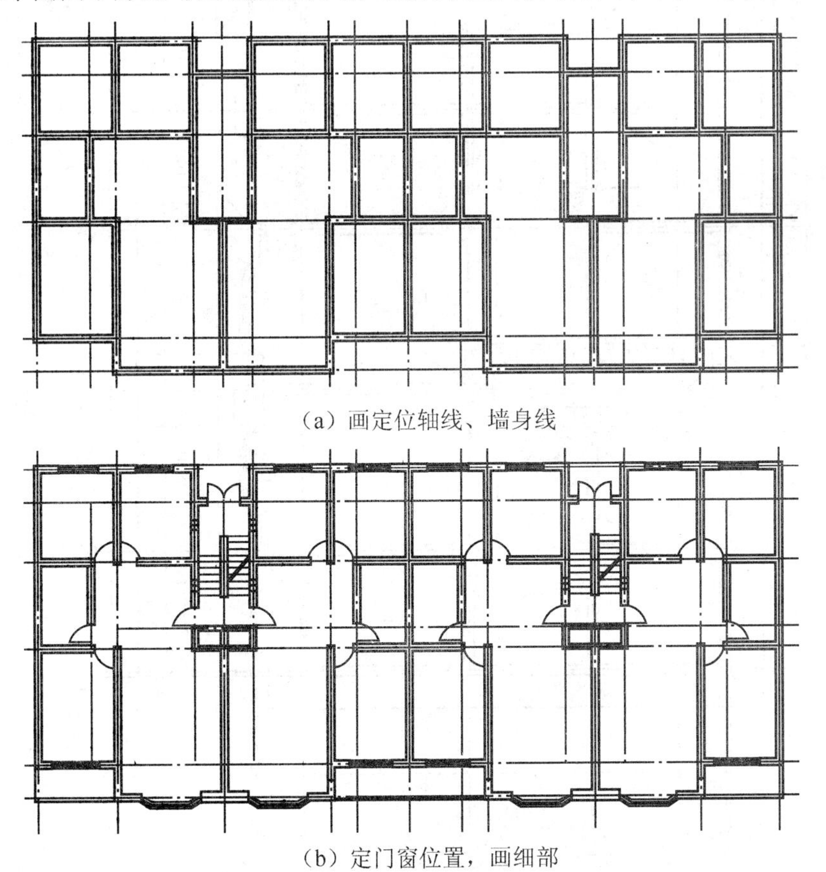

(a) 画定位轴线、墙身线

(b) 定门窗位置，画细部

图3.8 建筑平面图的绘制步骤

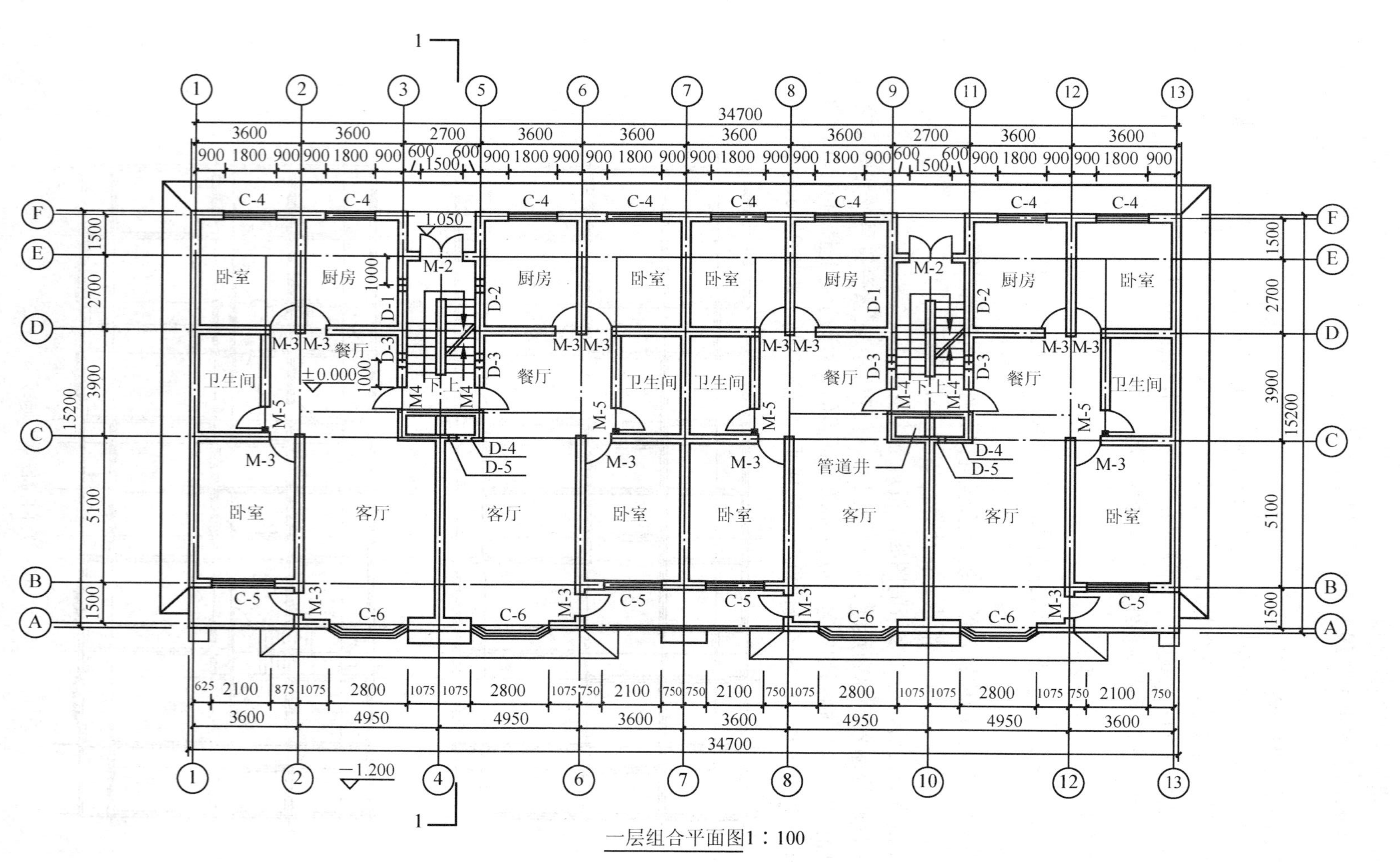

一层组合平面图1：100

（c）检查后，加深图线，标注尺寸，完成平面图

图 3.8 建筑平面图的绘制步骤(续)

3.4 建筑立面图

3.4.1 建筑立面图概述

1. 建筑立面图的形成与作用

在与房屋立面平行的投影面上所作的正投影图，称为建筑立面图，简称立面图，如图3.9所示。

建筑立面图主要反映房屋的外貌、各部分配件的形状和相互关系，同时反映房屋的高度、层数，屋顶的形式，外墙面装饰的色彩、材料和做法，门窗的形式、大小和位置，以及窗台、阳台、雨篷、檐口、勒脚、台阶等构造和配件各部位的标高等。建筑立面图在施工过程中主要用于室外装修，以表现房屋立面造型的艺术处理。它是建筑及装饰施工的重要图样。

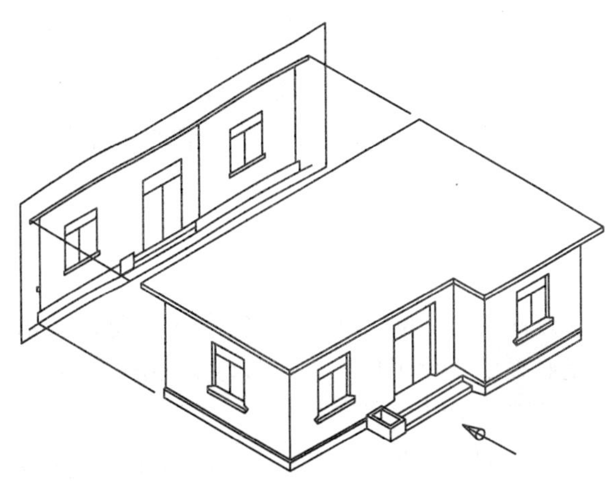

图3.9　建筑立面图的形成

2. 建筑立面图的命名

建筑立面图的数量视房屋各立面的复杂程度而定，一般为四个立面图。立面图常用以下三种方式命名。

(1) 按立面图中首尾两端轴线编号来命名，如①～⑤立面图、Ⓐ～Ⓖ立面图等。

(2) 按房屋的朝向来命名，如南立面图、北立面图、东立面图、西立面图。

(3) 按房屋立面的主次(房屋主出入口所在的墙面为正面)来命名，如正立面图、背立面图、左侧立面图、右侧立面图。

以上三种命名方式各有特点，《建筑制图标准》(GB/T 50104—2010)规定：有定位轴线的建筑物，宜根据两端定位轴线号编注立面图名称；无定位轴线的建筑物可按平面图各面的朝向确定名称，便于阅读图样时与平面图对照了解，如图3.10所示。

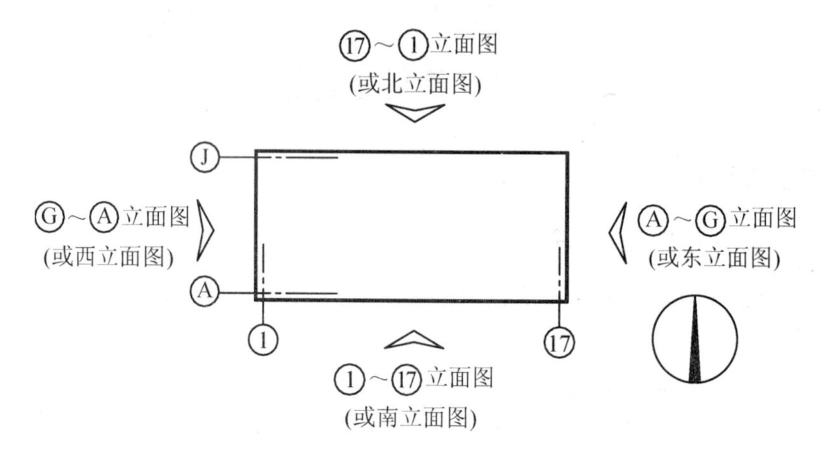

图 3.10 建筑立面图的投影方向与名称

3.4.2 建筑立面图的图示内容与图示方法

1. 建筑立面图的图示内容

(1) 建筑立面图应将立面上投影可见的轮廓线全部绘出，如室外地面线、房屋的勒脚、台阶、花池、门、窗、雨篷、阳台、檐口、女儿墙、墙外分格线、水落管、屋顶上可见的排烟口、水箱间、室外楼梯等。

(2) 表现房屋的外部造型，如屋顶、外墙面装修、室外台阶、阳台、雨篷等部分的材料、色彩和做法，房屋外部门窗位置及形式。

(3) 标注房屋总高度与各关键部位的高度，一般用相对标高表示。

(4) 节点详图索引及必要的文字说明。在建筑物立面图上，外墙表面分格线应表示清楚。应用文字说明各部位所用面材及色彩。

(5) 在建筑物立面图上，相同的门窗、阳台、外檐装修、构造做法等可在局部重点表示，绘出其完整图形，其余部分可只画轮廓线。

如图 3.11 和图 3.12 所示分别为某住宅楼的正立面图和背立面图。

2. 建筑立面图的图示方法

1) 图名与比例

(1) 立面图的图名应按《建筑制图标准》(GB/T 50104—2010)规定：有定位轴线的建筑物，宜根据两端轴线号编注立面图的名称。例如：

①～⑤立面图 1∶50

(2) 立面图的比例一般应与平面图所选用的比例一致。常用 1∶50、1∶100、1∶150、1∶200、1∶300 的比例绘制。

2) 图线

建筑立面图应严格按照《建筑制图标准》(GB/T 50104—2010)中的相关规定绘制。为突出建筑物外形的艺术效果，使立面图外形更清晰，层次更分明，在绘制立面图时通常选用不同粗细的图线。

(1) 用粗实线表示立面图的最外轮廓线。

(2) 凸出墙面的雨篷、阳台、柱子、窗台、窗楣、台阶、花池等投影线用中粗线画出。

(3) 地坪线用加粗线(粗于标准粗度的 1.4 倍)画出。

(4) 其余如门、窗及墙面分格线、水落管及材料符号引出线、说明引出线等用中实线画出。

3) 定位轴线

在立面图中一般只要求绘出房屋外墙两端的定位轴线及编号，以便与平面图对照，从而了解某立面图的朝向。

4) 图例

由于立面图的比例较小，因此，许多细部构造(如门、窗扇等)应按《建筑制图标准》(GB/T 50104—2010)所规定的图例绘制，见表 3-5。为了简化作图，对于类型完全相同的门、窗扇，在立面图中可只绘制简图。另有详图和文字说明的细部(如檐口、屋顶、栏杆)，在立面图中也可简化绘出。

5) 尺寸标注

立面图上一般只需标注房屋外墙各主要结构的相对标高和必要的尺寸，如室外地面、台阶、窗台、门窗洞口顶端、阳台、雨篷、檐口、屋顶等完成面的标高。对于外墙预留洞口除标注标高外，还应标注其定形和定位尺寸。标注标高时，需要从其被标注部位的表面绘制一条引出线，标高符号指向引出线，指向可向上，也可向下。标高符号宜画在同一铅垂线方向，排列整齐。

(1) 竖直方向：应标注建筑物的室内外地坪、门窗洞口上下口、台阶顶面、雨篷、房檐下口、屋面、墙顶等处的标高(在竖直方向标注三道尺寸：里边一道标注房屋的室内外高差、门窗洞口高度、垂直方向窗间墙高、窗下墙高、檐口高度尺寸；中间一道标注层高尺寸；外边一道标注总高尺寸)。

(2) 水平方向：立面图水平方向一般不注尺寸，但需要标出立面图最外两端墙的轴线及编号。

6) 其他要求

(1) 立面图上可在适当位置用文字标出其装修的材料、色彩和做法，也可以不注写在立面图中，以保证立面图的完整和美观，而在建筑设计总说明中列出外墙面的装修要求。

(2) 根据具体情况标注有关部位详图的索引符号，以引导施工和方便阅读。

(3) 立面图应将立面上所有投影可见的轮廓线全部绘出，如室外地面线、房屋的勒脚、台阶、花池、门、窗、雨篷、阳台、檐口、女儿墙、墙外分格线、水落管、屋顶上可见的排烟口、水箱间、室外楼梯等。

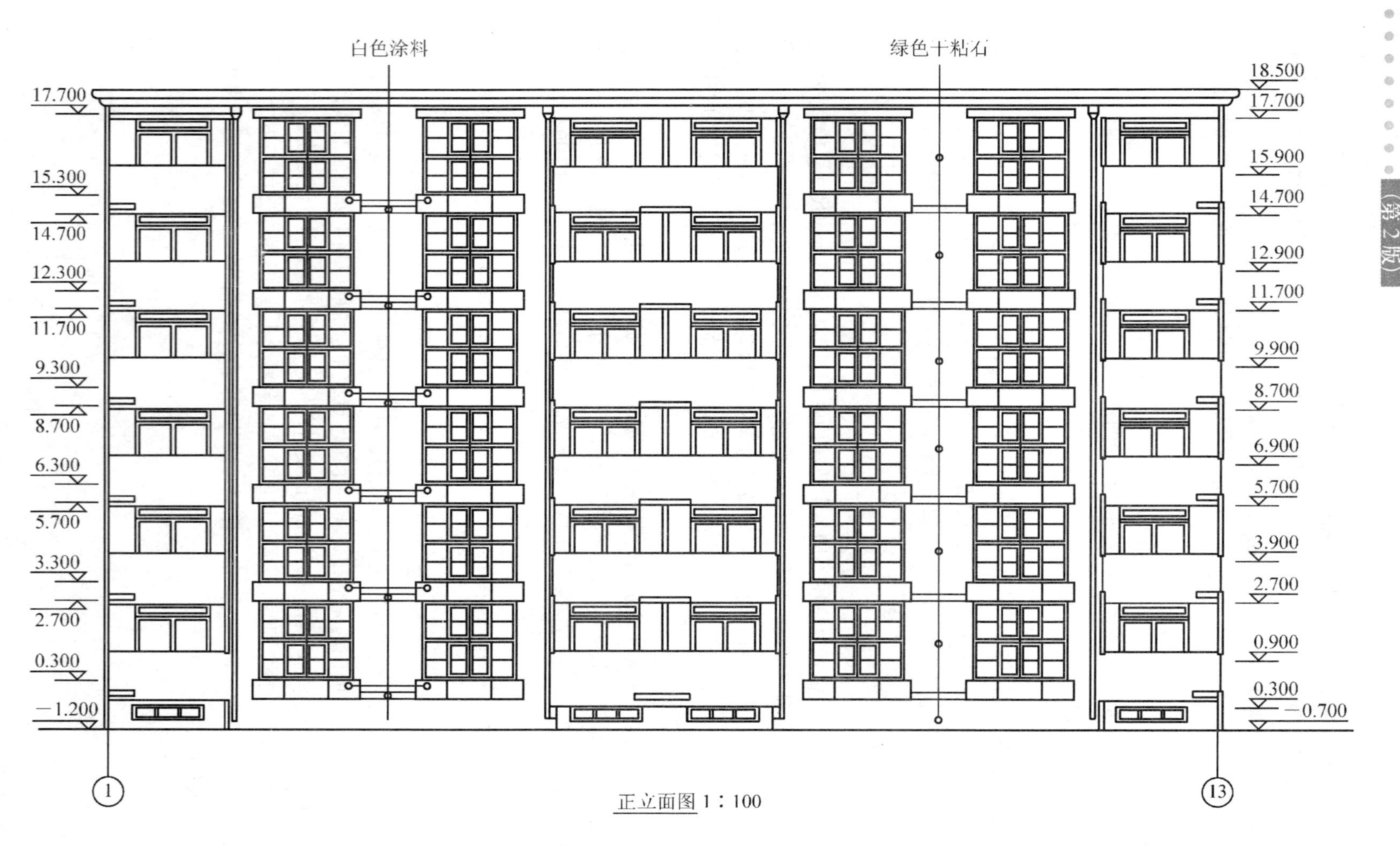

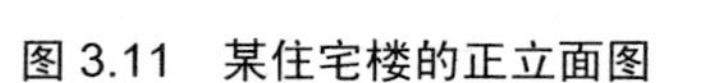
图3.11 某住宅楼的正立面图

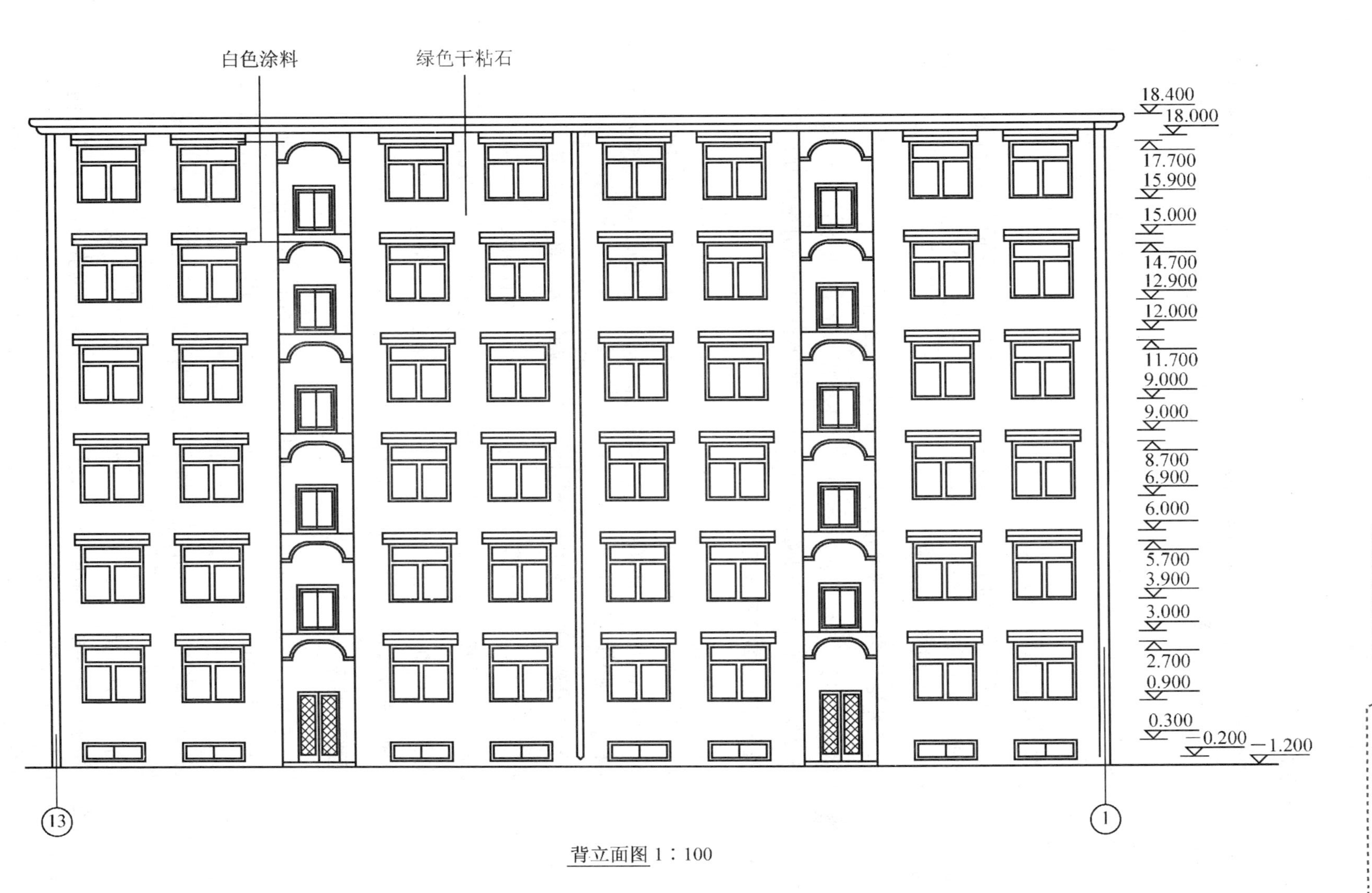

背立面图 1:100

图3.12 某住宅楼的背立面图

3.4.3 建筑立面图的识读

识读建筑立面图一定要与其平面图做好对照，建立建筑物的空间感、立体感和整体性。下面以如图 3.11 所示某住宅楼正立面图为例，说明建筑立面图的识读方法步骤。

1. 了解图名及比例

该图是按房屋立面的主次来命名的，即正立面图，比例为 1∶100。还可以按首尾轴线编号来命名。

2. 了解立面图与平面图的对应关系

对照建筑底层平面图上的指北针或定位轴线编号，可知正立面图的左端轴线编号为 1，右端轴线编号为 13，与建筑底层平面图(图 3.4)相对应，房屋该立面朝南，所以，该图也可称为“①～⑬轴立面图”或“南立面图”。

3. 分析房屋的外轮廓线，了解房屋的外观特征和立面造型

该住宅楼为六层，其下方有半地下室，屋顶为平屋顶，立面造型对称布置，整体为长方体。与其平面图对照了解台阶、雨篷、阳台，墙面设有水落管、室外空调搁置板等。

4. 了解房屋各部分的高度及标高

立面图上一般应在室内外地坪、阳台、檐口、门、窗、台阶等处标注标高，并宜沿高度方向注写某些部位的高度尺寸。从图中所注标高可知，房屋室外地坪比室内地面低 1.200m，屋顶最高处标高 18.500m，由此可推算出房屋外墙的总高度为 19.700m。窗台高 0.900m，其他各主要部位的标高在图中均已注出。

5. 对照平面图的轴线、门窗洞口，了解外墙面上门窗的类型、数量、位置

该楼的窗户均为铝合金双层推拉窗，客厅为飘窗，可对照平面图及门窗表查阅。

6. 阅读文字说明，了解房屋外墙面的装修做法及有关部位详图索引符号的标注

从立面图文字说明可知，外墙面以绿色干粘石为主，在飘窗下面与室外空调搁置板处刷白色涂料。该图中未标注有关部位详图的索引符号。

3.4.4 建筑立面图的绘制

建筑立面图应严格按照《建筑制图标准》(GB/T 50104—2010)中的相关规定绘制：各种立面图应按正投影法绘制。建筑立面图应包含投影方向可见的建筑外轮廓线和墙面线脚、构配件、墙面做法及必要的尺寸和标高等。平面形状曲折的建筑物，可绘制展开立面图、展开室内立面图。圆形或多边形平面的建筑物，可分段展开绘制立面图、室内立面图，但均应在图名后加注“展开”二字。较简单的对称式建筑物或对称的构配件等，在不影响构造处理和施工的情况下，立面图可绘制一半，并应在对称轴线处画对称符号。

立面图一般应按投影关系，画在平面图上方，与平面图轴线对齐，以便识读。侧立面图或剖面图可放在所画立面图的一侧。

立面图所采用的比例一般与平面图相同。由于比例较小，所以门窗、阳台、栏杆及墙面

复杂的装修可按图例绘制。为简化作图，对立面图上同一类型的门窗，可详细地画出一个作为代表，其余均用简单图例来表示。此外，在立面图的两端应画出定位轴线符号及其编号。

下面举例说明立面图的具体绘制步骤。

(1) 画室外地坪线、两端的定位轴线、外墙轮廓线、屋面线等，如图 3.13(a)所示。

(2) 根据层高、各部分标高和对应平面图的门窗洞口尺寸，画出立面图中门窗洞、檐口、雨篷、水落管等细部的外形轮廓，如图 3.13(b)所示。

(3) 画出门扇、墙面分格线、水落管等细部，对于相同的构造、做法(如门窗立面和开启形式)可以只详细画出其中的一个，其余的只画外轮廓。

(4) 检查无误后，按国家标准的规定加粗图线，并注写标高、图名、比例及有关文字说明。

绘制完成后的立面图如图 3.13(c)所示。

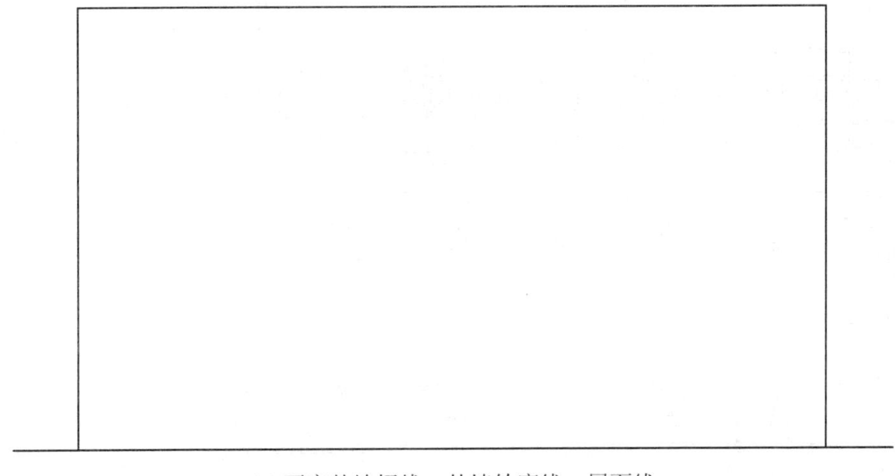

(a) 画室外地坪线、外墙轮廓线、屋面线

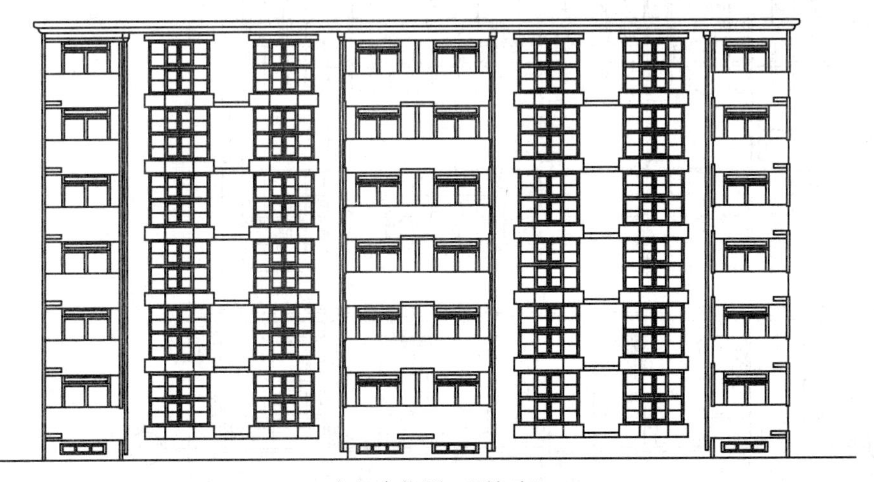

(b) 定门窗位置、画细部

图 3.13　建筑立面图的绘制步骤

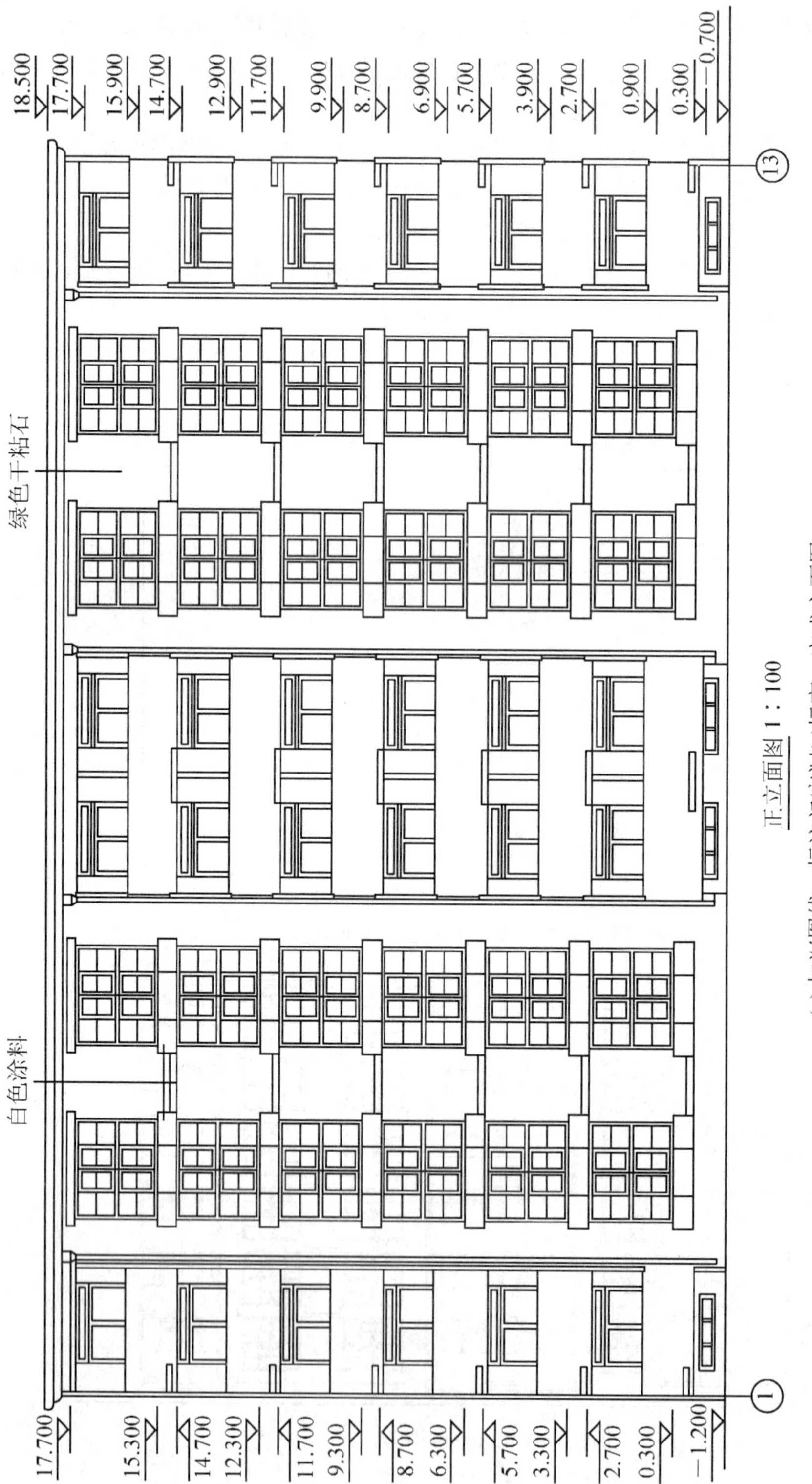

(c) 加深图线，标注门窗洞口标高，完成立面图

图 3.13 建筑立面图的绘制步骤(续)

3.5 建筑剖面图

3.5.1 建筑剖面图概述

1. 建筑剖面图的形成与作用

1) 建筑剖面图的形成

假想用一个或一个以上垂直于外墙的铅垂剖切平面将房屋剖开，移去靠近观察者的部分，对剩余部分所作的正投影图，称为建筑剖面图，简称剖面图，如图3.14所示。

由此可见，建筑剖面图是建筑物的垂直剖面图。建筑剖面图应包括剖切面和投影方向可见的建筑构造、构配件，以及必要的尺寸和标高等。

2) 建筑剖面图的作用

建筑剖面图用来表达建筑物内部垂直方向的高度、楼层分层情况及简要的结构形式和构造方式。它与建筑平面图、建筑立面图相配合，是建筑施工图中不可缺少的重要基本图样之一。

2. 建筑剖面图的命名、剖切位置、类型和数量

1) 剖面图的命名

剖面图图名要与对应的平面图(常见于底层平面图)中标注的剖切符号的编号一致，如1—1剖面图。

2) 剖切位置

剖切位置应选择在室内结构较复杂的部位，并应通过门窗洞口及主要出入口、楼梯间或高度有特殊变化的部位。剖面图的剖切位置和剖视方向，可以从底层平面图中找到。

3) 剖面图的类型

剖面图通常选用全剖面，必要时可选用阶梯剖面。

4) 剖面图的数量

剖面图的数量根据房屋的具体结构和施工的实际需要而定。

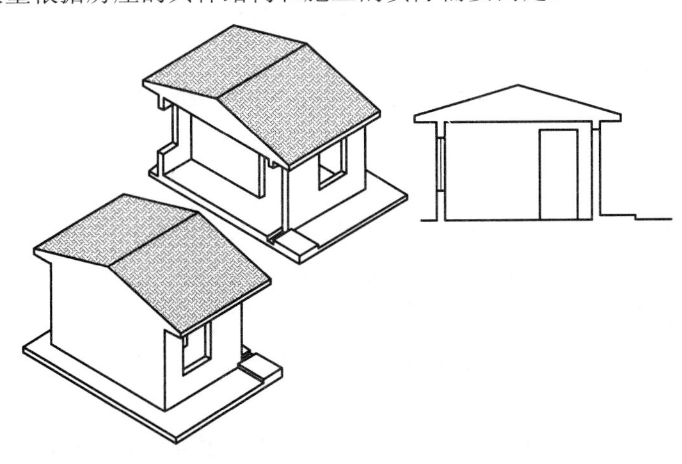

图3.14 建筑剖面图的形成

3.5.2 建筑剖面图的图示内容与图示方法

1. 建筑剖面图的图示内容

(1) 建筑物内部的分层情况及层高，水平方向的分隔。

(2) 剖切到的室内外地面、楼板层、屋顶层、内外墙、楼梯，以及其他剖切到的构件，如台阶、雨篷的位置、形状、相互关系。

(3) 投影可见部分的形状、位置等。

(4) 地面、楼面、屋面的分层构造，可用文字说明或图例表示。

(5) 外墙(或柱)的定位轴线和编号。

(6) 详图索引符号，垂直方向的尺寸和标高。

(7) 剖面图中的室内外地面用一条单线表示，地面以下部分一般不需要画出。

(8) 如果另画详图或已有说明，则在剖面图中用索引符号引出说明。

2. 建筑剖面图的图示方法

(1) 图名及表达方法。

建筑剖面图所表达的内容与投影方向要与对应平面图(常见于底层平面图)中标注的剖切符号的位置与方向一致。剖切平面剖切到的部分及投影方向可见的部分都应表示清楚。

剖切符号可用阿拉伯数字、罗马数字或拉丁字母编号。

如图 3.15 所示为某住宅楼 2—2 剖面图(剖切位置见图 3.4 底层平面图)。

(2) 图线和比例。

剖面图上使用的图线与平面图相同，剖面图的线型按国家标准规定，凡是被剖切到的墙身、屋面板、楼板、楼梯、楼梯间的休息平台、阳台、雨篷及门窗过梁等，用两条粗实线表示，其中钢筋混凝土构件较窄的断面可涂黑表示。其他没被剖切到的可见轮廓线，如门窗洞口、楼梯、女儿墙、内外墙的表面，均用中实线表示。图中的分隔线、引出线、尺寸界线、尺寸线等用细实线表示。室内外地面线用加粗实线表示。

比例也应尽量与平面图一致。有时为了更清晰地表达图示内容或当房屋的内部结构较为复杂时，剖面图的比例可相应地放大，如图 3.15 所示。

(3) 定位轴线。

在剖面图中，被剖切到的承重墙、柱均应绘制与平面图相同的定位轴线，并标注轴线编号和轴线间尺寸。

(4) 图例。

剖面图中的门、窗图例按表 3-5 中的规定绘制。其断面材料图例、粉刷层、楼板及地面面层线的表示原则和方法，与平面图的规定相同。

(5) 标注尺寸和标高。

建筑剖面图内应包含剖切面和投影方向可见的建筑构造、构配件，以及必要的尺寸、标高等。

① 竖直方向上，在图形外部标注三道尺寸：最外一道为总高尺寸，从室外地平面起标到檐口或女儿墙顶止，标注建筑物的总高度；中间一道为层高尺寸，标注各层层高(两层之

间楼地面的垂直距离称为层高)；最里边一道为细部尺寸，标注墙段及洞口高度尺寸。

② 水平方向：常标注剖切到的墙、柱及剖面图两端的轴线编号及轴线间距。

③ 建筑物的室内外地坪、各层楼面、门窗洞的上下口及檐口、女儿墙顶的标高。图形内部的梁等构件的下口标高也应标注，楼地面的标高应尽量标注在图形内。

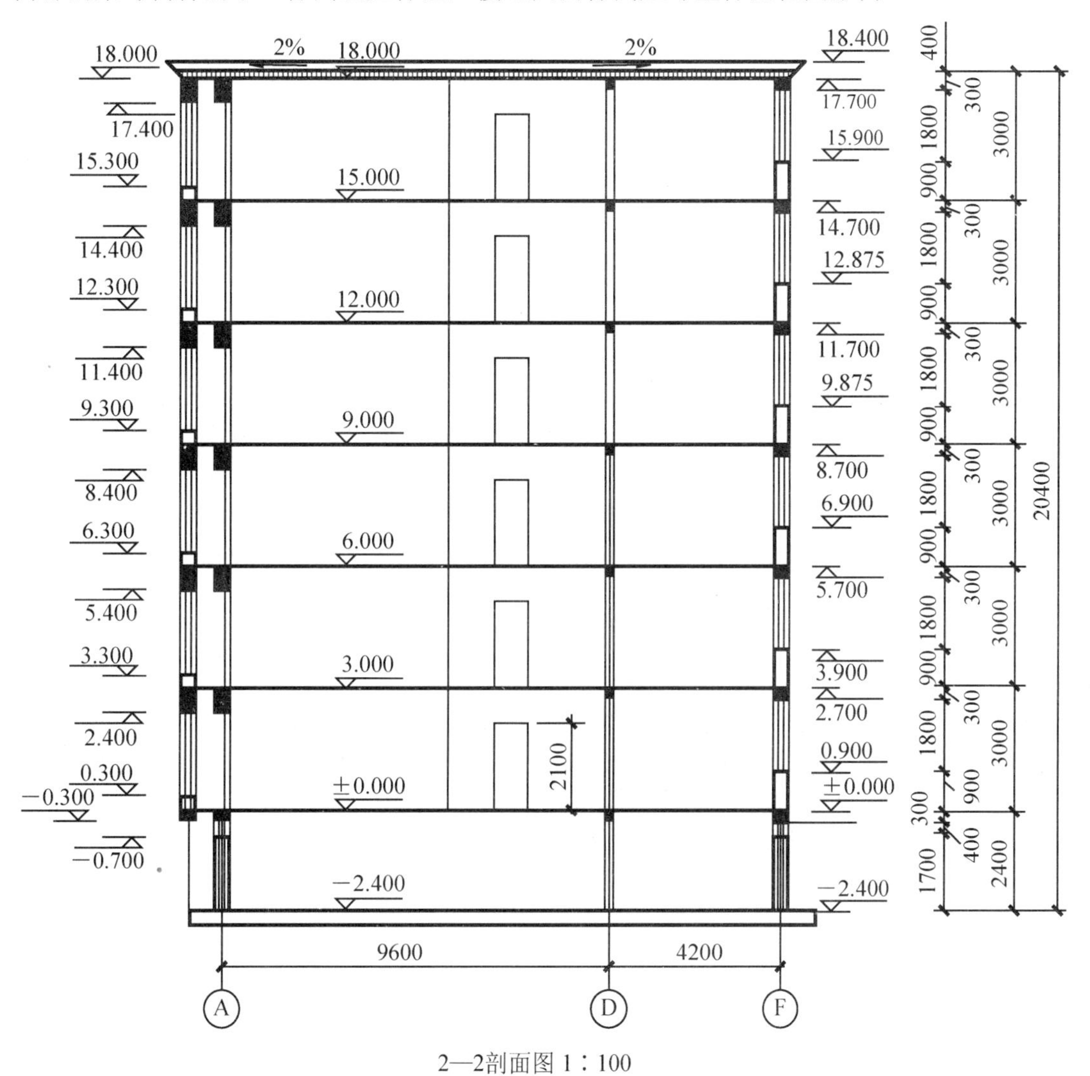

2—2剖面图 1：100

图 3.15 某住宅楼 2—2 剖面图

(6) 其他规定。

① 由于剖面图比例较小，某些部位如墙脚、窗台、过梁、墙顶等，不能详细表达，可在剖面图上的该部位处画上详图索引标志，另用详图来表示其细部构造尺寸。此外，楼地面及墙体的内外装修，可用文字分层标注。

② 剖面图中的室内外地面用一条单线表示，地面以下部分一般不需要画出。一般在结构施工图中的基础图中表示，所以把室内外地面以下的基础墙画上折断线。

③ 在图的下方注写图名和比例。

3.5.3 建筑剖面图的识读

识读建筑立面图一定要与其平面图、立面图做好对照，建立建筑物的空间感、立体感和整体性。下面以如图 3.15 所示的建筑剖面图为例，说明建筑剖面图的识读方法与步骤。

1) 了解图名及比例

由图可知，该图为某住宅楼 2—2 剖面图，比例为 1∶100，比例与平面图、立面图相同。

2) 分析剖面图与平面图的对应关系，了解剖切位置和投射方向

将图名和轴线编号与底层平面图(图 3.4)的剖切符号对照，可知 2—2 剖面图是通过⑤、⑥轴线之间，分别剖切到了客厅、餐厅和厨房，向西投影所得到的剖面图。

3) 了解建筑的分层及内部空间组合、结构形式，以及墙、柱、梁板之间关系

由图可知，该房屋的层数为 6 层住宅加 1 层储藏室，为砖混结构房屋。楼板、屋面板、挑檐等承重构件均采用钢筋混凝土材料，墙体用砖砌筑。

4) 了解剖切到的部位以及未剖切到但可见的部分

了解剖切到的屋面、楼面、室内外地面(包括台阶、散水等)，剖切到的内外墙身及其门、窗(包括过梁、圈梁、女儿墙及压顶)，剖切到的各种承重梁和联系梁、楼梯梯段及楼梯平台、雨篷及雨篷梁、阳台、走廊等。该图中被剖切到的墙体分别为Ⓐ、Ⓓ、Ⓕ号轴线墙体及其窗洞。

了解未剖切到的可见部分，如该图中可见的入户门 M-4、门高 2100mm 等。

5) 了解房屋尺寸和标高情况

① 水平方向：该图中画出了主要承重墙的轴线，注出了其编号和间距尺寸，分别为 9600mm 和 4200mm。

② 竖直方向：剖面图在外侧竖向一般需标注细部尺寸、层高及总高三道尺寸，该住宅楼层高为 3000mm，储藏室层高为 2400mm；注出了房屋主要部位即室内外地坪、楼层、门窗洞上下口、阳台、檐口或女儿墙顶面等处的标高及高度方向的尺寸。

6) 了解索引详图所在的位置及编号

该图中挑檐等的详细形式和构造应需另见详图。

3.5.4 建筑剖面图的绘制

建筑剖面图应严格按照《建筑制图标准》(GB/T 50104—2010)中的相关规定绘制：剖面图的剖切部位，应根据图纸的用途或设计深度，在平面图上选择能反映全貌、构造特征以及有代表性的部位剖切；各种剖面图应按正投影法绘制；建筑剖面图内应包括剖切面和投影方向可见的建筑构造、构配件以及必要的尺寸、标高等；剖切符号可用阿拉伯数字、罗马数字或拉丁字母编号。

一般绘制方法步骤如下。

(1) 画定位轴线、室内外地坪线、各层楼面线和屋面线，并画出墙身轮廓线，如图 3.16(a)所示。

(2) 画出楼板、屋顶的构造厚度，再确定门窗位置及细部(如梁、板、楼梯段与休息平台等)，如图 3.16(b)所示。

(3) 经检查无误后，擦去多余线条。按国家标准的规定加粗图线，画材料图例。注写标高、尺寸、图名、比例及有关文字说明。绘制完成后的剖面图如图 3.16(c)所示。

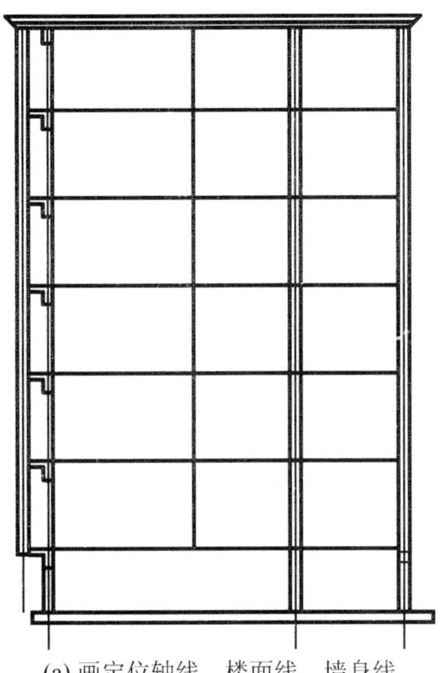

(a) 画定位轴线、楼面线、墙身线

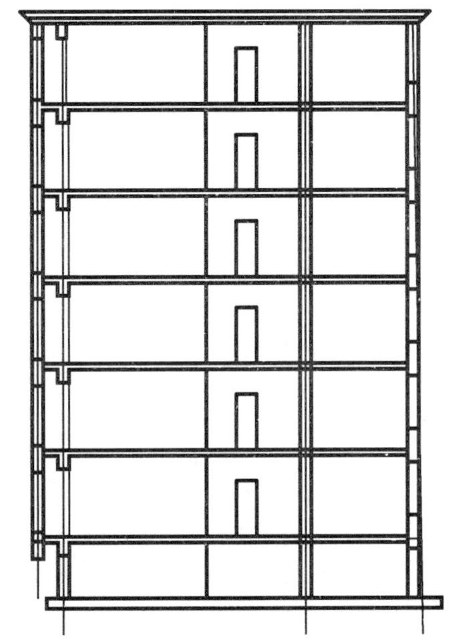

(b) 画各层门窗洞口、阳台、楼板、雨篷、檐口等细部

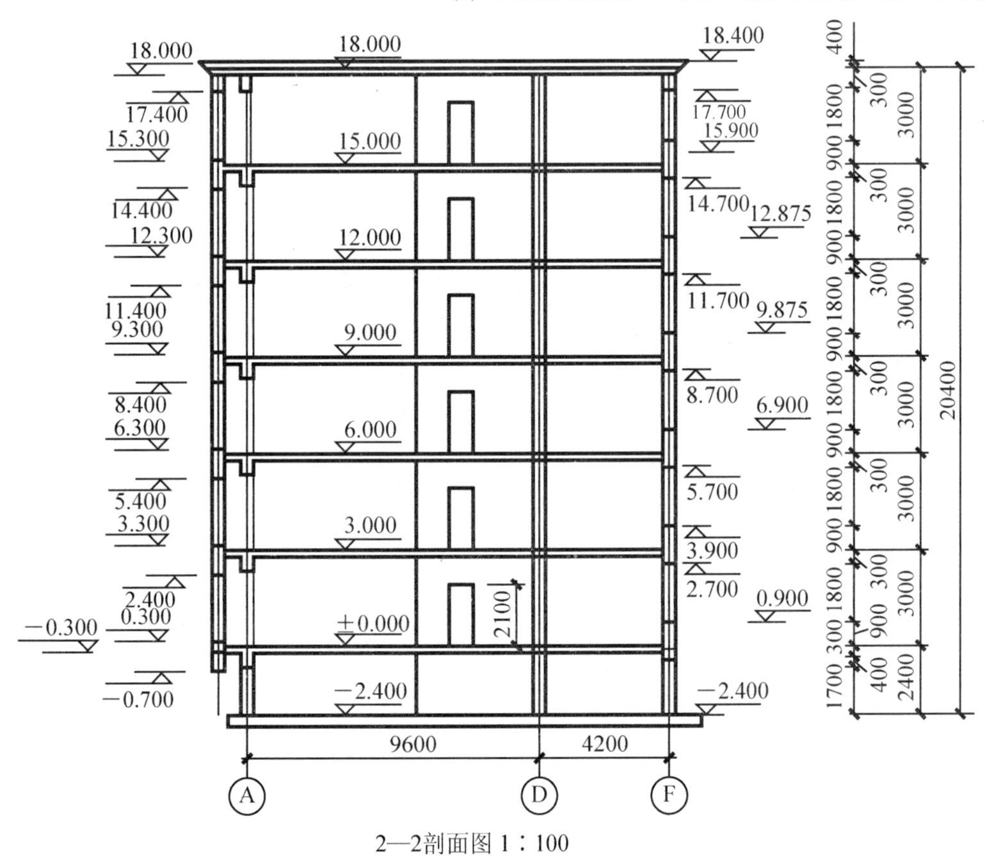

(c) 按施工图要求加深图线，标注尺寸，完成剖面图

图 3.16　建筑剖面图绘制步骤

特别提示

《建筑制图标准》(GB/T 50104—2010)中相关条文链接:

4.4 其他规定

4.4.1 指北针应绘制在建筑物±0.000 标高的平面图上，并放在明显位置，所指的方向应与总图一致。

4.4.2 零配件详图与构造详图，宜按直接正投影法绘制。

4.4.3 零配件外形或局部构造的立体图，宜按《房屋建筑制图统一标准》(GB/T 50001—2010)的有关规定绘制。

4.4.4 不同比例的平面图、剖面图，其抹灰层、楼地面、材料图例的省略画法，应符合下列规定:

1. 比例大于1∶50的平面图、剖面图，应画出抹灰层、保温隔热层等与楼地面、屋面的面层线，并宜画出材料图例;

2. 比例等于1∶50的平面图、剖面图，剖面图宜画出楼地面、屋面的面层线，宜绘出保温隔热层，抹灰层的面层线应根据需要确定;

3. 比例小于1∶50的平面图、剖面图，可不画出抹灰层，但剖面图宜画出楼地面、屋面的面层线;

4. 比例为1∶100～1∶200的平面图、剖面图，可画简化的材料图例，但剖面图宜画出楼地面、屋面的面层线;

5. 比例小于1∶200的平面图、剖面图，可不画材料图例，剖面图的楼地面、屋面的面层线可不画出。

4.4.5 相邻的立面图或剖面图，宜绘制在同一水平线上，图内相互有关的尺寸及标高，宜标注在同一竖线上(图3.17)。

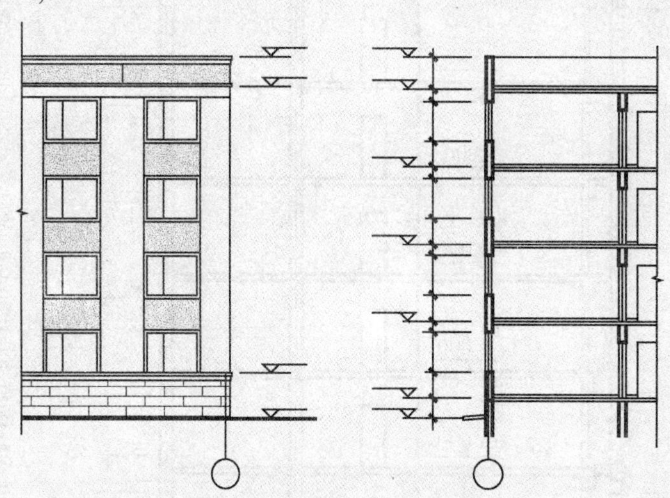

图3.17 相邻立面图、剖面图位置关系

3.6 建筑详图

3.6.1 建筑详图概述

1. 建筑详图的形成、特点与类型

1) 建筑详图的形成

建筑平面图、立面图、剖面图是建筑施工图的基本图样，主要表达建筑的平面布置、外部形状、内部空间与主要尺寸，但因反映的内容范围大、比例小，对建筑的细部构造难以表达清楚。为了满足施工要求，对建筑的细部构造用较大的比例详细地表达出来的图样称为建筑详图，有时也称作大样图。它是对基本图样的补充和完善。

2) 建筑详图的特点和类型

建筑详图的主要特点：用能清晰表达所绘节点或构配件的较大比例绘制，尺寸标注齐全，文字说明等内容详尽。常用的比例有1∶50、1∶20、1∶10、1∶5、1∶2等。

建筑详图一般分为如下几类。

(1) 局部构造详图，如楼梯详图、墙身详图、厨房详图、卫生间详图等。

(2) 构件详图，如门窗详图、阳台详图等。

(3) 装饰构造详图，如墙裙构造详图、门窗套装饰构造详图等。

2. 建筑详图的主要图示内容与方法

建筑详图要求图示的内容详尽清楚，尺寸标准齐全，文字说明详尽。一般应表达出构配件的详细构造，所用的各种材料及其规格，各部分的构造连接方法及相对位置关系，各部位、各细部的详细尺寸，有关施工要求、构造层次及制作方法说明等。

建筑详图必须加注图名(或详图符号)，详图符号应与被索引的图样上的索引符号相对应，在详图符号的右下侧注写比例。对于套用标准图或通用图的建筑构配件和节点，只需注明所套用图集的名称、型号、页次，可不必另画详图。

特别提示

详图符号与索引符号的表示方法与含义要理解并记牢。相关内容参见国家标准《房屋建筑制图统一标准》(GB/T 50001—2010)或第1章相关内容。

3.6.2 墙身详图

1. 墙身详图的图示内容、作用与图示方法

1) 墙身详图的图示内容与作用

墙身详图实质上是建筑剖面图中外墙身部分的局部放大图，又称为墙身大样图。它主要反映墙身各部位的详细构造、材料做法及详细尺寸，如檐口、圈梁、过梁、墙厚、雨篷、阳台、防潮层、室内外地面、散水等，同时要注明各部位的标高和详图索引符号。墙身详图与平面图配合，是砌墙、室内外装修、门窗安装、编制施工预算及材料估算的重要依据。

2) 墙身详图的图示方法

墙身详图一般采用1∶20的比例绘制，如果多层房屋中楼层各节点相同，可只画出底层、中间层及顶层来表示。为节省图幅，画墙身详图可从门窗洞中间折断，化为几个节点详图的组合。

墙身详图的线型与剖面图一样，但由于比例较大，所有内外墙应用细实线画出粉刷线并标注材料图例。墙身详图上所标注的尺寸和标高，与建筑剖面图相同，但应标出构造做法的详细尺寸。如图3.18所示为某住宅楼墙身详图。

2. 墙身详图的识读

下面以图3.18为例介绍墙身详图的识读方法与步骤。

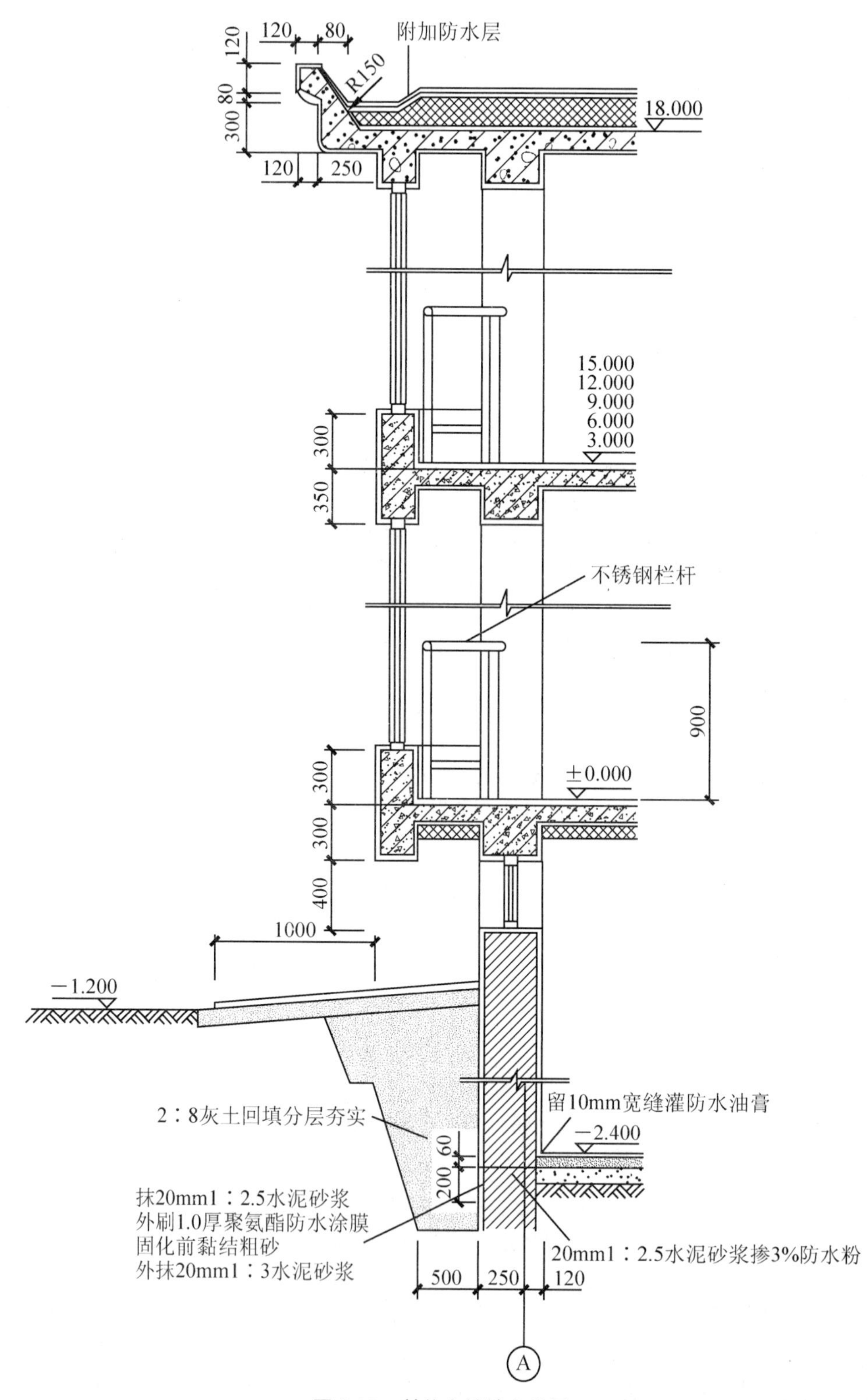

图 3.18　某住宅楼墙身详图

1) 了解图名、比例

由图 3.18 可知，该图为某住宅楼外墙墙身详图，比例为 1∶20。

2) 了解墙体的厚度及所属定位轴线

该详图适用于Ⓐ轴线上的墙身剖面，砖墙的厚度 370mm，偏轴(以定位轴线为中心外偏 250mm，内偏 120mm)。

3) 了解屋面、楼面、地面的构造层次和做法

从图中可知，楼面、屋面、地下室地面采用分层构造做法。一般各构造层次的厚度、材料及做法，应以构造引出线的形式加以文字说明，如图 3.19 所示。

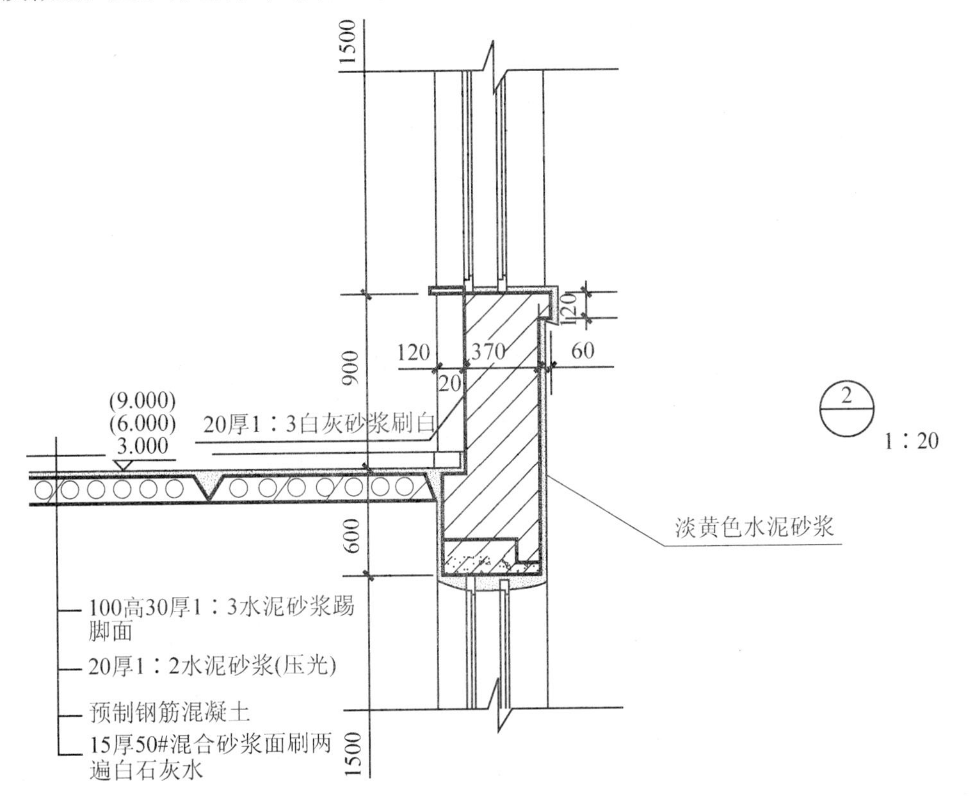

图 3.19 某墙身节点构造详图

4) 了解各部位的标高、高度方向的尺寸和墙身细部尺寸

墙身详图应标注室内外地面、各层楼面、屋面、檐口等处的标高。同时，还应标注窗台、檐口等部位的高度尺寸及细部尺寸。在详图中，应画出抹灰及装饰构造线，并画出相应的材料图例。

5) 了解各层梁、板、窗台的位置及其与墙身的关系

由墙身详图可知，窗过梁为现浇的钢筋混凝土梁，门过梁由圈梁(沿房屋四周外墙水平设置的连续封闭的钢筋混凝土梁)代替，楼板为现浇板。窗框位置在墙中心处。

6) 了解檐口的构造做法

从墙身详图中檐口处的细部做法可以了解，也可以选用标准做法(标明索引符号)。

3.6.3 楼梯详图

楼梯是楼房上下层之间的重要交通通道，一般由楼梯段、休息平台和栏杆(栏板)组成。

楼梯详图就是楼梯间平面图及剖面图的放大图。它主要反映楼梯的类型、结构形式、各部位的尺寸及踏步、栏板等装饰做法。它是楼梯施工、放样的主要依据，一般包括楼梯

平面图、剖面图和节点详图。下面主要介绍楼梯平面图和剖面图。

1. 楼梯平面图

1) 楼梯平面图概述

楼梯平面图是用一个假想的水平剖切平面通过每层向上的第一个梯段的中部(休息平台下)剖切后，向下作正投影所得到的水平投影图。它实质上是房屋各层建筑平面图中楼梯间的局部放大图，通常采用1∶50的比例绘制。

当中间各层楼梯位置、梯段数、踏步数都相同时，通常只画出底层、中间层(标准层)和顶层三个平面图；当各层楼梯位置、梯段数、踏步数不相同时，应画出各层平面图，如图3.20所示为某楼梯平面图。各层被剖切到的梯段，均在平面图中以45°细折断线表示其断开位置。在每一梯段处画带有箭头的指示线，并注写“上”或“下”字样。

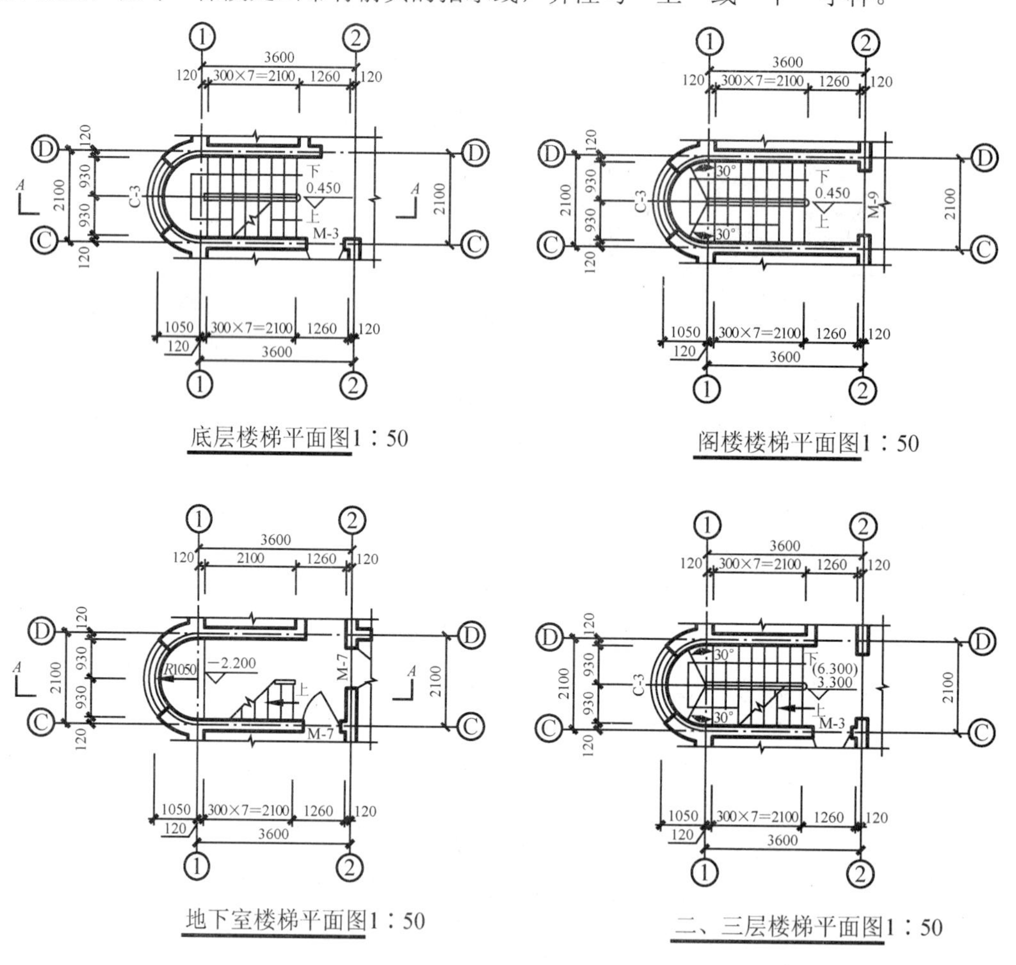

图3.20 某楼梯剖面图

楼梯平面图通常画在同一张图纸内，并互相对齐，这样既便于识读又可省略标注一些重复尺寸。

2) 楼梯平面图的识读方法步骤(以图3.20某楼梯平面图为例)

(1) 了解楼梯在建筑平面图中的位置及有关轴线的布置。

要对照其所在底层平面图进行查找，此楼梯位于横向①、②轴线和纵向Ⓒ、Ⓓ轴线之间。

(2) 了解楼梯间、梯段、梯井、休息平台的平面形式和尺寸，以及楼梯踏步的宽度和踏步数。

该楼梯间平面为矩形与半圆形的组合。其开间尺寸 2100mm、进深 4650mm；矩形部分踏步宽为 300mm，踏步数为 16 级；半圆形部分踏步宽和踏步数详见图中尺寸。

(3) 了解楼梯的走向及上、下起步的位置。

由各层平面图上的指示线，可看出楼梯的走向，第一个梯段踏步的起步位置距②轴 1380mm。

(4) 了解楼梯间各楼层平面、休息平台面的标高。

各楼层平面的标高在图中均已标出，半圆形处设有扇形踏步，没有设置休息平台。

(5) 了解中间层平面图中不同梯段的投影形状。

中间层平面图既要画出剖切后往上走的上行梯段(注有“上”字)，还要画出该层往下走的下行的完整梯段(注有“下”字)，继续往下的另一个梯段有一部分投影可见，用 45°折断线作为分界，与上行梯段组合成一个完整的梯段。各层平面图上所画的每一分格，表示一级踏面。平面图上梯段踏面投影数比梯段的步级数少 1，如平面图中矩形部分往下走的第一段共有 8 级，而在平面图中只画有 7 格。梯段水平投影长为 300×7＝2100(mm)。

(6) 了解楼梯间的墙、门、窗的平面位置、编号和尺寸。

楼梯间的墙为 240mm；门的编号分别为 M-3、M-7、M-9；窗的编号为 C-3，门窗的规格、尺寸详见门窗表。

(7) 了解楼梯剖面图在楼梯底层平面图中的剖切位置及投影方向。

图 3.19 中底层楼梯平面图的剖切符号为 *A—A*，并表示出剖切位置及投影方向。

2. 楼梯剖面图

1) 楼梯剖面图概述

楼梯剖面图是用一个假想的铅垂剖切平面，通过各层的同一位置梯段和门窗洞口，将楼梯剖开向另一个未剖切到的梯段方向作正投影，所得到的剖面投影图。通常采用 1∶50 的比例绘制。

在多层房屋中，若中间各层的楼梯构造相同时，则剖面图可只画出底层、中间层(标准层)和顶层，中间用折断线分开；当中间各层的楼梯构造不同时，应画出各层剖面图。如图 3.21 所示为某楼梯的剖面图。

2) 楼梯剖面图的识读步骤(以图 3.21 为例)

(1) 了解图名、比例。

通过楼梯底层平面图中找到相应的剖切位置和投影方向(图 3.20)，由此可知，其图名为 *A—A* 剖面图，比例为 1∶50。

(2) 了解轴线编号和轴线尺寸。

该剖面围墙体轴线编号为①和②，其轴线尺寸为 3600mm，圆弧外墙的轴线半径为 1050mm。

(3) 了解房屋的层数、楼梯梯段数、踏步数。

该楼共有三层(不包括地下室和阁楼)，每层的梯段数和踏步数详见图中所示。

(4) 了解楼梯的竖向尺寸和各处标高。

A—A 剖面图的左侧注有每个梯段高，如“158×8＝1264”、“161×2＝322”等，其中，“8”、“2”表示踏步数，“158”、“161”表示踏步高，并且标出楼梯间的窗洞高度为 1000mm。

(5) 了解踏步、扶手、栏板的详图索引符号。

从图中的索引符号可知，踏步、栏板和扶手均从标准图集中选用。

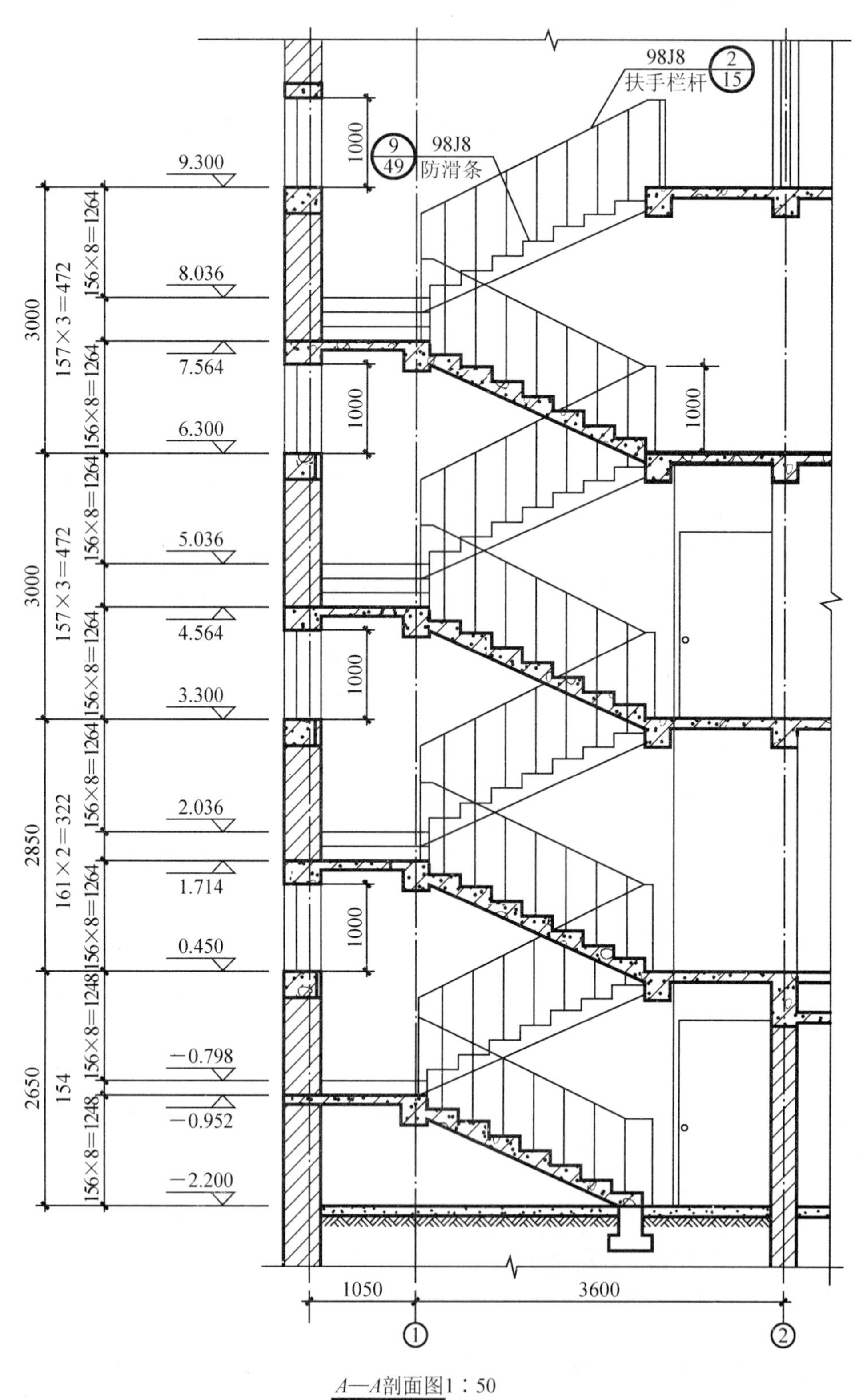

A—A剖面图1：50

说明：楼梯栏杆间距110mm，扶手高1050mm。

图 3.21 某楼梯剖面图

3.6.4 卫生间详图

如图 3.22 所示为某办公楼公共卫生间详图。由于在各层建筑平面图中，采用的比例较小，一般为 1∶100，所表示出的卫生间某些细部图形太小，无法清晰表达，所以需要放大比例绘制，选择的比例一般为 1∶50 或 1∶20。以此来反映卫生间的详细布置与尺寸标注，这种图样称为卫生间详图。

根据图示的定位轴线和编号，可以很方便地在各层平面图中确定此图样的位置。因为比例稍大，图中清楚地绘出了墙体、门窗、主要卫生洁具的形状和定位尺寸。其中，卫生洁具为采购成品，不用标注详细尺寸，只需定位即可。

图中的两处标高符号，不但指明了卫生间室内和门外走廊的建筑标高，而且表明该平面图对一～三层都适用。箭头显示了排水方向，坡度为 1%。图中的四个指向索引分别说明了洗手盆台面、污水池和厕位隔断、隔板所引用的标注图位置。

图中还绘出了完整的实心砖墙图例等。

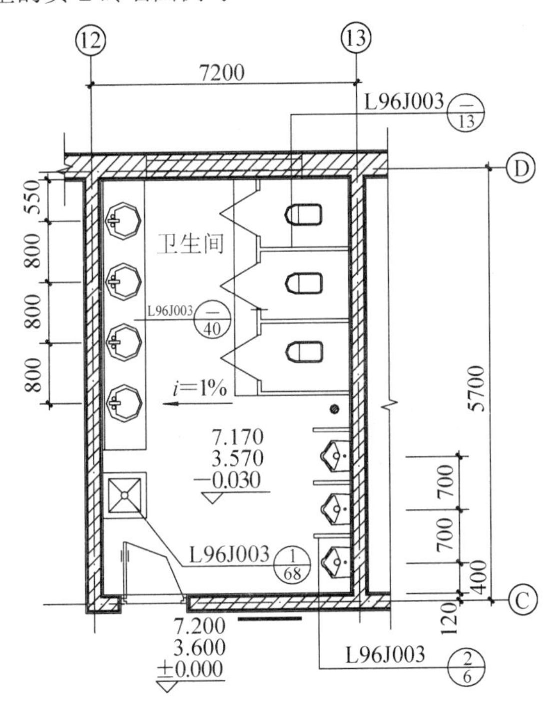

图 3.22 某办公楼公共卫生间详图

本章小结

本章对建筑施工图进行了全面的讲述，包括建筑施工图的组成，各图样的形成、用途和特点，以及所包含的图示内容和图示方法，还有各图样的识读和绘制。建筑施工图在整套房屋施工图中处于主导地位，是整套房屋施工图中具有全局性、基础性的重要组成内容。建筑施工图由一系列图样及必要的表格和文字说明组成。

一般工程的施工图首页即可看作表格和说明部分，主要有图纸目录、设计说明、工程做法表和门窗表。图样部分是建筑施工图的主体，由建筑平面图、立面图、剖面图三种基本图样和建筑总平面图、建筑详图组成。应充分理解建筑施工图各图样的成图原理，以建筑平面图、立面图、剖面图三种基本图样为重点，做到举一反三。建筑施工图的图示内容十分繁杂，在实际工作中应当因工程而异，灵活运用，要注重理解，不必死记硬背。但属于国家制定的制图标准及各图样的图示方法和规定必须牢记。

本章的教学目标是通过学习使学生具备实际应用的能力，具体来说，就是能够识读和绘制简单工程的施工图。要达到这个目的，除了应当熟练掌握投影法基本原理和建筑制图标准的相关知识外，还应当多接触实际工程图纸，加强识读和绘制的练习。为此，本章通过真实案例，对建筑施工图各图样的识读和绘制做了较详尽的讲解。

习题

一、选择题

1．在平面图中的线型要求粗细分明：凡被剖切到的墙、柱等断面轮廓用(　　)绘制。

A．粗实线　　B．细实线　　C．粗虚线　　D．细点画线

2．在总平面图中，散状材料露天堆场图例是(　　)。

A. 　　B.　　C. 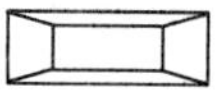　　D.

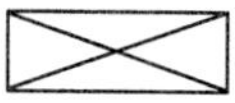

3．构造配件图例中，孔洞图例正确的是(　　)。

A. 　　B. 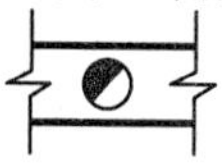　　C. 　　D.

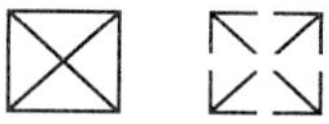

二、简答题

1．建筑首页图通常包含哪些内容？

2．建筑总平面图的主要作用是什么？用什么方法对建筑定位？

3．试绘出常用的总平面图例。

4．何谓建筑平面图？其用途、识读与绘制方法步骤各是什么？

5．何谓建筑立面图？其命名方式、识读与绘制方法步骤各是什么？

6．何谓建筑剖面图？其用途、识读与绘制方法步骤各是什么？

7．建筑剖面图的剖切位置、类型和数量各是如何选定的？

8．何谓建筑详图？其用途、特点与类型各是什么？

9．墙身详图一般由哪几个节点详图组成？如何识读？

10．楼梯详图一般由哪几部分组成？如何识读？

综合实训

1．实训目标

通过练习进一步熟悉民用建筑的建筑平面图、建筑立面图、建筑剖面图与建筑详图的图示内容和图示方法，真正掌握建筑平面图、建筑立面图、建筑剖面图与建筑详图的识读

与绘制的方法与步骤。

2. 实训要求

(1) 识读某住宅楼建筑施工图(见附录)，并完成自测习题。

(2) 抄绘图样：底层平面图、主立面图、剖面图、楼梯详图、墙身节点详图或由任课教师指定内容。

(3) 比例为 1∶100，图幅 A2。

(4) 线型分明，符合国家制图标准。

(5) 铅笔加深，也可选图上墨线。

3. 识读本教材附录中建筑施工图，回答以下问题

(1) 附录提供的建筑施工图中，横向定位轴线有________道，编号自左到右是________号到________号。纵向定位轴线有________道，编号自下向上是________轴到________轴。横向定位轴线之间的距离是房间的________，纵向定位轴线之间的距离是房间的________。本工程南向房间的开间尺寸分别是________ mm，进深尺寸分别是________mm；北向房间的开间尺寸分别是________mm，进深尺寸分别是________mm。

(2) 底层的层高是________m，楼层的层高是________m。从室外地坪算起，建筑物的总高度是________m。底层地面、第二层楼面、第三层楼面、第四层楼面标高分别是________m、________m、________m、________m。

(3) 建筑物的总高度是__________m，建筑外立面中屋顶、墙面、勒脚装饰分别是________、________、________。

(4) 屋面的排水坡度是________，屋面防水层采用的是________防水材料，保温层材料是________，屋面板的厚度是________。

(5) 在图样中举例说明详图符号和索引符号的含义及代号。

(6) 剖面图的剖切位置经过哪些轴线、哪些房间？表达哪些内容？

(7) 总结一套阅读建筑施工图的步骤和方法。

第4章

民用建筑概述

教学目标

通过学习民用建筑的相关知识，了解民用建筑的等级及划分原则，熟悉建筑模数协调统一标准，掌握民用建筑的构造组成，以及各部分的作用和设计要求。

教学要求

能力目标	知识要点	权重	自测分数
掌握民用建筑的构造组成及各部分的作用	民用建筑的构造组成及作用	50%	
了解民用建筑的等级划分	民用建筑的等级及划分原则	25%	
熟悉建筑模数协调统一标准	建筑模数协调统一标准	25%	

引例

观察身边的建筑物，如学校的教学楼、自己家居住的住宅，从材料角度看，它们各属于什么建筑？从高度方面看，它们各属于什么建筑？试分别说出其各组成部分的名称，前者和后者的组成一样吗？各组成部分的作用一样吗？

4.1 民用建筑的组成及等级划分

4.1.1 民用建筑的构造组成

建筑物由承重结构系统、围护分隔系统和装饰装修三大部分及其附属构件组成。一般的民用建筑由基础、墙和柱、楼地层、屋盖、楼梯和电梯、门和窗等几部分组成，如图 4.1 所示。

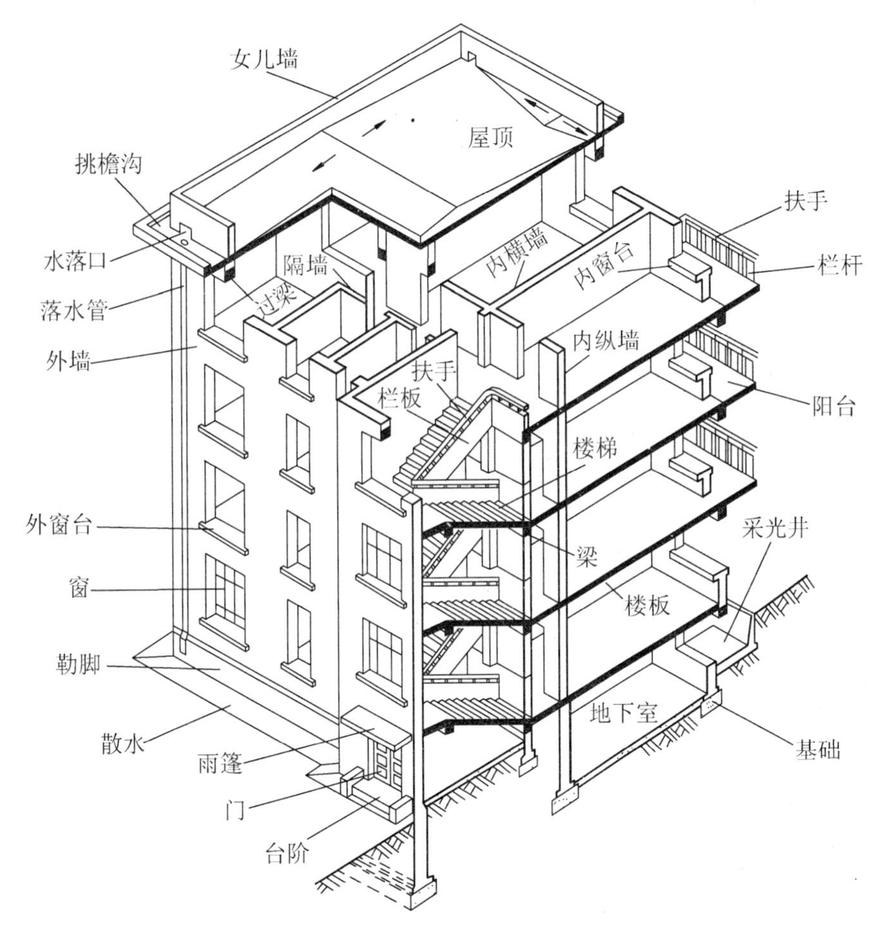

图 4.1 民用建筑构造组成

1) 基础

基础是建筑物垂直承重构件向地下的延伸部分，它与土层直接接触。基础位于建筑物的最下部，承受上部传来的所有荷载，并把这些荷载传给下面的地基。基础是房屋的主要受力构件，其构造要求是坚固、稳定、耐久，且能经受冰冻、地下水及所含化学物质的侵蚀，保证足够的使用年限。

2) 墙和柱

在墙体承重结构体系中，墙体是房屋的竖向承重构件，它承受着由屋顶和各楼层传来的各种荷载，并把这些荷载可靠地传到基础上，再传给地基。在梁柱承重的框架结构体系中，墙体主要起分隔空间的作用，柱则是房屋的竖向承重构件。若是外墙，还有围护的功能，抵御风、霜、雪、雨及寒暑对室内的影响。因此，对承重构件设计必须满足强度和刚度要求，同时墙体还应满足保温、隔热、隔声等要求。

3) 楼地层

楼地层包括楼板层和地坪层。楼板层包括楼面、承重结构层(楼板、梁)、设备管道和顶棚层等。楼板层直接承受着各楼层上的家具、设备、人的重量和楼层自重；同时楼板层对墙或柱有水平支撑的作用，传递着风、地震等侧向水平荷载，并把上述各种荷载传递给墙或柱。对楼板层的要求是要有足够的强度和刚度，以及良好的防水、防火、隔声性能。地坪层是首层室内地面，它承受着室内的活荷载及自重，并将荷载通过垫层传到地基。因人们的活动直接作用在楼地层面层上，所以对其要求还包括美观、耐磨损、易清洁、防潮性能良好等。

4) 屋盖

屋盖包括屋面(面层、防水层)、保温(隔热)层、承重结构层(屋面板、梁)、设备管道和顶棚层等。

屋面板既是承重构件，又是围护构件。作为承重构件，与楼板层相似，承受着直接作用于屋顶的各种荷载，同时在房屋顶部起着水平传力的作用，并把本身承受的各种荷载直接传给墙或柱。屋面层可以抵御自然界的风、霜、雪、雨和太阳辐射等寒暑作用。屋面板应有足够的强度和刚度，还要满足保温、隔热、防水、隔汽等构造要求。

5) 楼梯和电梯

楼梯是建筑的竖向交通设施，也是发生火灾、地震等紧急事故时的疏散通道。楼梯应有足够的通行能力和足够的承载能力，并且应满足坚固、耐磨、防滑等要求。

电梯和自动扶梯可用于平时疏散人流，但不能用于消防疏散。消防电梯应满足消防安全的要求。

6) 门和窗

门与窗属于围护构件，都有采光通风的作用。门的基本功能还有保持建筑物内部与外部或各内部空间的联系与分隔。门应满足交通、消防疏散、热工、隔声、防盗等功能需求。对窗的要求有保温、隔热、防水、隔声等。

4.1.2 民用建筑的等级划分

不同的建筑物，其重要性、用途、规模等存在差异，考虑到其发生问题产生后果的影响程度不同，对建筑物的耐久年限和耐火等级进行分级。

1. 建筑物的耐久年限等级

建筑物的耐久等级主要根据建筑物的重要性和规模大小划分，并以此作为基建投资和建筑设计的重要依据。耐久等级的指标是使用年限，使用年限的长短是依据建筑物的性质决定的。以主体结构确定的建筑耐久年限分为四级，见表 4-1。

表 4-1　建筑物耐久等级

耐久等级	耐久年限	适用范围
一级	100 年以上	适用于重要的建筑和高层建筑
二级	50～100 年	适用于一般性建筑
三级	25～50 年	适用于次要的建筑
四级	15 年以下	适用于简易建筑和临时性建筑

2. 建筑物的耐火等级

耐火等级主要取决于建筑物的重要性和其在使用中的火灾危险性，以及由建筑物的规模导致的一旦发生火灾时人员疏散及扑救火灾的难易程度上的差别。我国《建筑设计防火规范》(GB 50016—2006)将民用建筑的耐火等级分为四级，它是根据房屋的主要构件(梁、柱、楼板等)的燃烧性能和耐火极限来确定的，见表 4-2。

1) 燃烧性能

构件按其燃烧性能分为三类：不燃烧体、难燃烧体和燃烧体。

(1) 不燃烧体：用不燃材料做成的建筑构件，如砖、石材、混凝土等。

(2) 难燃烧体：用难燃材料做成的建筑构件或用可燃材料做成而用不燃材料做保护层的建筑构件，如沥青混凝土、水泥刨花板、经防火处理的木材等。

(3) 燃烧体：用可燃材料做成的建筑构件，如木材、纺织物等。

2) 耐火极限

耐火极限是在标准耐火试验条件下，建筑构件、配件或结构从受到火的作用时起，到失去稳定性、完整性或隔热性时止的这段时间，用小时表示。

表 4-2　建筑物构件的燃烧性能和耐火极限　(单位：h)

名称		耐火等级			
构件		一级	二级	三级	四级
墙	防火墙	不燃烧体 3.00	不燃烧体 3.00	不燃烧体 3.00	不燃烧体 3.00
	承重墙	不燃烧体 3.00	不燃烧体 2.50	不燃烧体 2.00	难燃烧体 0.50
	非承重外墙	不燃烧体 1.00	不燃烧体 1.00	不燃烧体 0.50	燃烧体
	楼梯间的墙、 电梯井的墙、 住宅单元之间的墙、 住宅分户墙	不燃烧体 2.00	不燃烧体 2.00	不燃烧体 1.50	难燃烧体 0.50
	疏散走道两侧的隔墙	不燃烧体 1.00	不燃烧体 1.00	不燃烧体 0.50	难燃烧体 0.25
	房间隔墙	不燃烧体 0.75	不燃烧体 0.50	难燃烧体 0.50	难燃烧体 0.25

续表

名称	耐火等级			
构件	一级	二级	三级	四级
柱	不燃烧体 3.00	不燃烧体 2.50	不燃烧体 2.00	难燃烧体 0.50
梁	不燃烧体 2.00	不燃烧体 1.50	不燃烧体 1.00	难燃烧体 0.50
楼板	不燃烧体 1.50	不燃烧体 1.00	不燃烧体 0.50	燃烧体
屋顶承重构件	不燃烧体 1.50	不燃烧体 1.00	燃烧体	燃烧体
疏散楼梯	不燃烧体 1.50	不燃烧体 1.00	不燃烧体 0.50	燃烧体
吊顶(包括吊顶搁栅)	不燃烧体 0.25	难燃烧体 0.25	难燃烧体 0.15	燃烧体

注：1．以木柱承重且以不燃烧材料作为墙体的建筑物，其耐火等级应按四级确定。

2．二级耐火等级建筑的吊顶采用不燃烧体时，其耐火极限不限。

3．在二级耐火等级的建筑中，面积不超过 100m^2 的房间隔墙，如执行本表的规定确有困难时，可采用耐火极限不低于 0.30h 的不燃烧体。

4．一、二级耐火等级建筑疏散走道两侧的隔墙，按本表规定执行确有困难时，可采用 0.75h 不燃烧体。

知识链接

民用建筑的耐火等级、最多允许层数和防火分区最大允许建筑面积的关系见表 4-3。

表 4-3 民用建筑的耐火等级、最多允许层数和防火分区最大允许建筑面积

耐火等级	最多允许层数	防火分区的最大允许建筑面积/m^2	备注
一、二级	1．9 层及 9 层以下的居住建筑(包括设置商业服务网点的居住建筑)。 2．建筑高度小于等于 24m 的公共建筑和建筑高度大于 24m 的单层公共建筑	2500	1．体育馆、剧院的观众厅，展览建筑的展厅，其防火分区最大允许建筑面积可适当放宽。 2．托儿所、幼儿园的儿童用房和儿童游乐厅等儿童活动场所不应超过 3 层，或设置在 4 层及 4 层以上楼层或地下、半地下建筑(室)内
三级	5 层	1200	1．托儿所、幼儿园的儿童用房和儿童游乐厅等儿童活动场所、老年人建筑和医院、疗养院的住院部分不应超过 2 层，或设置在 3 层及 3 层以上楼层或地下、半地下建筑(室)内。 2．商店、学校、电影院、剧院、礼堂、食堂、菜市场不应超过 2 层或设置在 3 层及 3 层以上楼层
四级	2 层	600	学校、食堂、菜市场、托儿所、幼儿园、老年人建筑、医院等不应设置在 2 层
地下、半地下建筑(室)		500	—

注：1．建筑内设置自动灭火系统时，该防火分区的最大允许建筑面积可按本表的规定增加 1.0 倍。

2．局部设置时，增加面积可按该局部面积的 1.0 倍计算。

4.2 建筑的分类及标准化

4.2.1 建筑的分类

人们采用不同的建筑材料与建筑技术建造了并正在建造着规模用途不同、造型各异的建筑空间环境。因为建筑个体之间存在较大差异，为了便于描述，我们把建筑分为不同的类型，常见的分类方式有以下几种。

1. 按建筑的使用性质分类

1) 民用建筑

民用建筑是供人们居住与进行社会活动的建筑，又分为居住建筑和公共建筑两类。

(1) 居住建筑包括住宅、公寓、宿舍等。

(2) 公共建筑包括行政办公建筑、文教建筑、托幼建筑、医疗建筑、商业建筑、观演建筑、体育建筑、展览建筑、旅馆建筑、交通建筑、通信建筑、纪念建筑、娱乐建筑等。

2) 工业建筑

工业建筑是供人们进行工业生产活动的建筑，如生产厂房、辅助厂房、动力用房、仓储用房等。

3) 农业建筑

农业建筑是供人们进行农牧业生产和加工活动的建筑，如种植、养殖、储存用的温室、畜禽饲养场、水产品养殖场、农畜产品加工厂、粮库等。

2. 按建筑规模和数量分类

1) 大量性建筑

大量性建筑是指建筑规模不大，建筑数量较多的建筑，如一般居住建筑、中小学校、小型商店、诊所、食堂等。

2) 大型性建筑

大型性建筑是指建筑规模宏大，建筑数量较少的建筑，如大城市火车站、机场候机楼、大型体育场馆、大型影剧场、大型展览馆等建筑。这类建筑往往可成为该地区的标志性建筑，对城市面貌影响较大。

特别提示

大型性建筑的功能要求高，结构和构造复杂，设备考究，外观突出个性，单方造价高，且用料以钢材、料石、混凝土及高档装饰材料为主。

3. 按建筑的层数或总高度分类

(1) 住宅建筑按层数分类：一～三层为低层住宅；四～六层为多层住宅；七～九层为中高层住宅；十层及十层以上为高层住宅。

(2) 其他民用建筑按建筑高度分类：建筑高度不超过 24m 为单层、低层和多层民用建筑；建筑高度超过 24m 的民用建筑为高层建筑(不包括建筑高度超过 24m 的单层公共建筑)；

建筑高度超过100m的民用建筑，不论住宅或公共建筑均为超高层建筑。

4. 按承重结构的材料分类

1) 木结构建筑

木结构建筑是指以木材作为房屋承重骨架的建筑。这种结构自重轻，防火性能差。

2) 砖(或石)结构建筑

砖(或石)结构建筑是指以砖或石材作为承重结构的建筑。这种结构自重大，抗震性能差。

3) 钢筋混凝土结构建筑

钢筋混凝土结构建筑是指整个结构系统的构件均采用钢筋混凝土材料的建筑。它具有坚固耐久、防火和可塑性强等优点，是我国目前房屋建筑中应用最为广泛的一种结构形式，如大跨度结构、框架结构、剪力墙结构、框剪结构、筒体结构等。

4) 钢结构建筑

钢结构建筑是指以型钢等钢材作为房屋承重骨架的建筑。钢结构强度高、塑性好、韧性好，便于制作和安装，工期短，结构自重轻，适宜在超高层和大跨度建筑中采用。

5) 混合结构建筑

混合结构建筑是指采用两种或两种以上材料作承重结构的建筑。例如，由砖墙、木楼板构成的砖木结构建筑；由砖墙、钢筋混凝土楼板和屋架构成的砖混结构建筑；由钢屋架和混凝土(或柱)构成的钢-钢筋混凝土结构建筑等。其中，砖混结构建筑在大量性民用建筑中应用最广泛。近年来，我国许多地区已逐渐使用非黏土材料制成的空心承重砌块来取代黏土砖的使用。这类砌体结构主要适用于建造多层及以下的建筑。

4.2.2 建筑标准化

建筑标准化是建筑工业化的基础。要通过建筑标准化推广应用各专业领域中先进的经验、标准和成果，加速科学技术转化为生产力的步伐，促进建筑产业化与施工机械化的发展，使建筑业获得最佳的经济效益和社会效益。

建筑标准化包括建筑设计的标准和建筑设计的标准化两个方面。建筑设计的标准是指应制定各种法规、规范和标准，使设计有章可循。建筑设计的标准化是指在大量性建筑(如住宅)的设计中推行标准化设计。设计者可以选用国家或地区通用的标准图集，选择标准的构配件，提高工作效率。

建筑标准化工作的基本任务：制定建筑标准(含规范、规程)，组织实施标准和对标准的实施进行监督。建筑标准是建筑业进行勘察、设计、生产或施工、检验或验收等技术性活动的依据，是实行建筑科学管理的重要手段，是保证建筑工程和产品质量的有力工具。

建筑标准化工作的目标：加快制定建筑业发展急需的技术标准，进一步提高标准的配套性，并使主要标准的技术水平接近或达到国际先进水平；积极创造条件，促进现行标准化体制向建筑技术法规与建筑技术标准相结合的体制过渡，以适应我国社会主义市场经济发展的需要。

4.2.3 建筑模数制

为了使建筑制品、建筑构配件和组合件实现工业化大规模生产，使不同材料、不同形式和不同制造方法的建筑构配件、组合件符合模数并具有较大的通用性和互换性，以加快设计速度，提高施工质量和效率，降低建筑造价，建筑设计应采用国家规定的建筑统一模数制。

建筑模数是选定的标准尺度单位，作为建筑物、建筑构配件、建筑制品及有关设备尺寸相互间协调的基础。

1) 基本模数

基本模数是模数协调中选用的基本尺寸单位。其数值定为 100mm，符号为 M，即 1M＝100mm。

特别提示

整个建筑物或其一部分及建筑组合件的模数化尺寸都应该是基本模数的倍数。

2) 导出模数

导出模数分为扩大模数(基本模数的整倍数)和分模数，其基数应符合下列规定。

(1) 水平扩大模数基数为 3M、6M、12M、15M、30M、60M，其相应的尺寸分别为 300mm、600mm、1200mm、1500mm、3000mm、6000mm；竖向扩大模数的基数为 3M 与 6M，其相应的尺寸为 300mm 和 600mm。

(2) 分模数基数为 1/10M、1/5M、1/2M，其相应的尺寸为 10mm、20mm、50mm。

3) 模数数列

模数数列是指由基本模数、扩大模数、分模数为基础扩展成的一系列尺寸，见表 4-4。

表 4-4 模数数列 (单位：mm)

基本模数	扩大模数						分模数		
1M	3M	6M	12M	15M	30M	60M	1/10M	1/5M	1/2M
100	300	600	1200	1500	3000	6000	10	20	50
100	300						10		
200	600	600					20	20	
300	900						30		
400	1200	1200	1200				40	40	
500	1500			1500			50		50
600	1800	1800					60	60	
700	2100						70		
800	2400	2400	2400				80	80	
900	2700						90		
1000	3000	3000		3000	3000		100	100	100
1100	3300						110		
1200	3600	3600	3600				120	120	
1300	3900						130		
1400	4200	4200					140	140	
1500	4500			4500			150		150
1600	4800	4800	4800				160	160	
1700	5100						170		

续表

基本模数	扩大模数						分模数		
1M	3M	6M	12M	15M	30M	60M	1/10M	1/5M	1/2M
1800	5400	5400					180	180	
1900	5700						190		
2000	6000	6000	6000	6000	6000	6000	200	200	200
2100	6300							220	
2200	6600	6600						240	
2300	6900								250
2400	7200	7200	7200					260	
2500	7500			7500				280	
2600		7800						300	300
2700		8400	8400					320	
2800		9000		9000	9000			340	
2900		9600	9600						350
3000				10500				360	
3100			10800					380	
3200			12000	12000	12000	12000		400	400
3300					15000				450
3400					18000	18000			500
3500					21000				550
3600					24000	24000			600
					27000				650
					30000	30000			700
					33000				750
					36000	36000			800
									850
									900
									950
									1000

注：引自《建筑模数协调统一标准》(GBJ 2—1986)。

特别提示

模数数列的幅度及适用范围如下。

(1) 水平基本模数的数列幅度为1～20M。主要适用于门窗洞口和构配件断面尺寸。

(2) 竖向基本模数的数列幅度为1～36M。主要适用于建筑物的层高、门窗洞口、构配件等尺寸。

(3) 水平扩大模数数列的幅度：3M数列按300mm进级，其幅度为3M～75M；6M数列按600mm进级，其幅度为6M～96M；12M数列按1200mm进级，其幅度为12M～120M；15M数列按1500mm进级，其幅度为15M～120M；30M数列按3000mm进级，其幅度为30M～360M；60M数列按6000mm进级，其幅度为60M～360M，必要时幅度不限制。主要适用于建筑物的开间或柱距、进深或跨度、构配件尺寸和门窗洞口尺寸。

(4) 竖向扩大模数数列的幅度不受限制。3M数列按300mm进级，6M数列按600mm进级。主要适用于建筑物的高度、层高、门窗洞口尺寸。

(5) 分模数数列的幅度：1/10 M为(1/10～2)M；1/5 M为(1/5～4)M；1/2 M为(1/2～10)M。主要适用于缝隙、构造节点、构配件断面尺寸。

4.2.4 几种建筑尺寸

在建筑设计和建筑模数协调中，涉及的尺寸有标志尺寸、构造尺寸和实际尺寸等几种。

(1) 标志尺寸：符合模数数列的规定，用以标注建筑物定位轴面、定位面或定位轴线、定位线之间的垂直距离(如开间或柱距、进深或跨度、层高等)，以及建筑构配件、建筑组合件、建筑制品、有关设备界限之间的尺寸。

(2) 构造尺寸：建筑构配件、建筑组合件、建筑制品等的设计尺寸。

(3) 实际尺寸：建筑构配件、建筑组合件、建筑制造等生产制作后的实有尺寸。

特别提示

一般情况下，标志尺寸减去缝隙为构造尺寸，如图 4.2 所示。

实际尺寸与构造尺寸之间的差数应符合建筑公差的规定。

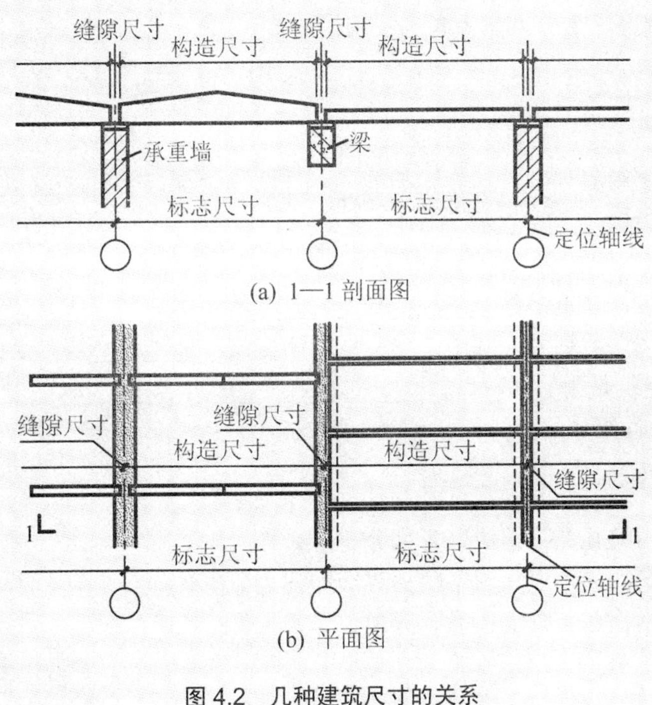

图 4.2　几种建筑尺寸的关系

本章小结

本章对房屋建筑的构造组成、分类分级、建筑模数等内容做了较为详细的阐述。

建筑物主要由基础、墙和柱、楼地层、屋盖、楼梯和电梯、门和窗等几部分组成。

不同类别的建筑物常按其耐久年限和耐火等级进行分级。

建筑标准化包括建筑设计的标准和建筑设计的标准化两个方面。

我国《建筑模数协调统一标准》中规定的基本模数为 1M＝100mm。建筑物及其构件，以及建筑组合件的模数化尺寸，应是基本模数的倍数。在建筑设计和建筑模数协调中，涉及标志尺寸、构造尺寸和实际尺寸等几种尺寸。

本章的教学目标是使学生具备划分民用建筑的等级及类型的能力，熟悉建筑模数协调统一标准，掌握民用建筑的构造组成作用和设计要求。

习题

一、选择题

1．民用建筑包括居住建筑和公共建筑，其中(　　)属于居住建筑。

A．托儿所　　B．宾馆　　C．公寓　　D．疗养院

2．我国按层数或高度不同对建筑分类时规定：除住宅建筑之外的民用建筑高度小于或等于(　　)m 的属非高层建筑。

A．110　　B．24　　C．30　　D．50

3．从耐火极限看，(　　)级建筑耐火极限时间最长。

A．Ⅰ　　B．Ⅱ　　C．Ⅲ　　D．Ⅳ

二、填空题

1．民用建筑按用途分有________和________两种类型。

2．模数数列指以________模数、________模数、________模数为基数扩展的一系列尺寸。

3．从广义上讲，建筑是指________与________的总称。

4．住宅建筑按层数划分，其中________层为多层；________层以上为高层。

5．一般民用建筑是由________、________、________、________、________、________、________等基本构件组成的。

三、简答题

1．民用建筑由哪几部分组成？各部分有什么作用？

2．什么是建筑物的耐火极限？耐火等级如何划分？

3．什么是基本模数、扩大模数和分模数？

综合实训

观察身边的建筑物，如学校的教学楼、实训楼、学生公寓及教职工住宅楼等。

(1) 从材料角度分类，它们各属于什么建筑？从高度分类，它们属于什么建筑？

(2) 说明其构造中各组成部分的名称与作用。

第 5 章

基础与地下室

教学目标

通过学习基础和地下室的基本知识，掌握地基和基础的区别，以及它们的作用和设计要求；掌握基础埋置深度的概念，以及影响埋置深度的因素；掌握常见基础的分类，熟悉一般基础的构造；了解地下室的组成，熟悉地下室防潮和防水的要求和构造。

教学要求

能力目标	知识要点	权重	自测分数
掌握地基和基础的区别，以及它们的作用和设计要求	地基和基础的概念，地基的作用和设计要求，基础的作用和设计要求	15%	
掌握基础埋置深度的概念，以及影响埋置深度的因素	基础的埋置深度，影响基础埋深的因素	20%	
掌握常见基础的分类，熟悉一般基础的构造	基础按材料和受力形式分类，基础按构造形式分类，各种基础适合的地质环境及其构造	35%	
了解地下室的组成，熟悉地下室防潮和防水的要求和构造	地下室的组成，地下室在什么情况下防潮或防水，地下室防潮和防水的构造	30%	

引 例

某工程位于杭嘉湖地区某城市，为一个超大型商业广场，地下一层，地上六层，总建筑面积为25.5万平方米，其中地下室面积为4.7万平方米，基础为筏板基础。下面介绍有关基础与地下室的内容。

5.1 地基与基础概述

5.1.1 地基概述

1. 地基的含义

地基是指建筑物基础底面以下，受到荷载作用影响范围内的土体或岩体。它承受着基础传来的建筑物的全部荷载。

2. 地基分类

地基可分为天然地基和人工地基两种类型。

(1) 天然地基，是指天然状态下即具有足够的承载能力，可满足直接在上面建造房屋要求的土层，不需人工处理的地基，如岩石、碎石土、砂土、黏性土等。

(2) 人工地基，是指天然状态下不具有足够的承载能力，不能满足直接在上面建造房屋要求的土层，如淤泥、淤泥质土、各种人工填土等，具有孔隙比大、压缩性高、强度低等特性，必须对地基进行补强和加固，经人工处理的地基。人工地基加固和处理方法一般有换土法、压实法、强夯置换法、深层挤密法等。

3. 对地基的要求

(1) 地基应有足够的承载力，并优先考虑选择天然地基。

(2) 地基的承载力要力求均匀，即要求地基有均匀的压缩量，以保证建筑物的基础在荷载作用下沉降均匀，不致失稳。若地基下沉不均匀，建筑物上部极易出现墙身开裂、变形甚至破坏。

(3) 地基应有足够的稳定性，有防止产生滑坡、倾斜方面的能力。必要时(特别是有较大高差时)可加设挡土墙以防止滑坡变形的出现。

5.1.2 基础概述

1. 基础的含义

在建筑工程中，建筑物与土层直接接触的部分称为基础。基础是建筑物的一个组成部分，它承担着建筑物上部的全部荷载，并把这些荷载传给地基。

特别提示

基础是建筑物的组成部分，它承受着建筑物的全部荷载，并将其传给地基。而地基不是建筑物的组成部分，它只是承受建筑物荷载的土壤层。

2. 地基、基础和荷载的关系

地基土的地质状况(土的强度和变形特性)不同，地基承受荷载的能力亦有差异。在稳定的条件下，地基单位面积能承受的最大压力，称为地基承载力或地耐力。

地基承受由基础传来的压力是由上部建筑物至基础顶面的竖向荷载、基础自重及基础上部土层的重力荷载组成的，这些荷载都是通过基础的底面传递给地基的。当荷载一定时，加大基础底面面积可以减少单位面积地基上所受的压力。基础底面面积、荷载和地基承载力之间的关系如式：

$$A \geqslant N/P$$

式中 A——基础底面面积(m^2)；

N——传递至基础底面的建筑物的总荷载(kN)；

P——地基承载力(kN/m^2，kPa)。

从上式可以看出，当地基承载力确定时，传至基础底面的荷载越大，需要的基础底面面积也越大；当传至基础底面的荷载确定时，地基承载力越小，需要的基础底面面积就越大。

特别提示

例如，在建筑设计过程中，当建筑物的建造场地已经确定(即地基承载力已知)时，可通过调整建筑物上部的建造方案(建造高度层数、建筑面积等指标)来调整和确定基础底面面积；又如，建筑设计方案已确定(即传至基底的荷载已知)时，可以通过选择建造场地(或地基处理方案)来确定地基承载力，从而设计和确定基础底面面积。

3. 对基础的要求

(1) 强度要求。基础应具有足够的承载力来承受和传递整个建筑物的荷载。

(2) 耐久性要求。基础属于隐蔽工程，其埋在土中，常年处于土壤的潮湿环境之中，建成之后的检查加固非常复杂和困难。因此，在基础的设计选材时就应注意与上部结构的耐久性和使用年限相适应，并且要严格施工，不留隐患。

(3) 经济性要求。基础工程占整个房屋建筑工程总造价的比例为10%～40%，选择合适的基础方案，争取做浅基础，采用先进的施工技术，就地取材，降低造价。

5.2 基础的埋置深度与影响因素

5.2.1 基础的埋置深度

基础的埋置深度，简称基础埋深，是指由室外设计地坪到基础底面的距离，如图5.1所示。室外地坪分自然地坪与设计地坪，自然地坪是指施工建造场地的原有地坪，设计地坪是指按设计要求工程竣工后室外场地经过填垫或下挖后的地坪。

基础按其埋置深度大小分为深基础和浅基础。基础埋深超过5m时为深基础，小于5m时为浅基础。从经济角度看，基础埋深越小，工程造价越低。但基础对其底面的土有挤压作用，为防止基础因此产生滑移而失去稳定，基础需要有足够厚度的土层来包围，因此基础应有一个合适的埋深，既保证建筑物的坚固稳定，又能节约用材、加快施工。基础的埋置深度不应小于500mm。

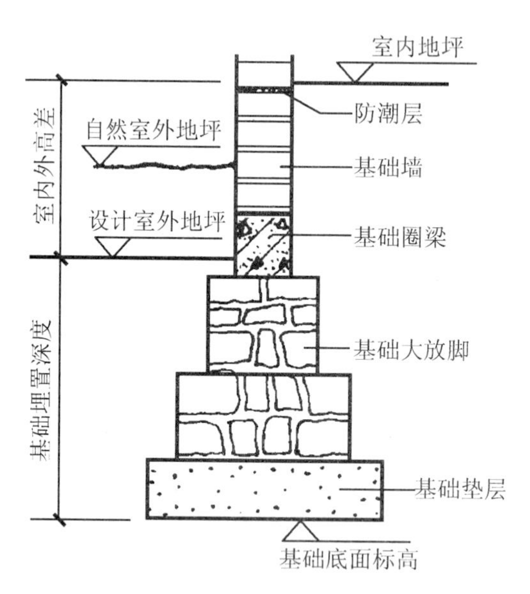

图 5.1　基础的埋置深度

5.2.2　基础埋置深度的影响因素

影响基础埋置深度的因素有很多，若就某一工程而言，往往只有其中一两项起关键作用。在设计时，需从实际出发，抓住主要影响因素进行考虑。基础埋置深度的影响因素主要有以下几个方面。

(1) 建筑物的用途，有无地下室、设备基础和地下设施，基础的形式和构造的影响。

(2) 作用在地基上的荷载大小和性质的影响。

(3) 工程地质和水文地质条件的影响。一般情况下，基础应设置在坚实的土层上，优先考虑采用天然地基和浅基础，当表层软弱土较厚时，可考虑采用人工地基和深基础。基础宜埋置在地下水位以上，当必须埋在地下水位以下时，宜将基础底面埋置在最低地下水位以下不小于 200mm 的位置。

(4) 相邻建筑物基础埋深的影响。当存在相邻建筑物时，新建建筑物的基础埋深不宜大于原有建筑基础，以避免施工期间影响原有建筑物的安全。当埋深大于原有建筑基础时，两基础间应保持一定的净距，其数值应根据原有建筑荷载大小、基础形式和土质情况确定，一般可取两基础底面高差的 2 倍，如图 5.2 所示。当上述要求不能满足时，应采取分段施工、设临时加固支撑、地下连续墙等施工措施，或加固原有建筑物地基。

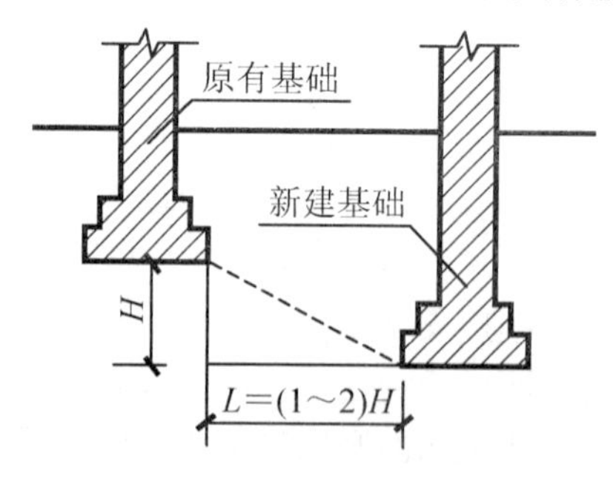

图 5.2　相邻建筑物基础的影响

(5) 地基土冻胀和融陷的影响。土的冻胀现象主要与地基土颗粒的粗细程度、土冻结前的含水量、地下水位高低有关。冻结土和非冻结土的分界线为冰冻线。当建筑物处于有冻胀现象的土层范围内，如粉砂、粉土等，冬季土冻胀使房屋向上拱起，春季气温回升土层解冻，基础又下沉。这种冻融交替，使建筑物处于不稳定状态，产生变形，如墙身开裂，门窗倾斜开启困难，甚至结构破坏等。在这种情况下，基础应埋置在冰冻线以下 200mm 的位置。

5.3 基础的类型与构造

5.3.1 按材料与受力特点分类

1. 无筋扩展基础

无筋扩展基础系指由砖、毛石、混凝土或毛石混凝土、灰土和三合土等材料组成的，且不需配置钢筋的墙下条形基础或柱下独立基础。这类基础所用材料的抗压强度好，抗拉、抗弯、抗剪等强度较低，为保证基础安全，不致被拉裂，基础的宽高比(用 b/H 或其夹角 α 表示)应控制在一定的范围之内，其夹角称为刚性角或无筋扩展角。无筋扩展基础的受力、传力特点如图 5.3 所示。不同材料和不同基底压力有不同的宽高比要求，见表 5-1。

无筋扩展基础适用于多层民用建筑和轻型厂房。

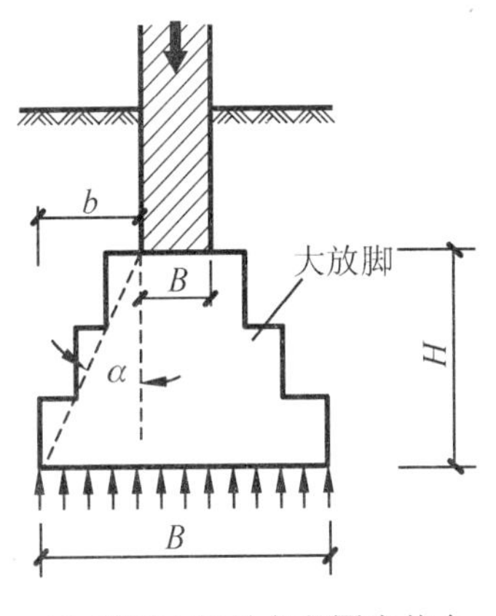

(a) 基础在刚性角范围内传力

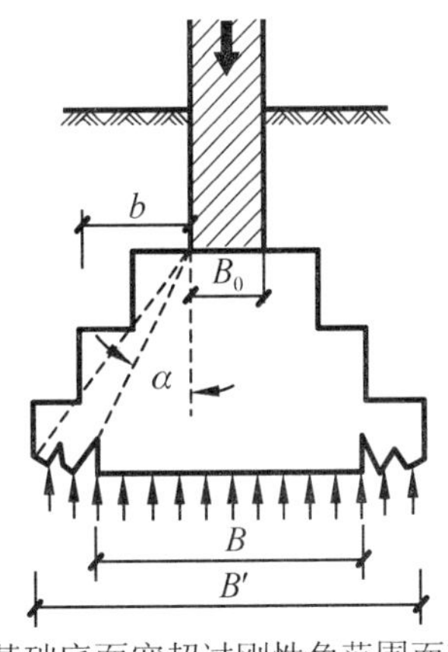

(b) 基础底面宽超过刚性角范围而破坏

图 5.3 无筋扩展基础的受力、传力特点

表 5-1 几种无筋扩展基础台阶宽高比的允许值

基础材料	质量要求	台阶宽高比的允许值		
		$p_k \leq 100$	$100 < p_k \leq 200$	$200 < p_k \leq 300$
混凝土基础	C15 混凝土	1∶1.00	1∶1.00	1∶1.25
毛石混凝土基础	C15 混凝土	1∶1.00	1∶1.25	1∶1.50
砖基础	砖不低于 MU10，砂浆不低于 M5	1∶1.50	1∶1.50	1∶1.50
毛石基础	砂浆不低于 M5	1∶1.25	1∶1.50	—

续表

基础材料	质量要求	台阶宽高比的允许值		
		$p_k \leqslant 100$	$100 < p_k \leqslant 200$	$200 < p_k \leqslant 300$
灰土基础	体积比为3∶7或2∶8的灰土，其最小干密度：粉土1.55t/m^3；粉质黏土1.50t/m^3；黏土1.45t/m^3	1∶1.25	1∶1.50	—
三合土基础	体积比1∶2∶4～1∶3∶6(石灰∶砂∶骨料)，每层约虚铺220mm，夯至150mm	1∶1.50	1∶2.00	—

注：1. p_k为作用标准组合时的基础底面处的平均压力值(kPa)。
2. 阶梯形毛石基础的每阶伸出宽度不宜大于200mm。
3. 当基础由不同材料叠合组成时，应对接触部分做抗压验算。

2. 扩展基础

起到压力扩散作用的基础称为扩展基础，主要是指柱下钢筋混凝土独立基础和墙下钢筋混凝土条形基础。用钢筋混凝土建造的基础抗压、抗拉和抗弯能力都很好，不受刚性角的限制，基础断面可以宽而薄，如图5.4所示。

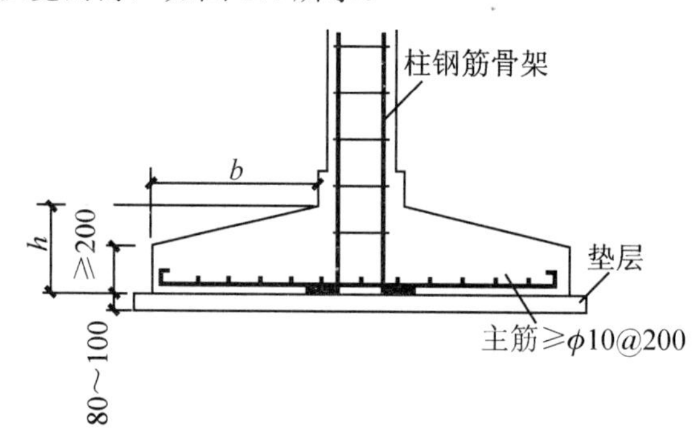

图5.4　扩展基础的构造

扩展基础的构造应符合下列要求。

(1) 钢筋混凝土基础常做成锥形，基础边缘的高度不宜小于200mm，且两个方向坡度不宜大于1∶3；阶梯形基础的每阶高度，宜为300～500mm。

(2) 垫层的厚度不宜小于70mm；垫层混凝土强度等级不宜低于C10。

(3) 扩展基础底板受力钢筋的最小直径不宜小于10mm；间距不宜大于200mm，也不宜小于100mm。墙下钢筋混凝土条形基础纵向分布钢筋的直径不宜小于8mm；间距不宜大于300mm；每延米分布钢筋的面积应不小于受力钢筋面积的15%。当有垫层时钢筋保护层的厚度不应小于40mm；无垫层时不应小于70mm。

(4) 混凝土强度等级不应低于C20。

5.3.2　按构造形式分类

1. 独立基础

独立基础也称单独基础，是柱基础的主要类型。它适用于多层框架结构或厂房排架柱下基础，其常用断面形式有踏步形、锥形、杯形等。多层框架结构中多采用现浇独立基础；厂房排架中的柱采用预制钢筋混凝土构件时，把基础做成杯口形，待柱子插入杯口后，用细石混凝土将柱周围缝隙填实，使其嵌固其中，故称为杯形基础，如图 5.5 所示。

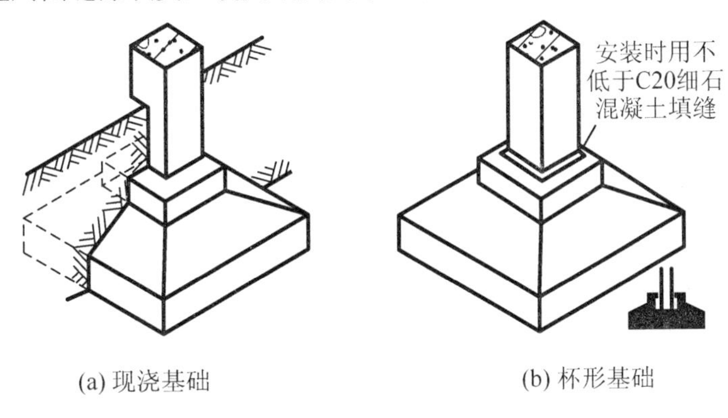

(a) 现浇基础　　(b) 杯形基础

图 5.5　独立基础

2. 条形基础

基础长度远大于其宽度，也称带形基础。一般用于多层混合结构的承重墙下，当上部为钢筋混凝土墙，或地基承载力较小，而荷载较大时，可采用钢筋混凝土墙下条形基础，如图 5.6 所示。

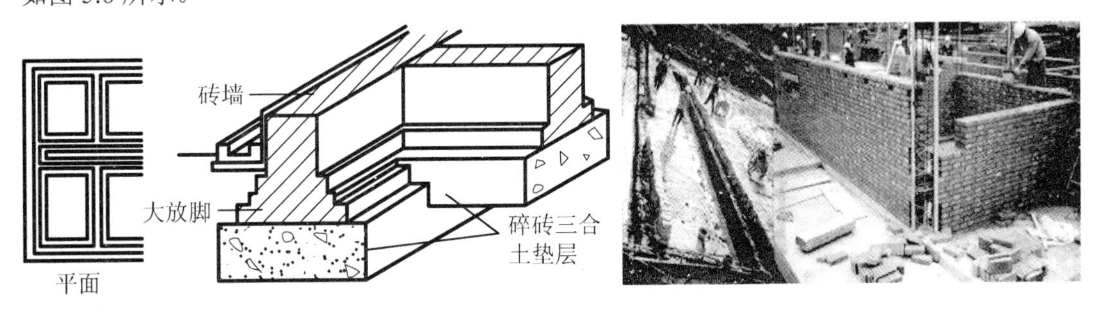

图 5.6　墙下条形基础

3. 柱下条形基础(井格基础)

当上部结构为框架结构或排架结构，荷载较大或荷载分布不均匀，地基承载力偏低时，为了增加基底面积或增强整体刚度，以减少不均匀沉降，常用钢筋混凝土条形基础将各柱下基础用基础梁相互连接成一体，形成柱下条形基础、井格基础(柱下十字交叉基础)，如图 5.7 和图 5.8 所示。

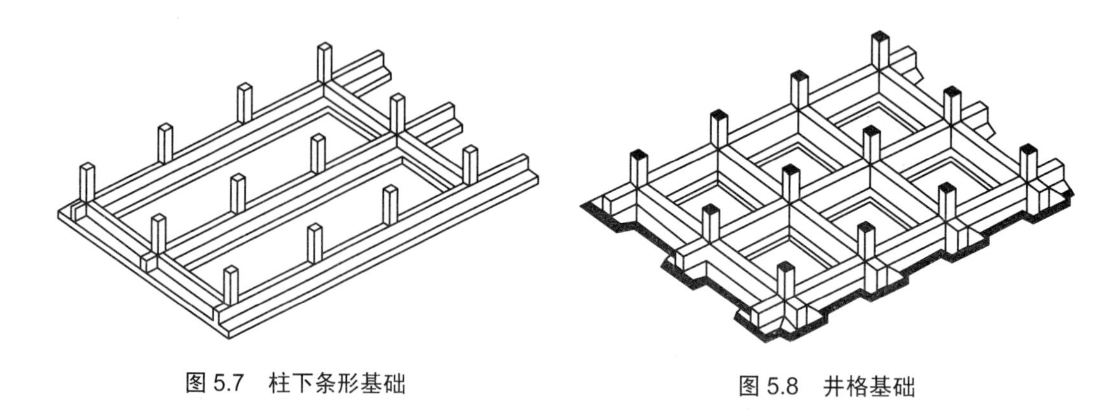

图 5.7　柱下条形基础　　　　图 5.8　井格基础

4. 筏板基础

建筑物的基础由整片的钢筋混凝土板组成，板承担上部荷载并传给地基，称为筏板基础，也称满堂基础，如图 5.9 所示。筏板基础的结构形式可分为板式和梁板式两类。

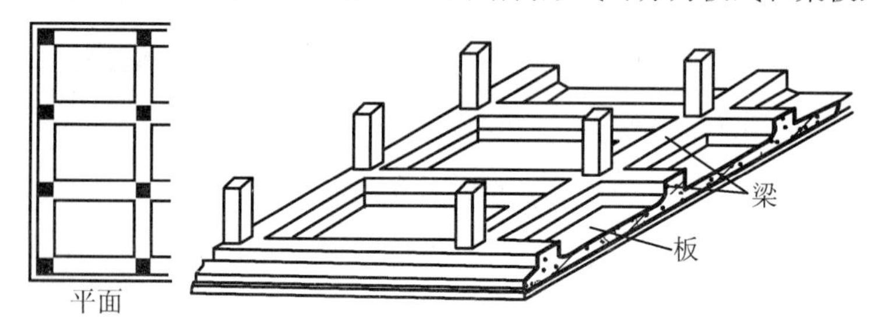

图 5.9　筏板基础

5. 箱形基础

将地下室的底板、顶板和墙体整浇成箱子状的基础，称为箱形基础，可增加基础刚度，减少基底附加应力，如图 5.10 所示。其适用于地基软弱土层厚，建筑物上部荷载大，对地基不均匀沉降要求严格的高层建筑、重型建筑等。

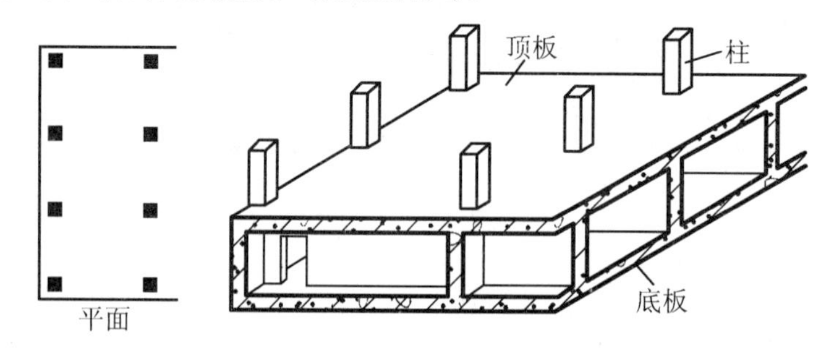

图 5.10　箱形基础

6. 桩基础

当浅层地基上不能满足建筑物对地基承载力和变形的要求，而又不适宜采取地基处理措施时，就要考虑以下部坚实土层或岩层作为持力层的深基础，其中桩基础应用最为广泛。

桩基础的类型较多，竖向受压桩按桩身竖向受力情况可分为摩擦型桩和端承型桩，如图5.11所示。摩擦型桩的桩顶竖向荷载主要由桩侧阻力承受；端承型桩的桩顶竖向荷载主要由桩端阻力承受。按桩的制作方法分为为预制桩和灌注桩。

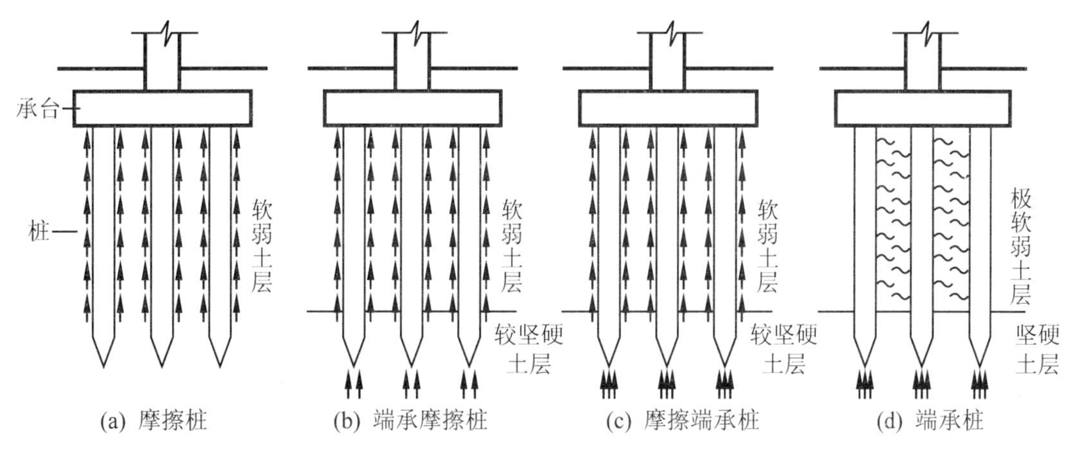

图5.11　摩擦型桩和端承型桩

特别提示

摩擦型桩分为端承摩擦桩和摩擦桩，端承摩擦桩的桩顶竖向荷载主要由桩侧阻力承受；摩擦桩的桩端阻力可忽略不计，桩顶竖向荷载全部由桩侧阻力承受。端承型桩分为摩擦端承桩和端承桩，摩擦端承桩的桩顶竖向荷载主要由桩端阻力承受；端承桩的桩侧阻力可忽略不计，桩顶竖向荷载全部由桩端阻力承受。

5.4　地　下　室

5.4.1　地下室的组成与分类

1. 地下室的组成

地下室由墙体、顶板、底板、门窗、楼梯五部分组成。

1) 墙体

地下室的外墙应按挡土墙设计，如用钢筋混凝土或素混凝土墙，应按计算确定，其最小厚度除应满足结构要求外，还应满足抗渗厚度的要求，其最小厚度不低于300mm。外墙应做防潮或防水处理。

2) 顶板

可用预制板、现浇板或者预制板上做现浇层(装配整体式楼板)。如为防空地下室，应具有足够的强度和抗冲击能力，必须采用现浇板，并按有关规定决定厚度和混凝土强度等级。

3) 底板

地下室底板应具有良好的整体性和较好的刚度，同时视地下水位情况做防潮或防水处理。当底板处于最高地下水位以上，并且无压力产生作用的可能时，可按一般地面工程处理，即垫层上现浇混凝土60～80mm厚，再做面层；当底板处于最高地下水位以下时，底板不仅承受上部垂直荷载，还承受地下水的浮力荷载，此时应采用钢筋混凝土底板，并双层配筋，底板下垫层上还应设置防水层，以防渗漏。

4) 门窗

普通地下室的门窗与地上房间门窗相同，地下室外窗如在室外地坪以下，应设置采光井和防护箅，以利于室内采光、通风和室外行走安全。防空地下室的门窗应满足密闭、防冲击的要求。防空地下室的外门应按防空等级要求，设置相应的防护构造。

5) 楼梯

可与地面上房间结合设置，层高小或用作辅助房间的地下室，可设置单跑楼梯。防空地下室至少要设置两部楼梯通向地面的安全出口，其中必须有一个是独立的安全出口。这个安全出口周围不得有较高建筑物，以防因空袭倒塌堵塞出口，影响疏散。

2. 地下室的分类

地下室按使用功能分，有普通地下室和人防地下室；按顶板标高分，有半地下室(埋深为地下室净高的1/3～1/2)和全地下室(埋深为地下室净高的1/2以上)；按结构材料分，有砖混结构地下室和钢筋混凝土结构地下室。图5.12为地下室示意图。

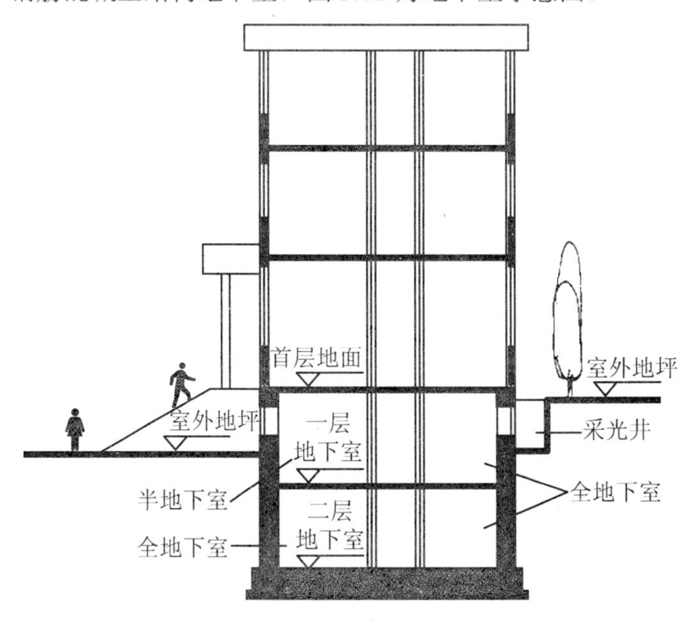

图5.12 地下室示意图

5.4.2 地下室的防潮构造

当地下水的常年水位和最高水位均在地下室底板以下时，且无形成上层滞水可能时，地下水不能侵入地下室内部，地下室底板和外墙可以做防潮处理。地下室防潮只适用于防无压水。

地下室防潮的构造要求如下：砌筑砂浆必须采用水泥砂浆砌筑，灰缝必须饱满；在外墙外侧设垂直防潮层，防潮层做法一般为1∶2.5水泥砂浆找平，刷冷底子油一道、热沥青两道，防潮层做至室外散水处，然后在防潮层外侧回填低渗透性土壤，如黏土、灰土等，并逐层夯实，底宽 500mm 左右；同时，地下室所有墙体，必须设两道水平防潮层，一道设在底层地坪附近，一般设置在结构层之间，另一道设在室外地面散水以上 150～200mm 的位置，如图 5.13 所示。

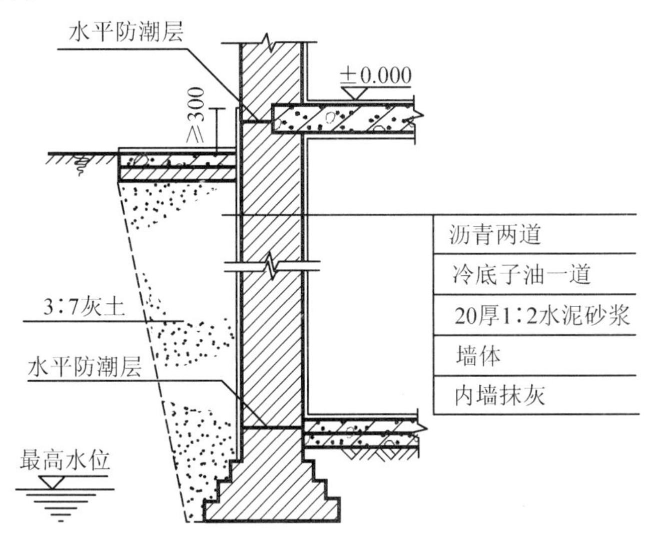

图 5.13　地下室防潮构造

5.4.3　地下室的防水构造

当地下水最高水位高于地下室底板时，底板和部分外墙将受到地下水的侵袭。外墙受到地下水的侧压力，底板受到浮力的影响，因此需要做防水处理。地下工程的防水等级标准及适用范围，详见表 5-2。

表 5-2　地下工程防水等级标准及适用范围

防水等级	标准	适用范围
一级	不允许渗水，结构表面无湿渍	人员长期停留的场所；因有少量湿渍会使物品变质、失效的储物场所及严重影响设备正常运转和危及工程安全运营的部位；极重要的战备工程
二级	不允许漏水，结构表面可有少量湿渍。 工业与民用建筑：总湿渍面积不应大于总防水面积(包括顶板、墙面、地面)的 1/1000；任意 $100m^2$ 防水面积上的湿渍不超过 2 处，单个湿渍的最大面积不大于 $0.1m^2$。 其他地下工程：总湿渍面积不应大于总防水面积的 2/1000；任意 $100m^2$ 防水面积上的湿渍不超过 3 处，单个湿渍的最大面积不大于 $0.2m^2$	人员经常活动的场所；在有少量湿渍的情况下不会使物品变质、失效的储物场所及基本不影响设备正常运转和工程安全运营的部位；重要的战备工程
三级	有少量漏水点，不得有线流和漏泥沙。 任意 $100m^2$ 防水面积上的漏水或湿渍点数不超过 7 处，单个漏水点的最大漏水量不大于 2.5L/d，单个湿渍的最大面积不大于 $0.3m^2$	人员临时活动的场所；一般战备工程

地下工程的防水设计，应考虑地表水、地下水、毛细管水和水中是否含有侵蚀性物质等的作用，应遵循“防、排、截、堵相结合，刚柔并济，因地制宜，综合治理”的原则。地下工程防水设防高度的确定：对独立式全地下工程应做全面封闭的防水层，对附建式全地下或半地下工程的防水设防，则应高出室外地坪 500mm 以上。卷材防水层可在室外地坪处改用防水砂浆完成防水设防高度。地下工程迎水面主体结构，应采用防水混凝土结构，厚度不应小于 250mm。

常见的防水措施有卷材防水层防水和涂料防水层防水两类。

1. 卷材防水层防水

卷材防水层均应铺设在防水混凝土主体结构的迎水面。防水卷材的品种、规格、层数、厚度，应根据地下工程防水等级、地下水位、水压力作用状况、结构形式和施工工艺等因素确定。防水卷材有高聚物改性沥青类和合成高分子类。不同品种卷材防水层的厚度应符合表 5-3 的规定。阴阳角处应做成圆弧或 45° 折角，其尺寸应视卷材品种确定。阴阳角等特殊部位，增贴 1～2 层相同品种的卷材作为加强层，加强层宽度宜为 300～500mm。粘贴各类卷材必须采用与该卷材相容的胶粘剂。

表 5-3　不同品种卷材防水层的厚度　(单位：mm)

卷材品种	高聚物改性沥青类防水卷材			合成高分子类防水卷材			
	弹性体改性沥青防水卷材、改性沥青聚乙烯胎防水卷材	自粘聚合物改性沥青防水卷材		三元乙丙橡胶防水卷材	聚氯乙烯防水卷材	聚乙烯丙纶复合防水卷材	高分子自粘胶膜防水卷材
		聚酯毡胎体	无胎体				
单层厚度	≥4	≥3	≥1.5	≥1.5	≥1.5	卷材：≥0.9 粘接料：≥1.3 芯材厚度≥0.6	≥1.2
双层总厚度	≥(4+3)	≥(3+3)	≥(1.5+1.5)	≥(1.2+1.2)	≥(1.2+1.2)	卷材：≥(0.7+0.7) 粘接料：≥(1.3+1.3) 芯材厚度≥0.5	—

全埋式地下室卷材防水构造如图 5.14 所示。地下室卷材防水构造如图 5.15 所示。

2. 涂料防水层防水

涂料防水层包括有机和无机防水涂料。无机防水涂料宜用于防水混凝土结构主体的迎水面和背水面，有机防水涂料宜用于防水混凝土主体结构的迎水面。无机防水涂料可选用掺外加剂、掺合料的水泥基防水涂料，其厚度不得小于 3.0mm；水泥基渗透结晶型防水涂料的用量不应小于 1.5kg/m^2，且厚度不应小于 1.0mm。有机防水涂料可选用反应型、水乳型、聚合物水泥等，其厚度不得小于 1.2mm。基层阴阳角应做成圆弧形，阴角直径宜大于 50mm，阳角直径宜大于 10mm。在底板转角部位应增加胎体增强材料，并应增涂防水涂料。

全埋式地下室涂料防水构造如图 5.16 所示。地下室涂料防水构造如图 5.17 所示。

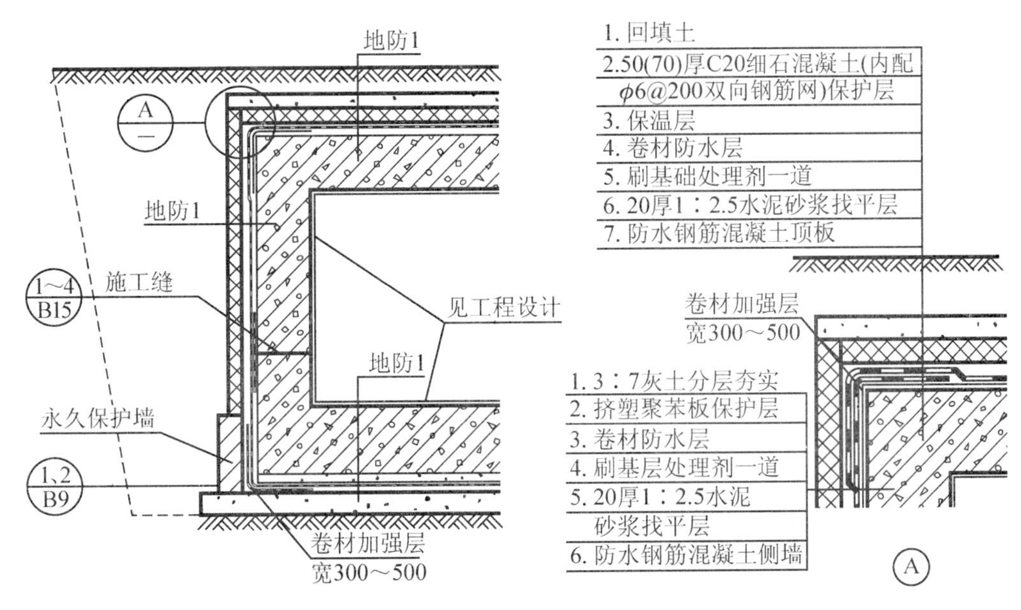

图 5.14　全埋式地下室卷材防水构造

注：1. 当混凝土表面平整、密实，经局部修补符合要求时找平层可取消。

2. 保护层可选用挤塑聚苯板、聚苯板、聚乙烯泡沫塑料软片或铺抹 20mm 厚 1∶2.5 水泥砂浆层。

3. 顶板卷材防水层上的细石混凝土保护层当采用机械碾压回填土时，厚度不宜小于 70mm；当采用人工回填土时，厚度不宜小于 50mm。

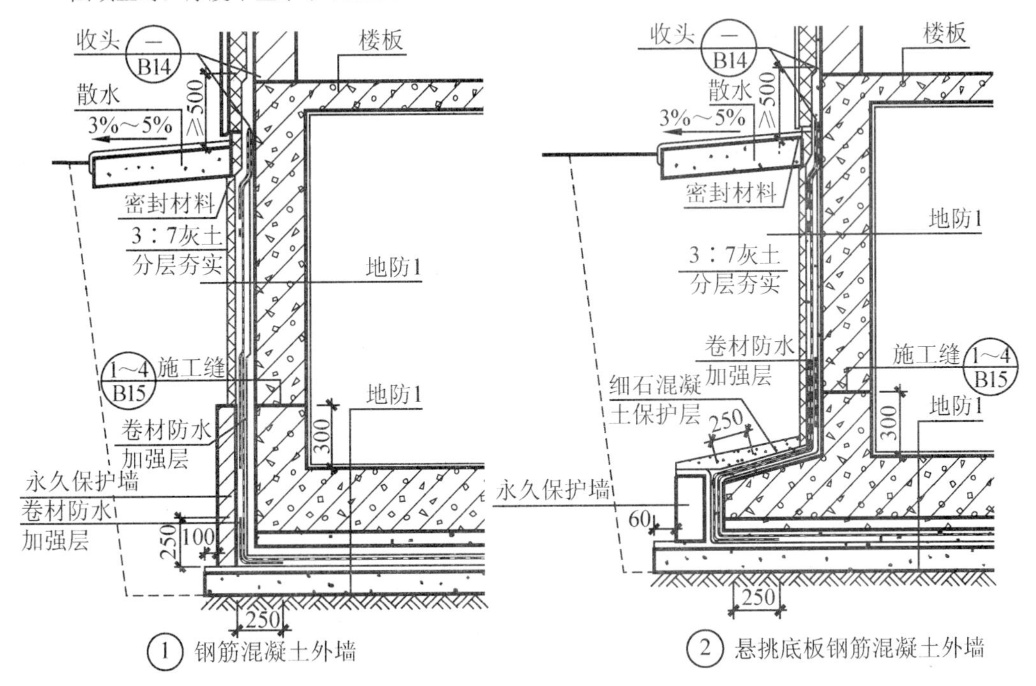

图 5.15　地下室卷材防水构造

注：1. 不同厚度、材质的卷材防水层根据使用功能及水文地质条件的不同，适用于防水等级为一～三级地下工程。

2. 当混凝土表面平整、光滑、经局部修补符合要求时找平层也可取消。

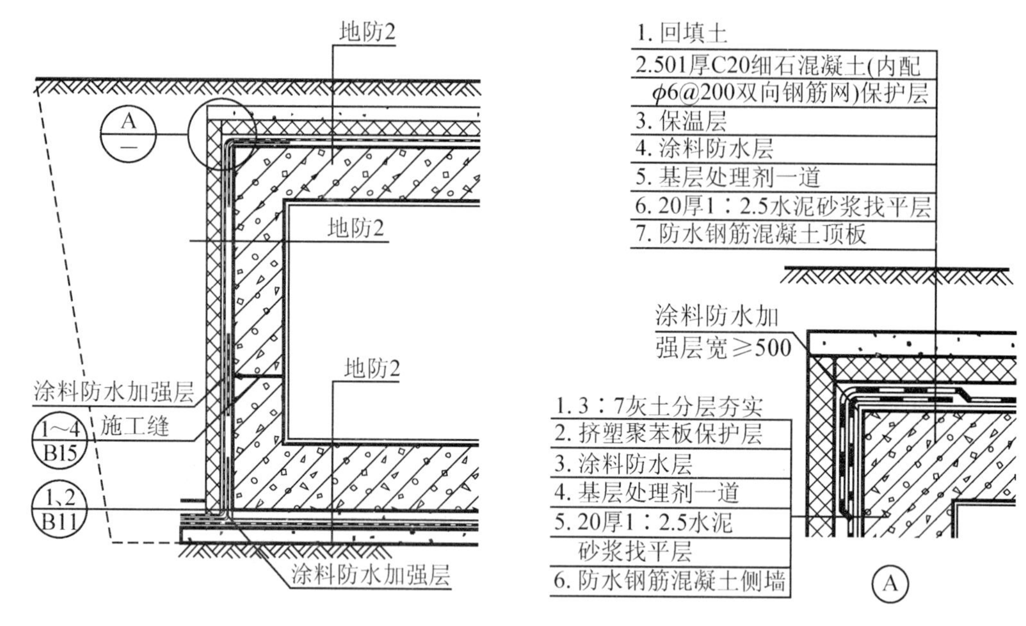

图 5.16　全埋式地下室涂料防水构造

注：1. 当混凝土表面平整、密实，经局部修补符合要求时找平层可取消。
2. 保护层可选用挤塑聚苯板、聚苯板、聚乙烯泡沫塑料软片或铺抹 20mm 厚 1∶2.5 水泥砂浆层。
3. 有机防水涂料施工完成后应及时做保护层。
4. 采用水泥基渗透结晶型防水涂料时，可不设保护墙或砂浆保护层。

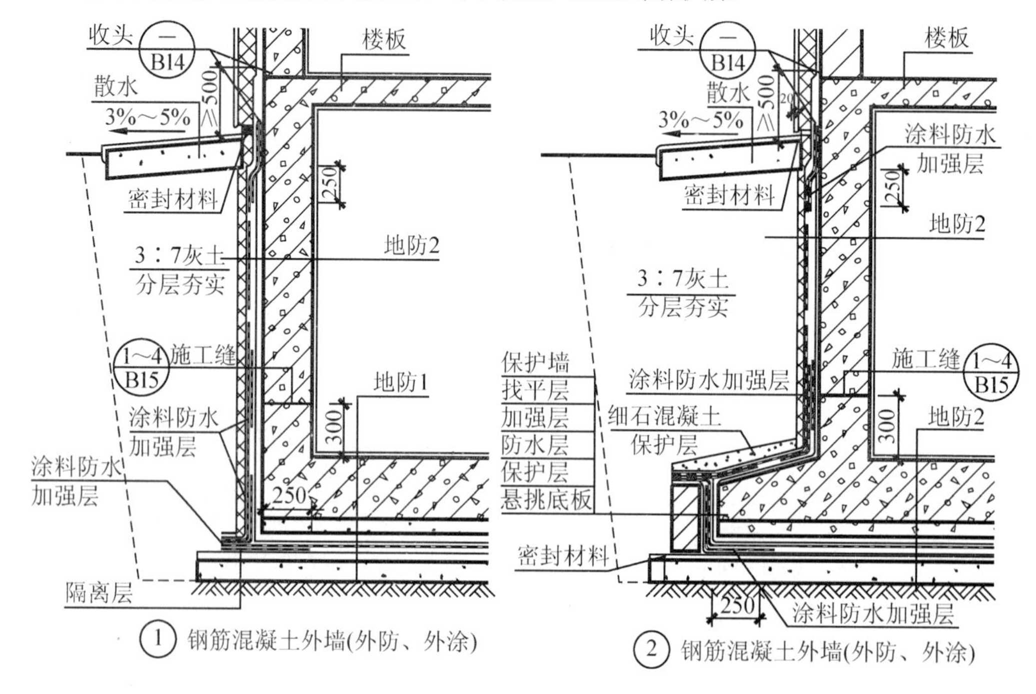

图 5.17　地下室涂料防水构造

注：1. 涂料防水层适用于一～三级地下防水工程。
2. 当混凝土表面平整、光滑、经局部修补符合要求时，找平层也可取消。

本章小结

地基是建筑物下部承担建筑总荷载的土层，它不是建筑物的组成部分。基础是建筑物的重要组成部分，它承受建筑物的全部荷载并均匀地传给地基。

地基分为天然地基和人工地基。一般工程宜优先选用天然地基。当需采用人工地基时，其常见的加固方法主要有压实法和换土法。

基础的埋置深度是指从室外设计地坪到基础底面的距离。影响基础埋置深度的因素主要有建筑物的用途、基础的类型和构造、地基上的荷载、工程地质和水文地质条件、相邻建筑物基础的埋深、地基土的冻胀和融陷等。

基础按其所用材料及受力情况不同有无筋扩展基础和扩展基础；按构造形式不同有独立基础、条形基础、筏板基础和箱形基础等。

由于地下室的外墙、底板受到地下潮气和地下水的侵蚀，因此必须做好地下室的防潮与防水处理。地下室的防潮与防水做法选择主要取决于最高地下水位与地下室地面标高的关系。防水处理主要有卷材防水层防水和涂料防水层防水两类。

习题

一、选择题

1．下列基础属于柔性基础的是(　　)。

A．混凝土基础　　B．砖基础　　C．钢筋混凝土基础　　D．灰土基础

2．基础的埋置深度一般不小于(　　)。

A．300mm　　B．400mm　　C．500mm　　D．600mm

3．当基础须埋在地下水位以下时，基础地面应埋置在最低地下水位以下至少(　　)的深度。

A．200mm　　B．300mm　　C．400mm　　D．500mm

4．当新建建筑基础埋深必须深于原有建筑基础时，新老两基础应保持足够的净距，一般为两基底高差的(　　)倍。

A．1～2　　B．2～3　　C．3～4　　D．4～5

二、填空题

1．地下室由________、________、________、________、________五部分组成。

2．基础埋置深度是指________到基础底面的距离。

3．地基分为________和________两大类。

三、简答题

1．地基和基础有何关系？

2．对地基和基础的要求各有哪些？

3．影响基础埋置深度的因素有哪些？

4．基础按构造形式分为几种类型？各适用于哪类建筑？

5．地下室在什么情况下要防潮？什么情况下要防水？其构造分别是怎样的？

综合实训

1. 实训目标

通过绘制练习，加强对基础埋置深度概念的理解，进一步增强对地下室防潮和防水构造的理解掌握，提高学生实践能力。

2. 实训内容

(1) 绘图说明基础埋置深度的概念。

(2) 绘图说明地下室防潮构造。

(3) 绘图说明地下室防水构造。

第6章

墙　　体

教学目标

掌握墙体的作用、分类、构造要求和承重方案；掌握墙体细部构造并能应用；熟悉常见隔墙类型和构造；了解墙面装修的作用、分类和常见装修构造。

教学要求

能力目标	知识要点	权重	自测分数
掌握墙体的作用、分类、构造要求和承重方案	墙体的作用、分类、构造、承重方案	25%	
掌握墙体细部构造并能应用	墙体细部构造：勒脚、散水与明沟、防潮层、窗台、过梁、圈梁、构造柱	40%	
熟悉常见隔墙类型和构造	块材式隔墙、立筋式隔墙、板材式隔墙的构造	20%	
了解墙面装修的作用、分类和常见装修构造	常见墙面装修的材料、构造	15%	

引例

某业主购得一套砖混结构的二手商品房，欲对其进行重新装修，将其中一堵墙拆除，打通成大空间。他知道承重墙体是不可随意改动的，但不知如何判断墙体是否承重。

请结合实际，谈谈如何判断墙体是否承重。

6.1 墙体概述

墙体是建筑物中重要的组成部分。其工程量、施工周期、造价与自重通常是房屋所有构件中所占份额最大的，其造价一般占建筑物总造价的 30%～40%。它是在基础工程完成之后，建筑物上部结构开始建造的承重构件。在一项建筑工程中，采用不同材料的墙体材料，不同的结构布置方案，对结构的总体自重、耗材、施工周期和造价等方面都会有不同的影响，造成对施工技术、施工设备的要求不同，也导致经济效益的优劣。因此，因地制宜地选择合适的墙体材料，尽量利用地方资源，合理利用工业废料，充分发挥机具设备和劳动力资源在建设中的作用，显得十分重要。

6.1.1 墙体的作用

房屋建筑中的墙体一般有以下三个作用。

(1) 承重作用。墙体承受屋顶、楼板传给它的荷载，本身的自重荷载和风荷载等。

(2) 围护作用。墙体隔住了自然界的风、雨、雪的侵袭，防止太阳的辐射、噪声的干扰及室内热量的散失等，起保温、隔热、隔声、防水等作用。

(3) 分隔作用。墙体把房屋划分为若干房间和使用空间。

以上关于墙体的三个作用，并不是指一面墙体会同时具有这些作用。有的墙体既起承重作用，又起围护作用，如砌体承重的混合结构体系和钢筋混凝土墙承重体系中的外墙；有的墙体只起围护作用，如框架结构中的外墙；有的墙体具有承重和分隔双重作用，如砌体承重的混合结构体系中的某些内墙；又有的墙体只起分隔作用，如骨架承重体系中的某些内墙。

6.1.2 墙体的分类

墙体的种类很多，分类方法也很多。根据墙体在建筑物中的位置及布置的方向、受力情况、材料、构造方式和施工方法的不同，可将墙体分为不同类型。

1. 墙体按照位置及布置的方向分类

墙体按照所处位置的不同，分为内墙和外墙。内墙在房屋内部，主要起分隔内部空间的作用。外墙位于房屋的四周，又称为外围护墙。

墙体按照布置方向不同，可分为纵墙和横墙。沿建筑物长轴方向布置的墙体称为纵墙，外纵墙也称檐墙；沿建筑物短轴方向布置的墙体称为横墙，外横墙俗称山墙，如图 6.1 所示。此外，根据墙体和门窗的位置关系，窗洞口之间、门与窗之间的墙体称为窗间墙；窗洞口下部的墙体称为窗下墙或窗肚墙。

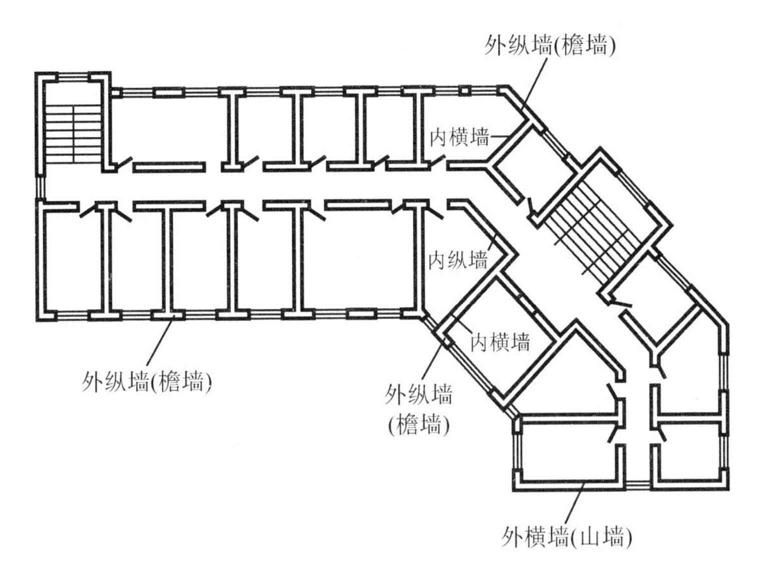

图 6.1　墙体按位置分类

2. 墙体按照受力情况分类

从结构受力的角度，墙体分为承重墙和非承重墙，如图 6.2 和图 6.3 所示。在一个建筑物中，墙体是否受力，是根据其结构的支承体系确定的。例如，在梁、柱承重的框架体系中，墙体不承重；在砌体承重的混合结构体系和钢筋混凝土墙承重体系中，墙体有承重墙体和非承重墙体两种。

在砖混结构中，非承重墙可分为自承重墙和隔墙。自承重墙不承担外来荷载，仅承受自身重量，并把荷载传给基础。隔墙则把自重传给楼板层或附加的梁等结构支承系统中的相关构件。在框架结构中，非承重墙可分为填充墙和幕墙。填充在框架结构中梁柱之间的墙体称为填充墙。幕墙一般是悬挂于框架梁柱外侧或楼板间轻质外墙，起围护作用。幕墙虽然不承受竖向的外部荷载，但受气流的影响需承受水平风荷载，并通过与骨架的连接件把这些荷载和自重一并传给骨架系统。

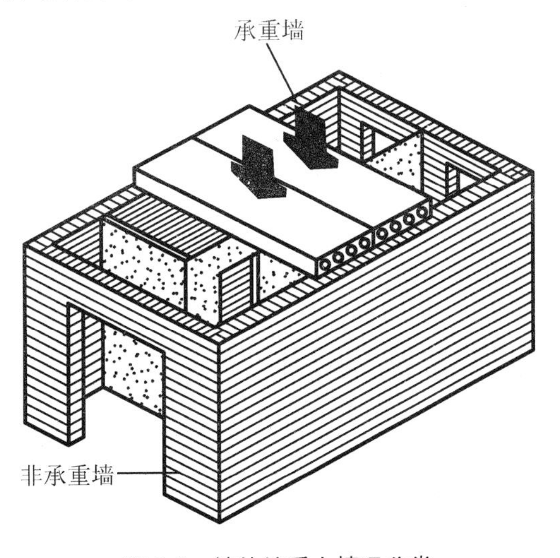

图 6.2　墙体按受力情况分类

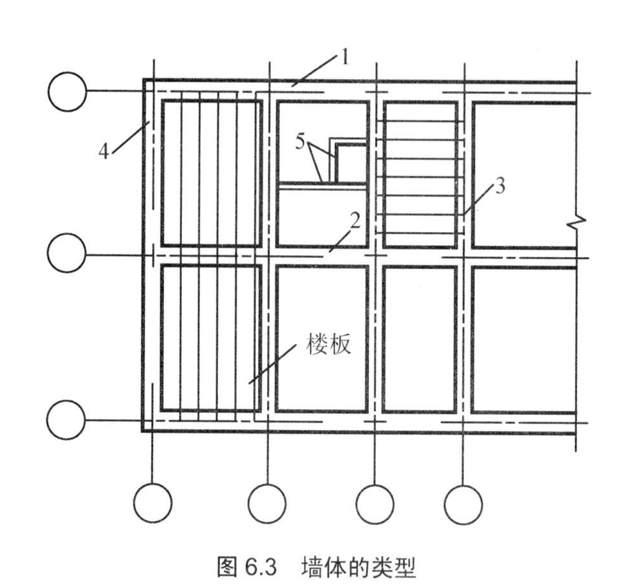

图 6.3　墙体的类型

1—纵向承重外墙；2—纵向承重内墙；3—横向承重内墙；4—横向自承重外墙(山墙)；5—隔墙

特别提示

一个简单的判断办法：砖混结构的老房子，除了厨房、卫生间的间壁墙，其他的都是承重墙。在承重墙上开个小门窗也不是不可以，但必须有加固措施，而且必须到相关部门申请批准备案。至于将整堵墙都砸掉是不允许的。

3. 墙体按照材料分类

1) 砖墙

用来砌筑墙体的砖有普通砖、多孔砖等。普通砖是我国传统的墙体材料，近年来受到资源的限制，已经在越来越多的建筑中被限制使用。多孔砖可利用工业废料制成。砖块之间用砌筑砂浆黏结而成，有水泥砂浆、混合砂浆、石灰砂浆等。

2) 砌块墙

砌块墙是砖墙的良好替代品，由多种轻质材料和水泥制成，有加气混凝土砌块墙、混凝土空心小砌块墙等。加气混凝土的成分是水泥、砂子、磨细矿渣、粉煤灰等，用铝粉作为发泡剂，经蒸养而成。它具有容重轻、可切割、隔声效果好、保温性能好的特点。多用于隔墙和填充墙。混凝土空心小砌块墙一般采用C20混凝土制作，可用于6层及以下的住宅建筑中。

3) 混凝土墙

混凝土墙可以现浇或预制，多用于多层及高层建筑中。

4) 石墙

石材是一种天然材料，有乱石墙、整石墙和包石墙等做法。

4. 墙体按照构造方式分类

墙体按照构造方式可以分为实体墙、空体墙和复合墙三种。

1) 实体墙

实体墙是由单一材料(普通砖、实心砌块、混凝土和钢筋混凝土等)或复合材料(钢筋混凝土与加气混凝土分层复合、实心砖与焦渣分层复合等)砌筑的不留空腔的墙体。

2) 空体墙

空体墙可由单一的实体材料砌筑成内部有空腔的墙体，如普通砖砌筑的空斗墙；也可以由有空洞的材料砌筑，如空心砖墙、空心砌块墙等。空心砖墙较普通砖墙有更好的保温能力，多用于框架结构中的内外墙体。

3) 复合墙

复合墙由两种以上材料组合而成，如主体结构采用普通砖(多孔砖)或钢筋混凝土板材，在其内侧或外侧复合轻质保温材料(EPS 板等)构成内保温或外保温结构。

5. 墙体按照施工方法分类

按照砌筑墙体的施工方法，可分为叠砌式、现浇整体式、预制装配式，如图 6.4 所示。

1) 叠砌式(块材墙)

用砂浆等胶结材料将块材(砖、石等各种砌块)组砌而成。

2) 现浇整体式(板筑墙)

现场支模，现场浇注而成的墙体，如大模板建筑。

3) 预制装配式(板材墙)

在工厂预先制作成墙板，施工时通过机械吊装拼合而成的墙体，如预制混凝土大板墙、条板内隔墙等。

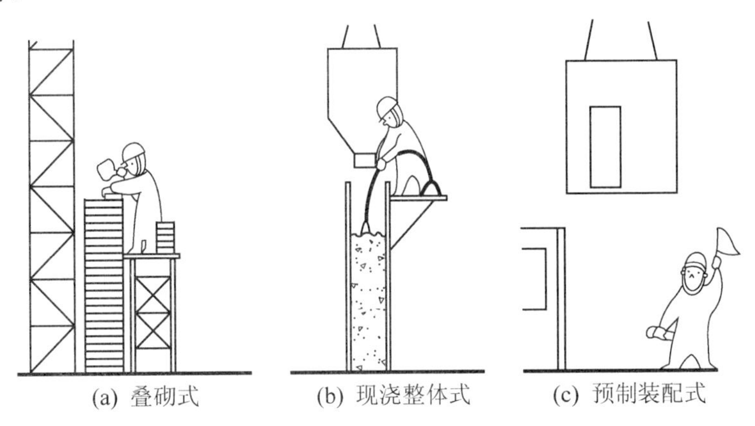

图 6.4 按施工方法分类

6.1.3 墙体的要求

1. 结构设计要求

在多层砖混结构房屋中，墙体是主要的竖向承重构件，所以墙体应具有足够的强度和稳定性。一般砖墙的强度与所采用的砖和砂浆的强度及施工技术有关。墙体的稳定性与墙的外形尺寸(长度、高度、厚度)及墙体间距有关。提高墙体的稳定性，可采用设置墙垛、构造柱、圈梁等构造措施。

2. 使用功能方面的要求

1) 热工要求

在寒冷地区，要求外墙有较好的保温能力，以减少室内热量的损失。墙厚根据热工计算确定，同时防止外墙内表面与保温材料内部出现凝结水现象，构造上防止热桥的产生。

在炎热地区，房屋设计时除了要考虑朝阳、通风外，外墙也应具有一定的隔热性能，以防止夏季室内温度过高。

2) 隔声要求

墙体应具有一定的隔声功能，以保证建筑物室内空间良好的声学环境。

3) 防火要求

墙体材料及厚度应符合防火规范中相应的燃烧性能和耐火极限的要求，必要时还应设置防火墙、防火门等。

4) 防水防潮要求

厨房、卫生间、实验室等有水源的房间的墙体及地下室的墙体应满足防水防潮的要求。

3. 其他要求

建筑工业化的关键在墙体改革，采用轻质高强的墙体材料，减轻自重，降低成本，通过提高机械化程度来提高工效。

6.1.4 墙体承重方案

墙体承重方案有四种：横墙承重、纵墙承重、纵横墙承重、墙与柱混合承重(内框架承重)。

1. 横墙承重

横墙承重是将楼板及屋面板等水平承重构件，搁置在横墙上，如图6.5所示。

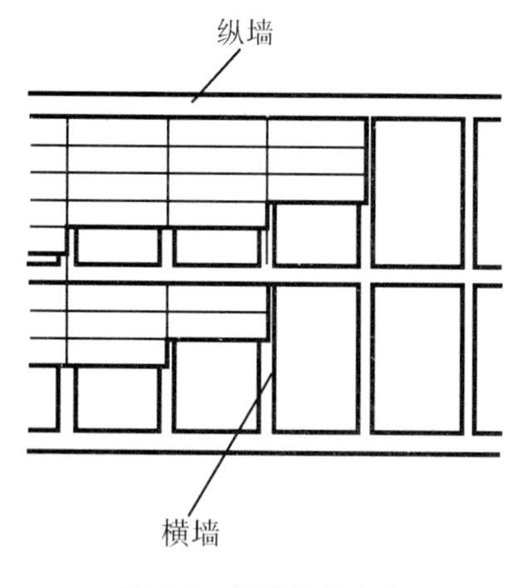

图6.5 横墙承重方案

横墙承重的优点：由于横墙间距一般比纵墙小，此时水平承重构件的跨度小、截面高度也小，可以节省混凝土和钢材；又由于横墙较密，又有纵墙拉结，房屋的整体性好，横向刚度大，有利于抵抗水平荷载(风荷载、地震作用等)；当横墙承重而纵墙为非承重墙时，在檐墙上开窗灵活；内纵墙可以自由布置，增加了建筑平面布局的灵活性。

横墙承重的缺点：由于横墙间距受到限制，建筑开间尺寸不够灵活；墙的结构面积较大，房屋的使用面积相对较小；墙体材料耗费较多。

这一方案适用于房间开间尺寸不大，墙体位置比较固定的建筑，如宿舍、旅馆、住宅等。

2. 纵墙承重

纵墙承重方案如图6.6所示，楼板及屋面板等水平承重构件均搁置在纵墙上，横墙只起分隔空间和连接纵墙的作用。

纵墙承重的优点：开间划分灵活，能分隔出较大的房间，以适应不同的需要；楼板、进深梁等水平承重构件的规格少，便于工业化；横墙厚度小，可节省墙体材料；北方地区檐墙因保温需要，其厚度往往取决于承重所需要的厚度，纵墙承重可以使檐墙充分发挥作用。

纵墙承重的缺点：水平承重构件的跨度比横墙承重方案大，因而单件重量大，施工时需用一定的起重运输设备；在纵墙上开设门窗洞口受到限制，室内通风不易组织；又由于横墙不承受垂直荷载，抵抗水平荷载的能力比承重的横墙差，所以这种房屋的整体刚度较差。

纵墙承重适用于房间较大的建筑物，如办公楼、餐厅、商店等，也适用于旅馆、住宅、宿舍等建筑。

3. 纵横墙承重

在一栋房屋中纵墙和横墙都是承重墙时，称纵横墙混合承重，如图 6.7 所示。它的优点是平面布置灵活，房屋刚度也较好。缺点是水平承重构件类型多，施工复杂。墙的结构面积大，消耗墙体材料较多。

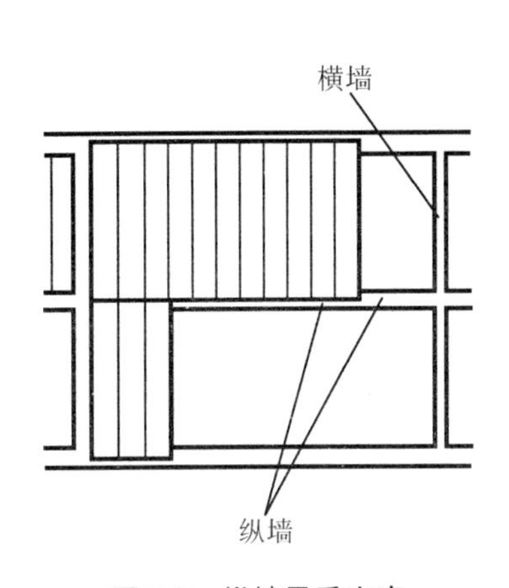

图 6.6 纵墙承重方案

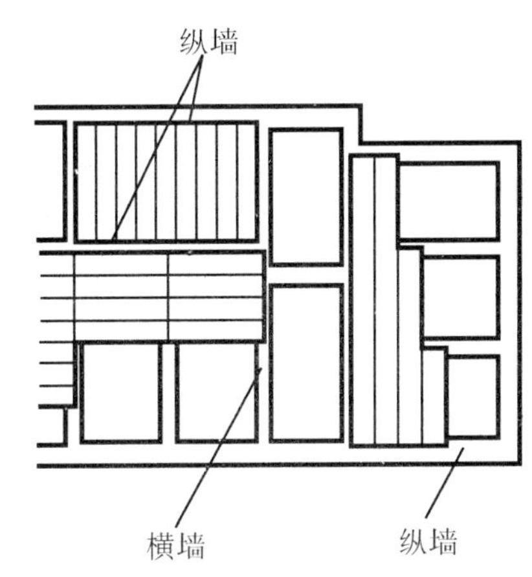

图 6.7 纵横墙承重

这种方案适用于房间开间和进深尺寸较大、房间类型较多及平面复杂的建筑，前者如教学楼、医院等建筑，后者如托儿所、幼儿园、点式住宅等建筑。

4. 墙与柱混合承重(内框架承重)

房屋内部采用梁、柱组成的内框架承重体系，四周墙体承重，由墙和柱共同承受水平承重构件传来的荷载，如图 6.8 所示。房屋的刚度由框架提供，室内空间较大。这种方案适用于内柱不影响使用的大空间建筑，如大型商场、展厅、餐厅等。

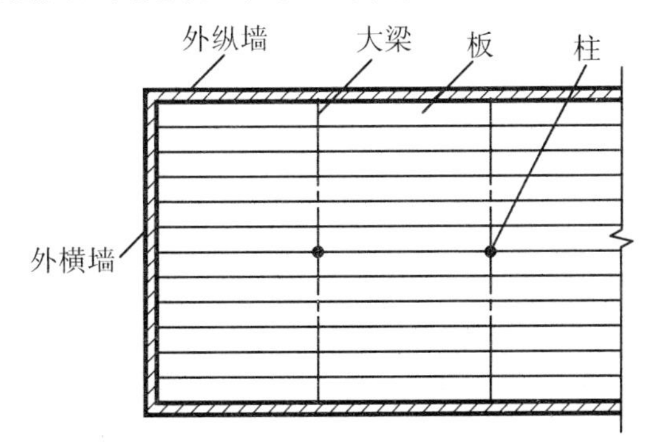

图 6.8 内框架承重体系

6.2 砖墙构造

6.2.1 砖墙材料及组砌方式

1. 砖墙材料

砖墙材料主要分为块材和黏结材料。块材按照构成材料的不同，有烧结普通砖、蒸压灰砂普通砖、蒸压粉煤灰普通砖和混凝土普通砖等。块材按其形式可分为实心砖、空心砖和多孔砖。

块材的规格根据种类不同而不同。烧结普通砖是我国传统的墙体砌筑材料，其规格是240mm(长)×115mm(宽)×53mm(厚)，加上砌筑时的灰缝尺寸10mm，形成4∶2∶1的尺寸关系，如图6.9(a)所示。因为烧结普通砖的尺寸与建筑模数标准不协调，造成了砖砌体设计施工过程中的诸多不便，所以其他块材的规格均考虑了模数化的要求，基本采用(*n*M－10)mm的尺寸系列。例如，P型烧结多孔砖的实际尺寸为240mm(长)×115mm(宽)×90mm(厚)，如图6.9(b)所示，M型烧结多孔砖的实际尺寸为190mm(长)×190mm(宽)×90mm(厚)。

承重结构的块体的强度等级应按下列规定采用。烧结普通砖、烧结多孔砖的强度等级：MU30、MU25、MU20、MU15和MU10。蒸压灰砂普通砖、蒸压粉煤灰普通砖的强度等级：MU25、MU20和MU15。混凝土普通砖、混凝土多孔砖的强度等级：MU30、MU25、MU20和MU15。

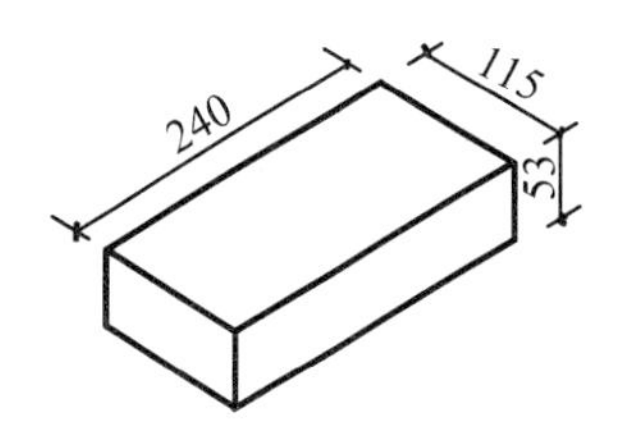

(a) 烧结卷材防水层防水和涂料防水层防水两类普通砖

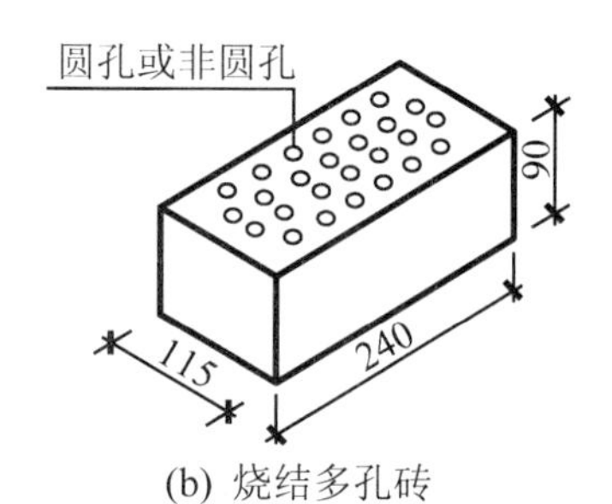

(b) 烧结多孔砖

图6.9 块材的规格

图6.10和图6.11为常见的烧结普通砖和烧结多孔砖。

图6.10 烧结普通砖

图6.11 烧结多孔砖

黏结材料将块材胶结成一个整体，使块材在荷载作用下均匀分布应力。砌体的缝隙被填满之后，密实性增加，保温隔声等功能得到加强。常用黏结材料的成分为水泥、砂子、石灰膏等，按照需要采用不同的配合比及材料级配形成不同的砂浆。

砌筑用的普通砂浆有水泥砂浆、混合砂浆和石灰砂浆。水泥砂浆由水泥、砂和水按一定的比例拌和而成，属水硬性材料，强度高，较适合用于砌筑潮湿环境下的砌体、地下工程等。石灰砂浆由石灰膏、砂加水拌和而成，属气硬性材料，强度不高，多用于砌筑次要的、临时的、简易的建筑中地面以上的砌体。混合砂浆由水泥、石灰膏、砂加水拌和而成，强度较高，和易性和保水性较好，适合于砌筑地面以上的砌体。

砂浆的强度等级按下列规定采用。烧结普通砖、烧结多孔砖、蒸压灰砂普通砖和蒸压粉煤灰普通砖砌体采用的普通砂浆强度等级：M15、M10、M7.5、M5 和 M2.5。

2. 砖墙的组砌方式

组砌方式是指块材在砌体中的排列方式。中国历史上有“秦砖汉瓦”的说法，习惯上把长边方向垂直于墙面砌筑的砖称为丁砖，把长边方向平行于墙面砌筑的砖称为顺砖。上下两皮砖之间的水平缝称为横缝，左右两块砖之间的缝称为竖缝。灰缝的尺寸为(10±2)mm。组砌方式影响到砌体结构的强度、稳定性和整体性，还影响到清水墙的美观。组砌的要求是砂浆饱满，厚薄均匀，灰缝横平竖直，上下错缝，内外搭接，避免形成竖向通缝。

常见的烧结普通砖砌筑的砖墙厚度尺寸见表 6-1。

表 6-1　烧结普通砖墙厚度名称和尺寸

墙厚名称	半砖墙	3/4 砖墙	一砖墙	一砖半墙	两砖墙	两砖半墙
构造尺寸/mm	115	178	240	365	490	615
标志尺寸/mm	120	180	240	370	490	620
习惯称谓	12 墙	18 墙	24 墙	37 墙	49 墙	62 墙

特别提示

砖混结构的房子中，承重墙一般采用 24 墙(也就是一砖墙)或 37 墙。隔墙一般采用 12 墙。

1) 实体墙的组砌方式

实体墙的组砌方式有全顺式、上下皮一顺一丁式、多顺一丁式(三、五、七、九顺等)、每皮丁顺相间式(梅花丁、十字式)、两平一侧式等，如图 6.12 和图 6.13 所示。

(a) 全顺式

(b) 上下皮一顺一丁式

图 6.12　实体墙的组砌方式(一)

(c) 每皮丁顺相间(梅花丁)

图 6.12 实体墙的组砌方式(一)(续)

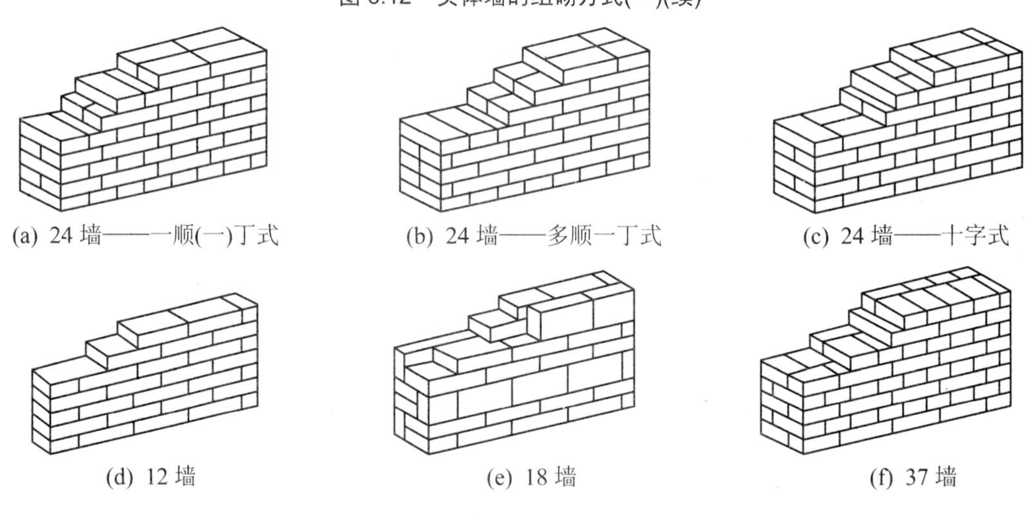

(a) 24 墙——一顺(一)丁式　(b) 24 墙——多顺一丁式　(c) 24 墙——十字式

(d) 12 墙　(e) 18 墙　(f) 37 墙

图 6.13 实体墙的组砌方式(二)

2) 空斗墙的组砌方式

空斗墙是将普通黏土砖砌筑成空心墙体，在我国南方地区采用较多，北方地区因气候原因一般不采用。墙厚一般为一砖，有无眠空斗和有眠空斗(一眠一斗、一眠三斗等)等组砌方式，如图 6.14 所示。

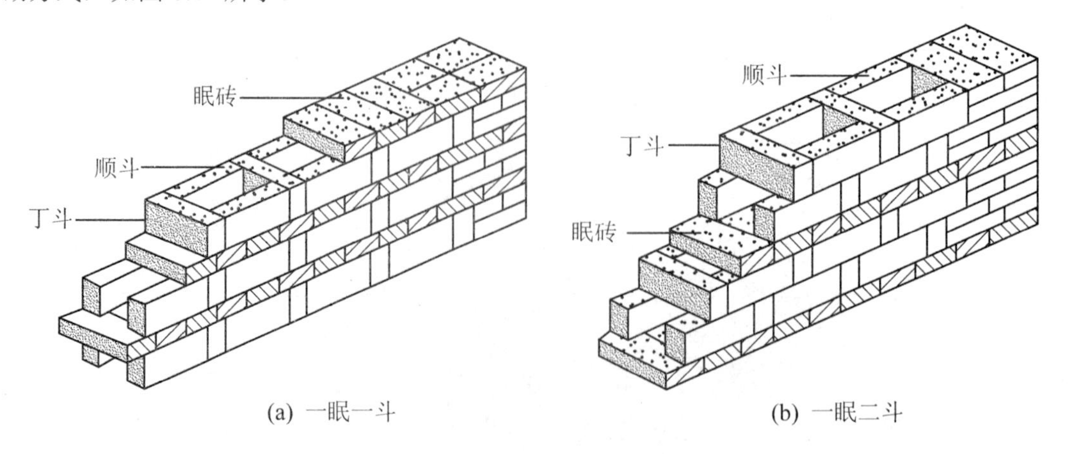

(a) 一眠一斗　(b) 一眠二斗

图 6.14 斗砖的砌筑方式

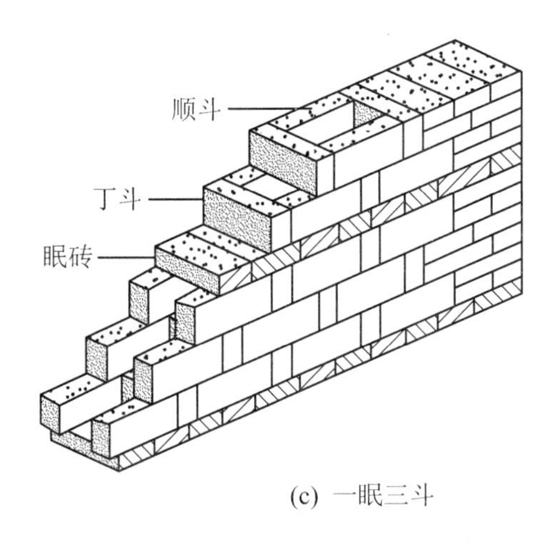

(c) 一眠三斗

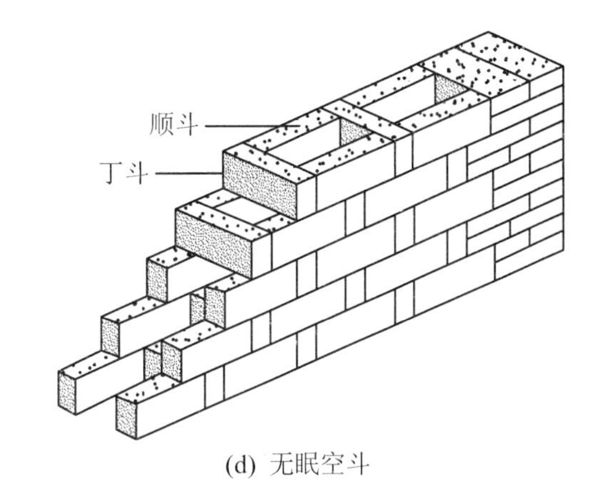

(d) 无眠空斗

图 6.14 斗砖的砌筑方式(续)

“斗”是指墙体中由两皮侧砖与横向拉结砖所构成的空间，其间可填入松散材料。“眠”是指墙体中沿水平方向顶砌的一皮砖。内外皮斗砖之间需用通砖拉结，拉结砖可用丁斗砖，也可用卧砌的丁砖，即眠砖。用眠砖拉结的称为有眠空斗墙；用丁斗砖拉结的称为无眠空斗墙。

一砖厚空斗墙与实体墙比较，可节省砖 22%～38%。其自重轻、造价低，可用作三层以下民用建筑的结构墙。在遇到下列情况时不宜采用空斗墙。

(1) 土质较软，且可能引起建筑物不均匀沉降。

(2) 门窗洞口面积超过墙面积 50%。

(3) 建筑物会受到振动荷载。

(4) 地震基本烈度为 6 度和 6 度以上地区的建筑物。

空斗墙是一种中空非匀质砌体，坚固性较实体砖墙差，因此在构造上，要求在门窗洞口两侧、墙转角处、内外墙交接处、勒脚及与承重砖柱相接处采取眠砖实砌的方式。在楼板、梁、屋架、檩条支承处，墙体也应实砌三皮以上眠砖，如图 6.15 所示。

图 6.15 空斗墙

6.2.2 砖墙的细部构造

1. 勒脚

勒脚是与室外地面接近的那部分墙体，其高度一般是位于室内地坪与室外地面的高差部分。勒脚的作用是防止外界的机械碰撞，防御各方面水对墙脚的侵蚀，增加建筑物的立面美观，所以要对勒脚做加固和防水处理。

勒脚的高度一般为室内外地坪的高差，也可以根据建筑物立面的需要增加其高度。勒脚的构造做法有以下几种。

(1) 对一般建筑，可采用 20mm 厚 1∶3 水泥砂浆抹面、1∶2 水泥白石子水刷石或斩假石抹面，这种做法简单经济，应用广泛。

(2) 标准较高的建筑，可用天然石材或人工石材贴面，如花岗石、水磨石等。

(3) 整个墙脚采用强度高、耐久性和防水性好的材料砌筑，如条石、混凝土等。

图 6.16 为几种勒脚部位的构造做法。

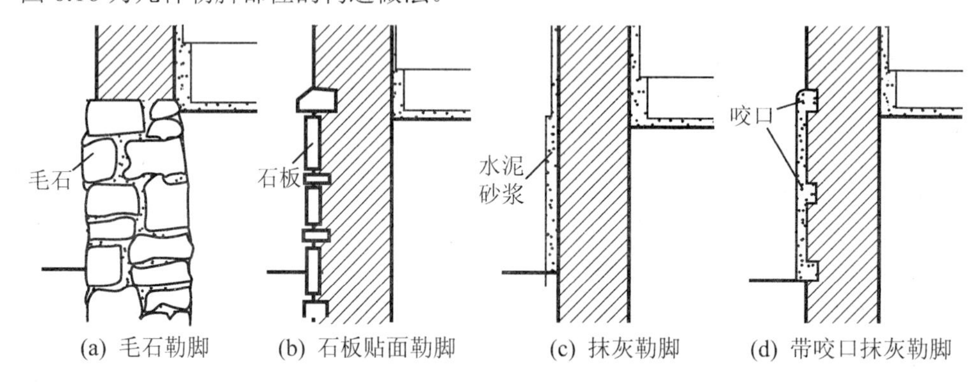

图 6.16 勒脚构造示意图

2. 散水与明沟

在建筑物外墙四周靠近勒脚部位的地面设置排水用的散水或明沟，将建筑物四周的地表积水及时排走，保护外墙基础和地下室的结构免受水的不利影响。

为了将积水排离建筑物，把建筑物外墙四周地面做成向外的倾斜坡面即为散水。散水又称排水坡或护坡。散水的坡度为 3%～5%，既利于排水又方便行走。散水的宽度一般为 600～1000mm，当屋面为自由落水时，其宽度应比屋檐挑出宽度大 150～200mm。散水一般采用素混凝土浇筑，水泥砂浆做面层，或用砖石材料铺砌，再做水泥砂浆抹面。

特别提示

寒冷地区，通常先做完勒脚饰面，再进行散水施工，防止散水下面土层因土的冻胀引起散水上升导致勒脚饰面起翘破坏。

另外，为了减少土的冻胀引起散水的开裂而导致防水失效，常在混凝土散水下做 100～150mm 厚 3∶7 灰土垫层以加强其抗冻变形能力，如图 6.17 所示。

由于建筑物的沉降，勒脚与散水施工时间的差异，在勒脚与散水交接处应留有缝隙，缝内填粗砂或米石子，用沥青胶等弹性防水材料盖缝，以防渗水，如图 6.18 所示。散水整体面层纵向距离每隔 6～12m 做一道伸缩缝，以适应材料的收缩、温度变化和土层不均匀变形的影响，缝内处理同勒脚与散水相交处，如图 6.19 所示。

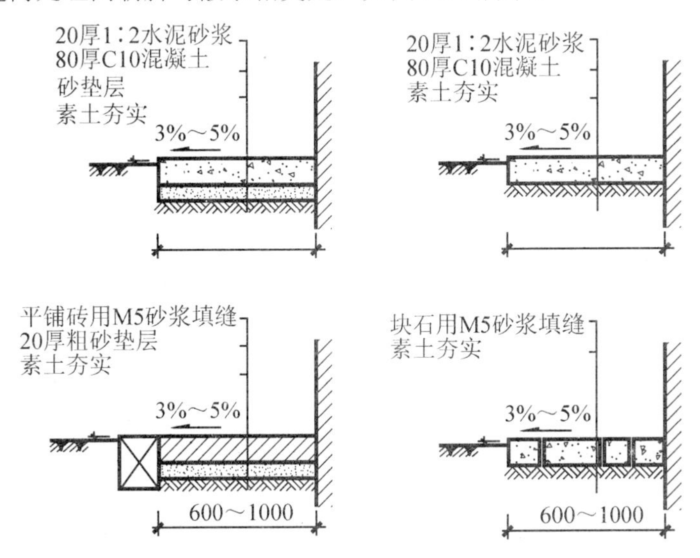

图 6.17 常见的几种散水构造

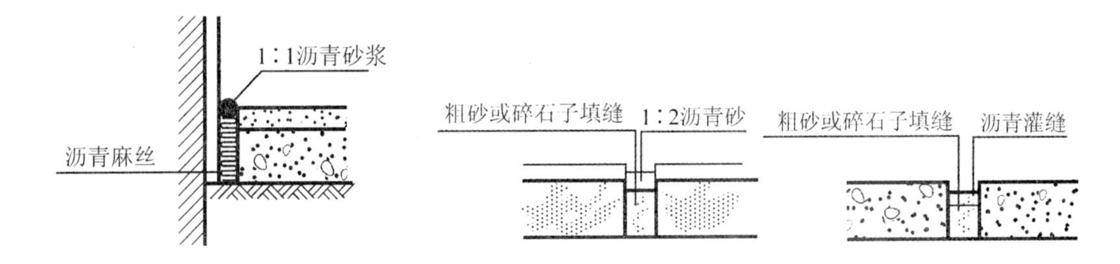

图 6.18 勒脚和散水交接处缝隙的处理

图 6.19 散水伸缩缝构造

散水适用于降雨量较小的北方地区，对降雨量较大的南方地区则采用明沟。

明沟是设置在外墙四周的排水沟，将水有组织地导向集水井，并排入排水系统，如图 6.20 所示。明沟一般用素混凝土现浇，或用砖石铺砌沟槽，再用水泥砂浆抹面。明沟的沟底应有不小于1%的坡度，以保证排水通畅，如图 6.21 所示。

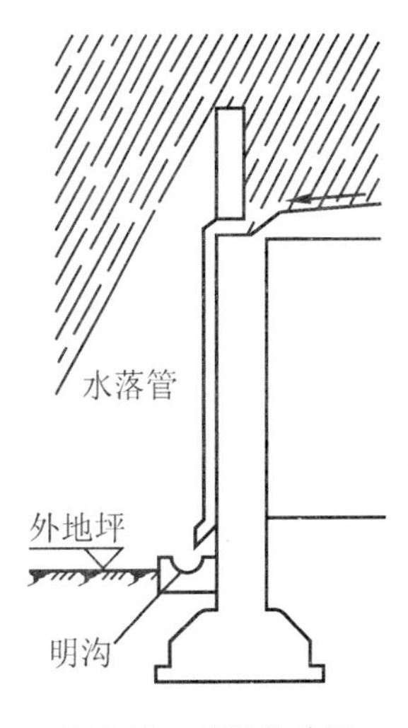

图 6.20 明沟的位置

3. 墙身防潮层

1) 毛细水的影响

地下水位以上透水土层中的毛细水沿着墙身进入建筑物，砌体的毛细作用导致水分不断上升，最高可达二楼。墙身受潮，因而墙体结构和装修受到破坏，室内环境变得潮湿，严重的会影响人们的健康。因此，为了保证建筑环境的舒适、卫生，必须对建筑物墙身进行合理的防潮设计。

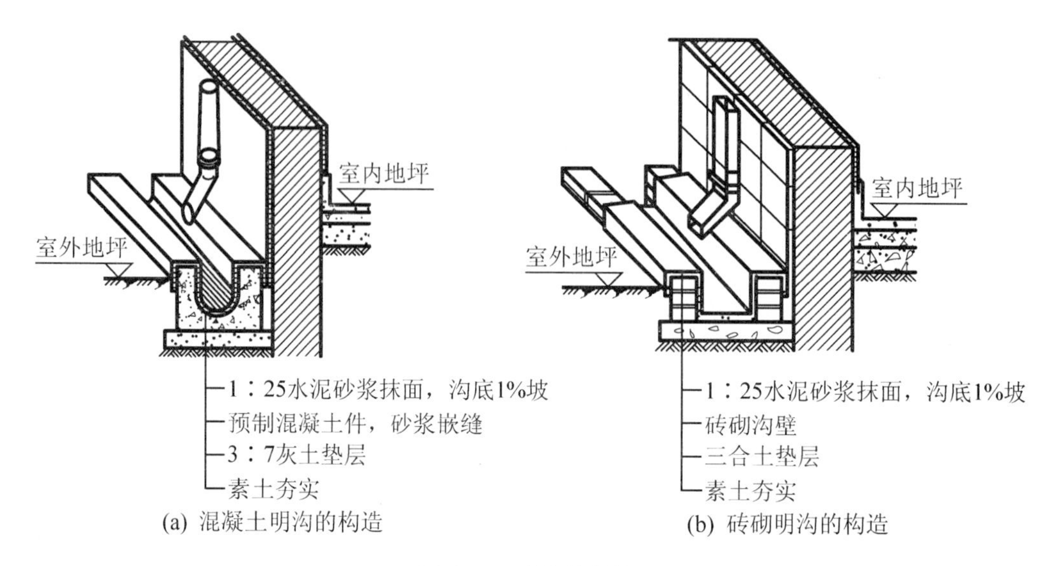

图 6.21　明沟的构造

2) 防潮层的作用

在建筑物下部和地基土壤接触的部位设置连续的、封闭的防潮层，用防水材料阻挡水分的上升，保护地面以上墙身免受毛细水的影响，同时也阻止潮气影响室内环境。墙身防潮层包括：①水平防潮层，阻止水分上升；②垂直防潮层，阻止水分通过侧墙侵害墙体。

3) 防潮层的设置位置

墙身水平防潮层是对建筑物所有的内、外结构墙体在墙身一定高度的位置设置的水平方向的防潮层。墙身水平防潮层的位置要考虑其与地坪防潮层相连，按室内地面材料性质确定。

当地坪采用混凝土等不透水地面和垫层时，墙身防潮层应设置在底层室内地面的混凝土层上下表面之间，即其上表面应设置在室内地坪以下 60mm 处(即一皮砖厚处)，同时还应至少高于室外地坪 150mm，防止地面水溅渗墙面，如图 6.22(a)所示。当地坪采用砖、碎石等透水性地面和垫层时，墙身防潮层的位置应齐平或高于室内地坪 60mm 左右，如图 6.22(b)所示。

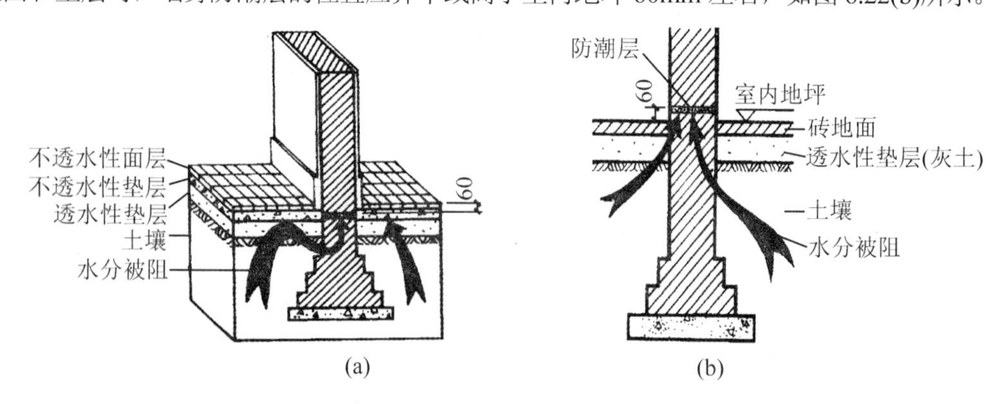

图 6.22　水平防潮层的位置

当建筑物室内地坪存在高差或室内地坪低于室外地坪时，不仅要求墙身按地坪高差的不同设置两道水平防潮层，而且为了避免高地坪房间(或室外地坪)填土中的潮气侵入低地坪房间和墙身，对有高差部分的垂直墙面表面采取垂直防潮措施，如图 6.23 所示。

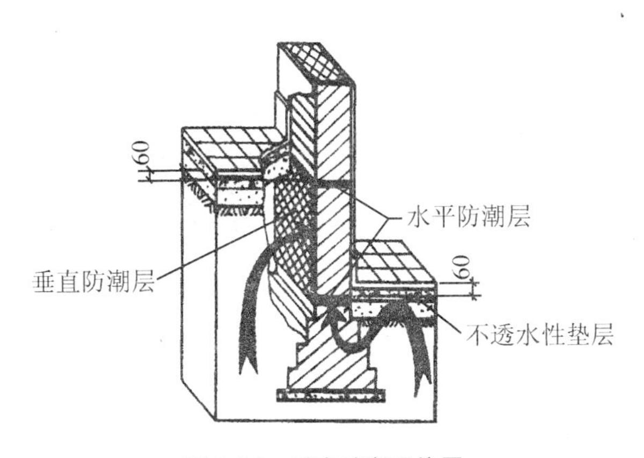

图 6.23 垂直防潮层位置

4) 防潮层的材料和构造

建筑防潮材料大致上有柔性材料和刚性材料两大类：柔性材料主要有沥青涂料、油毡卷材及各新型聚合物防水卷材等；刚性材料主要有防水砂浆、配筋密实混凝土等。

(1) 油毡防潮层。在防潮层部位先抹 20mm 厚的水泥砂浆找平层，然后干铺油毡一层或用沥青粘贴一毡二油。油毡宽度两边比墙厚度宽 10～20mm，沿长度铺设，搭接长度大于等于 100mm，如图 6.24 所示。油毡防潮层具有一定的韧性、延伸性和良好的防潮性能，但日久易老化失效，同时由于油毡使墙体隔离，削弱了砖墙的整体性和抗震能力。

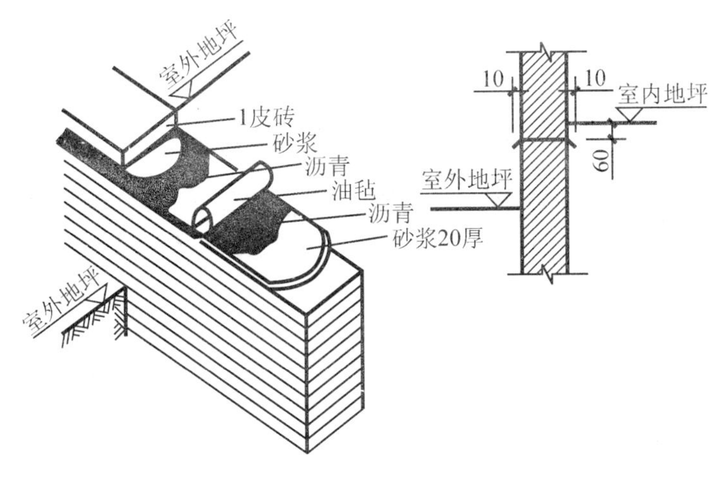

图 6.24 油毡防潮层

(2) 防水砂浆防潮层。在防潮层位置抹一层 20mm 或 30mm 厚 1∶2 水泥砂浆掺 5%的防水剂配制成的防水砂浆，如图 6.25 所示；也可以用防水砂浆砌筑 3～5 皮砖，其防潮效果比较好，如图 6.26 所示。用防水砂浆做防潮层适用于抗震地区、独立砖柱和振动较大的砖砌体中，但砂浆开裂或不饱满时影响防潮效果。

(3) 细石混凝土防潮层。在防潮层位置铺设 60mm 厚 C15 或 C20 细石混凝土，内配 $3\phi4 \sim \phi6$ 钢筋用以提高防潮层的抗裂性能，如图 6.27 所示。由于混凝土密实性好，有一定的防水性能，并与砌体结合紧密，故适用于整体刚度要求较高的建筑中。

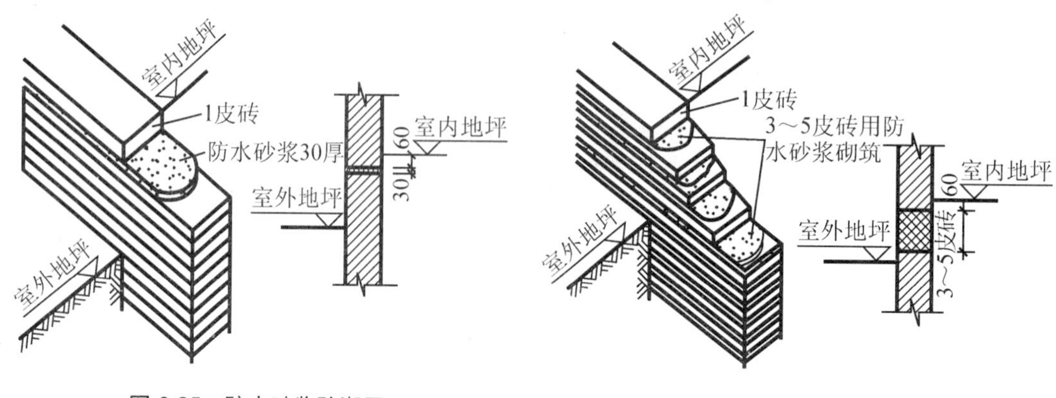

图 6.25 防水砂浆防潮层

图 6.26 防水砂浆砌砖防潮层

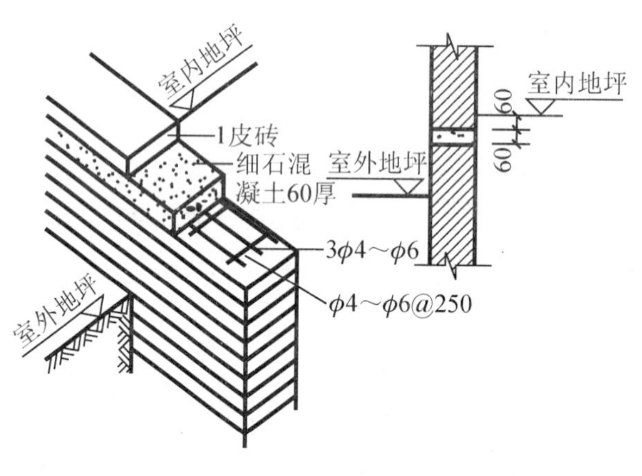

图 6.27 配筋细石混凝土防潮层

(4) 垂直防潮层。在需设垂直防潮层的墙面(靠回填土一侧)先用水泥砂浆抹面，刷上冷底子油一道，再刷热沥青两道；也可以采用防水砂浆抹面的防潮处理，在低地坪一侧房间的垂直墙面，须采用水泥砂浆打底的墙面装修方法。

4. 门窗洞口构造

1) 窗台

窗洞口的下部应设置窗台。窗台分为外窗台和内窗台两个部分。窗台构造有悬挑和不悬挑两种。

外窗台面一般应低于内窗台面，且应设置排水构造，向外形成不小于 20%的坡度，以利于排水，如图 6.28 所示。悬挑窗台常采用顶砌一皮砖出挑 60mm 或将一砖侧砌并出挑 60mm，如图 6.29 所示。砌好后用水泥砂浆勾缝的窗台称清水窗台；用水泥砂浆抹面的窗台称混水窗台。悬挑窗台底部边缘处抹灰时应做宽度和深度均不小于 10mm 的鹰嘴线或滴水槽。对于洞口较宽的窗台，可采用钢筋混凝土窗台梁，以减少或避免窗台的开裂。处于阳台等处的窗不受雨水冲刷，可不必设挑窗台；外墙面材料为贴面砖时，也可不设挑窗台。

内窗台一般为水平放置，通常结合室内装修做成水泥砂浆抹灰、木板或贴面砖等多种饰面形式，如图 6.30 所示。在寒冷地区室内如为暖气采暖，为便于安装暖气片，窗台下应预留凹龛，采用预制水磨石板、预制钢筋混凝土窗台板或木板来装修。

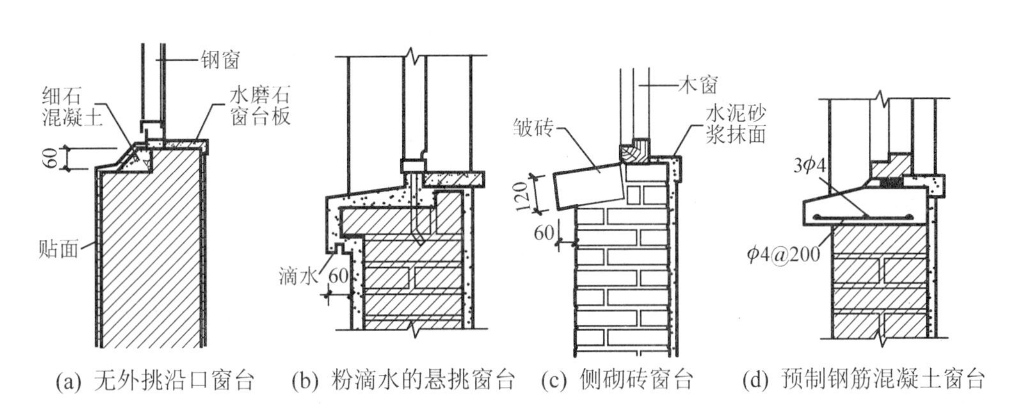

(a) 无外挑沿口窗台　(b) 粉滴水的悬挑窗台　(c) 侧砌砖窗台　(d) 预制钢筋混凝土窗台

图 6.28 窗台构造

图 6.29 皱砖外挑窗台实例

图 6.30 内窗台

2) 门窗过梁

过梁位于门窗洞口的上方，用来支承洞口上方墙体及梁板传来的荷载，并将这些荷载传给洞口两侧的窗间墙。过梁是跨越洞口宽度独立的受弯构件。过梁上的荷载呈三角形分布，通常折算成 1/3 洞口宽度的荷载。图 6.31 所示为过梁受荷范围示意图。常见的过梁形式有砖砌拱(包括砖砌平拱、弧拱、半圆拱、整圆拱、尖拱等)、钢筋砖过梁和钢筋混凝土过梁等。

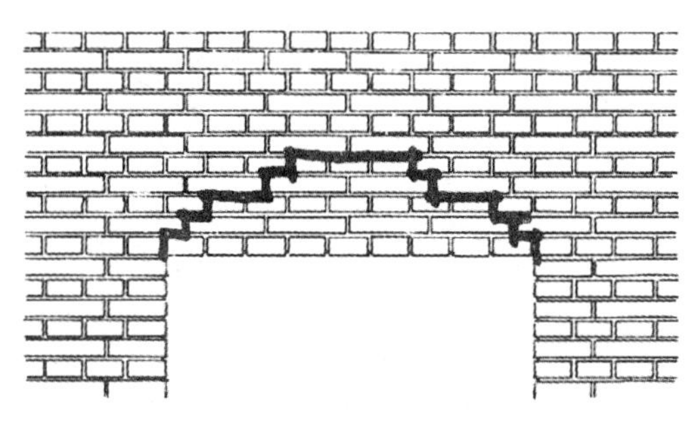

图 6.31 过梁受荷范围示意图

砖拱过梁是将砖竖砌形成拱券，灰缝上宽下窄，使砖向两边倾斜，相互挤压形成拱来承担荷载。砖拱过梁用于清水砖墙中可满足墙面统一的外观效果。

砖砌平拱的高度多为 240mm(一砖高)或 360mm(一砖半高)，灰缝上部宽度不宜大于 15mm，下部宽度不应小于 5mm，两端下部伸入墙内 20～30mm。砌筑时，中部起拱，高度为洞口跨度的 1/50，待受力沉降后恰好达到水平位置。砖强度等级不低于 MU7.5，砂浆强度等级不低于 M2.5，净跨宜小于等于 1.2m，不应超过 1.8m。

特别提示

当过梁上有集中荷载或在抗震设防地区建筑物中，不宜采用砖砌平拱过梁。

砖拱的特点是拱高为半砖的倍数，灰缝为梯形，拱跨为奇数砖，从两侧向跨中砌筑，中心为拱心砖。砖拱的力学特点是拱圈内径小、外径大，将荷载传至拱端产生水平分力，即向两侧的推力。若为连续拱，窗间墙部分的两侧推力可相互抵消，但在尽端则必须有足够的墙体长度保证抵抗拱的推力。而半圆拱则不产生水平向推力，对端部墙体长度无过高要求。

钢筋砖过梁是在砖缝中配置适量的钢筋，用以承受弯矩的配筋砖砌体。通常将$\phi 6$钢筋埋在梁底部厚度为 30mm 的水泥砂浆层内，其数量不少于 2 根，间距不大于 120mm。钢筋伸入洞口两侧墙内的长度不应小于 240mm，并设 90° 直弯钩，埋在墙体的竖缝内，以利锚固。在洞口上部不小于 1/4 洞口跨度的高度范围内(且不应小于 5 皮砖)，用不低于 M5 的砂浆砌筑。钢筋砖过梁净跨宜小于等于 1.5m，不应超过 2m，如图 6.32 所示。

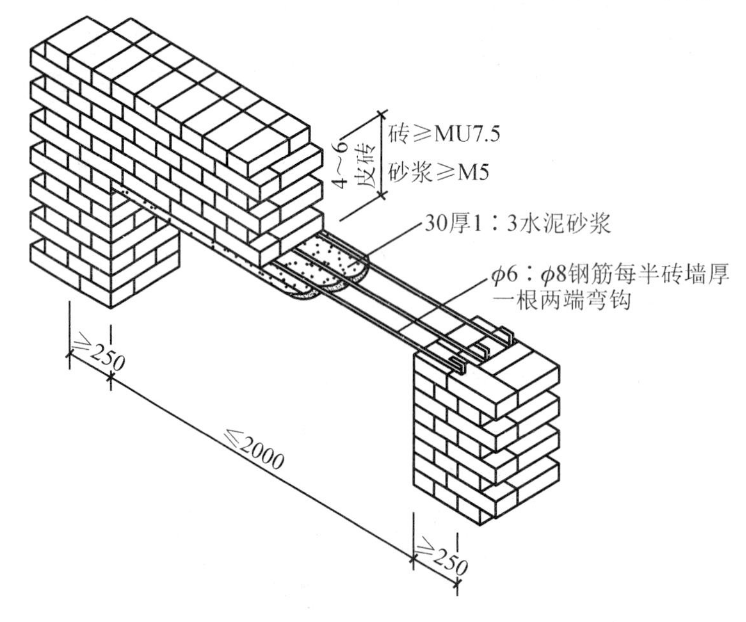

图 6.32　钢筋砖过梁构造要求

钢筋混凝土过梁承载能力强，坚固耐久，可用于较宽的门窗洞口，对建筑物不均匀沉降或振动有一定的适应性，已成为门窗洞口过梁的主要形式。采用预制装配式的过梁可大大减少现场作业工作量，加快施工进度，是目前广泛采用的门窗洞口过梁形式。

钢筋混凝土过梁梁宽一般同墙厚，以利于承托其上部的荷载；梁高应与砖的皮数相适应，如 60mm、120mm、180mm、240mm 等。过梁在洞口两侧伸入墙内的长度，应不小于 240mm，如图 6.33 所示。为了防止雨水沿门窗过梁向外墙内侧流淌，过梁底部的外侧抹灰时要做滴水。

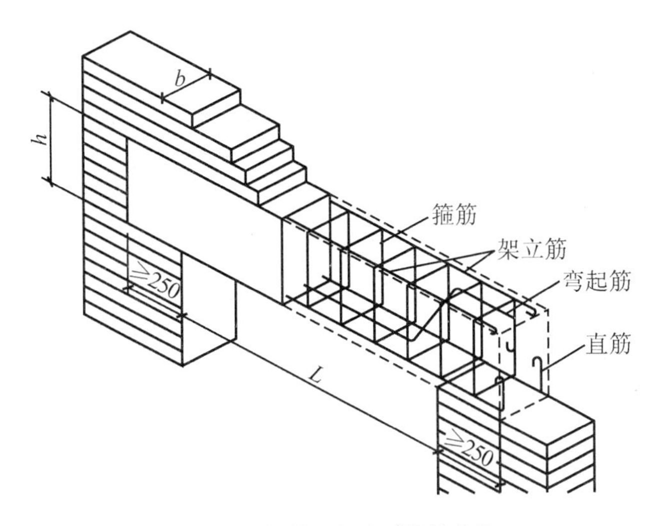

图 6.33 钢筋混凝土过梁的构造

过梁的断面形式有矩形和 L 形，矩形多用于内墙和混水墙，L 形多用于外墙和清水墙。在寒冷地区，为防止钢筋混凝土过梁的热桥效应使梁内壁产生冷凝水甚至结霜问题，可将外墙洞口的过梁断面做成 L 形，如图 6.34 所示。

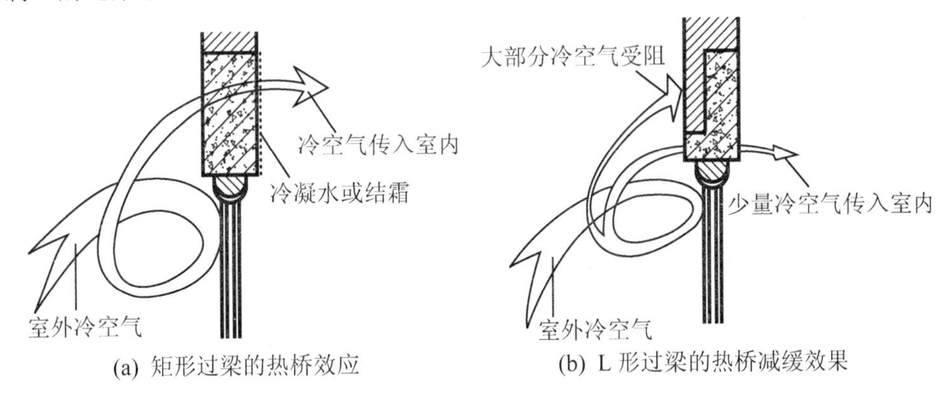

(a) 矩形过梁的热桥效应　　(b) L 形过梁的热桥减缓效果

图 6.34 热桥效应的减缓

5. 墙身加固构造措施

当墙身受到集中荷载、开洞，以及在振动或地震荷载作用下，由于墙身过高、过长，造成墙体稳定性不足时，要考虑对其采取加固措施。

1) 增加壁柱和门垛

在长墙中部设置壁柱，突出墙面，并一直到顶，可提高墙体的刚度和稳定性。壁柱突出砖墙的尺寸一般为 120mm×370mm、240mm×370mm、240mm×490mm 等。

在门靠墙转角处或丁字墙交接处，为了门框的安置和保证墙体的稳定性，可在门靠墙转角处设置门垛。

2) 设置圈梁

圈梁是沿外墙四周及部分内墙在水平方向设置的连续的闭合的梁。圈梁和楼板共同作用可提高建筑物的空间刚度及整体性，增加墙体的稳定性，减少由于地基不均匀沉降引起的墙身开裂，并防止较大振动荷载对建筑物产生的不良影响。在抗震设防地区，设置圈梁

是减轻震害的重要构造措施。

圈梁有钢筋砖圈梁和钢筋混凝土圈梁两种。

(1) 钢筋砖圈梁。它多用于非抗震区，结合钢筋砖过梁沿外墙形成。钢筋砖圈梁在楼层标高的墙身上，其高度为4～6皮砖，宽度与墙同厚，砌筑砂浆不低于M5，钢筋数量至少3ϕ6分别布置在底皮和顶皮灰缝中，水平间距不大于120mm。

(2) 钢筋混凝土圈梁。它的宽度宜与墙同厚，当墙厚为240mm以上时，其宽度可取为墙厚的2/3，且不小于240mm；其高度不应小于120mm，且应与砖的皮数相适应，基础圈梁的最小高度为180mm。

钢筋混凝土圈梁在墙身上的竖向位置，在多层的砖混结构房屋中，基础顶面和屋顶檐口部位必须设置一道，中间层可根据实际情况每层设或隔层设一道。为防止地基不均匀沉降，以设置在基础顶面和檐口部位的圈梁最为有效。当房屋中部沉降比两端大时，基础顶面的圈梁作用较大；当房屋两端沉降比中部大时，檐口部位的圈梁作用较大。

钢筋混凝土圈梁在墙身上的水平位置，外墙圈梁一般与楼板相平，内墙圈梁一般设在板下。在平面上，圈梁在外墙上必须连续封闭设置，在贯通的内墙、楼梯间及疏散口等处也须设置；对于不贯通的内横墙可考虑每隔8～16m设置一道。

在施工现场支模、绑扎钢筋并浇筑混凝土形成现浇钢筋混凝土圈梁，其所用混凝土强度不低于C15，其中配筋按构造要求配置。主筋一般可采用ϕ8～ϕ10，一般240mm宽时，上下各配置2根，370mm宽时，上下各配置3根，箍筋为ϕ6，间距为250～300mm。

圈梁最好与门窗过梁合一，同时必须按洞口宽及荷载情况确定梁的配筋量。在特殊情况下，当圈梁遇到门窗洞口等致使其局部被截断时，补救的方法是在该洞口上方或下方增加一道附加圈梁与被中断的主圈梁搭接。附加圈梁与圈梁的搭接长度不应小于其垂直距离的2倍，并不小于1m，如图6.35所示。

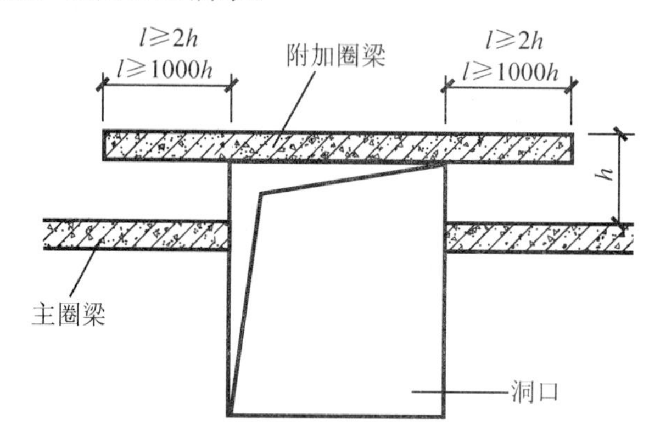

图6.35　附加圈梁的设置

3) 设置构造柱

在抗震设防地区，为了增加建筑物的整体刚度和稳定性，在块材墙体中，还需设置钢筋混凝土构造柱。构造柱必须与各层圈梁紧密连接，形成空间骨架，加强墙体抗弯、抗剪的能力，使墙体在破坏过程中具有一定的延伸性，做到裂而不倒。构造柱的下端应锚固在钢筋混凝土基础或基础梁内。

钢筋混凝土构造柱是从抗震构造角度考虑设置的，一般设置在建筑物的四角、内外墙交接处、楼梯间、电梯间四周、较长墙体中部及较大洞口两侧等位置。

构造柱的最小截面尺寸为 240mm×180mm，一般取 240mm×240mm；构造柱的最小配筋量是：纵向钢筋 4ϕ12，箍筋ϕ6，间距不大于 250mm。构造柱下端应伸入地梁内，无地梁时应伸入底层地坪下 500mm 处。为加强构造柱与墙体的连接，该处墙体宜砌成马牙槎，并应沿墙高每隔 500mm 设 2ϕ6 拉结钢筋，每边伸入墙内不少于 1m。施工时应先放置构造柱钢筋骨架，后砌墙，随着墙体的升高而逐段现浇混凝土构造柱身，如图 6.36 所示。

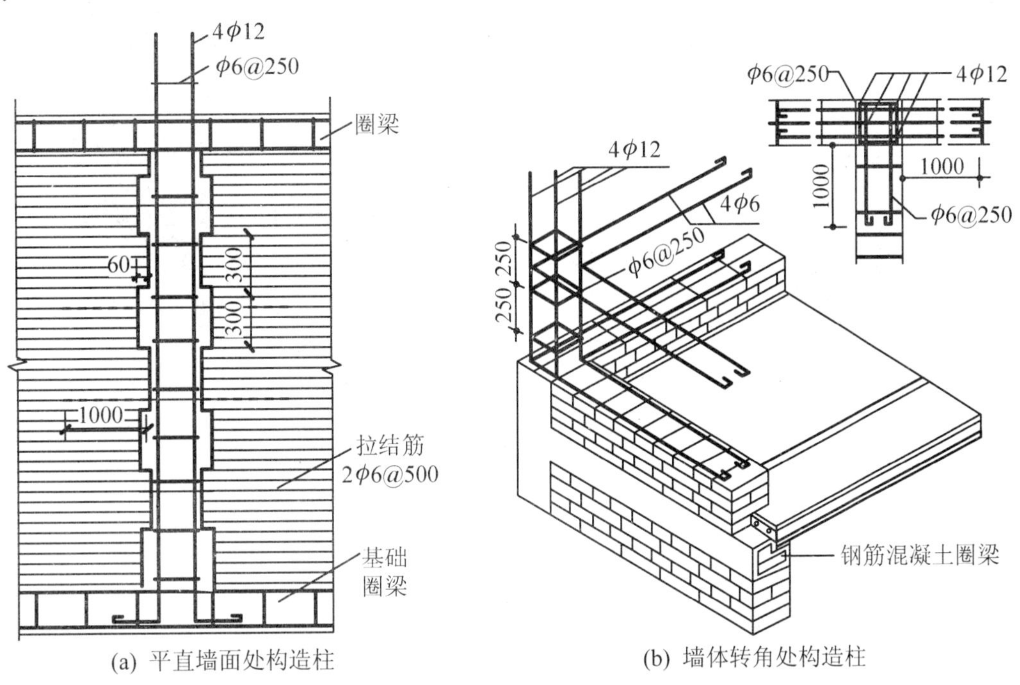

(a) 平直墙面处构造柱　　(b) 墙体转角处构造柱

(c) 构造柱实例

图 6.36 构造柱构造

图 6.37 和图 6.38 为构造柱和圈梁的协调设置。

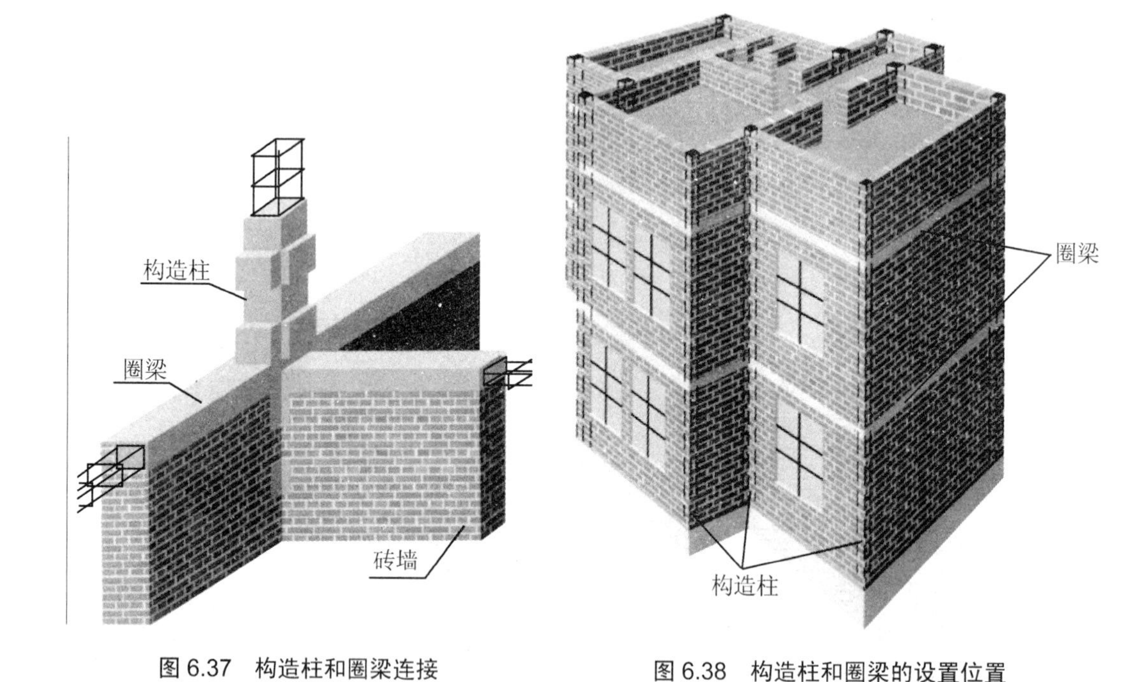

图 6.37 构造柱和圈梁连接

图 6.38 构造柱和圈梁的设置位置

6.3 隔 墙

6.3.1 隔墙的要求及类型

隔墙是分隔房间的非承重内墙，属于非结构墙体，将自重置于梁或板上。根据其所处环境条件和使用要求的不同，隔墙应具有自重轻、厚度薄、隔声、防潮、防水等性能特点。

常见的隔墙类型有块材隔墙、骨架隔墙、板材隔墙三种。

6.3.2 常见隔墙的构造

1. 块材隔墙

块材隔墙是指采用普通砖、多孔砖及各种轻质砌块砌筑的隔墙。

1) 普通砖隔墙

普通砖隔墙一般采用半砖隔墙。砌筑砂浆一般采用 M7.5 或 M5 强度等级。当采用 M2.5 砂浆砌筑时，其高度不超过 3.6m，长度不超过 5m；当采用 M5.0 砂浆砌筑时，高度不超过 5m，长度不超过 6m。因其厚度薄，稳定性差，一般沿其高度每隔 0.5m 设 2ϕ4 钢筋与主体结构墙体拉结，还应沿隔墙高度每隔 1.2m 设一道 30mm 厚水泥砂浆层，内放 2ϕ6 钢筋予以加固。

为了保证隔墙不承重，在隔墙顶部与板底或梁相接处，应将砖斜砌一皮顶牢，或留约 30mm 的空隙，每 1000mm 塞木楔打紧，然后用砂浆填缝。隔墙上有门窗洞口时，需预埋防腐木砖、铁件或将带有木楔的混凝土预制块砌入隔墙中，以便固定门框，如图 6.39 所示。

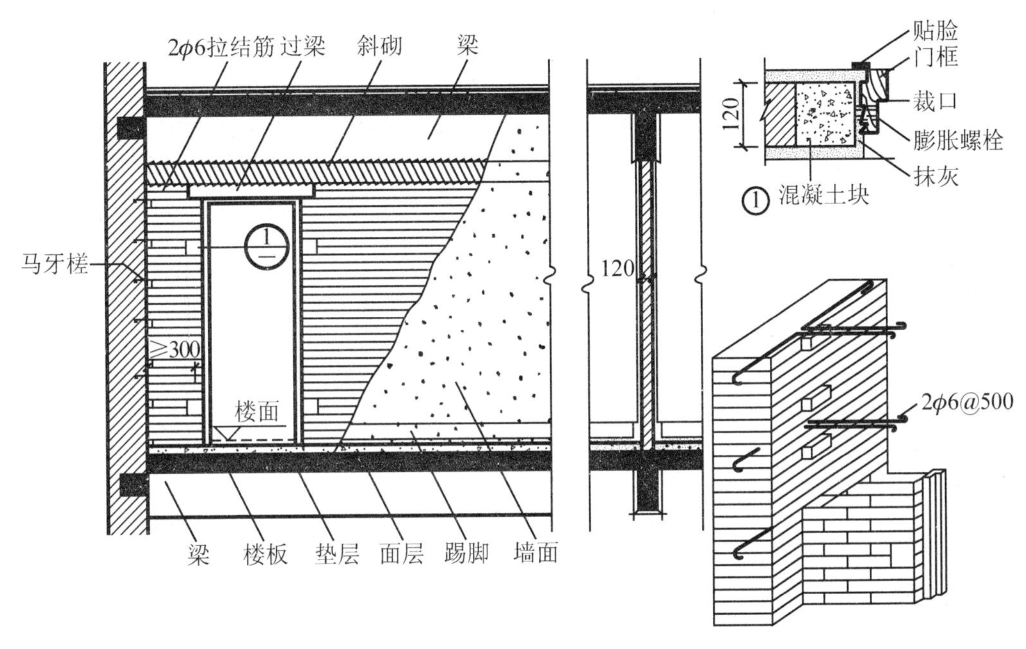

图 6.39 普通砖隔墙构造

2) 多孔砖、空心砖和砌块隔墙

多孔砖、空心砖隔墙多采用立砌，厚度一般为 60～120mm，其加固措施可参照半砖隔墙的构造进行。

砌块隔墙采用加气混凝土、陶粒混凝土、粉煤灰硅酸盐制成的实心或空心砌块砌筑而成。砌块隔墙厚由砌块尺寸决定，一般为 90～120mm。砌块隔墙吸水性强，故在砌筑时应先在墙下部实砌 3～5 皮黏土砖再砌砌块。

砌块不够整块时宜用普通黏土砖填补。砌块隔墙的其他加固构造方法同普通砖隔墙，如图 6.40 所示。

2. 骨架隔墙

骨架隔墙，也称立柱式或立筋式隔墙，分为木骨架隔墙和金属骨架隔墙。

1) 木骨架隔墙

(1) 骨架。

木骨架隔墙重量轻、厚度薄、构造简单、施工方便，故应用较广泛，但其防水、防潮性能较差，不宜用在潮湿环境。

木骨架由上槛、下槛、墙筋、横撑或斜撑组成。上槛、下槛和边立柱组成边框，中间每隔 400～600mm 设一立柱(墙筋)。当饰面为抹灰时取 400mm，饰面为胶合板、纤维板等板材时取 500mm 或 600mm。上槛、下槛及墙筋截面尺寸为 50mm×(70～100)mm。高度方向，每隔 1200mm 或 1500mm 设斜撑或横撑一道以减少骨架的变形。

骨架的安装过程是先用射钉将上槛、下槛(也称导向骨架)固定在楼板上，然后安装龙骨(墙筋和横撑)。

(2) 面层。

骨架的面层有抹灰面层和人造板面层。

① 板条抹灰隔墙。板条抹灰隔墙是先在木骨架的两侧钉灰板条，然后抹灰制成的。灰板条尺寸一般为 1200mm×30mm×6mm，板条间留缝 7～10mm，便于抹灰层能够咬住灰板

条，增强抹灰层与木板条之间的握裹力；同时为避免灰板条在一根墙筋上接缝过长而使抹灰层产生裂缝，相邻板条的接头在同一立龙骨上的高度不应超过500mm。

板条抹灰隔墙的门窗框应固定在立龙骨上，门框上须设置灰口或贴脸板，以防灰皮脱落和有利美观。板条抹灰隔墙的下槛下边一般加砌2～3皮砖，方便制作踢脚。板条抹灰隔墙和两侧承重砖墙交接处可钉上钢丝网片再抹灰，以防交接处产生裂缝，如图6.41所示。

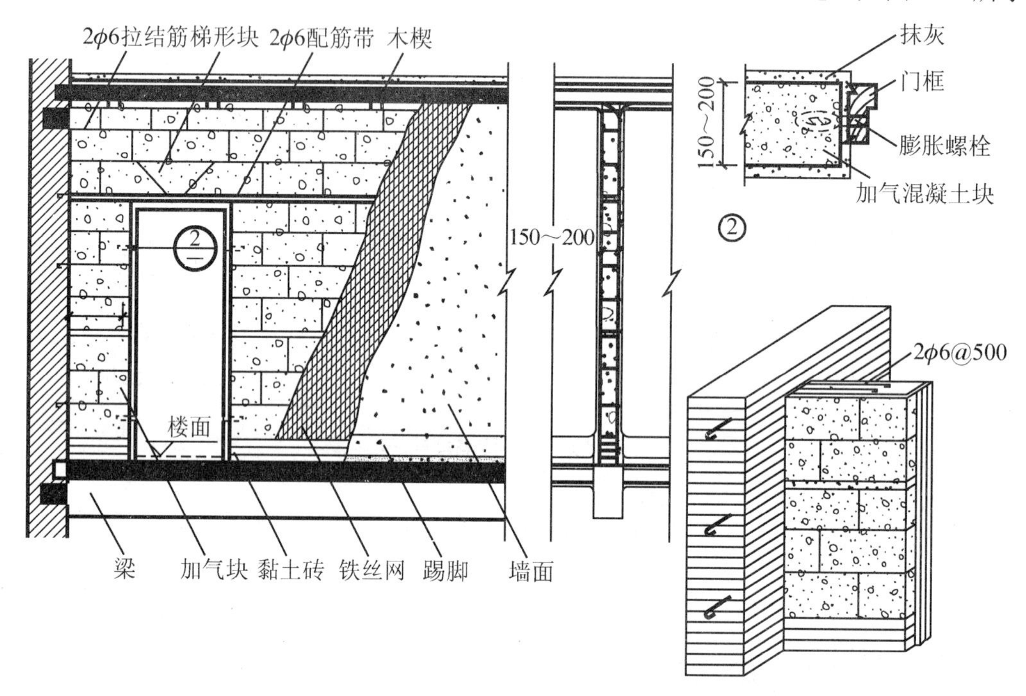

图6.40 加气混凝土砌块隔墙构造

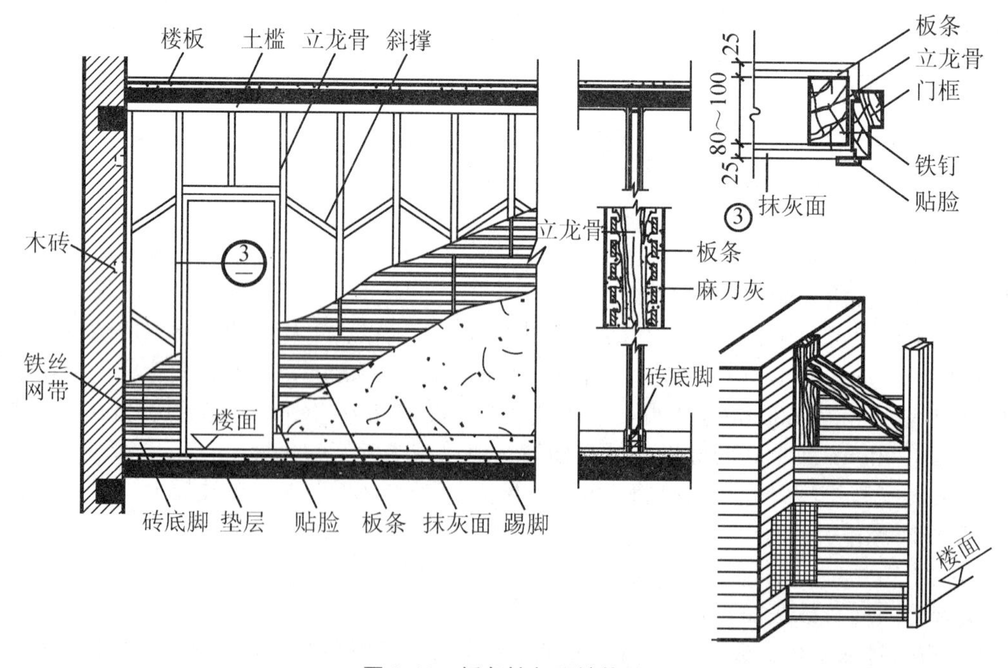

图6.41 板条抹灰隔墙构造

② 人造板面层骨架隔墙。常用的人造板面层(即面板)有胶合板、纤维板、石膏板或其他轻质薄板等。在木骨架两侧镶钉板材，其间可填以岩棉等轻质材料或铺钉双层面板以提高隔声能力。

另外，也可在木骨架两侧钉以钢丝网或钢丝板，再做抹灰面层。钢丝板(网)强度高、变形小，有利于减少抹灰层开裂的可能性，也有利于防潮、防水，提高隔墙的防火性能，同时又节约了木材。

2) 金属骨架隔墙

金属骨架隔墙是在金属骨架两侧铺钉各种装饰面板构成的隔墙。它重量轻、强度高、刚度大、防火、防潮、结构整体性好且易于拆装，施工均为干作业，施工速度快。

骨架由各种形式的薄壁型钢加工而成。轻钢龙骨通常由厚度为 0.6～1.5mm 的薄钢板经冷轧成型为槽形截面，其整体尺寸为 100mm×50mm×(0.6～1.5)mm 或 75mm×45mm×(0.6～1.5)mm。骨架由上槛、下槛、横筋和横档组成。面板一般采用胶合板、纤维板、纸面石膏板、石棉水泥板及各种新型装饰板，用自攻螺钉、膨胀螺栓等固定在金属骨架上，接缝处除用石膏胶泥堵塞刮平外，还须粘贴 50mm 宽玻璃纤维带或其他饰面材料。

3. 板材隔墙

板材隔墙是将各种轻质竖向通长的预制薄型板材用各种黏结剂拼合在一起形成的隔墙。常用的板材有加气混凝土条板、石膏条板、碳化石灰板、石膏珍珠岩板，以及各种复合板等。条板厚度大多为 60～100mm，宽度为 600～1000mm，高度略小于房间净高。安装时，条板下留 20～30mm 的缝隙，用一对对口小木楔顶紧，然后用细石混凝土堵严，板缝用黏结砂浆或黏结剂进行黏结，并用胶泥刮缝，平整后再做饰面。如图 6.42 所示为石膏龙骨石膏板隔墙构造。

板材隔墙自重轻，在施工中直接拼装而不依赖骨架，具有安装方便、施工速度快、工业化程度高的特点。

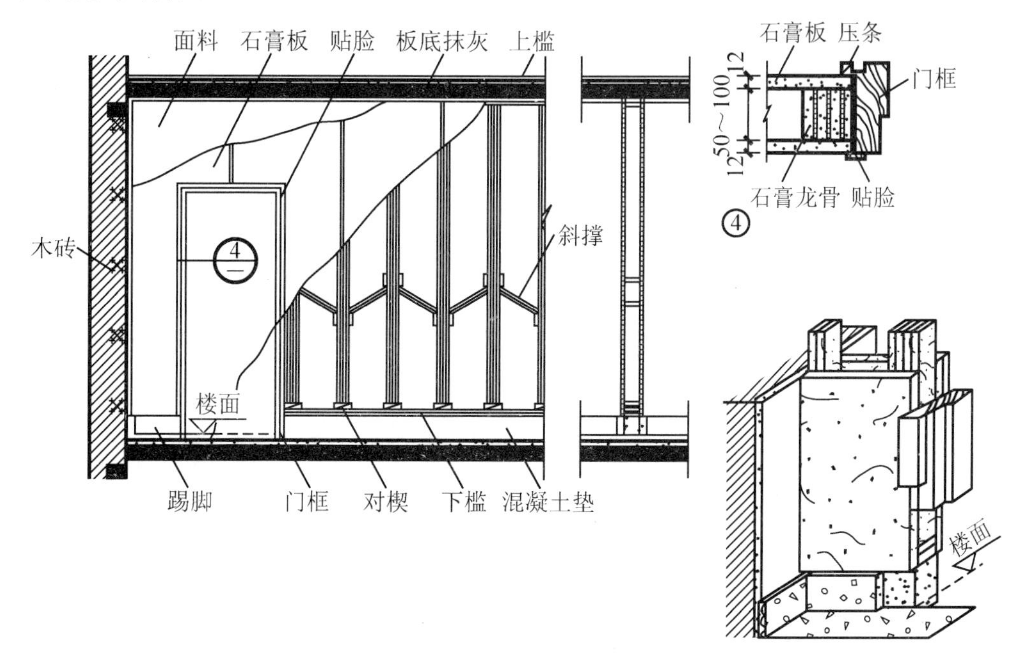

图 6.42 石膏龙骨石膏板隔墙构造

6.4 墙面装修

6.4.1 墙面装修的作用及分类

1. 墙面装修的作用

(1) 保护墙体，提高墙体的耐久性，延长其使用寿命。

(2) 改善墙体的物理性能和环境条件，满足房屋的使用功能要求。

(3) 美化环境，提高建筑艺术效果。

2. 墙面装修的分类

墙面装修按其所处的部位不同，可分为室外装修和室内装修。按材料及施工方式的不同，常见的墙面装修可分为抹灰类、贴面类、涂料类、裱糊类、板材类、幕墙类等。

6.4.2 墙面装修构造

1. 抹灰类墙面装修

抹灰是一种传统的施工方法，它是用灰浆涂抹在建筑物的墙体表面、地面、顶棚表面上。

为了避免出现裂缝，保证抹灰层牢固和表面平整，抹灰饰面一般分层施工，依次分遍操作。抹灰工程分内抹灰和外抹灰。抹灰装饰层由底层、中层和面层三个层次组成，见表6-2。

表6-2 抹灰层的组成和构造

<table>
<tr><th>灰层</th><th>作用</th><th>基层材料</th><th>厚度</th><th>一般做法</th></tr>
<tr><td rowspan="3">底层灰</td><td rowspan="3">与基层(墙体表面)黏结和初步找平</td><td>砖墙基层</td><td rowspan="3">5～15mm</td><td>(1) 内墙一般采用石灰砂浆、石灰炉渣浆打底。
(2) 外墙、勒脚及室内有防水防潮要求，采用水泥砂浆打底</td></tr>
<tr><td>混凝土、加气混凝土基层</td><td>采用混合砂浆和水泥砂浆打底</td></tr>
<tr><td>木板条、苇箔、钢丝网基层</td><td>(1) 宜用混合砂浆或麻刀石灰浆、玻璃丝灰打底。
(2) 需将灰浆挤入基层缝隙内，以加强拉结</td></tr>
<tr><td>中层灰</td><td>主要起找平作用</td><td>与底层基本相同</td><td>5～10mm</td><td>根据施工质量要求，可一次抹成，亦可分遍进行</td></tr>
<tr><td>面层灰</td><td>主要起装饰作用</td><td></td><td></td><td>(1) 要求表面平整、色彩均匀、无裂纹，可以做成光滑、粗糙等不同质感的表面。
(2) 室内一般采用麻刀灰、纸筋灰，室外常用水泥砂浆、水刷石、斩假石等</td></tr>
</table>

外墙大面积抹灰，由于材料干缩和温度变化，容易产生裂缝，常将饰面分成小块进行。这些分格的线称为引条线。引条线的划分要考虑门窗的位置，四周一般拉通，竖向到勒脚为止。引条线的做法是在底灰上埋放不同形式的木引条，面层抹灰完毕后及时取下引条，

再用水泥砂浆勾缝，一般采用凹缝，以提高抗渗能力，如图 6.43 所示。

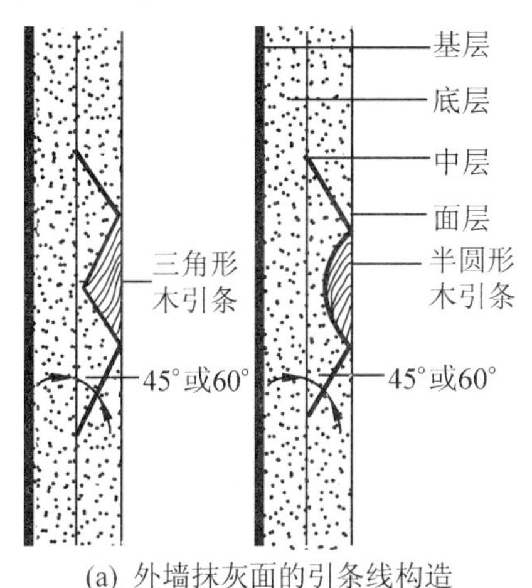

(a) 外墙抹灰面的引条线构造

(b) 外墙引条线

图 6.43 外墙引条线构造

2. 贴面类墙面装修

1) 天然石板及人造石板墙面装修

常见的天然石板有花岗岩板、大理石板。它们具有强度高、结构密实、不易污染、装修效果好等优点，多用于高级墙面装修中。

人造石板是指人造大理石和人造花岗岩等，一般由白水泥、彩色石子、颜料等配合而成，具有天然石材的花纹和质感、重量轻、表面光洁、色彩多样、造价较低等优点。

图 6.44 为石材饰面的厨房空间。

石材饰面的安装方法有湿法安装和干法安装(干挂法)，如图 6.45 和图 6.46 所示。

图 6.44 石材饰面的厨房空间

湿法安装的构造做法如下。

(1) 在墙体施工时预留直径为 6mm 的铁环，其间距双向均不大于 2m。

(2) 环内穿 $\phi 8$～$\phi 10$ 的竖筋，按石板高度绑扎 $\phi 6$ 的横筋。

(3) 天然石板上部边缘钻孔，用双股铜线或镀锌铁丝穿过；人造板在预制时埋入铁件。

(4) 贴板时用铜丝将板料扎在横筋上，调整板料的水平度与垂直度，用杠尺和木楔分别在板料外侧临时定位，在板料与墙体之间的空隙内灌注 1∶2.5 水泥砂浆，每次灌入高度不超过 200mm。

(5) 砂浆初凝后，去掉临时木楔，继续安装上层石板。

干法安装的构造做法如下。

(1) 在墙体上按石板规格精确钻孔，插入膨胀螺栓及 L 形铁件，与石板上端面孔对应，插入暗销，并与上面石板下端孔对正。

(2) 石板的左右两侧也各有两个孔，以备暗销连接。

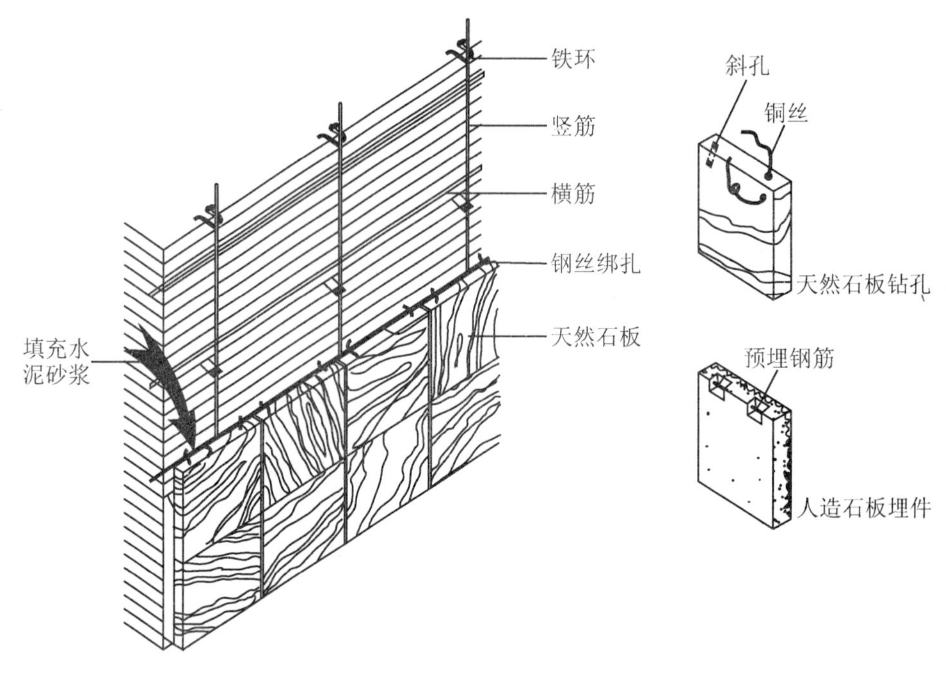

图 6.45　天然石板与人造石板墙面构造

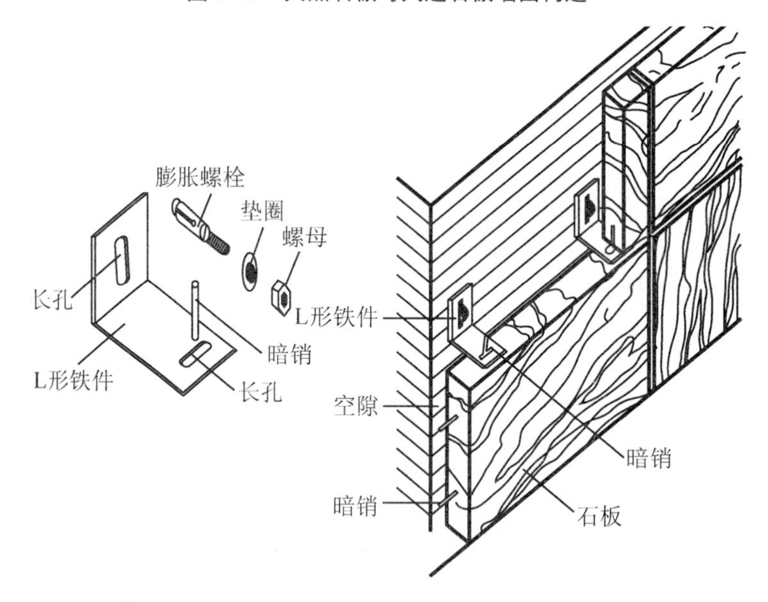

图 6.46　石板墙面干挂法构造

2) 陶瓷面砖、陶瓷锦砖墙面装修

(1) 面砖是用陶土制成坯块经焙烧而成的，厚度为 6～12mm，有釉面砖和无釉面砖之分，正面平滑和有一定纹理质感，背面有凹槽以利于与墙体黏结。无釉面砖主要用于高级建筑外墙面装修，釉面砖主要用于高级建筑内外墙面及厨房、卫生间的墙裙贴面。

常见的陶瓷类面砖的构造如下。

① 先在墙体上抹 1∶3 水泥砂浆 15mm 厚打底找平扫毛。

② 按面砖尺寸和设计间隙在底层上弹墨线。

③ 用 1∶0.2∶2.5 水泥石灰混合砂浆结合层 10mm 厚贴面砖(面砖背面随贴随刷黏结剂)用橡皮锤敲牢找平。

④ 用 1∶1 水泥细砂砂浆勾缝。如图 6.47 所示。

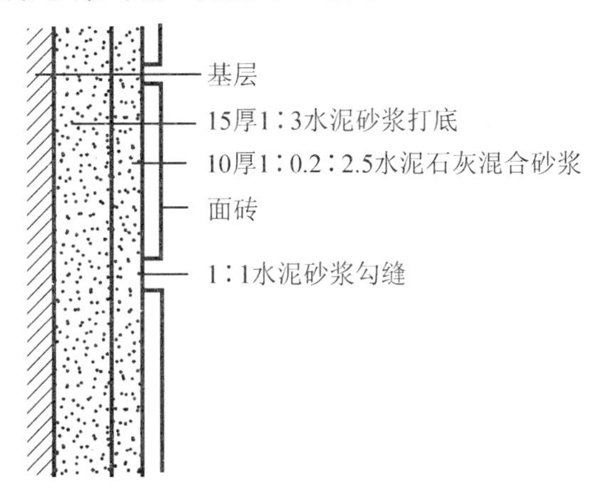

图 6.47　陶瓷面砖饰面构造

(2) 锦砖又名马赛克，分陶瓷锦砖和玻璃锦砖。它是以优质陶土烧制而成的小块瓷砖，有挂釉和不挂釉、平滑和有纹理质感等类型。常见的锦砖规格有 19mm×19mm×5mm、39mm×39mm×5mm、39mm×19mm×5mm 等，有正方形、长方形、六角形等形状。它具有色彩丰富、图案多样、防水防潮、便于清洗等优点。

锦砖按设计图案要求，生产时反贴在牛皮纸上。其构造做法如下。

① 在墙体上抹 1∶3 水泥砂浆 15mm 厚打底找平扫毛。

② 在底层上弹墨线。

③ 将纸面朝外整块粘贴在 1∶1 水泥砂浆黏结层上。

④ 在牛皮纸上刷水，揭掉牛皮纸，调整锦砖距离及平整度，用干水泥擦缝，如图 6.48 所示。

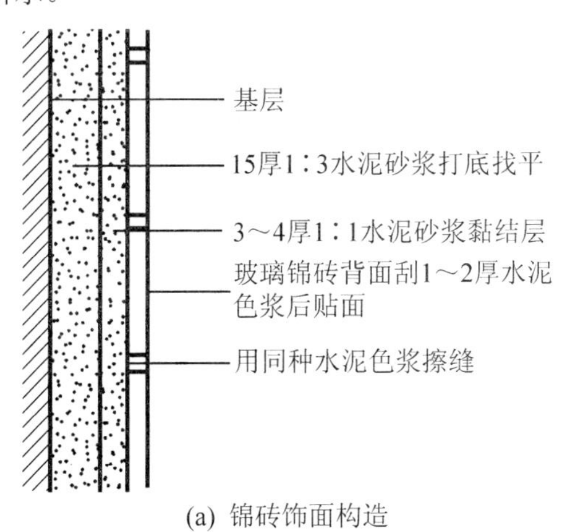

(a) 锦砖饰面构造

(b) 锦砖墙面

图 6.48　锦砖饰面构造

3. 涂料类墙面装修

涂料按其成膜物的不同可分为无机涂料和有机涂料两大类。涂料类墙面装修按使用工具可分刷涂(即用毛刷蘸浆)、喷涂(即用喷浆机喷射)、弹涂(即用弹浆器弹射)和滚涂(即用胶滚或毡滚滚压)，分别获得光滑、凹凸、粗糙和纹道等质感效果。

4. 裱糊类墙面装修

裱糊类墙面装修是将各种装饰性的墙纸、墙布、织锦等材料直接粘贴裱糊在墙面上的一种装修做法。常用的装饰材料有聚氯乙烯(PVC)壁纸、复合壁纸、玻璃纤维墙布、无纺墙布等。裱糊类墙体饰面色彩丰富、装饰性强、耐用经济、施工方法简洁且高效。

墙纸饰面构造如下。

(1) 基层处理：刮腻子，满刷一遍 1∶0.5 至 1∶1 稀释的 108 胶水。

(2) 墙纸的预处理：将壁纸浸水湿润，静置。

(3) 裱贴墙纸，拼缝修饰。

玻璃纤维墙布材料和无纺墙布材料不需吸水膨胀，可以直接裱糊。它们的材料覆盖底色的能力稍差，若基层表面颜色较深，应在黏结剂中掺入 10%白色涂料。粘贴时将胶粘剂刷在基层上，而不要刷在墙布背面。

本章小结

墙体是建筑物的重要组成部分。它有承重、围护和分隔的作用。不同位置的墙体功能和作用不同，设计要求也不同。

墙体应具有足够的强度和稳定性；满足热工、隔声、防火、防水防潮等要求，并适应工业化生产的要求。

墙体承重方案有四种：横墙承重、纵墙承重、纵横墙承重、内框架承重。

砖墙的组砌要求是砂浆饱满，厚薄均匀，灰缝横平竖直，上下错缝，内外搭接，避免形成竖向通缝。

勒脚、散水和明沟位于墙脚，与室外地坪相邻。处理好这几部分的构造，可保护墙体并提高其耐久性。

墙身防潮层是防止土中水渗透到墙体而造成侵害的重要构造，分水平防潮层和垂直防潮层。常见的防潮层构造做法有防水砂浆防潮层和配筋细石混凝土防潮层等。

墙身加固的构造措施有增加壁柱和门垛、设置圈梁和构造柱。圈梁是在水平方向把墙体和楼板箍住；构造柱在竖向加强楼层之间墙体的连接。圈梁和构造柱需紧密连接。

隔墙是分隔房间的非承重内墙，应具有自重轻、厚度薄、隔声、防潮、防水等性能特点。常见的隔墙类型有块材隔墙、骨架隔墙、板材隔墙三种。

墙面装修有保护墙体，改善其物理性能，美化环境等作用。常见的墙面装修有抹灰、贴面、涂料、裱糊等。

习题

一、选择题

1. 纵墙承重的优点是(　　)。

A. 建筑整体刚度好　　　　B. 房间布局较灵活

C．纵墙上开门、窗限制较少　　D．横向刚度好

2．烧结普通砖的规格为(　　)。

A．240mm×115mm×53mm　　B．250mm×110mm×50mm

C．240mm×120mm×60mm　　D．240mm×180mm×120mm

3．非烧结的粉煤灰实心砖，同样具有较高的强度值，最高强度等级为(　　)。

A．MU30　　B．MU25　　C．MU20　　D．MU15

4．屋顶上部的墙被称为(　　)。

A．外伸墙　　B．朝天墙　　C．女儿墙　　D．屋顶墙

5．在框架结构建筑中，填充在柱子之间的墙称为(　　)。

A．幕墙　　B．隔墙　　C．承重墙　　D．填充墙

6．建筑散水出墙宽度一般不小于(　　)mm。

A．600　　B．400　　C．1200　　D．1500

7．在下列各部分中，起找平作用的是(　　)。

A．基层　　B．中层　　C．底层　　D．面层

8．构造柱的截面尺寸宜采用(　　)。

A．240mm×180mm　　B．120mm×240mm

C．240mm×240mm　　D．240mm×160mm

二、填空题

1．砖墙在砌筑时，须做到墙面美观，________，内外搭接，________。

2．散水宽度应大于房屋挑檐宽________，并应大于基础底外缘宽________，以防止屋檐水滴入土中导致雨水浸泡基础。

3．当室内地面为不透水性地面时，把防潮层的上表面设置在室内地坪以下________。

三、简答题

1．墙体有什么作用？其设计要求是什么？

2．砖墙有哪些砌筑方式？组砌要求是什么？

3．勒脚的高度一般为多少？用图示表示常见的两种勒脚构造做法。

4．用图示表示常见的散水和明沟的构造做法。

5．用图示表示常见防潮层的构造做法。

6．窗台的构造设计有哪些要点？

7．砖混结构的抗震构造措施有哪些？

8．圈梁的作用是什么？其设置要求如何？

9．构造柱的作用是什么？其设置要求如何？

10．隔墙的设计要求有哪些？

11．为什么要进行墙面装修？

12．墙体抹灰各层的作用和要求是什么？

综合实训

1. 设计条件

本地区住宅，总层数为三层，层高为2.8m。剖切处为370mm厚外墙，楼板为100mm厚现浇钢筋混凝土楼板，室内外高差450mm。内墙面为普通抹灰20mm厚，外墙面贴面砖25mm厚。或者参考教材附录中的建筑详图。

2. 图纸要求

(1) 用一张A3工程图纸绘制墙身节点详图，比例为1∶20，标注轴线、尺寸、标高及材料做法。

(2) 铅笔作图，布图匀称，字迹工整。图上所有线条、材料图例等应符合制图统一规范要求。

(3) 布图时，按照顺序将1、2、3节点从下到上布置在同一条垂直线上，共用一条轴线和一个编号圆圈。

3. 设计要求

(1) 按平面图上详图索引位置画出三个墙身节点详图，即墙脚、窗台处和过梁及楼板层节点详图。

(2) 绘制墙脚节点详图，反映墙脚部分细部构造(包括散水、勒脚、防潮层、地面等)。

(3) 绘制窗台节点详图，比例为1∶20，反映窗台部分细部构造(包括窗台、内外墙面等)。

(4) 绘制窗过梁、楼板层节点详图，比例为1∶20，反映窗过梁、楼板层部分细部构造(包括窗过梁、内外墙面、楼板层等)。

第7章

楼板层与地坪层

教学目标

掌握楼板层的组成、楼板的类型和设计要求；掌握常见楼板的构造特点和适用范围；熟悉常见地坪层的构造；了解顶棚、雨篷和阳台的分类并熟悉各类型的构造。

教学要求

能力目标	知识要点	权重	自测分数
掌握楼板层的组成、楼板的类型和设计要求	楼板层的组成、楼板的类型和设计要求	15%	
掌握常见楼板的构造特点和适用范围	现浇钢筋混凝土楼板、预制钢筋混凝土楼板和装配整体式钢筋混凝土楼板的构造和适用范围	40%	
熟悉常见地坪层的构造	地坪层的组成、类型，常见地面的构造与装修	30%	
了解顶棚、雨篷和阳台的分类并熟悉各类型的构造	直接式顶棚和悬吊式顶棚的构造；雨篷和阳台的构造	15%	

引 例

从某种程度上来说，使用预制板盖房子就像搭积木一样，先砌好四面墙，然后把预制板两端伸出的钢筋搭在墙上，接着在楼板上再砌墙，然后再搭一层预制板……当遭受较强地震、两堵墙以不同频率摇晃起来时，预制板便会猛地从当初固定较弱的一端甩开，砸向下层楼板，最终使房屋由上而下整体倒塌。由于抗震性能差，预制板在唐山一度被称为“棺材板”。

“夺命的是建筑物，而不是地震”——汶川大地震再次验证了这句老话。在该次地震当中，倒塌的房屋废墟中大量的预制楼板随处可见，而这些使用预制楼板的混合结构房屋在地震中是极为脆弱的，许多人正是被它们夺去了生命。

经过灾难，我们还用预制板吗？我们应该推广现浇板吗？如何加强建筑物的抗震设防？

7.1 楼板层概述

7.1.1 楼板层的组成

楼板层是在竖向将建筑物分成若干个楼层的水平承重构件。楼板层主要由面层、结构层和顶棚层组成，根据建筑物的使用功能不同，还可在楼板层中设置附加层。

(1) 面层：位于楼板层最上层，起着保护楼板、承受并传递荷载的作用，同时对室内有很重要的清洁及装饰作用。

(2) 结构层：由梁或拱、板等构件组成，承担其上的各种荷载并把荷载传给承重的墙或柱，是楼板层中的核心层次。

(3) 顶棚层：位于楼板层最下层，主要作用是保护楼板、安装灯具、装饰室内、敷设管线等。根据建筑物使用要求的不同，顶棚分为直接式顶棚和悬吊式顶棚，如图7.1(a)、(b)所示。

(4) 附加层：又称功能层，根据楼板层的具体要求而设置。例如，增设防水层、隔汽层、保温层、防腐蚀层、浮筑层等，如图7.1(c)所示。根据需要，有时和面层合二为一，有时也可与吊顶合为一体。

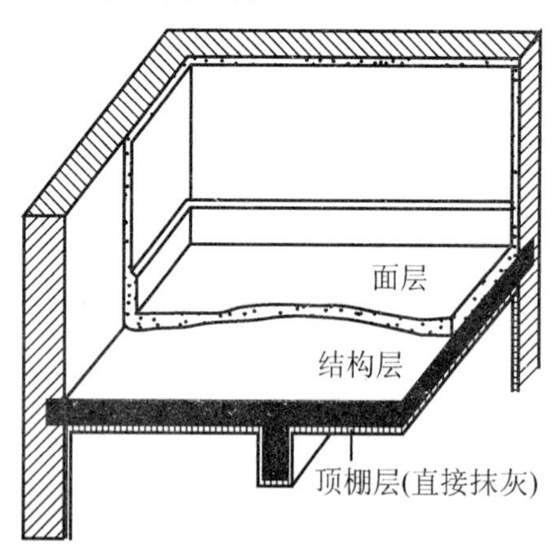

(a) 直接抹灰顶棚型楼板层

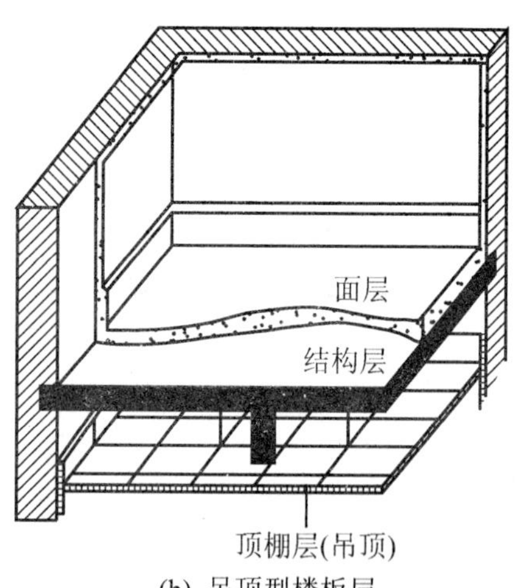

(b) 吊顶型楼板层

图7.1 楼板层的组成

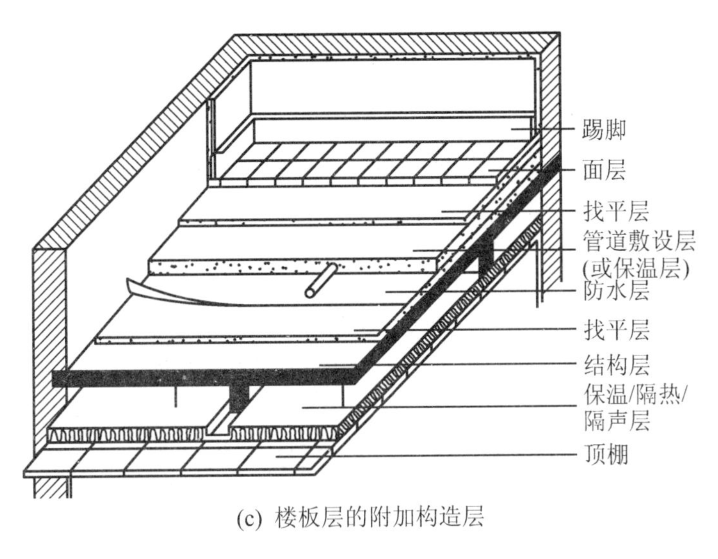

(c) 楼板层的附加构造层

图 7.1 楼板的组成(续)

7.1.2 楼板的类型

楼板根据其承重结构层所用材料不同，主要有钢筋混凝土楼板、压型钢板-混凝土组合楼板、木楼板及砖拱楼板等类型。其中，钢筋混凝土楼板强度高，刚度好，有良好的耐久性、可塑性和防火性能，便于工业化生产和机械化施工，是目前我国房屋建筑中应用最广泛的楼板类型。压型钢板-混凝土组合楼板主要用于大跨度工业厂房和高层民用建筑中，而木楼板及砖拱楼板目前已经很少采用，如图 7.2 所示。

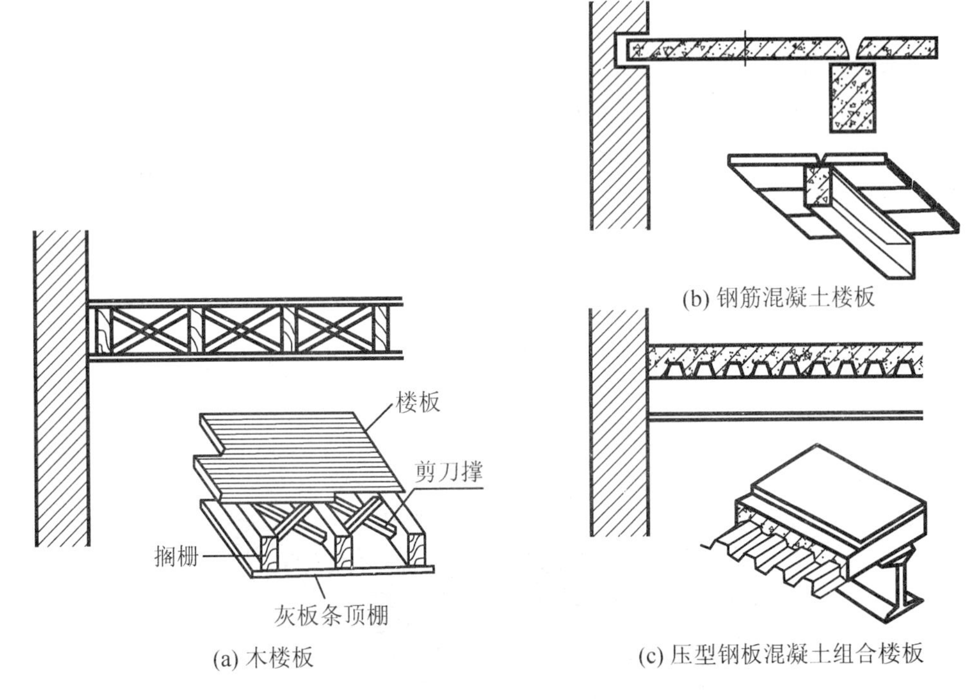

(a) 木楼板

(b) 钢筋混凝土楼板

(c) 压型钢板混凝土组合楼板

图 7.2 楼板的类型

7.1.3 楼板的设计要求

1. 强度和刚度要求

楼板层应具有足够的强度，以保证在自重和荷载作用下安全可靠，不被破坏；同时应具有足够的刚度，在允许荷载作用下不发生超过规定的变形，保证正常使用。

2. 使用功能方面的要求

楼板层应满足防火、防水、保温、隔热、隔声、耐久等基本使用功能要求，保证室内环境的舒适和卫生。同时，还应方便在楼板层中敷设各种管线。

3. 建筑工业化的要求

楼板层设计时，应注意尽量减少预制构件的规格和种类，尽量符合建筑模数制的要求，满足建筑工业化的要求。

4. 经济要求

选用楼板时应结合当地实际选择合适的结构材料和类型，提高装配化的程度。楼板层的跨度应在结构构件的经济合理范围内确定。一般多层建筑中楼板层造价约占建筑物总造价的20%～30%，要合理选配，降低造价。

7.2 钢筋混凝土楼板

钢筋混凝土楼板根据施工方式不同，分为现浇整体式、预制装配式及装配整体式钢筋混凝土楼板三种。

7.2.1 现浇钢筋混凝土楼板

现浇钢筋混凝土楼板是指在施工现场支模板、绑扎钢筋、浇捣混凝土，经养护成型的楼板，如图7.3所示。其优点是整体性强，刚度好，有利于抗震，防水抗渗性能好，能适应各种平面形式等。其缺点是湿作业量大、施工慢、工期长等。根据楼板的受力情况不同，它又分为板式楼板、梁板式楼板、无梁楼板及压型钢板-混凝土组合楼板等。

图7.3 现浇钢筋混凝土楼板施工

1. 板式楼板

将楼板现浇成一块平板，并直接搁置在墙上的楼板称为板式楼板。板式楼板又有单向板与双向板之分，如图 7.4 所示。当板的长边与短边之比大于 2 时，板基本上沿短边方向传递荷载，这种板称为单向板，板内受力钢筋沿短边方向布置，在垂直于短边方向只布置按构造要求设置的分布钢筋。双向板长边与短边之比不大于 2，荷载沿双向传递，板双向受弯。短边方向内力较大，长边方向内力较小，沿短跨方向的跨中钢筋放在下面，沿长跨方向的跨中钢筋放在上面。

板式楼板的厚度由构造要求和结构计算确定，通常为 60～120mm。板式楼板底面平整、美观、施工方便，多用于小跨度房间。

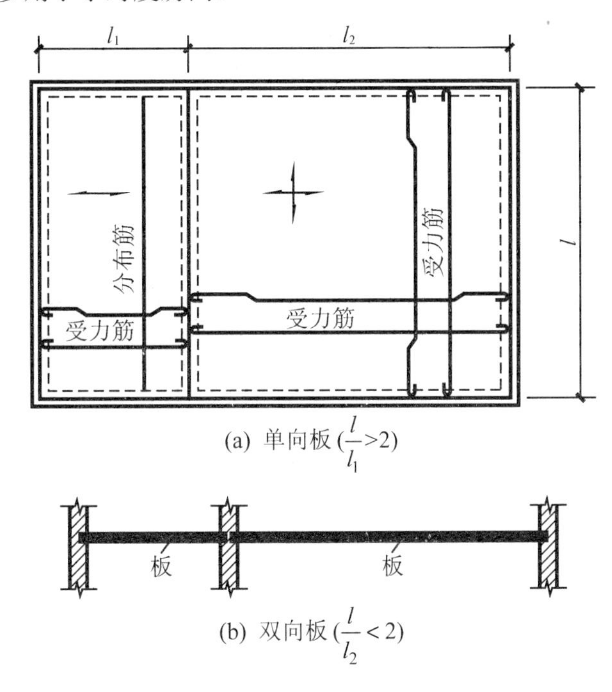

(a) 单向板 ($\frac{l}{l_1}>2$)

(b) 双向板 ($\frac{l}{l_2}<2$)

图 7.4 单向板和双向板

2. 梁板式楼板

在板下设梁作为支承点，荷载由板传给梁，再由梁传给墙或柱，这种由板和梁组合而成的楼板称为梁板式楼板，也称为肋梁楼板。梁板式楼板根据梁的构造形式可分为单梁式、复梁式和井格式楼板。

1) 单梁式楼板

当房间比较小，仅在一个方向设梁，梁支承在承重墙上，这种形式为单梁式楼板。一般梁的跨度可取 5～8m，梁的高度为跨度的 1/12～1/10，梁的宽度取其高度的 1/3～1/2；板跨取 2.5～3.5m。

2) 复梁式楼板

当房间尺寸较大时采用复梁式楼板，在两个方向设梁，梁分主梁和次梁且垂直相交。其构造做法是板搁置在次梁上，次梁搁置在主梁上，主梁搁置在墙或柱上，如图 7.5 所示。

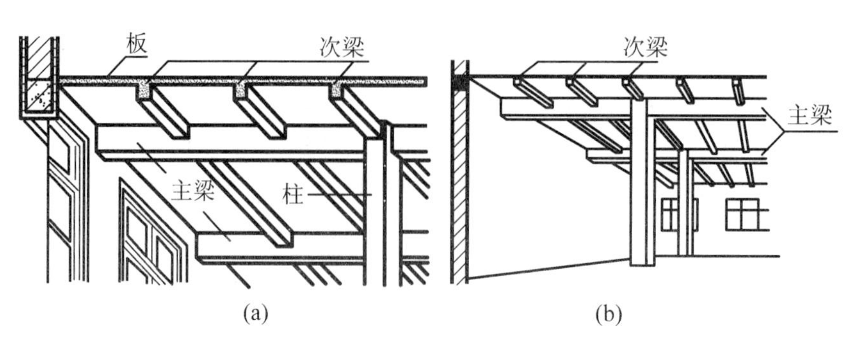

(a) (b)

图 7.5 复梁式楼板

特别提示

复梁式楼板的荷载传递路线：荷载→板→次梁→主梁→墙或柱→基础。

复梁式楼板构造简单刚度好，施工方便，造价经济，广泛应用于公共建筑、居住建筑和工业建筑中。其常用构造尺寸见表 7-1。

表 7-1 复梁式楼板的经济尺寸

构件名称	经济尺寸		
	跨度(*L*)	梁高、板厚(*h*)	梁宽(*b*)
主梁	5～8m	(1/14～1/8)*L*	(1/3～1/2)*h*
次梁	4～6m	(1/18～1/12)*L*	(1/3～1/2)*h*
板	1.5～3m	简支板 1/35*L* 连续板 1/40*L* 60～80mm	

特别提示

梁和板搁置在墙上，应满足规范规定的搁置长度。板的搁置长度不小于 120mm，梁在墙上的搁置长度与梁高有关：梁高小于或等于 500mm 时，搁置长度不小于 180mm；梁高大于 500mm 时，搁置长度不小于 240mm，次梁搁置长度为 240mm，主梁的搁置长度为 370mm。

梁端传到墙上的集中荷载，若超过墙体承压面的局部抗压承载能力时，应在梁端下设置钢筋混凝土或混凝土梁垫，梁垫可以现浇，也可以预制，其厚度不应小于 180mm。

3) 井格式楼板

井格式楼板是梁板式楼板的一种特殊形式。当房间尺寸较大，并接近正方形时，沿两个方向布置等截面高度的梁，梁不分主次，与板整浇形成井格形的梁板结构。纵梁和横梁同时承担着由板传递下来的荷载。

井格的布置形式有正交正放、正交斜放、斜交斜放等。板的跨度即为梁的间距，一般为 2.5～4m。板为双向板，厚度为 70～80mm。井格式楼板外观规则整齐且富韵律，可不设柱，以满足较大建筑空间的要求，常见于门厅或其他大厅中。

3. 无梁楼板

无梁楼板是将楼板直接支承在柱上，不设主梁和次梁。为减少板跨、改善板的受力条件和加强柱对板的支承作用，一般在柱的顶部设柱帽和托板。柱帽的形式有圆形、方形、多边形等，如图 7.6 所示。柱网一般布置为正方形或接近正方形，柱距以 6m 左右较为经济。由于其板跨较大，板厚不宜小于 120mm，一般为 160～200mm。

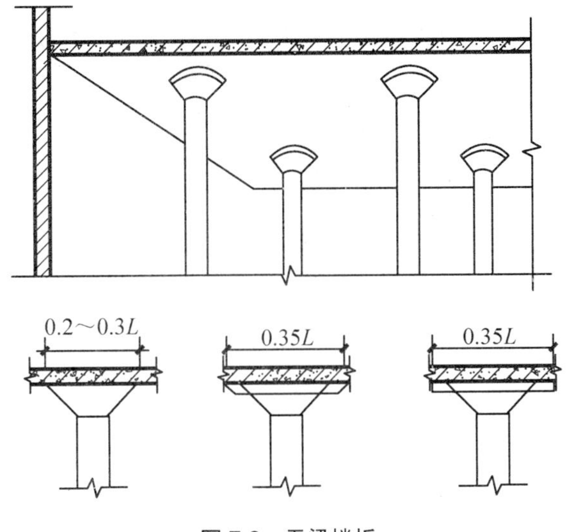

图 7.6 无梁楼板

无梁楼板楼层净空较大，顶棚平整，采光通风和卫生条件较好，适用于活荷载较大的商店、仓库和展览馆等建筑。

4. 压型钢板-混凝土组合楼板

压型钢板-混凝土组合楼板由钢梁、压型钢板、现浇混凝土、连接件等几部分组成。其构造做法是用截面为凹凸形钢板作为底衬永久性模板，由抗剪连接件将压型钢板和钢梁组合成整体，上现浇钢筋混凝土面层，从而形成整体性强的楼板结构，如图 7.7 所示。钢梁的间距即楼板的跨度为 1.5～4.0m，经济跨度为 2.0～3.0m。

此楼板层适用于大空间、大跨度建筑的平面布置，可利用压型钢板肋间的空腔敷设各种管线。

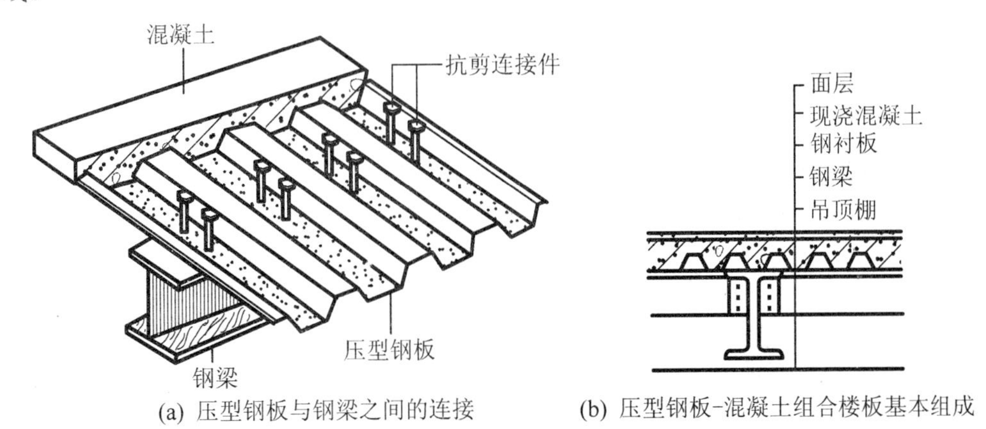

(a) 压型钢板与钢梁之间的连接　(b) 压型钢板-混凝土组合楼板基本组成

图 7.7 压型钢板-混凝土组合楼板

(c) 钢衬板组合楼板

图 7.7　压型钢板-混凝土组合楼板(续)

7.2.2　预制钢筋混凝土楼板

预制钢筋混凝土楼板是指在预制构件加工厂预先制作，再运到施工现场，装配而成的钢筋混凝土楼板。其特点是节省模板，提高工效和施工机械化水平，但整体性和抗震性能较差。

预制钢筋混凝土楼板按板的应力状况分为预应力和非预应力两种构件。预应力构件可控制裂缝，省钢材 30%～50%，省混凝土 10%～30%，自重轻，造价低。

1. 预制钢筋混凝土楼板类型

常用的预制钢筋混凝土楼板可分为实心平板、槽形板和空心板三种类型。

1) 实心平板

实心平板上下板面平整，制作简单，两端支承在墙或梁上。板厚一般为 60～80mm，跨度在 2.4m 以内为宜，板宽为 500～900mm。实心平板宜用于跨度小的走廊板、楼梯平台板、阳台板、管沟盖板等处，如图 7.8(a)所示。

2) 槽形板

槽形板是一种梁板合一的构件，即在实心板两侧设纵肋，构成槽形截面。它具有自重轻、省材料、造价低、便于开孔等优点。槽形板板跨为 3.0～7.2m，板宽为 600～1500mm，板厚为 30～40mm，肋高为 150～400mm。

特别提示

当槽形板长达 6m 时，需在纵肋之间每隔 600～1500mm 加横肋一道。

槽形板可分为正槽形板(正置)和倒槽形板(倒置)两种，如图 7.8(b)、(c)所示。正置板底不平，可用于工业厂房等美观要求不高的房间；倒置板底平整，需另做面板，槽内可填轻质保温材料，可用于民用建筑楼板层。

3) 空心板

空心板孔洞形状有圆形、椭圆形和矩形等，以圆孔板的制作最为方便，应用最广，如图 7.8(d)、(e)所示。与实心板相比，空心板自重轻、材料省、刚度好、隔声隔热效果好，其缺点是板面不能随意开洞。

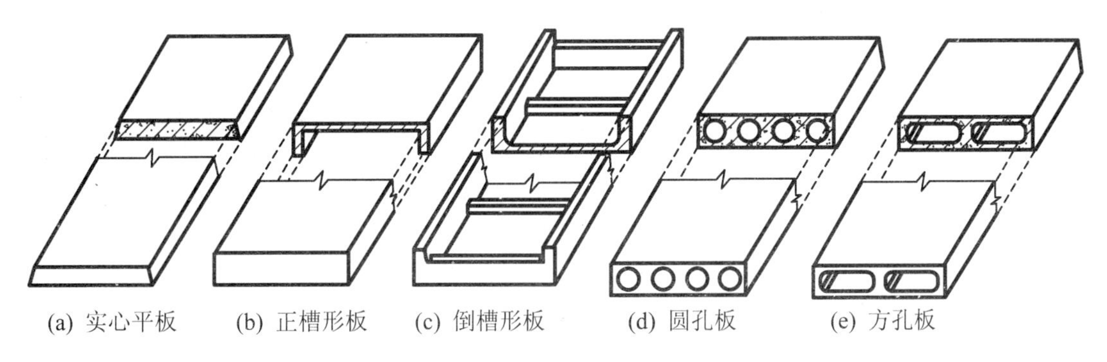

图 7.8 预制钢筋混凝土楼板类型

空心板的跨度一般为 2.4～6.6m，厚度为 120～180mm。常用的是预应力空心板，板厚为 120mm。板端孔洞常以砖块或混凝土块填塞，这样可保证在安装时嵌缝砂浆或细石混凝土不会流入板孔中，且板端不被压坏。

2. 预制钢筋混凝土楼板的结构布置和连接构造

1) 结构布置

预制钢筋混凝土楼板的结构布置分梁承重和墙承重两种方式，如图 7.9 所示。前者多用于开间、进深较大的房间；后者多用于小开间的房间。

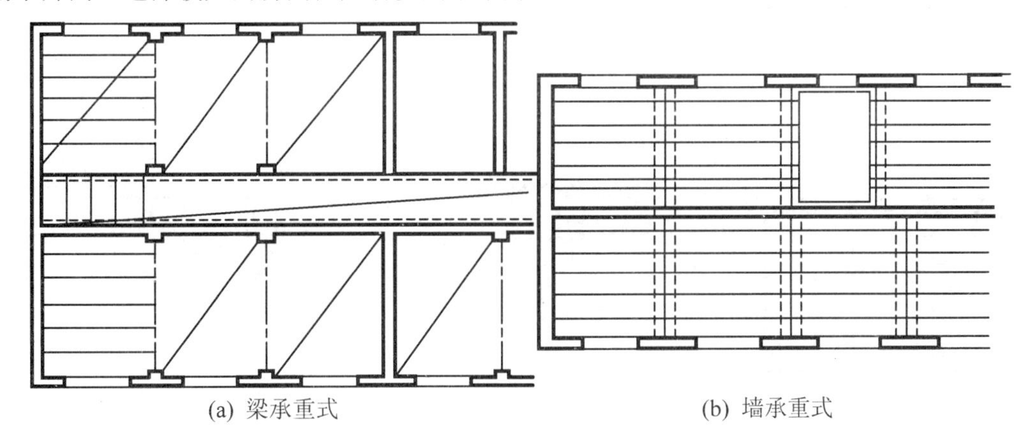

图 7.9 预制钢筋混凝土楼板的结构布置形式

在布置楼板时，尽量减少板的规格、类型，并优先选用宽板，窄板作调剂用。同时应避免出现板三边支承的情况，即板的长边不得伸入墙内，否则易出现纵向裂缝。当楼板排列不够整块数时，可通过调整板缝或于墙边挑砖或增加局部现浇板等办法来解决。当遇有上下管线、烟道、通风道穿过楼板时，由于空心板不宜开洞，所以应尽量将该处楼板现浇。

2) 连接构造

板缝宽度一般要求不小于 20mm。缝宽为 20～50mm 时，可用 C20 细石混凝土现浇；当缝宽为 50～200mm 时，用 C20 细石混凝土现浇并在缝中配纵向钢筋，如图 7.10 所示。

预制钢筋混凝土楼板搁置在砖墙或梁上时，应有足够的支承长度。支承于梁上时其搁置长度不小于 80mm；支承于墙上时其搁置长度不小于 100mm，并在梁或墙上铺 M5 水泥砂浆找平(坐浆)，厚度为 20mm，以保证板的平稳，传力均匀。为了增加建筑的整体刚度，在板的端缝和侧缝处还应用拉结钢筋加以锚固，如图 7.11 和图 7.12 所示。

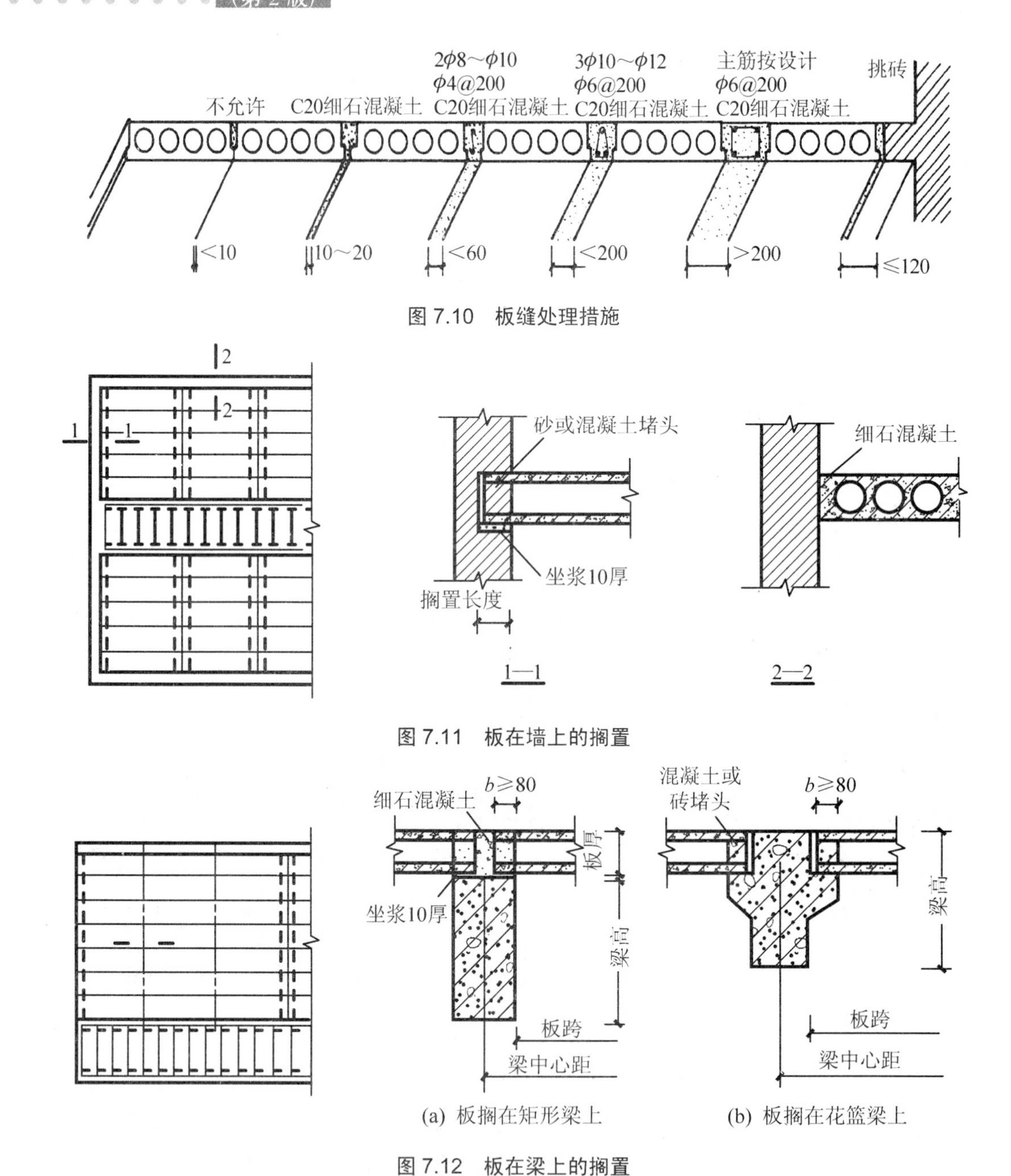

图 7.10　板缝处理措施

图 7.11　板在墙上的搁置

(a) 板搁在矩形梁上　　(b) 板搁在花篮梁上

图 7.12　板在梁上的搁置

特别提示

现浇钢筋混凝土楼板在施工现场完成支模、扎钢筋、浇筑混凝土等程序，尽管其工序多，施工周期长，但现浇钢筋混凝土楼板可以增强房屋的整体性，由此提升抗震能力。

现浇钢筋混凝土楼板与预制钢筋混凝土楼板除了工序不完全相同，其使用的钢筋也不同。为了减少受力，防止其变形、开裂，预制钢筋混凝土楼板内的钢筋一般使用预应力高强度钢丝。由于预先进行过冷拉，因此预制钢筋混凝土楼板中的钢筋通常是较细的光面钢筋，而现浇钢筋混凝土楼板由于是在工地上现场制作的，一般没有条件先拉紧钢筋，因此更多使用螺纹面钢筋。

知识链接

抗震最主要的措施就是加强房屋的整体性。对于砌体结构，要增加建筑物的整体性，一种措施是使用现浇钢筋混凝土楼板，另一种措施就是使用构造柱和圈梁。

对于混合结构来说，无论使用预制钢筋混凝土楼板还是现浇钢筋混凝土楼板，构造柱和圈梁都是其最主要的抗震结构，而在现浇钢筋混凝土楼板中，钢筋混凝土的圈梁与板融为一体，整体性则更加牢固。构造柱和圈梁是唐山大地震以后，我国在建筑物抗震方面的重大发明。

7.2.3 装配整体式钢筋混凝土楼板

装配整体式钢筋混凝土楼板是先将楼板中的部分构件预制，现场安装后再浇筑混凝土面层而成的整体楼板，特点是整体性好、省模板、施工快、集中了现浇和预制的优点，一般有叠合楼板和密肋填充块楼板两种。

1) 叠合楼板

叠合楼板是由预制钢筋混凝土楼板和现浇钢筋混凝土层叠合而成的装配整体式楼板。

叠合楼板的预制钢筋混凝土楼板部分通常采用预应力或非预应力薄板。为了保证预制薄板与叠合层有较好的连接，薄板表面做刻槽处理，板面露出较为规则的三角形结合钢筋等，如图 7.13 所示。预制薄板跨度一般为 4～6m，最大可达到 9m，板宽为 1.1～1.8m，预应力薄板厚度为 50～70mm。现浇叠合层采用 C20 细石混凝土浇筑，厚度一般为 100～120mm，以大于或等于薄板厚度的两倍为宜。叠合楼板的总厚度一般为 150～250mm。

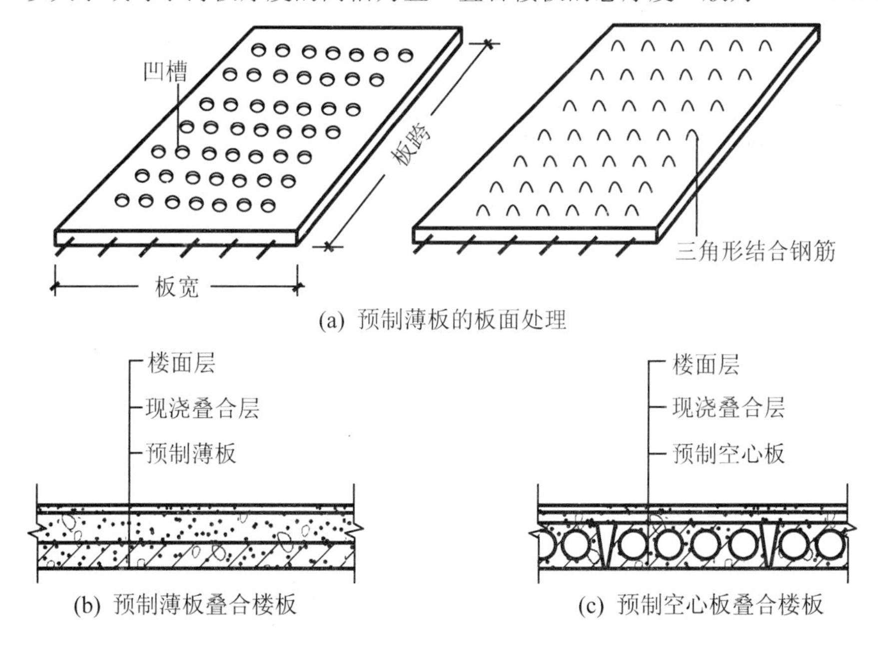

图 7.13 叠合楼板

2) 密肋填充块楼板

密肋填充块楼板是用间距小的密肋小梁做成构件，小梁间用轻质砌块填充，并在上面整浇面层而形成的楼板。小梁有现浇和预制两种。目前密肋填充块楼板采用较少。

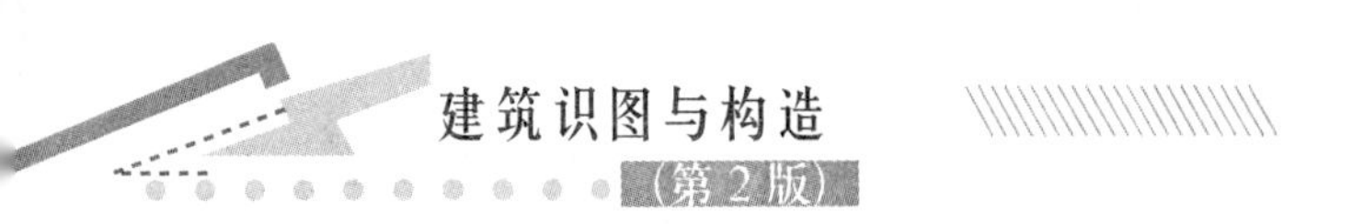

7.3 地坪层构造

7.3.1 地坪层构造概述

地坪层是指建筑物底层房间与土层的交接处。所起作用是承受地坪上的荷载，并均匀地传给地坪以下土层。按地坪层与土层间的关系不同，地坪层可分为实铺地层和空铺地层两类。

1. 实铺地层

地坪层的基本组成部分有面层、垫层和基层，对有特殊要求的地坪层，常在面层和垫层之间增设一些附加层，如图7.14(a)所示。

1) 面层

地坪层的面层又称地面，起着保护结构层和美化室内的作用。地面的做法和楼面相同。

2) 垫层

垫层是基层和面层之间的填充层，其作用是承重传力，一般采用60～100mm厚的C10混凝土垫层。垫层材料分为刚性和柔性两大类：刚性垫层如混凝土、碎砖三合土等，有足够的整体刚度，受力后不产生塑性变形，多用于整体地面和小块块料地面。柔性垫层如砂、碎石、炉渣等松散材料，无整体刚度，受力后产生塑性变形，多用于块料地面。

3) 基层

基层即地基，一般为原土层或填土分层夯实。当上部荷载较大时，增设100～150mm厚2∶8灰土，或碎砖、100～150mm厚道渣三合土。

4) 附加层

附加层应主要满足某些有特殊使用要求而设置的一些构造层次，如防水层、防潮层、保温层、隔热层、隔声层和管道敷设层等。

2. 空铺地层

为防止房屋底层房间受潮或满足某些特殊使用要求(如舞台、体育训练场、比赛场等地层需要有较好的弹性)，可将地层架空形成空铺地层，如图7.14(b)所示。

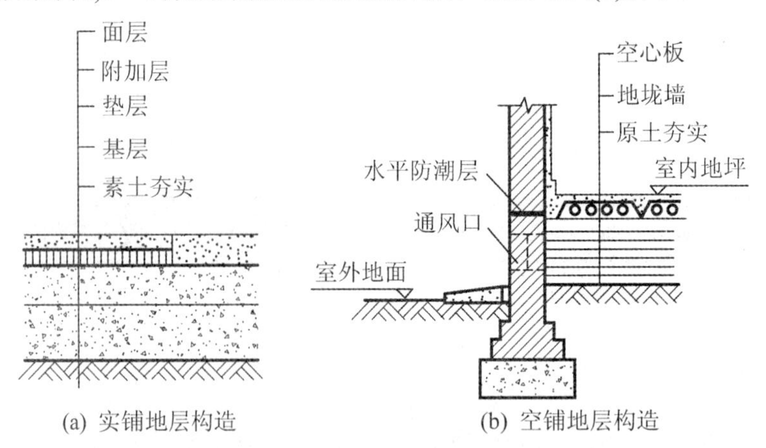

(a) 实铺地层构造　　(b) 空铺地层构造

图7.14 地坪层构造组成

7.3.2 地面装修

楼板层的面层和地坪层的面层，在构造做法上是一致的，一般统称为地面。根据面层所用材料和施工方法不同，地面装修可分为以下几类。

1. 整体类地面

整体类地面是指现场浇筑的整片地面。常见的有水泥砂浆地面、细石混凝土地面、水磨石地面等，如图 7.15 所示。

细石混凝土地面的构造如下。

(1) 随捣随抹面层：在现浇混凝土地面浇捣完毕，其表面略有收水后，采用不低于 C15 的混凝土随捣随抹面层。

(2) 非随捣随抹面层：先铺一层 30～35mm 厚的由 1∶2∶4 的水泥、砂子、小石子配制而成的 C20 细石混凝土，然后再做 10～15mm 厚 1∶2 水泥砂浆面层。

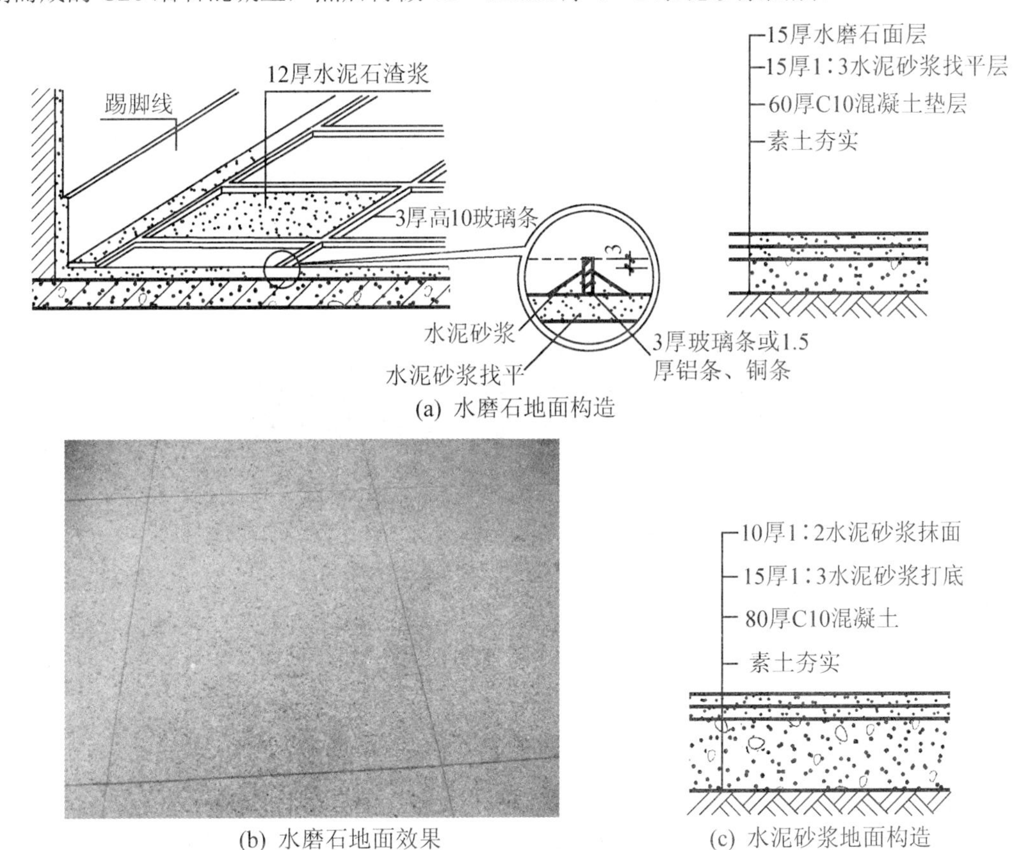

(a) 水磨石地面构造

(b) 水磨石地面效果

(c) 水泥砂浆地面构造

图 7.15 水磨石地面和水泥砂浆地面构造

2. 块材类地面

块材类地面是指用各种不同形状的块材铺贴而成的地面，如陶瓷板块地面、石材类地面，如图 7.16 所示。

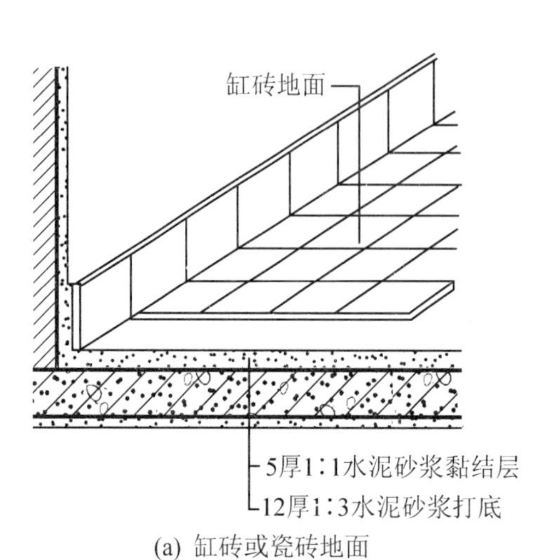

(a) 缸砖或瓷砖地面

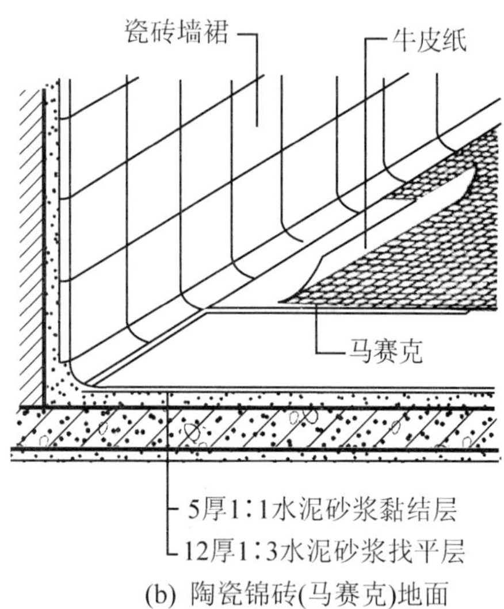

(b) 陶瓷锦砖(马赛克)地面

(c) 马赛克地面效果

图 7.16 缸砖、马赛克地面构造

3. 木楼地面

根据构造形式不同，木楼地面分为实铺式和架空式两种，如图 7.17 和图 7.18 所示。

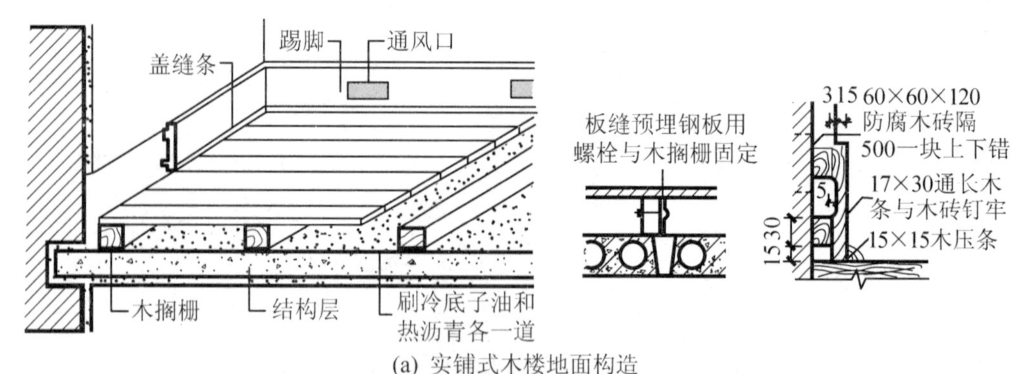

(a) 实铺式木楼地面构造

图 7.17 实铺式木楼地面

(b) 地龙

(c) 地板安装

(d) 实铺式木楼地面效果

图 7.17　实铺式木楼地面(续)

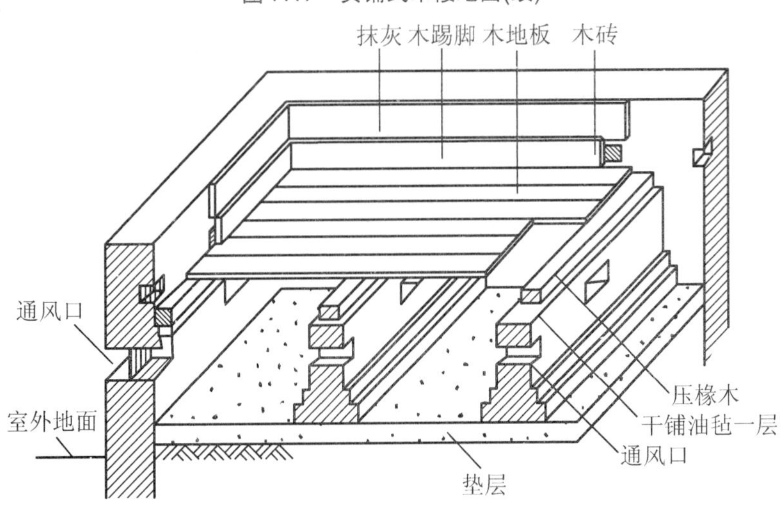

图 7.18　架空式木楼地面的构造

4. 其他地面

地面的构造做法还有涂料地面、塑料地面、粘贴类地面、活动地面等。图 7.19 所示是铺地毯的地面。

图 7.19　铺地毯的地面

7.4　顶　　棚

顶棚也称天花板或天棚，位于楼板层的最下方，是室内的主要饰面之一。按构造形式不同，顶棚的类型分为直接式顶棚和悬吊式顶棚两种。

7.4.1　直接式顶棚构造

直接式顶棚是在楼板底面直接喷浆、抹灰或粘贴装饰材料。这类顶棚构造简单，施工方便，一般用于装饰要求不高的建筑。构造做法如图 7.20 和图 7.21 所示。

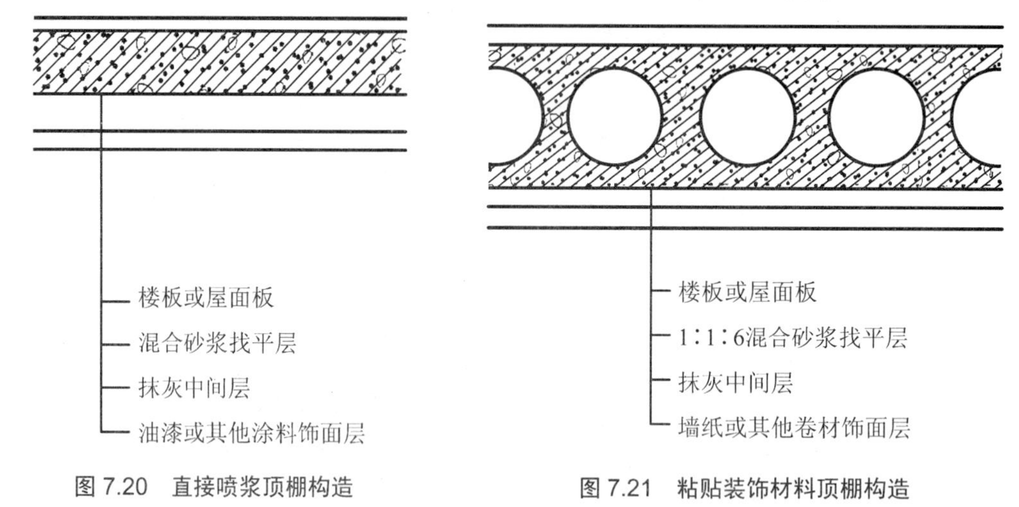

图 7.20　直接喷浆顶棚构造

图 7.21　粘贴装饰材料顶棚构造

7.4.2　悬吊式顶棚构造

悬吊式顶棚简称吊顶，它与楼板的下表面有一定的距离，通过悬挂物与主体结构连接在一起。悬吊式顶棚一般由吊杆或吊筋、龙骨或搁栅、面层三部分组成，如图 7.22 所示。吊杆是连接龙骨与楼板的承重结构。龙骨与吊杆相连，并为面层提供节点，常见的有木龙骨、轻钢龙骨、铝合金龙骨。面层除具有装饰室内空间的作用外，还有吸声、反射等功能。常用的面层有各种装饰板材，如装饰石膏板、铝合金装饰板、纤维板等。图 7.23～图 7.25

为常见的几种悬吊式顶棚构造。

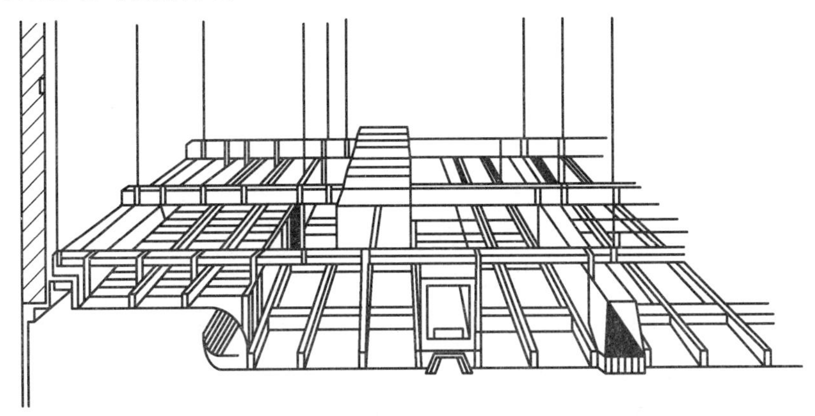

图 7.22　悬吊式顶棚的构造

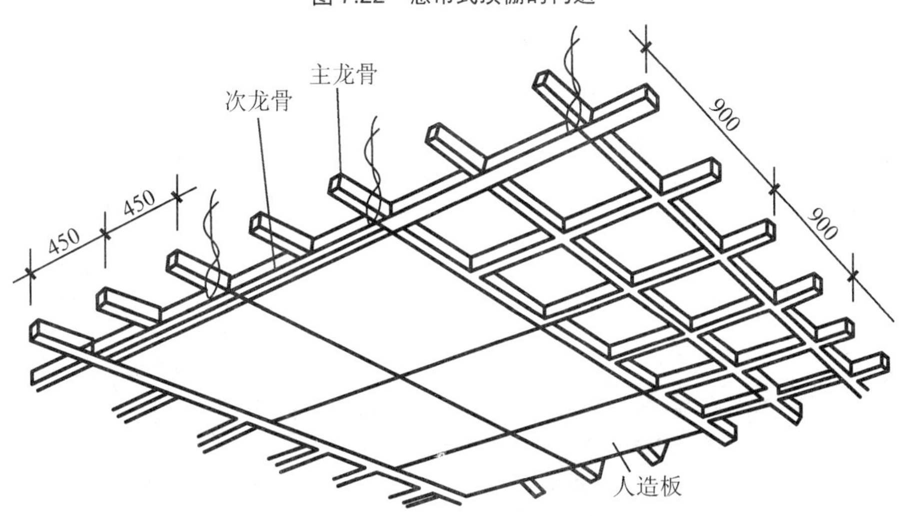

图 7.23　人造板悬吊式顶棚构造

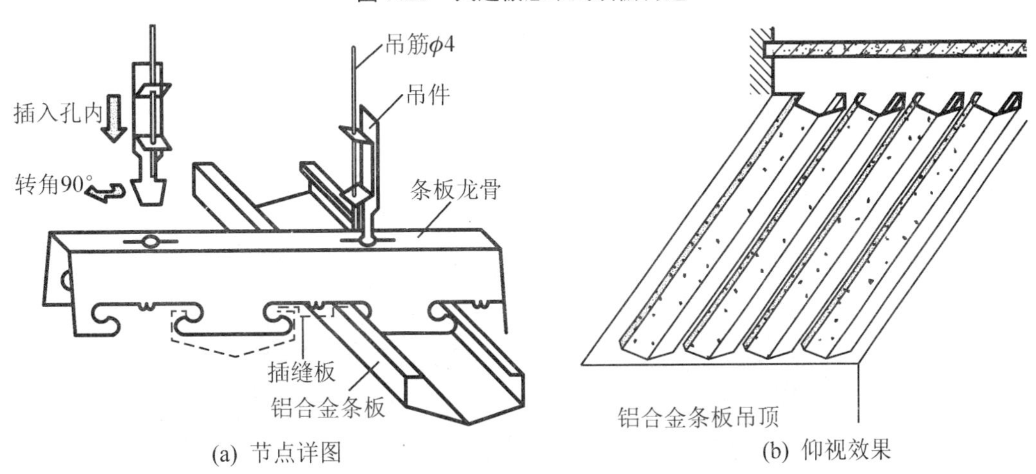

图 7.24　铝合金龙骨铝合金条板吊顶构造

(c) 铝合金条板吊顶效果

图 7.24 铝合金龙骨铝合金条板吊顶构造(续)

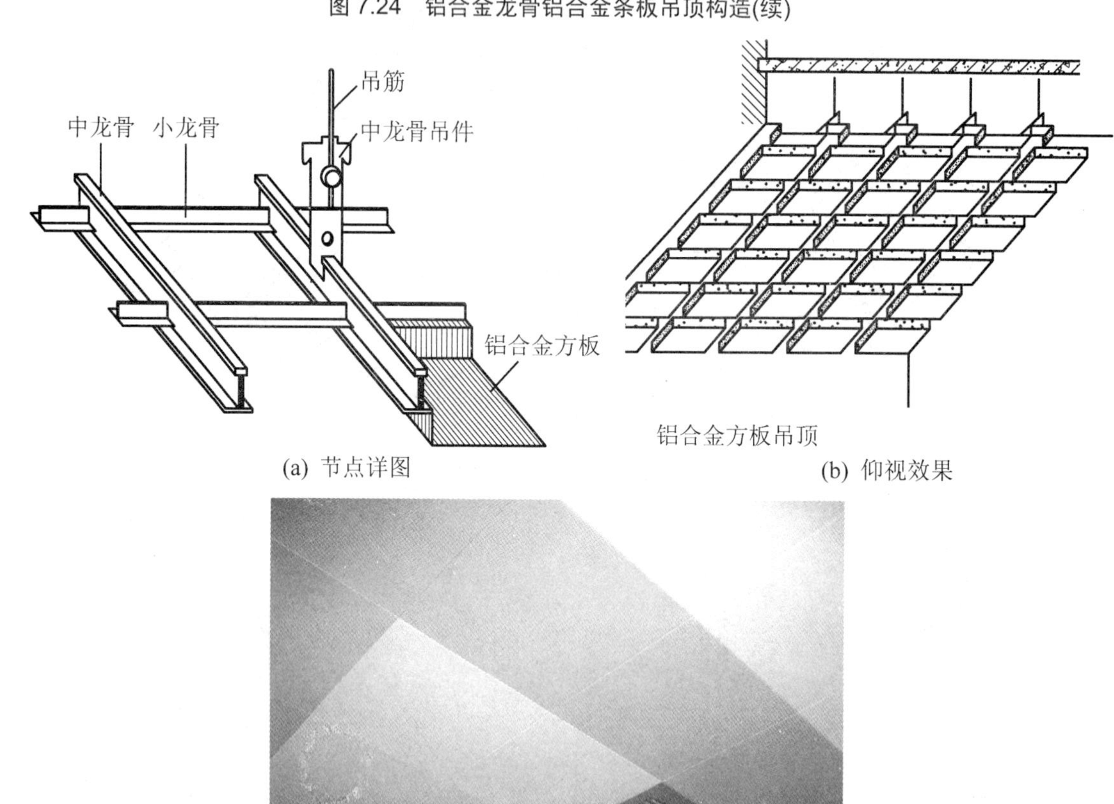

(a) 节点详图

(b) 仰视效果

(c) 铝合金方板吊顶效果

图 7.25 铝合金龙骨铝合金方板吊顶构造

7.5 雨篷与阳台

7.5.1 雨篷

1. 小型钢筋混凝土雨篷

雨篷是建筑物出入口上部和顶层阳台设置的用以遮挡雨水的构件，多采用钢筋混凝土悬挑板。雨篷由雨篷板和雨篷梁组成，雨篷梁除支承雨篷外，还兼作门窗洞口的过梁。雨篷板承受的荷载不大，通常做成变截面形式，檐厚度为 50～70mm，悬挑长度 1.0～1.5m。雨篷梁宽度一般与墙同厚。

悬臂式雨篷发生破坏的三种可能：雨篷板根部断裂、雨篷梁弯剪扭破坏和雨篷整体倾覆。防止雨篷倾覆的构造措施，即保证雨篷梁上有足够的压重。雨篷板上要做好排水和防水。通常沿板四周用砖砌或现浇混凝土做凸檐挡水，雨篷板上抹 20mm 厚(最薄处)1∶2.5 水泥砂浆内掺 3%防水粉面层，向水落口找坡不小于 1%。防水砂浆应顺墙上卷至少 300mm，如图 7.26 所示。

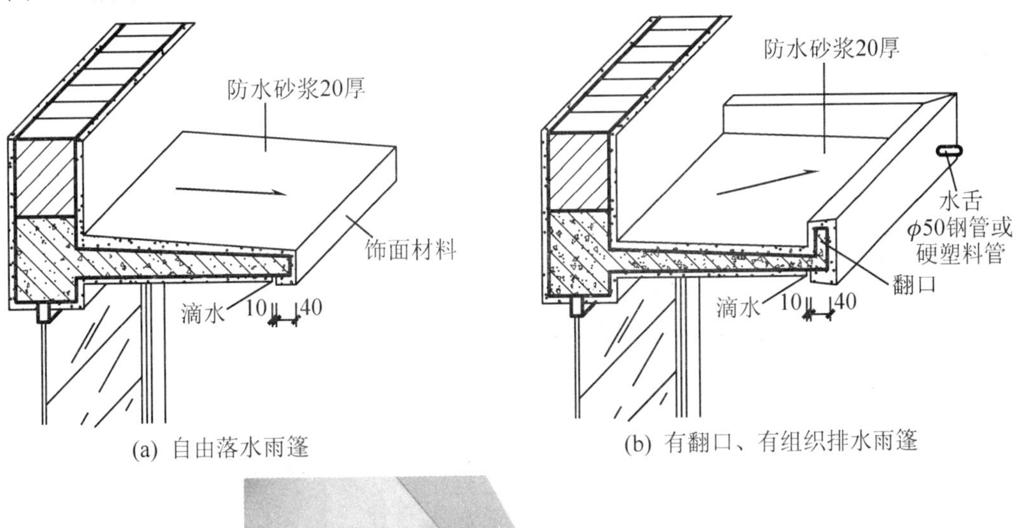

(a) 自由落水雨篷　　(b) 有翻口、有组织排水雨篷

(c) 雨篷实物

图 7.26 钢筋混凝土雨篷

2. 其他小型雨篷

有些小型雨篷采用玻璃-钢结构组合的方式，如图 7.27 所示。这种雨篷采用钢斜拉杆以防止雨篷倾覆，如图 7.28 所示。

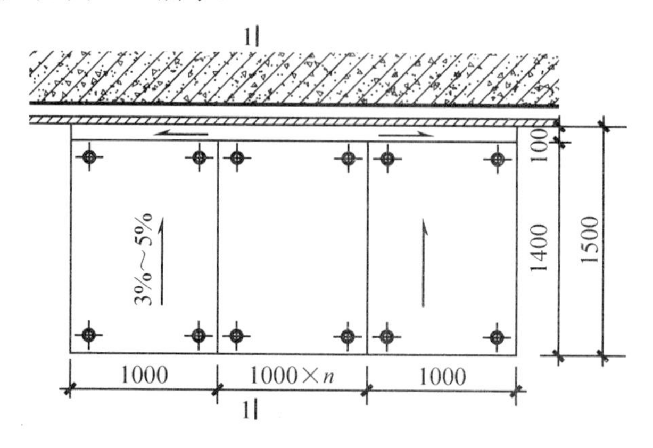

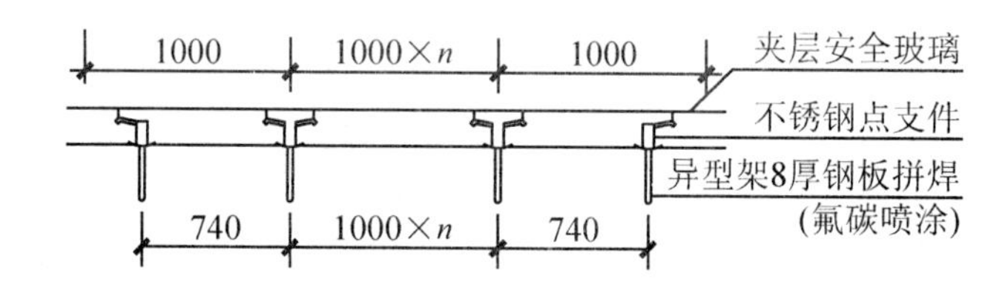

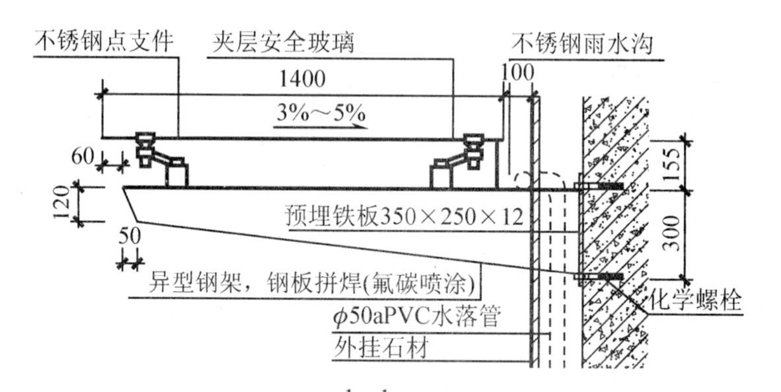

(a) 玻璃-钢结构雨篷构造

(b) 玻璃-钢结构雨篷实物

图 7.27 小型玻璃-钢结构雨篷

图 7.28　小型玻璃-钢结构雨篷防倾覆构造

3. 大型雨篷

大型雨篷是指有立柱支撑的雨篷。这种雨篷大多位于大型或高层建筑的主要出入口，与主体建筑风格相协调。立柱除起结构支撑作用外，还兼具装饰作用，如图 7.29 所示。

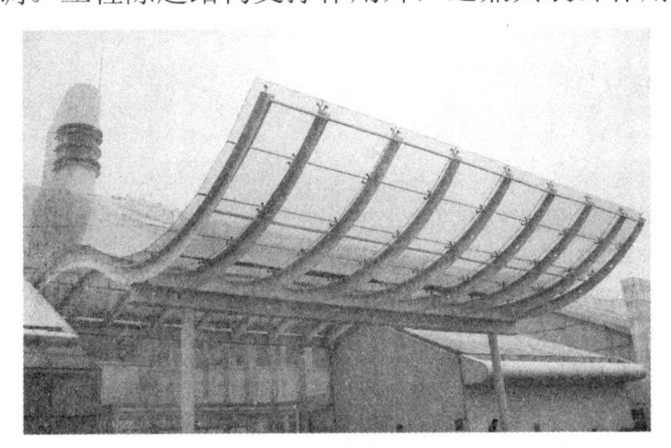

图 7.29　大型雨篷

7.5.2 阳台

1. 阳台的类型

阳台是楼房建筑中不可缺少的室内外过渡空间。人们可以在阳台上休息、眺望或从事家务活动。阳台按与外墙的位置关系可分为凸阳台、半凸半凹阳台、凹阳台和转角阳台，如图 7.30 所示。

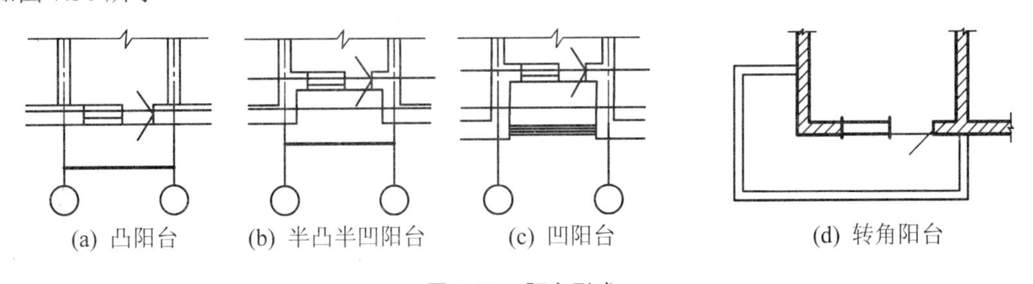

图 7.30　阳台形式

2. 阳台的结构布置

阳台的结构布置按其受力和结构形式不同主要可分为搁板式阳台和悬挑式阳台，悬挑式阳台又可分为挑板式阳台和挑梁式阳台。

1) 搁板式阳台

搁板式一般适合于凹阳台或阳台两侧有凸出墙的阳台。将阳台板搁置于墙上，即形成搁板式阳台，如图 7.31 所示。阳台板型和尺寸与楼板一致，施工方便。

图 7.31　搁板式阳台

2) 挑板式阳台

挑板式阳台的做法之一是利用现浇或预制的楼板从室内向外延伸形成挑板式阳台，是纵墙承重住宅阳台的常用做法。挑出的阳台底板与室内这部分楼板及压在两板端的横墙来平衡，以保证整体的稳定，如图 7.32 所示。另一种做法是将阳台底板和过梁或圈梁整浇在一起，用梁的重量来平衡外挑板的重量，如图 7.33 所示。

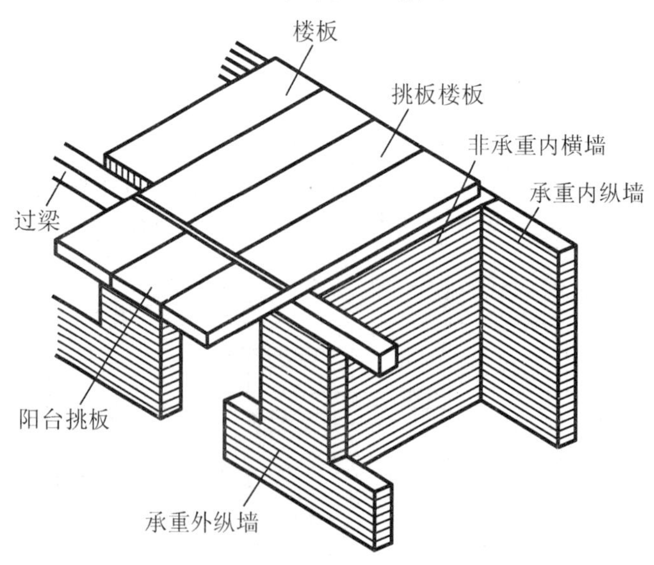

图 7.32　楼板外挑式阳台

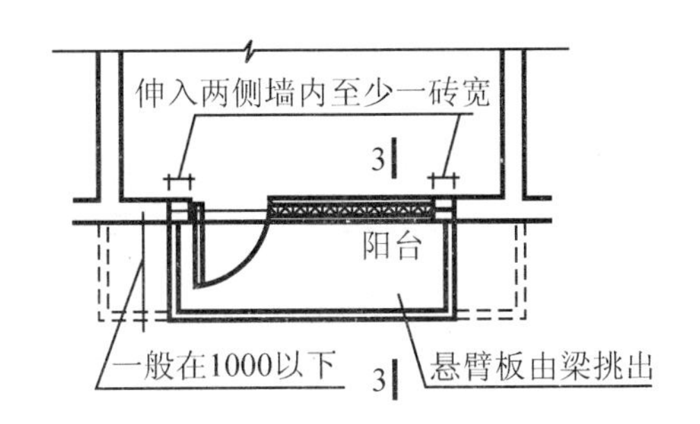

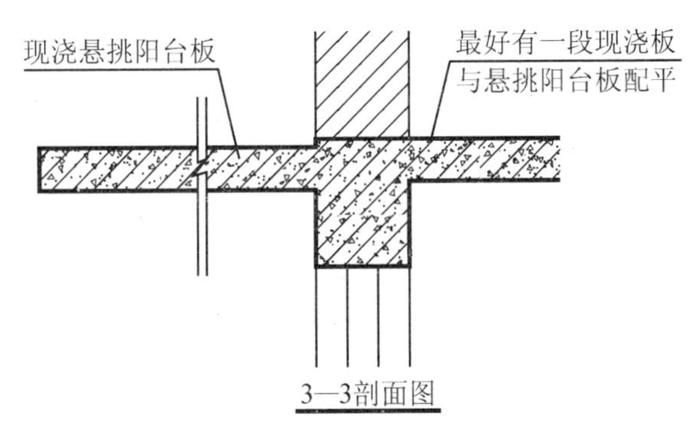

图 7.33 挑板式现浇阳台板

3) 挑梁式阳台

挑梁式阳台的构造是从横墙内向外伸挑梁，梁上搁置预制楼板。阳台板上的荷载通过挑梁传给纵横墙，由压在挑梁上的墙体和楼板来抵抗阳台的倾覆力矩。挑梁压在墙中的长度应不小于 1.5 倍的挑出长度，如图 7.34 所示。

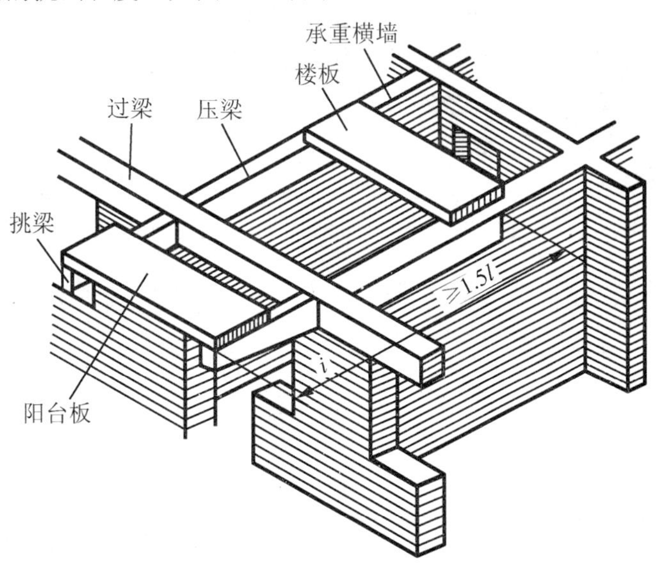

图 7.34 挑梁式阳台

3. 阳台的构造

1) 阳台的栏杆(栏板)和扶手

阳台上的栏杆(栏板)和扶手是阳台的围护构件，应满足使用安全的要求，同时兼具装饰美观的作用。阳台的栏杆(栏板)的高度，低层、多层建筑要求不低于1050mm；中高层、高层建筑不低于1100mm。

阳台栏杆(栏板)的形式有空花式栏杆、实心式栏板，以及由空花式栏杆和实心式栏板组合而成的组合式栏杆，如图7.35所示。阳台的镂空栏杆设计应防止儿童攀爬，垂直栏杆间净距不应大于110mm。按材料不同，有金属栏杆、砖砌栏板、钢筋混凝土栏杆(栏板)等。

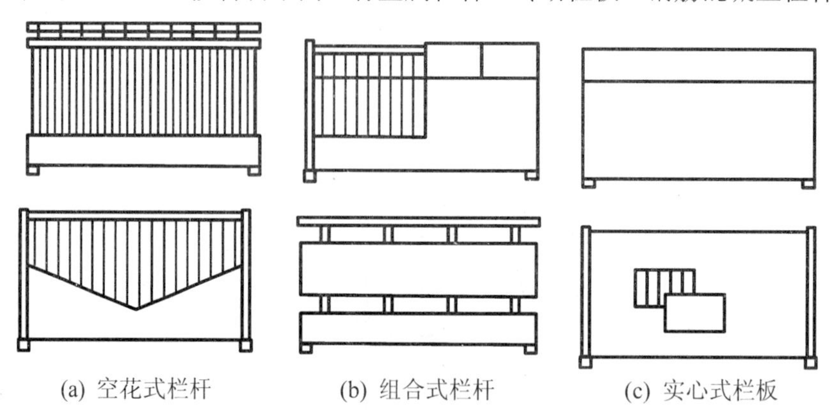

(a) 空花式栏杆　　(b) 组合式栏杆　　(c) 实心式栏板

图7.35　阳台栏杆(栏板)形式

2) 阳台的排水

阳台的地面一般要比室内地面低20～50mm，并向排水管或地漏处找0.5%～1%的排水坡。阳台排水有内排水和外排水两种。内排水适用于高层和高标准建筑，即在阳台内侧设置排水立管和地漏，将雨水直接排入地下管网，不影响建筑物立面美观。有的住宅将屋面雨水管和连接阳台地漏的排水管分开设置，保证排水通畅。如图7.36所示为阳台内排水构造。外排水是在阳台一角预埋$\phi40$～$\phi60$镀锌管或工程塑料管，水舌向外挑出80mm以上，以防排水时溅到下层阳台。如图7.37所示为阳台外排水构造。

(a) 阳台地漏

(b) 阳台地漏排水管

图7.36　阳台内排水构造

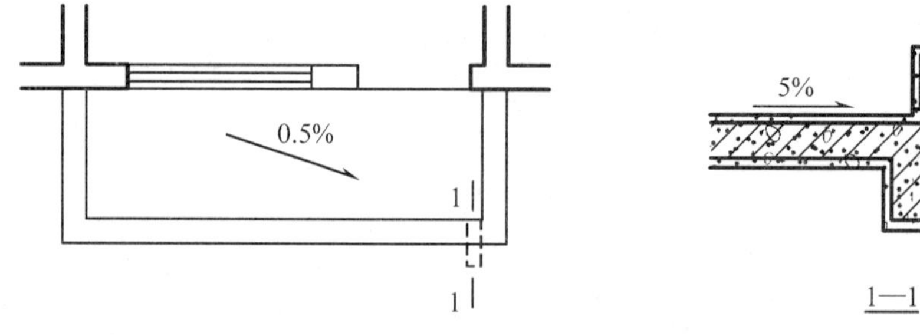

图7.37　阳台外排水构造示意图

本章小结

楼板层主要由面层、结构层和顶棚层组成，根据建筑物的使用功能不同，还可在楼板层中设置附加层。

楼板层根据其承重结构层所用材料不同，主要有钢筋混凝土楼板、压型钢板-混凝土组合楼板、木楼板及砖拱楼板等其他材料楼板层。其中，钢筋混凝土楼板根据施工方式不同，可分为现浇整体式、预制装配式及现浇和预制结合的装配整体式钢筋混凝土楼板。

楼板层应满足强度和刚度的要求，满足使用功能方面的要求，满足建筑工业化的要求，同时要考虑经济合理。

现浇钢筋混凝土楼板根据其受力情况分为板式楼板、梁板式楼板、无梁楼板及压型钢板-混凝土组合楼板等。

常用的预制钢筋混凝土楼板可分为实心平板、槽形板和空心板三种类型。

叠合楼板是由预制钢筋混凝土楼板和现浇钢筋混凝土层叠合而成的装配整体式楼板。

地坪层的基本组成部分有面层、垫层和基层三部分。为满足有特殊的使用要求的地坪层，常在面层和垫层之间增设附加层。

根据面层所用材料和施工方法不同，地面装修可分为几大类：整体类地面、块材类地面、木楼地面和涂料地面、塑料地面、粘贴类地面、活动地面等。

习题

一、选择题

1．空心板在安装前，孔的两端常用混凝土或碎砖块堵严，其目的是(　　)。

A．增加保温性　　B．避免板端被压坏

C．避免板端滑移　　D．增强整体性

2．预制钢筋混凝土梁搁置在墙上时，常需在梁与砌体间设置混凝土或钢筋混凝土垫块，其目的是(　　)。

A．扩大传力面积　　B．简化施工

C．增大室内净高　　D．减少梁内配筋

3．梁板式楼板中，钢筋混凝土次梁的断面高度为跨度的(　　)。

A．1/18～1/12　　B．1/20～1/18　　C．1/5～1/8　　D．1/15～1/20

4．梁板式楼板中，钢筋混凝土连续板的厚度是跨度的(　　)。

A．1/20　　B．1/30　　C．1/40　　D．1/50

5．梁板式楼板中，钢筋混凝土梁高大于500mm时，梁支承长度应不小于(　　)mm。

A．90　　B．120　　C．180　　D．240

6．梁端传到墙上的集中荷载，若超过墙体承压面的局部抗压承载能力时，应在梁端下设置钢筋混凝土或混凝土梁垫，梁垫可以现浇，也可以预制，其厚度不应小于(　　)mm。

A．60　　B．90　　C．120　　D．180

7. 现浇钢筋混凝土梁板式楼板由主梁、(　　)、板组成。

A. 柱帽　　B. 次梁　　C. 斜梁　　D. 平台梁

8. 当首层地面垫层为柔性垫层(如砂垫层、炉渣垫层或灰土垫层)时，可用于支承(　　)面层材料。

A. 瓷砖　　B. 硬木拼花板

C. 黏土砖或预制混凝土块　　D. 马赛克

二、填空题

1. 楼板层主要由________、________和________组成，根据建筑物的使用功能不同，还可在楼板层中设置________。

2. 单梁式楼板传力路线是________→________→________→________；复梁式楼板传力路线是________→________→________→________→________。

3. 木楼地面根据构造形式不同，分为________和________。

4. 顶棚的构造方式有________和________两种。

三、简答题

1. 楼板层各组成部分有什么作用？

2. 楼板层的设计要求有哪些？

3. 楼板层有哪些类型？它们各自有什么特点？

4. 什么是单向板？什么是双向板？它们在构造上各有什么特点？

5. 梁板式楼板的荷载如何传递？

6. 现浇钢筋混凝土梁板式楼板各构件的经济尺寸如何确定？

7. 常见的装配式钢筋混凝土楼板有哪些类型？各自有何特点？各适用于什么情况？

8. 预制钢筋混凝土楼板在墙上和梁上的搁置要求如何？预制钢筋混凝土楼板之间的缝隙如何处理？

9. 装配整体式钢筋混凝土楼板有何特点？

10. 地坪层由哪几部分组成？常见的地面装修有哪几种？

11. 悬臂式雨篷的破坏形式有哪些？

12. 阳台的结构布置形式有哪些？阳台上的排水如何处理？

13. 阳台的栏杆(栏板)的高度有什么要求？

综合实训

参观所在学校的教学楼、公寓楼、餐厅的地面，并画出常见的几种地面装修构造。

第8章

屋　　顶

教学目标

通过本章的学习，要求学生了解屋顶的作用、类型和设计要求；掌握屋顶的排水方式和平屋顶的坡度形成方式；掌握平屋顶柔性防水和刚性防水的构造做法；熟悉瓦屋面的构造做法；了解坡屋顶防水、保温隔热的构造要求及做法。

教学要求

能力目标	知识要点	权重	自测分数
了解屋顶的作用、类型及设计要求	屋顶的类型和设计要求	20%	
掌握屋顶的排水方式和平屋顶的坡度形成方式	平屋顶的组成和排水方式	30%	
掌握平屋顶的防水、保温隔热和细部构造	平屋顶的防水、保温隔热构造	35%	
熟悉瓦屋面的构造做法，了解坡屋顶防水、保温隔热的构造要求及做法	坡屋顶的防水、保温隔热及细部构造	15%	

引例

人们在观赏一栋房屋时，首先映入眼帘的是其整体形象。屋顶是建筑造型的重要组成部分，要满足人们对建筑艺术即美观方面的需求。中国古建筑的重要特征之一就是有变化多样的屋顶外形和装修精美的屋顶细部，现代建筑也应注重屋顶形式及其细部设计。

由此便会引出一些问题，屋顶是平屋顶还是坡屋顶，或是其他形式的？屋顶是什么材料和色彩的？屋顶的具体构造是怎样的？请观察、思考和讨论。

8.1 屋顶概述

8.1.1 屋顶的作用

屋顶也称为屋盖，它是建筑物最上部的承重和围护构件。屋顶阻挡着风、雨、雪、太阳辐射，抵御严寒酷热，同时又要承受自重和屋顶上的各种荷载，并把这些荷载传递给墙体和柱。此外，屋顶的类型对建筑物的美观也至关重要。因此屋顶主要起承重、围护(即排水、防水和保温隔热)和美化作用。

8.1.2 屋顶的类型

屋顶的类型很多，其类型主要是由屋顶的结构和布置形式、建筑的使用要求、屋面使用的材料等因素决定的，具体可分成以下几类。

(1) 按屋顶的坡度和外形分，有平屋顶、坡屋顶和其他形式屋顶，如图8.1所示。

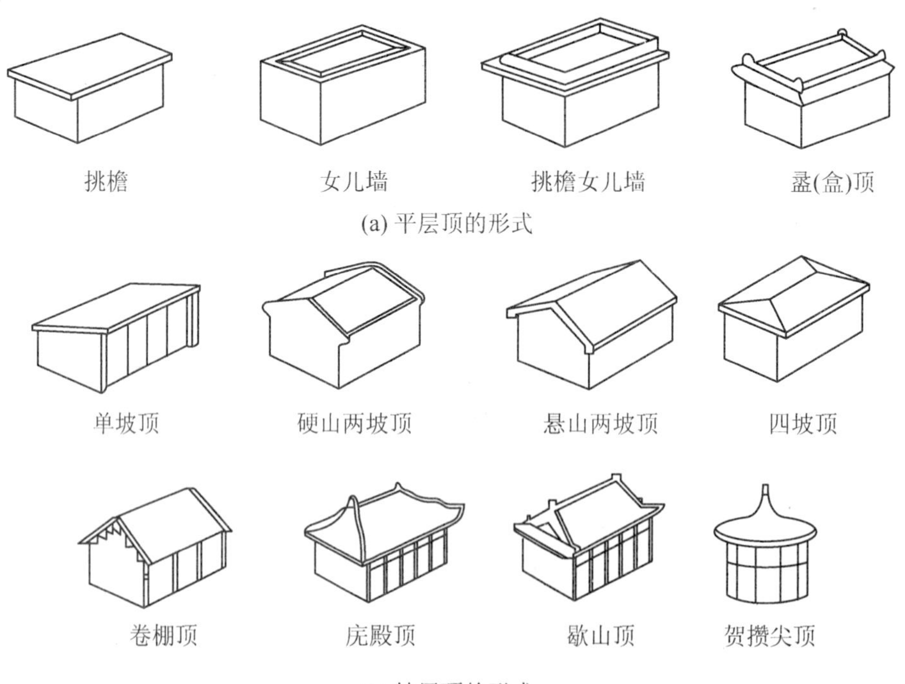

图8.1 屋顶的常见形式

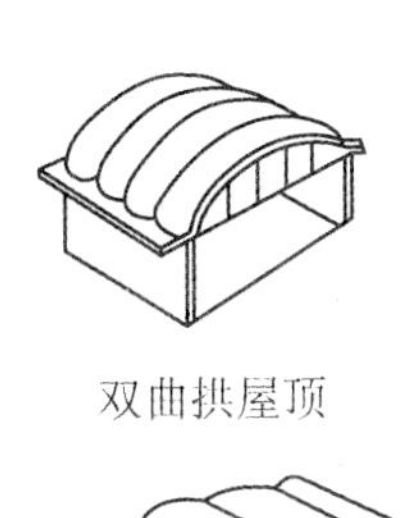
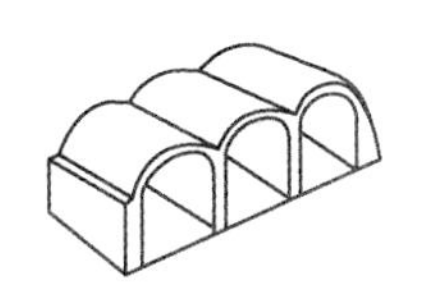
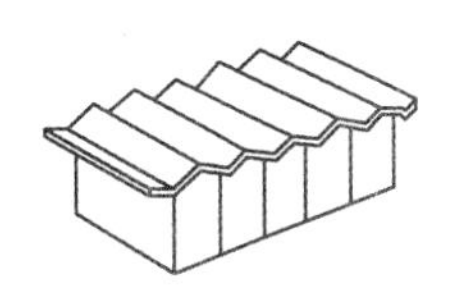

双曲拱屋顶 砖石拱屋顶 球形网壳屋顶 V形网壳屋顶

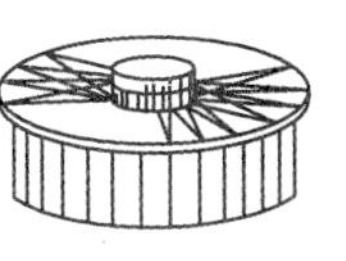
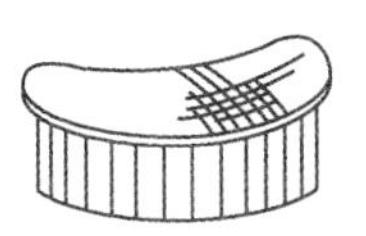

筒壳屋顶 扁壳屋顶 车轮形悬索屋顶 鞍形悬索屋顶

(c) 其他形式的屋顶

图 8.1 屋顶的常见形式(续)

(2) 按屋顶结构的传力特点分，有檩屋顶和无檩屋顶。

(3) 按屋顶保温隔热要求分，有保温屋顶、无保温屋顶、隔热屋顶等。

(4) 按屋面材料与构造分，有卷材(柔性)防水屋顶和非卷材防水屋顶。

(5) 其他新型屋顶结构形式，如拱屋顶、折板屋顶、薄壳结构屋顶、网架结构屋顶、悬索结构屋顶等，这类屋顶多数用于跨度较大的公共建筑。

知识链接

庑殿顶：由于屋顶有四面斜坡，又略微向内凹陷形成弧度，故又常称为“四阿顶”，宋朝称“庑殿顶”，清朝称“庑殿顶”或“五脊殿顶”，是中国、日本、韩国等中华文化圈国家古代建筑的一种屋顶样式。在中国是各屋顶样式中等级最高的，高于歇山顶。明清时只有皇家和孔子殿堂才可以使用。有重檐庑殿顶和单檐庑殿顶之分。现存的古建筑物中，只有太和殿和曲阜孔庙大成殿采用此种殿顶。

歇山顶：其上半部分为悬山顶或硬山顶的样式，而下半部分则为庑殿顶的样式。

中式建筑屋顶的等级划分如下。

第一位：重檐庑殿顶，常见于重要的佛殿、皇宫的主殿，象征尊贵。

第二位：重檐歇山顶，常见于官殿、园林、坛庙式建筑。

第三位：单檐庑殿顶，常见于重要的建筑。

第四位：单檐歇山顶，常见于重要的建筑。

第五位：悬山顶，常见于民居、神厨、神库。

第六位：硬山顶，常见于民居。

第七位：卷棚顶，常见于民间建筑。

无等级：攒尖顶，常见于亭台楼阁。

8.1.3 屋顶的设计要求

1. 强度和刚度要求

屋顶既是建筑物的围护构件，又是建筑物的承重构件，所以首先要求其要有足够的强度，以承受作用在屋顶上的各种荷载的作用；其次要有足够的刚度，防止屋顶受力后产生过大的变形导致屋面防水层开裂造成屋面渗漏。

2. 防水和排水要求

防水和排水是屋顶构造设计应满足的最基本的要求之一。防水是通过选用不透水的屋面材料，以及合理的构造处理来达到屋顶防水目的；排水是利用屋面适合的坡度，使屋面的雨水能够迅速排除。

3. 保温隔热要求

屋顶作为建筑物最上层的围护结构，应具有良好的保温隔热性能，以满足建筑物的使用要求。在北方寒冷地区，屋顶应满足冬季的保温要求，减少室内热量的损失，以节约能源；在南方炎热地区，屋顶应满足夏季隔热的要求，避免室外高温及强烈的太阳辐射对室内产生的不利影响。

4. 建筑艺术要求

屋顶是建筑物外部形体的重要组成部分，屋顶的形式在很大程度上影响建筑的整体造型。在设计中，应注重屋顶的建筑艺术效果。

8.1.4 屋顶的排水组织设计

1. 影响屋顶坡度的因素

屋面坡度的大小，与屋面材料、地区降水量、屋顶结构形式、施工方法、构造组合方式、建筑造型要求及经济条件等因素有关，其中屋面防水材料的形体尺寸是最主要的决定因素。

一般说来，防水材料的形体尺寸越小，整个防水层的接缝就越多，这样渗水的可能性就越大，故屋面坡度应大一些；降水量大的地区，屋面渗漏的可能性较大，屋面排水坡度应适当加大；反之则小些。

2. 屋面坡度的形成

(1) 材料找坡：又称垫置坡度，是在水平搁置的屋面板上铺设找坡层。常用的材料有炉渣加水泥或石灰，保温屋顶中有时用保温材料兼作找坡层，如图 8.2 所示。

(2) 结构找坡：又称搁置坡度，是把支承屋面板的墙或梁做成一定的倾斜坡度，屋面板直接搁置在该斜面上，形成排水坡度，如图 8.2 所示。

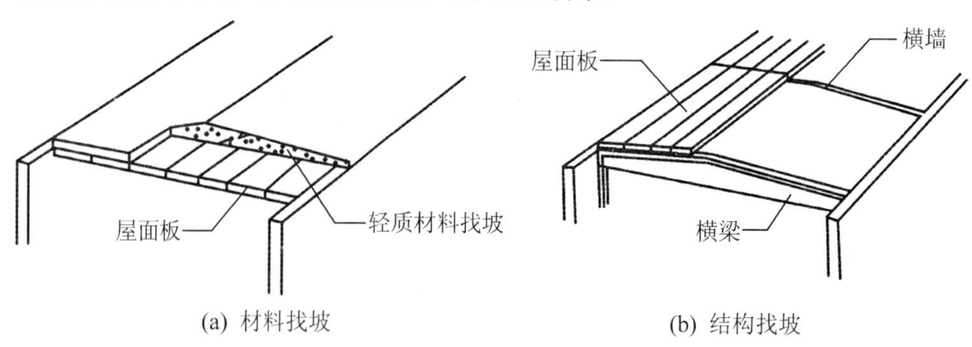

图 8.2 屋面坡度的形成

3. 屋顶坡度的表示方法

屋顶坡度的表示方法有以下三种：①斜率法；②百分比法；③角度法，如图 8.3 所示。

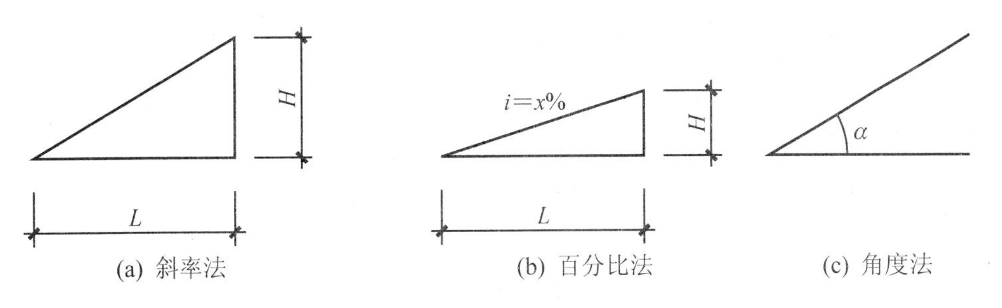

(a) 斜率法　(b) 百分比法　(c) 角度法

图 8.3　屋顶坡度表示方法

4. 屋顶的排水方式

(1) 无组织排水，又称自由落水，是指屋面雨水直接从挑出外墙的檐口自由落至地面的一种排水方式，如图 8.4 所示。

(2) 有组织排水，是指屋面雨水通过排水系统，有组织地排至室外地面或地下管沟的一种排水方式。有组织排水又可分为有组织外排水和有组织内排水两种，如图 8.5、图 8.6 所示。

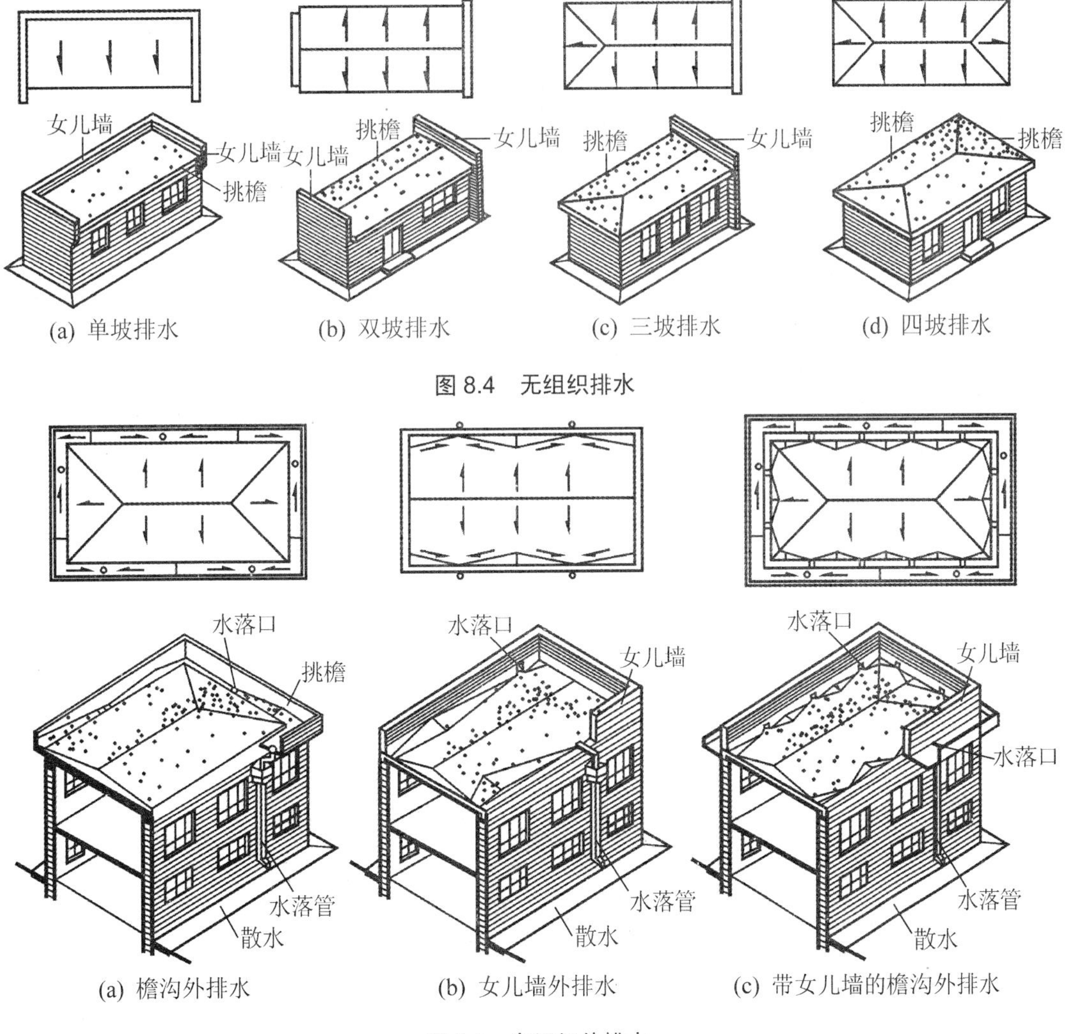

(a) 单坡排水　(b) 双坡排水　(c) 三坡排水　(d) 四坡排水

图 8.4　无组织排水

(a) 檐沟外排水　(b) 女儿墙外排水　(c) 带女儿墙的檐沟外排水

图 8.5　有组织外排水

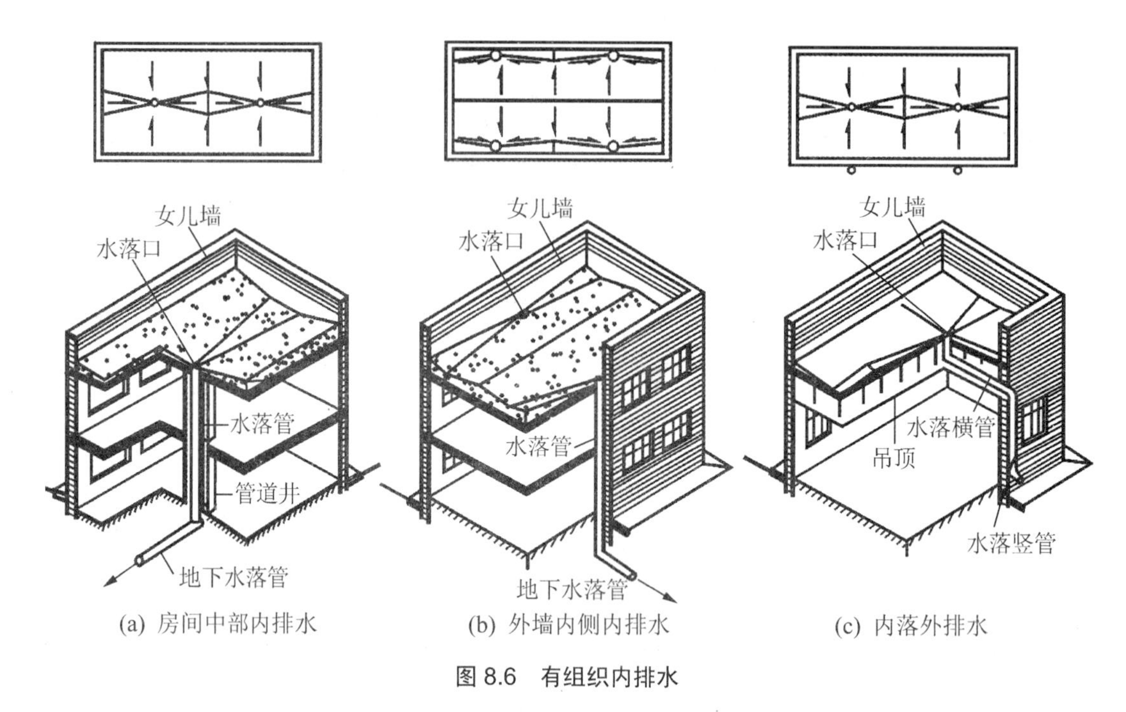

(a) 房间中部内排水　　(b) 外墙内侧内排水　　(c) 内落外排水

图 8.6　有组织内排水

在如此多的排水方式中，如何选择合理的排水方式尤其重要。排水方式的选择原则如下。

(1) 等级低的建筑，为了控制造价宜优先选择无组织排水。

(2) 在年降雨量大于 900mm 的地区，当檐口高度大于 8m 时，或者年降雨量小于 900mm 的地区，当檐口高度大于 10m 时，宜选择有组织排水。

(3) 积灰较多的屋面应采用无组织排水，以免大量的粉尘积于屋面，下雨时造成流水通道的堵塞。

(4) 严寒地区的屋面宜采用有组织内排水，以免雪水的冻结导致挑檐的拉裂或室外水落管的损坏。

(5) 临街建筑雨水排向人行道时宜采用有组织排水。

5. 屋面排水组织设计

屋面排水组织设计的具体步骤如下。

(1) 确定屋面坡度的形成方法和坡度大小。

(2) 选择排水方式，划分排水区域。

(3) 确定天沟的断面形式及尺寸。

(4) 确定水落管所用材料、大小及间距，绘制屋顶排水平面图。

檐沟、天沟的过水断面，应根据屋面汇水面积的雨水流量经计算确定。钢筋混凝土檐沟、天沟净宽不应小于 300mm，分水线处最小深度不应小于 100mm；沟内纵向坡度不应小于 1%，沟底水落差不得超过 200mm；檐沟、天沟排水不得流经变形缝和防火墙。

8.2　平　屋　顶

8.2.1　平屋顶的组成

平屋顶主要由承重结构层、屋面层、保温隔热层和顶棚等部分组成。有时由于建筑功能不同需要根据具体情况增加保护层、找平层、找坡层、隔汽层及隔离层等。平屋顶的屋面应有 1%～5%的排水坡，用得最多的坡度为 2%～3%。它是目前应用最广泛的屋顶形式。

1. 承重结构层

承重结构层承受屋顶的自重和上部荷载，并将其传给屋顶的支承结构，如墙、大梁及柱等。承重结构层常用预制钢筋混凝土楼板或现浇钢筋混凝土楼板。

2. 屋面层

一般情况下，屋面层即指防水层。根据防水层做法及材料的不同可分为柔性防水屋面和刚性防水屋面。柔性防水屋面是以沥青、油毡、油膏等柔性材料铺设的屋面防水层，多用于寒冷和湿热地区；刚性防水屋面是以细石混凝土、防水砂浆等刚性材料作为屋面防水层，多用于炎热地区。

3. 保温隔热层

保温隔热层多采用松散的粒状材料，如膨胀蛭石、膨胀珍珠岩、加气混凝土、聚苯乙烯泡沫塑料等，设置在承重结构层与屋面层之间。

4. 顶棚

在承重结构层下面，多采用直接式顶棚和悬吊式顶棚，有时在吊顶里面敷设一些设备管道等。

平屋顶的组成如图 8.7 所示。

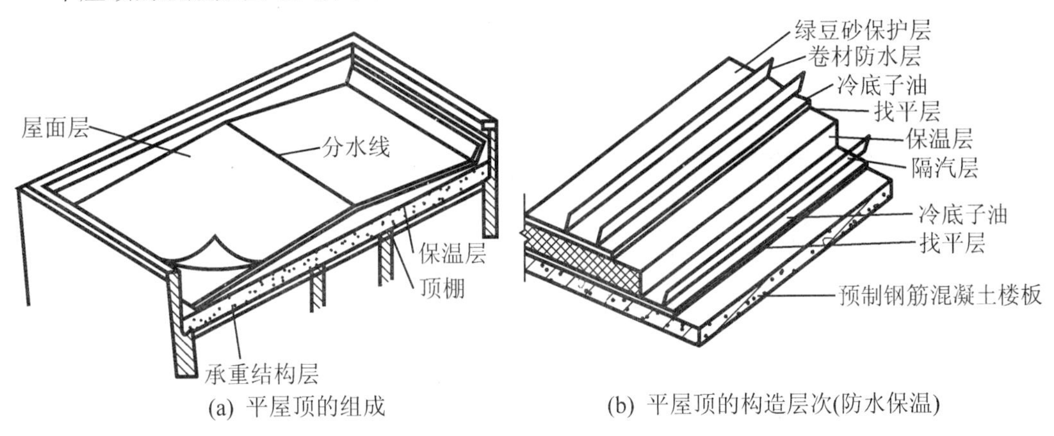

(a) 平屋顶的组成　　(b) 平屋顶的构造层次(防水保温)

图 8.7　平屋顶的组成

8.2.2　平屋顶的排水

1. 排水坡度的形成

平屋顶的屋面应有 1%～5%的排水坡，用得最多的坡度为 2%～3%。排水坡度可通过材料找坡和结构找坡两种方法形成，如图 8.2 所示。

2. 平屋顶的排水方式

平屋顶的排水方式分为无组织排水和有组织排水两类。

1) 无组织排水

无组织排水是将屋面雨水直接从檐口滴落至地面的一种排水方式。这种排水方式因不用天沟、水落管导流雨水，故又称自由落水。它要求屋檐挑出外墙面，以防雨水顺外墙面漫流而浇湿和污染墙体。无组织排水构造简单，造价低，不易漏雨和堵塞，适用于少雨地区和低层建筑，如图 8.8 所示。因雨水四处流淌，给人们的使用带来不便，所以目前无组织排水方式使用得越来越少。

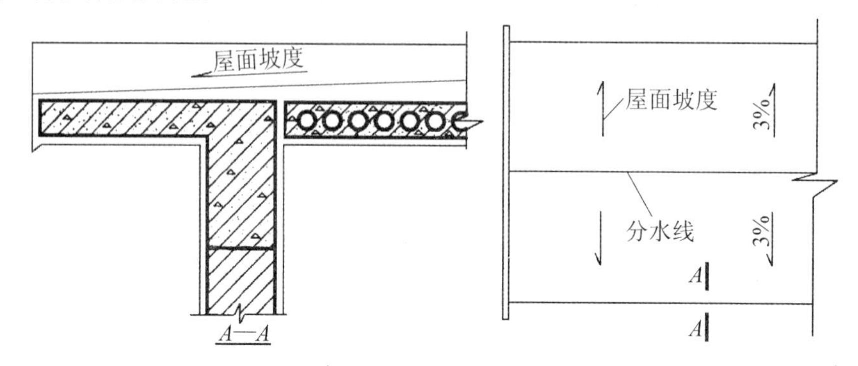

图 8.8　无组织排水

2) 有组织排水

有组织排水是将屋面雨水通过排水系统，进行有组织地排除。所谓排水系统是把屋面划分成若干排水区，使雨水有组织地排到天沟中，通过水落口排至水落斗，再经水落管排到室外。有组织排水构造复杂，造价高，但雨水不会冲刷墙面，因而被广泛应用于各类建筑中。

有组织排水又可分为有组织内排水和有组织外排水两种。有组织内排水的雨水管设于建筑物内，构造复杂，易造成渗漏，一般用在多跨建筑的中间跨、高层建筑和寒冷地区，如图 8.9 所示。有组织外排水又分为檐沟外排水(图 8.10)和女儿墙外排水(图 8.11)两种形式。

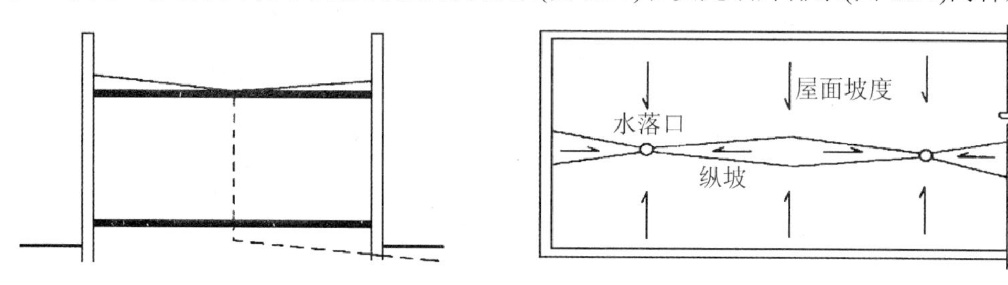

图 8.9　有组织内排水

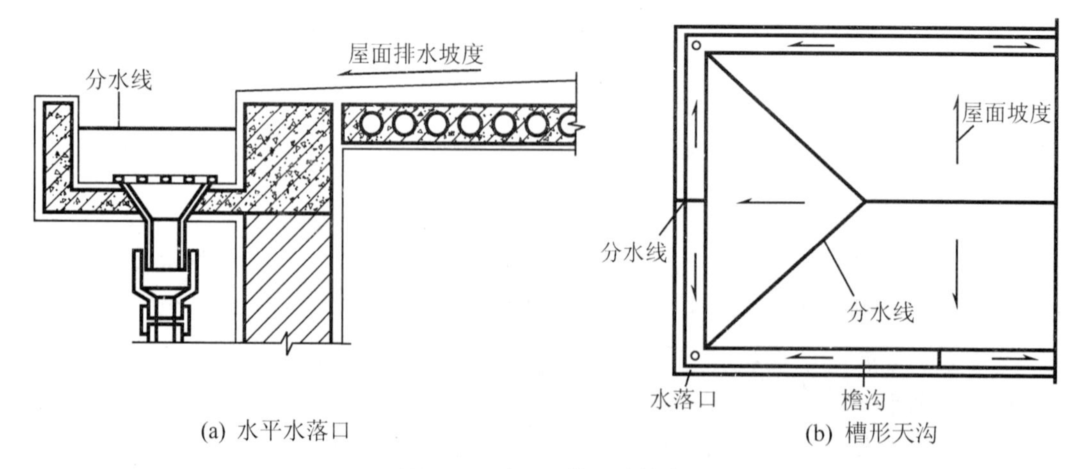

图 8.10　有组织檐沟外排水

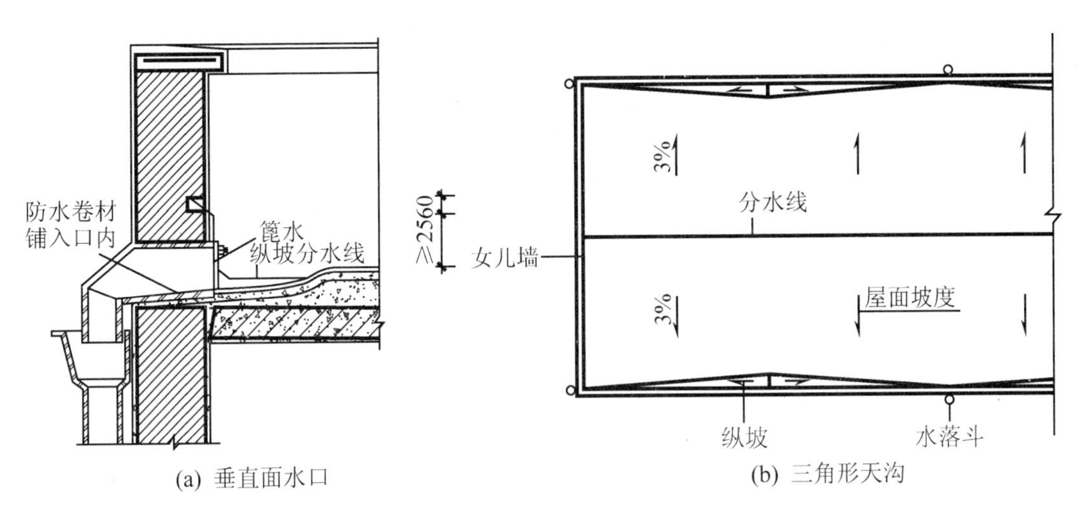

(a) 垂直面水口　　(b) 三角形天沟

图 8.11　有组织女儿墙外排水

8.2.3　平屋顶的防水构造

平屋顶的防水主要是采用材料防水的方案，即在屋面找坡后，在上面铺设一道或多道防水材料作为防水层。根据所用防水材料的不同，平屋顶防水方案又可分为卷材(柔性)防水、刚性防水及涂膜防水等几种。

1. 卷材防水屋面

1) 对防水卷材的要求

卷材防水方案所用的卷材需要有较好的延展性及耐气候性。因为屋面在昼夜温差的作用下周而复始地热胀冷缩，需要防水卷材能够随这些变化而伸展、回缩，不至于被拉裂或产生鼓泡等现象；此外，建筑物的不均匀沉降也可能造成屋面结构的轻微变形。在这种情况下，就需要防水卷材有较好的延展性。加之屋面防水规范对不同等级的建筑物屋面还有相对的耐久年限的要求，所以延展性和耐气候性都是防水卷材重要的性能指标。

2) 常用的屋面防水卷材

目前，常用的屋面防水卷材有改性沥青防水卷材、高分子防水卷材等。高分子防水卷材被规定用于防水等级较高的建筑物中，而沥青类卷材就只能用于防水等级稍低的建筑物中。

3) 卷材(柔性)防水屋面构造组成

卷材防水屋面的主要构造层次有结构层、找平层、结合层、防水层、保护层等，如图 8.12 所示。

(1) 结构层：预制或现浇的钢筋混凝土楼板(屋面板)。

(2) 找平层：一般设在结构层或保温层上面，采用 1∶3 水泥砂浆或 1∶8 沥青砂浆，中间可设宽度为 20mm 的分隔缝。

(3) 结合层：它的作用是使防水卷材与基层胶结牢固。沥青类卷材通常用冷底子油(质量配合比为 4∶6 的石油沥青及煤油或轻柴油的混合液，或 3∶7 的石油沥青及汽油的混合液，俗称冷底子油)，高分子卷材则多用配套基层处理剂，也有的采用冷底子油或稀释乳化沥青做结合层。

(4) 防水层：一般按设计要求用三毡四油沥青卷材防水层。所谓三毡四油是指在找平层上先涂一层冷底子油，然后再用热沥青逐层粘贴沥青类卷材，共三层。它的特点是造价低，防水性能较好；但易老化，使用寿命短，低温脆裂，高温流淌，需热施工，污染环境，国内的一些大城市已禁止使用。取而代之的是一批新型卷材和片材，它们是高聚物改性沥青类的SBS、APP改性沥青防水卷材和合成高分子类的三元乙丙橡胶防水卷材、聚氯乙烯(PVC)防水卷材、氯化聚乙烯防水卷材等，它们都具有良好的延伸性、耐久性和防水性，而且宜冷施工，只是价格较高些。

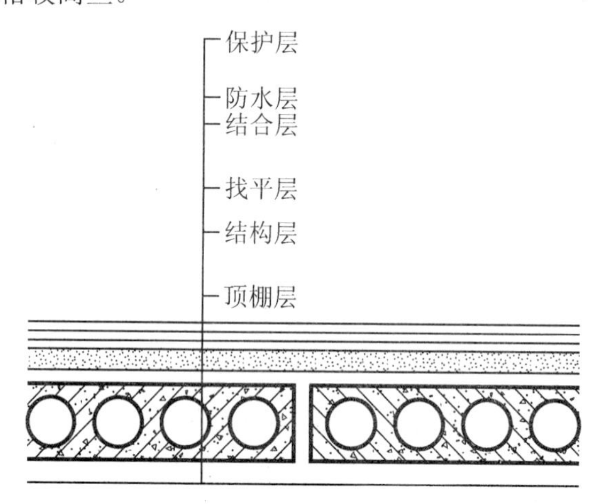

图 8.12　卷材防水屋面的构造组成

知识链接

(1) 卷材铺贴方向：沥青卷材(坡度小于3%宜平行屋脊铺贴，3%～15%可平行或垂直屋脊铺贴，大于15%或屋面受振动荷载垂直屋脊铺贴)；高聚物改性沥青防水卷材和合成高分子防水卷材(不受此限制，但上下层卷材不得相互垂直铺贴)。

(2) 卷材的铺贴顺序：从檐口到屋脊向上铺贴，形成顺水流搭接；屋面纵向逆风向铺贴，形成顺风向搭接。

(3) 卷材的搭接长度：沥青油毡长边搭接不小于70mm，短边搭接不小于100mm；高聚物改性沥青防水卷材的长短边搭接长度均不小于80mm。

(5) 保护层：设置保护层的目的是保护防水层。保护层的构造做法应视屋面的利用情况而定。不上人时，改性沥青卷材防水屋面一般在防水层上撒粒径为3～5mm的小石子作为保护层，俗称绿豆砂保护层；高分子卷材防水屋面如三元乙丙橡胶防水屋面等通常是在卷材面上涂刷水溶型或溶剂型浅色保护着色剂，如氯丁银粉胶等。上人屋面保护层的构造做法通常有：用沥青砂浆铺贴缸砖、大阶砖、混凝土板等块材；在防水层上现浇30～40mm厚细石混凝土。板材保护层或整体保护层均应设分隔缝，位置在屋顶坡面的转折处，以及屋面与凸出屋面的女儿墙、烟囱等的交接处。保护层分隔缝应尽量与找平层分隔缝错开，缝内用油膏嵌封。上人屋面做屋顶花园时，水池、花台等构造均应在屋面保护层上设置。

特别提示

根据屋顶的使用需要或为提高屋面性能，除了上面所讲的主要层次外，有时需设置辅助构造层，如保温层、隔热层、隔汽层、找坡层等。其中，找坡层是材料找坡屋面为形成所需排水坡度而设；保温层是为防止夏季或冬季气候使建筑顶部室内过热或过冷而设；隔汽层是为防止潮气侵入屋面保温层，使其保温功能失效而设等。

由于用来找坡和找平的轻混凝土和水泥砂浆都是刚性材料，在变形应力的作用下，如果不经处理，不可避免地都会出现裂缝，尤其是会出现在变形敏感部位。这样容易造成粘贴在上面的防水卷材的破裂。所以，应当在屋面板的支座处、板缝间和屋面檐口附近的这些变形敏感的部位，预先将用刚性材料所做的构造层做人为的分割，即预留分格缝(图 8.13)。即便屋面的构成为现浇整体式的钢筋混凝土，也应在距离檐口 500mm 的范围内，以及屋面纵横不超过 6000mm×6000mm 的间距内，做预留分格缝的处理。分格缝宽为 20～40mm，中间应用柔性材料及建筑密封膏嵌缝。

在屋面防水卷材粘贴经过分格缝的地方，应该先单向粘贴或干铺一层宽为 200～300mm 的同样的卷材，以使得这些地方表层的防水卷材略有放长，并且与基层材料之间存在局部相对滑动的可能，从而减少屋面变形对防水层所可能造成的影响。同样道理，在屋面檐口处也应加铺防水卷材一层，并同表面卷材一起翻高于屋面表面至少 250mm 以上。卷材的收头处理可参考图 8.14 的做法。

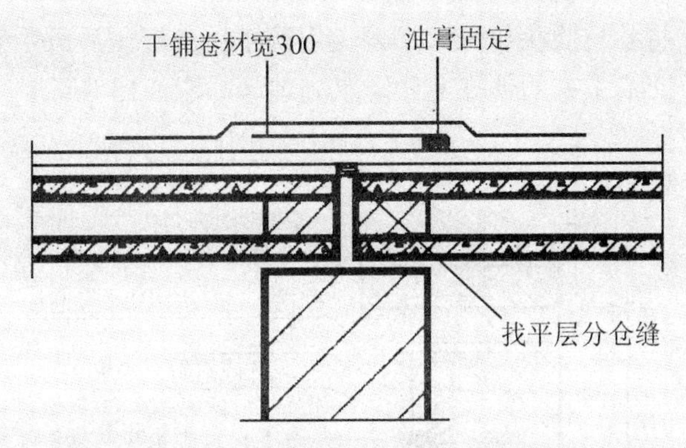

图 8.13 卷材防水屋面的分格缝

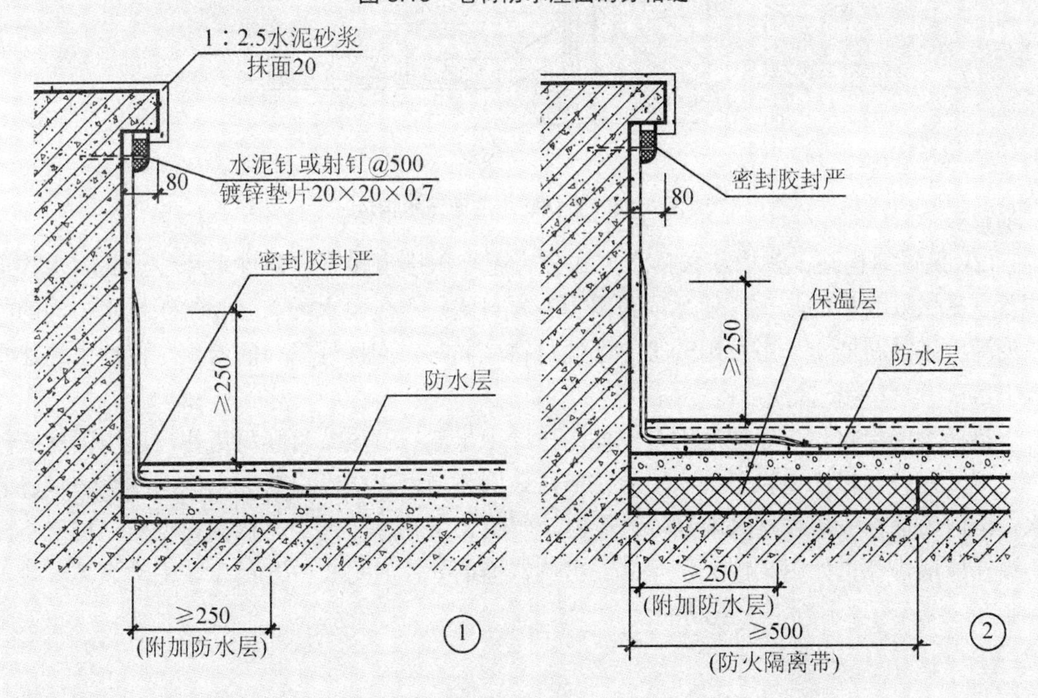

图 8.14 卷材防水屋面的收头处理

4) 卷材防水屋面细部构造

卷材防水层是一个封闭的整体，如果在屋面开设孔洞，有管道出屋面，或屋顶边缘封闭不牢，都可能破坏卷材屋面的整体性，形成防水的薄弱环节而造成渗漏。因此，必须对这些细部加强防水处理。

(1) 泛水构造。泛水是指屋面与垂直墙面相交处的防水处理。女儿墙、山墙、烟囱、变形缝等屋面与垂直墙面相交部位，均需做泛水处理，防止交接缝出现漏水。泛水的构造要点及做法如下。

① 将屋面的卷材继续铺至垂直墙面上，形成卷材泛水，泛水高度不小于250mm。

② 在屋面与垂直女儿墙面的交接缝处，砂浆找平层应抹成圆弧形或45°斜面，上刷卷材胶粘剂，使卷材铺贴牢固，避免卷材架空或折断，并加铺一层卷材。

③ 做好泛水上口的卷材收头固定，防止卷材在垂直墙面上下滑。一般做法是，在垂直墙中凿出通长凹槽，将卷材收头压入凹槽内，用防水压条钉压后再用密封材料嵌填封严，外抹水泥砂浆保护。凹槽上部的墙亦应做防水处理，如图8.15所示。

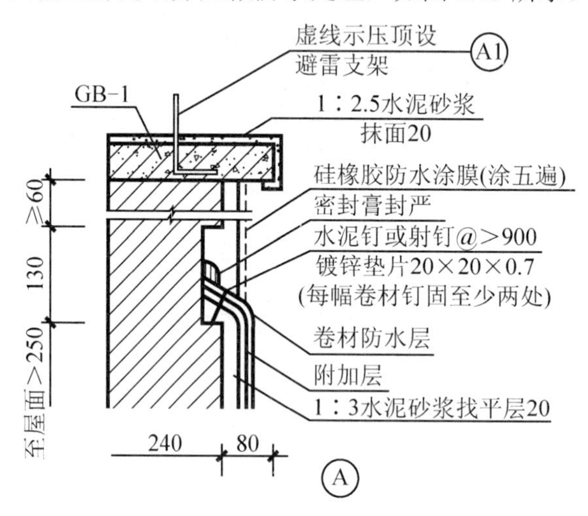

图8.15 卷材防水屋面泛水构造

(2) 挑檐口构造。挑檐口按排水方式分为无组织排水和檐沟外排水两种。其防水构造的要点是做好卷材的收头，使屋顶四周的卷材封闭，避免雨水渗入。无组织排水檐沟的收头处通常用油膏嵌实，不可用砂浆等硬性材料。同时，应抹好檐口的滴水，使雨水迅速垂直下落。

挑檐沟的卷材收头处理通常是在檐沟边缘用水泥钉钉压条将卷材压住，再用油膏或砂浆盖缝。此外，檐沟内转角处水泥砂浆应抹成圆弧形，以防卷材断裂；檐沟外侧应做好滴水，沟内可加铺一层卷材以增强防水能力，如图8.16所示。此外，檐沟根据檐口构造不同可设在檐墙内侧，如图8.17(a)所示，或出挑在檐墙外，如图8.17(b)所示。檐沟纵坡一般不应小于1%，沟深不宜小于150mm。

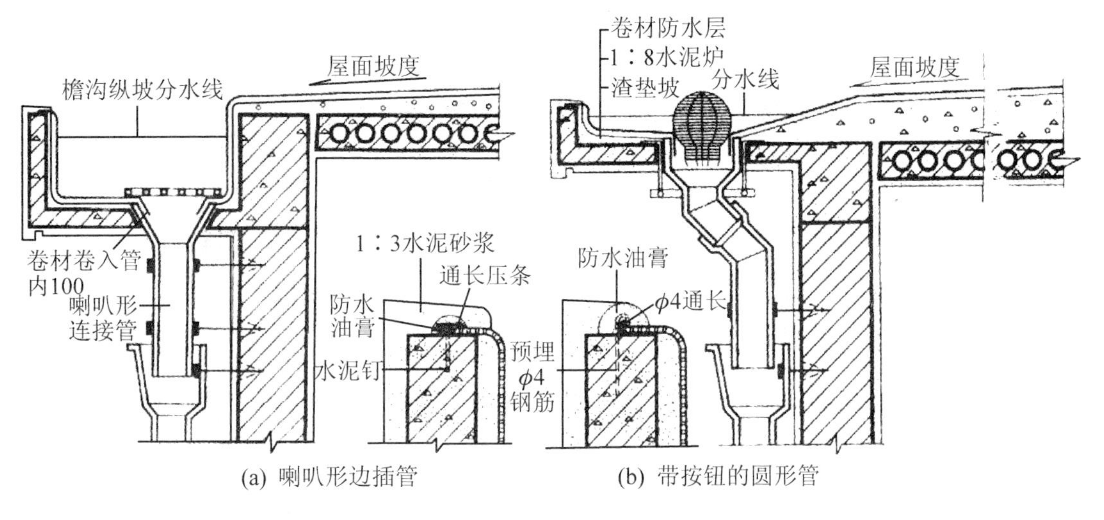

(a) 喇叭形边插管　　(b) 带按钮的圆形管

图 8.16　卷材防水屋面挑檐沟构造

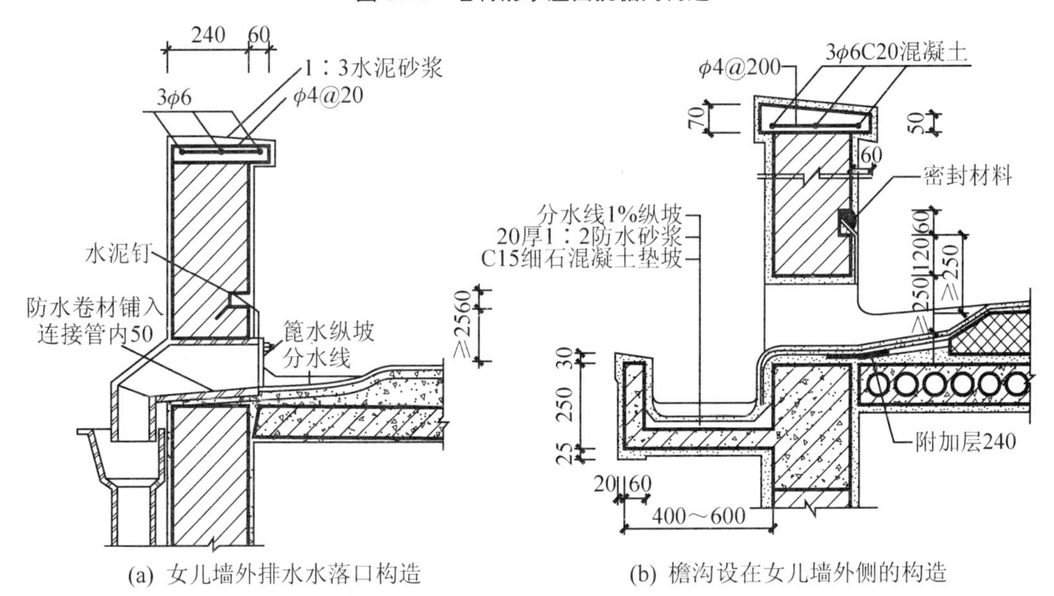

(a) 女儿墙外排水水落口构造　　(b) 檐沟设在女儿墙外侧的构造

图 8.17　檐沟设置位置示意图

(3) 水落口构造。水落口是用来将屋面雨水排至水落管而在檐口或檐沟开设的洞口。构造上要求排水通畅、不易渗漏和堵塞。有组织外排水最常用的有檐沟及女儿墙水落口两种构造形式。有组织内排水的水落口设在天沟内，其构造与外檐沟相同。

① 檐沟外排水水落口构造。在檐沟板预留的孔中安装铸铁或塑料连接管，就形成水落口。水落口周围直径 500mm 范围内坡度不应小于 5%，并应用防水涂膜涂封，其厚度不应小于 2mm，为防止水落口四周漏水，应将防水卷材铺入连接管内 50mm，周围用油膏嵌缝，水落口上用定型铸铁罩或钢丝球盖住，防止杂物落入水落口中。

水落口连接管固定形式常见的有两种：一种是采用喇叭形连接管卡在檐沟板上，再用普通管箍固定在墙上；另一种则是用带挂钩的圆形管箍将其悬吊在檐沟板上，如图 8.16 所示。水落口现在多为硬质聚氯乙烯(PVC)管，具有质轻、不锈、色彩多样等优点，已逐渐取代铸铁管。

② 女儿墙外排水落口构造。女儿墙外排水水落口构造如图 8.18 所示。在女儿墙上的预留孔洞中安装水落口构件，使屋面雨水穿过女儿墙排至墙外的水落斗中。为防止水落口与屋面交接处发生渗漏，也需将屋面卷材铺入水落口内 50mm，水落口上还应安装铁箅，以防杂物落入造成堵塞。

(4) 屋面变形缝构造。屋面变形缝的构造处理原则是既要保证屋顶有自由变形的可能，又能防止雨水经由变形缝渗入室内。屋面变形缝按建筑设计可设在同层等高屋面上，也可设在高低屋面的交接处。等高屋面的变形缝在缝的两边屋面板上砌筑矮墙，挡住屋面雨水。矮墙的高度应大于 250mm，厚度为半砖墙厚；屋面卷材与矮墙的连接处理类同于泛水构造。矮墙顶部可用镀锌薄钢板盖缝，也可铺一层油毡后用混凝土板压顶，如图 8.18 所示。

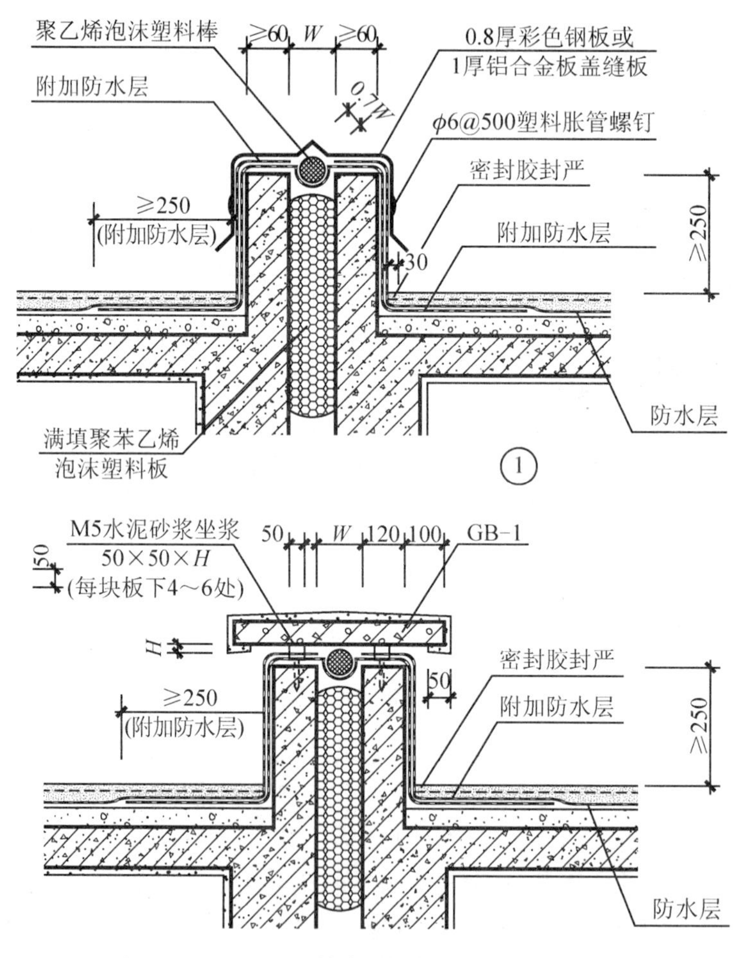

图 8.18 等高屋面变形缝构造

高低屋面的变形缝则是在低侧屋面板上砌筑矮墙。当变形缝宽度较小时，可用镀锌薄钢板盖缝并固定在高侧墙上，做法同泛水构造，也可从高侧墙上悬挑钢筋混凝土板盖缝，如图 8.19 所示。

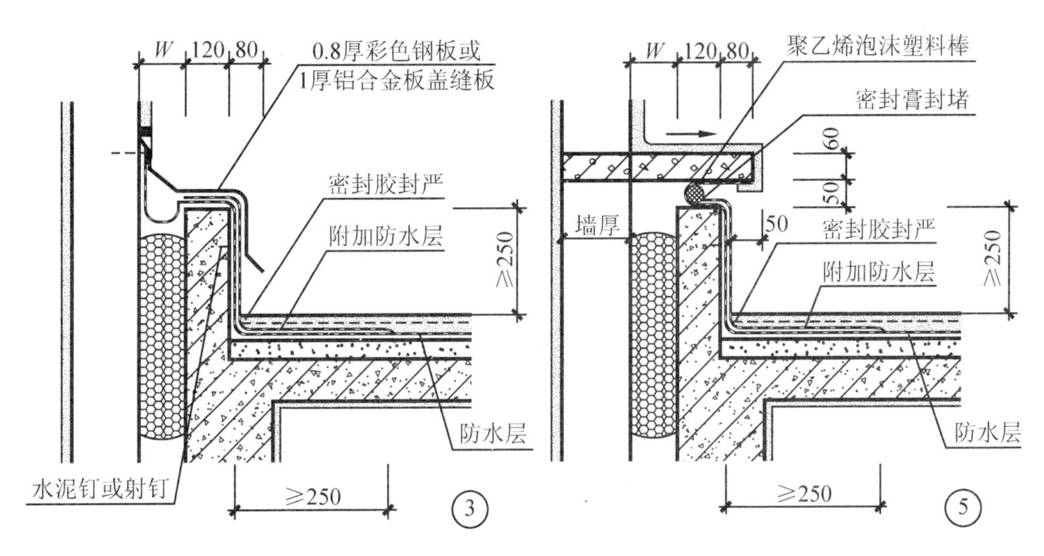

图 8.19　高低屋面变形缝构造

(5) 屋面检修孔、屋面出入口构造。不上人屋面需设屋面检修孔，检修孔四周的孔壁可用砖立砌，也可在现浇屋面板时将混凝土上翻制成。高度一般为 300mm。壁外的防水层应做成泛水并将卷材用镀锌薄钢板盖缝并压钉好，如图 8.20 所示。

出屋面的楼梯间一般需设屋面出入口，最好在设计中让楼梯间的室内地坪与屋面间留有足够的高差，以利于防水，否则需在出入口处设门槛挡水。屋面出入口处的构造与泛水构造类同，如图 8.21 所示。

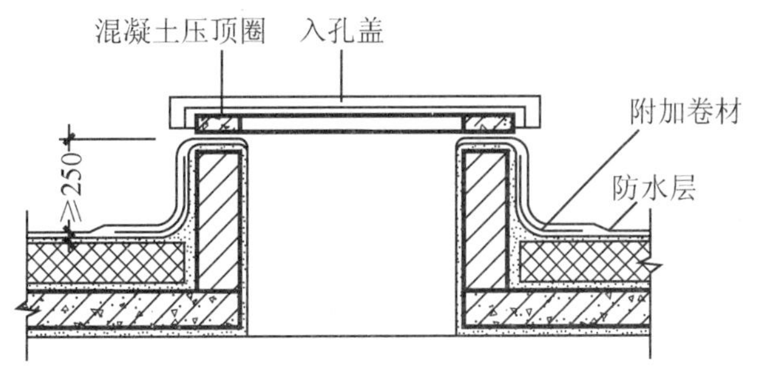

图 8.20　屋面检修孔

2. 刚性防水屋面

刚性防水屋面是以细石混凝土做防水层的屋面。其主要优点是施工方便，节约材料，造价经济和维修较为方便。缺点是对温度变化和结构变形较为敏感，施工技术要求较高，较易产生裂缝而渗漏水。

刚性防水屋面要求基层变形小，一般只适用于无保温层的屋面。因为保温层多采用轻质多孔材料，其上不宜进行浇筑混凝土湿作业；此外，混凝土防水层铺设在这种较松软的基层上也很容易产生裂缝。刚性防水屋面不宜用于高温、有振动和基础有较大不均匀沉降的建筑。

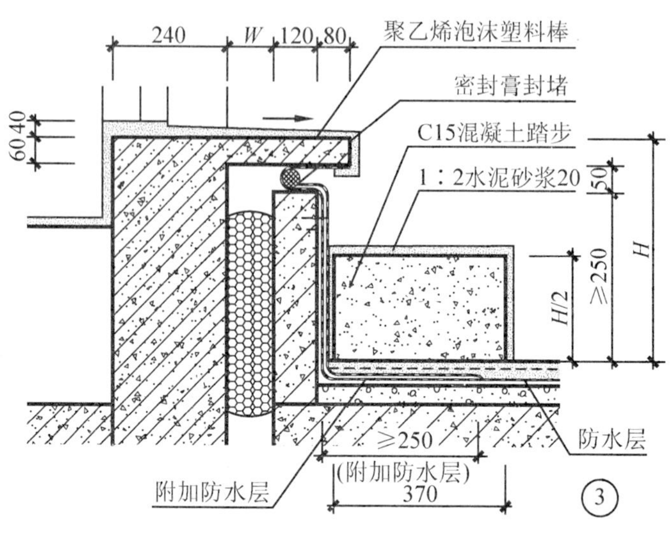

图 8.21　屋面出入口

1) 刚性防水屋面构造组成

如图 8.22 所示，刚性防水屋面的构造一般有防水层、隔离层、找平层、结构层等。刚性防水屋面应尽量采用结构找坡。

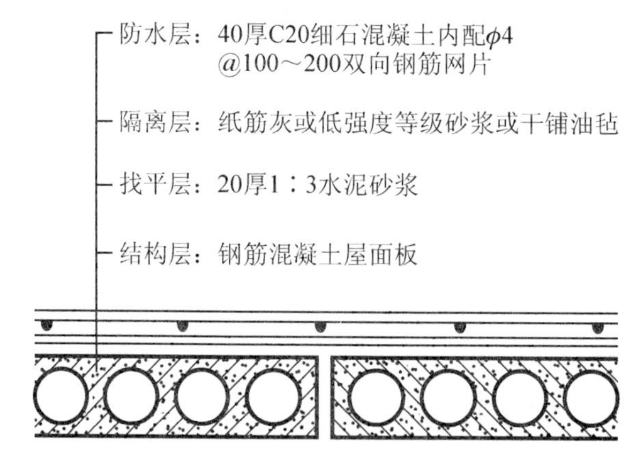

图 8.22　刚性防水屋面的构造层次

(1) 防水层。采用不低于 C20 的细石混凝土整体现浇而成，其厚度不小于 40mm。为防止混凝土开裂，可在防水层中配置直径 4～6mm、间距 100～200mm 的双向钢筋网片，钢筋的保护层厚度不小于 10mm；也可在细石混凝土中掺入适量的外加剂，如膨胀剂、减水剂、防水剂等。

(2) 隔离层。位于防水层与结构层之间，其作用是减少结构变形对防水层的不利影响。结构层在荷载作用下产生挠曲变形，在温度变化作用下产生胀缩变形。由于结构层较防水层厚，刚度也相应较大，当结构产生上述变形时容易将刚度较小的防水层拉裂。因此，宜在结构层与防水层间设一道隔离层使两者脱离。隔离层可采用铺纸筋灰、低强度等级砂浆，或在薄砂层上干铺一层油毡等做法。

(3) 找平层。当结构层为预制钢筋混凝土屋面板时，其上应用 1∶3 水泥砂浆做找平层，厚度为 20mm。若屋面板为现浇整体式混凝土结构时则可不设找平层。

(4) 结构层。一般采用预制或现浇的钢筋混凝土屋面板。结构应有足够的刚度，以免结构变形过大而引起防水层开裂。

2) 混凝土刚性防水屋面的细部构造

与卷材防水屋面相同，刚性防水屋面也需处理好泛水、天沟、檐口、水落口等细部构造，另外还应做好防水层的分仓缝处理。

(1) 分仓缝构造。分仓缝亦称分格缝，是防止屋面不规则裂缝以适应屋面变形而设置的人工缝。分仓缝应设置在装配式结构屋面板的支撑端、屋面转折处、刚性防水层与立墙的交接处，并应与板缝对齐。分仓缝的纵横间距不宜大于 6m。在横墙承重的民用建筑中，分仓缝的位置可如图 8.23 所示：屋脊处应设一纵向分仓缝；横向分仓缝每开间设一条，并与装配式屋面板的板缝对齐；沿女儿墙四周的刚性防水层与女儿墙之间也应设分仓缝。因为刚性防水层与女儿墙的变形不一致，所以刚性防水层不能紧贴在女儿墙上，它们之间应做柔性封缝处理以防女儿墙或刚性防水层开裂引起渗漏。其他凸出屋面的结构物四周都应设置分仓缝。

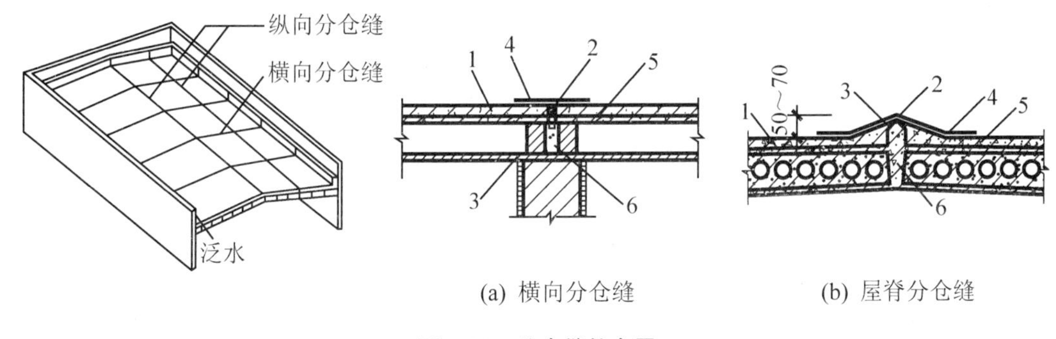

(a) 横向分仓缝　　(b) 屋脊分仓缝

图 8.23　分仓缝的布置

1—刚性防水层；2—密封材料；3—背衬材料；4—防水卷材；5—隔离层；6—细石混凝土

分仓缝的构造如图 8.24 所示。设计时还应注意以下几点。

① 防水层内的钢筋在分仓缝处应断开。

② 屋面板缝用浸过沥青的木丝板等密封材料嵌填，缝口用油膏嵌填。

③ 缝口表面用防水卷材铺贴盖缝，卷材的宽度为 200～300mm。

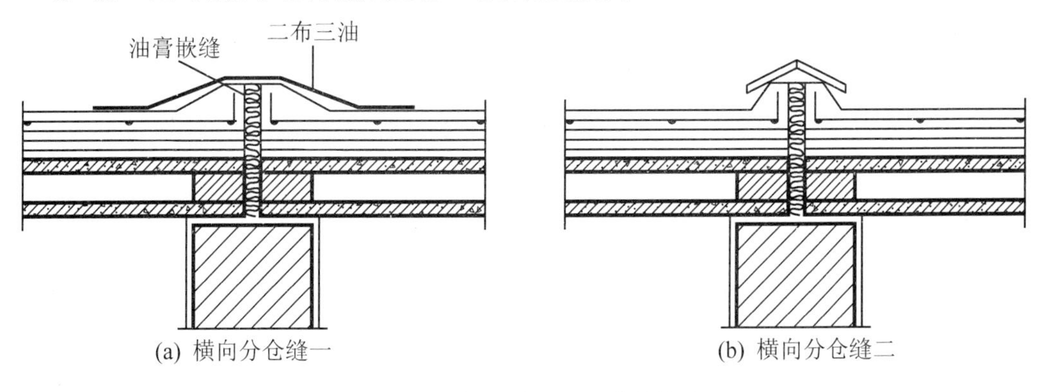

(a) 横向分仓缝一　　(b) 横向分仓缝二

图 8.24　刚性防水屋面分仓缝构造

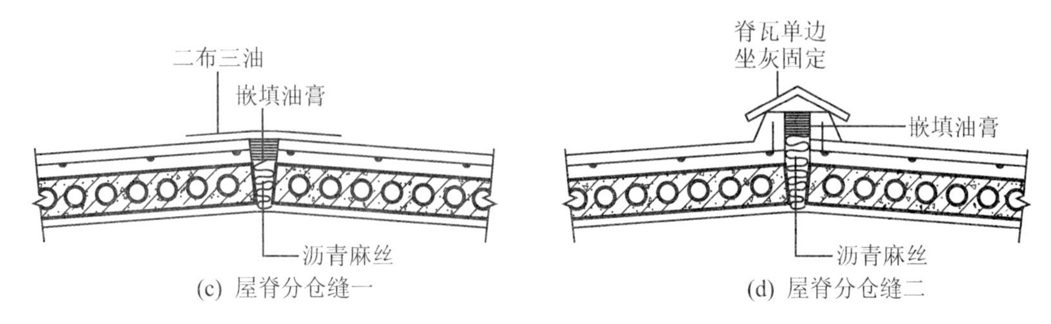

(c) 屋脊分仓缝一　　(d) 屋脊分仓缝二

图 8.24　刚性防水屋面分仓缝构造(续)

(2) 泛水构造。刚性防水屋面的泛水构造要点与卷材屋面不同之处是，刚性防水层与屋面凸出物(女儿墙、烟囱等)间必须留分仓缝，另铺贴附加卷材盖缝形成泛水。下面以女儿墙泛水、变形缝泛水和管道出屋面构造为例说明其构造做法。

① 女儿墙泛水。女儿墙与刚性防水层间留分仓缝，使混凝土防水层在收缩和温度变形时不受女儿墙的影响，可有效地防止其开裂。分仓缝内用油膏嵌缝，如图 8.25(a)所示，缝外用附加卷材铺贴至泛水所需高度并做好压缝收头处理，以免雨水渗入缝内。

② 变形缝泛水。变形缝分为高低屋面变形缝和横向变形缝两种。如图 8.25(b)所示为高低屋面变形缝泛水构造，其低跨屋面也需像卷材屋面那样砌筑附加墙来铺贴泛水。如图 8.25(c)、(d)所示为横向变形缝泛水的做法。

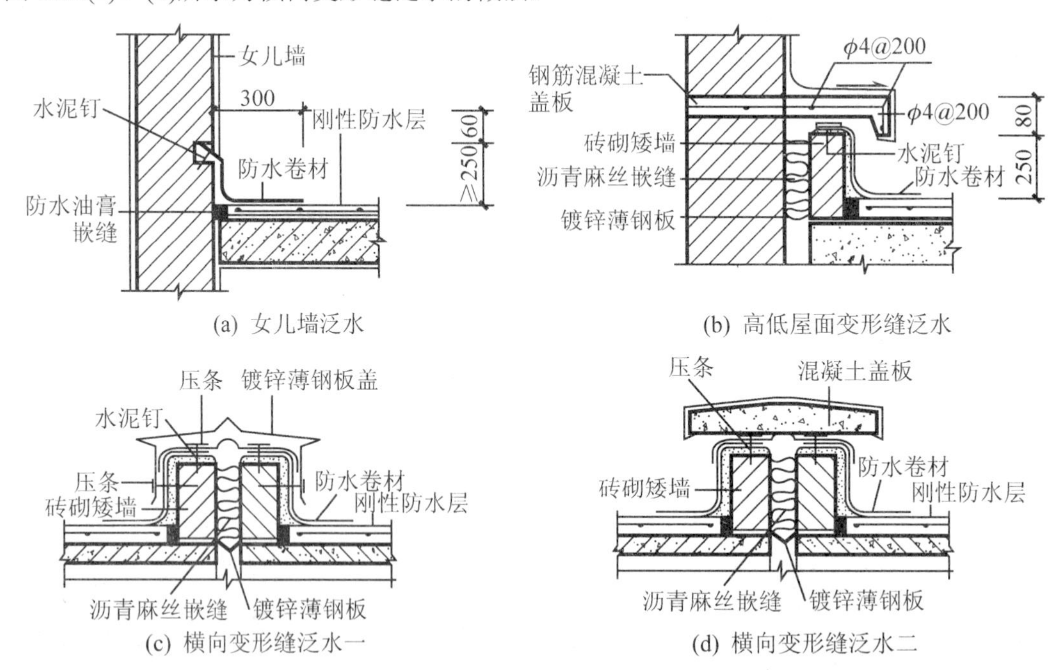

图 8.25　刚性防水屋面泛水构造

③ 管道出屋面构造。伸出屋面的管道(如厨房、卫生间等房间的透气管等)与刚性防水层间亦应留设分仓缝，缝内用油膏嵌填，然后用卷材或涂膜防水层在管道周围做泛水，如图 8.26 所示。

(3) 檐口构造。刚性防水屋面常用的檐口形式有自由落水檐口、挑檐沟外排水檐口、女儿墙外排水檐口、坡檐口等。

① 自由落水檐口。当挑檐较短时，可将混凝土防水层直接悬挑出去形成挑檐口，如图 8.27(a)所示。当所需挑檐较长时，为了保证悬挑结构的强度，应采用与屋顶圈梁连为一体的悬臂板形成挑檐，如图 8.27(b)所示。在挑檐板与屋面板上做找平层和隔离层后浇筑混凝土防水层，檐口处注意做好滴水。

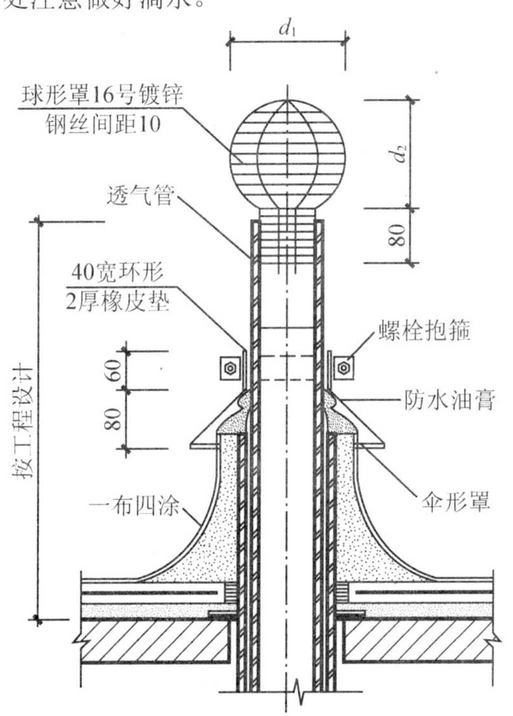

图 8.26 透气管出屋面

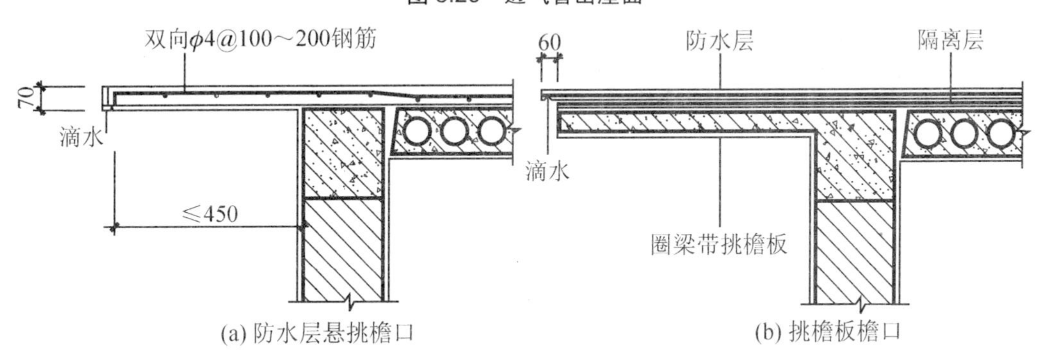

图 8.27 自由落水挑檐口构造

② 挑檐沟外排水檐口。挑檐口采用有组织排水方式时，常将檐部做成排水檐沟板的形式，檐沟板的断面为槽形并与屋面圈梁连成整体，如图 8.10 所示，沟内设纵向排水坡，防水层挑入沟内并做滴水，且防止爬水。

③ 女儿墙外排水檐口。在跨度不大的平屋顶中，当采用女儿墙外排水时，常利用倾斜的屋面板与女儿墙间的夹角做成三角形断面天沟，如图 8.11 所示，其泛水做法与前述做法相同。天沟内也需设纵向排水坡。

④ 坡檐口。建筑设计中出于造型方面的考虑，常采用一种平顶坡檐的处理形式，意在

使较为呆板的平顶建筑具有传统韵味，形象更为丰富。坡檐口的构造如图 8.28 所示。由于在挑檐的端部加大了荷载，结构和构造设计都应特别注意悬挑构件的抗倾覆问题，要处理好构件的拉结锚固。

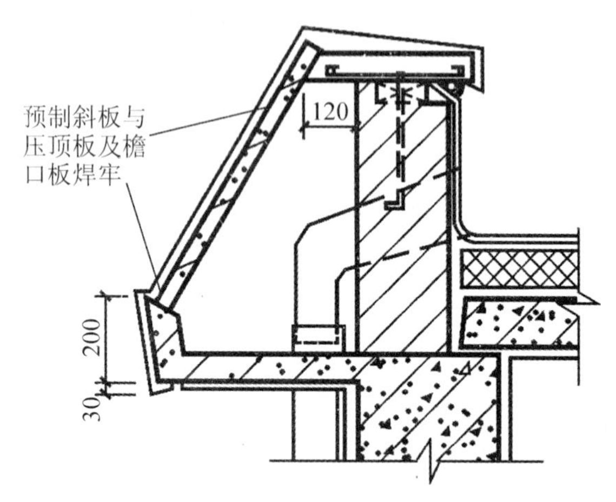

图 8.28　平屋顶坡檐口构造

(4) 水落口构造。刚性防水屋面水落口常见的做法有两种：一种是用于天沟或檐沟的水落口，另一种是用于女儿墙外排水的水落口。前者为直管式，后者为弯管式。

① 直管式水落口。这种水落口的构造如图 8.29 所示。安装时为了防止雨水从水落口套管与檐沟底板间的接缝处渗漏，应在水落口的四周加铺宽度约 200mm 的附加卷材，卷材应铺入套管内壁中，天沟内的混凝土防水层应盖在卷材的上面，防水层与水落口的接缝用油膏嵌填密实。其他做法与卷材防水屋面相似。

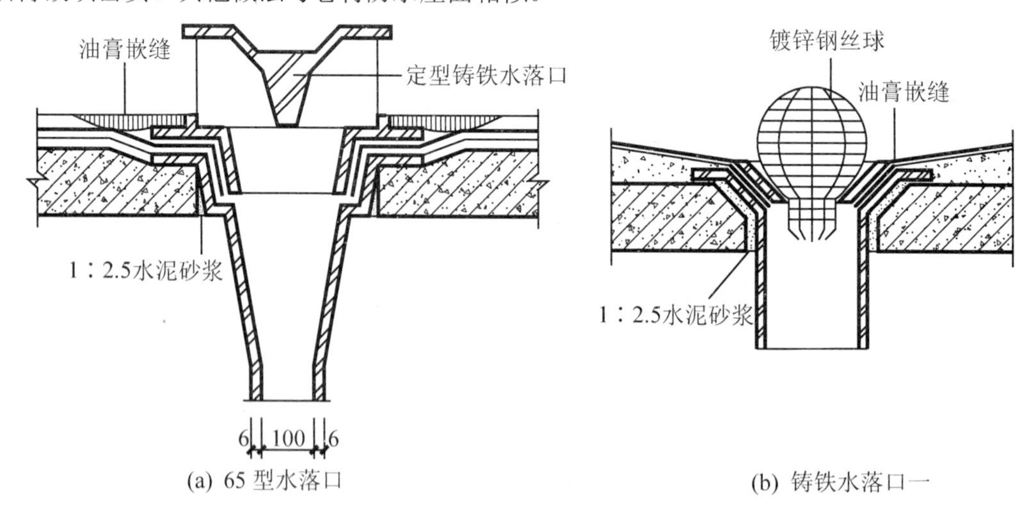

(a) 65 型水落口　　(b) 铸铁水落口一

图 8.29　直管式水落口

② 弯管式水落口。弯管式水落口多用于女儿墙外排水，水落口可用铸铁或塑料做弯头，如图 8.30 所示。

3. 涂膜防水屋面

涂膜防水方案所用的防水材料主要是可塑性和黏结力较强的防水涂料，分水泥基涂料、合成高分子涂料、高聚物改性沥青防水涂料、沥青基防水涂料等。其工作原理是生成不溶性的物质堵塞混凝土表面的微孔，或者生成不透水的薄膜覆盖在基层的表面。

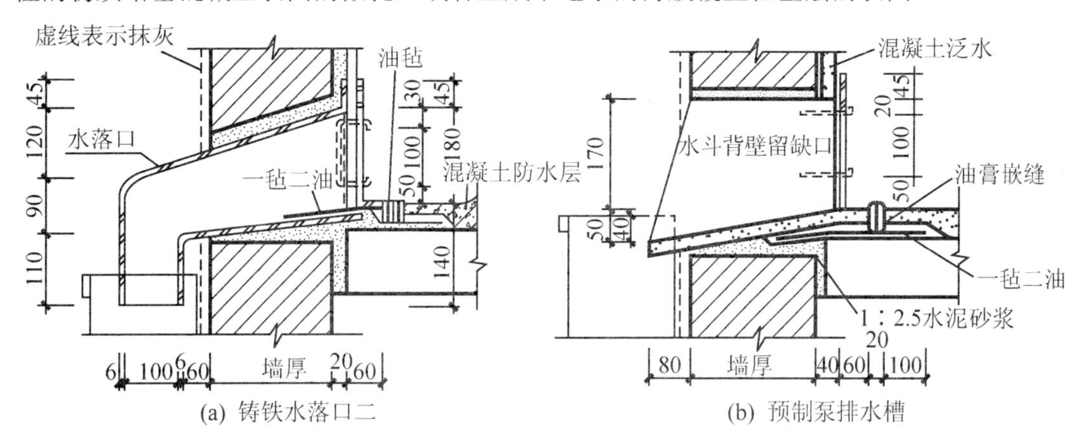

(a) 铸铁水落口二 (b) 预制泵排水槽

图 8.30 女儿墙外排水的水落口构造

知识链接

涂膜防水层应当涂抹在平整的基层上。如果基层是混凝土或水泥砂浆，其空鼓、缺陷处和表面裂缝应先用聚合物砂浆修补，还应该保持干燥，一般含水率在 8%以下时方可施工。屋面防水涂料因为直接涂在基层之上，所以如果基层发生变形，就很容易使表层防水材料受到影响。因而涂膜必须涂抹多遍，达到规定的厚度方可，而且与防水卷材的构造做法相类似，在跨越分仓缝时，要加铺一层聚酯的无纺布在下面以增加适应变形的能力。此外，规范还规定在防水等级较高的工程中，屋面的多道防水构造层里，只能够有一道是防水涂膜。

图 8.31 是在防水混凝土之上再做防水涂膜的做法。为了保护涂膜不受损坏，通常需要在上面用细砂隔离层保护后，铺设预制混凝土块等硬质材料，才能够上人。不过，遇有屋面凸出物，如管道、烟囱等与屋面的交接处，在其他防水构造方法较难施工或难以覆盖严实时，用防水涂膜和纤维材料经多次敷设涂抹成膜，简便易行。

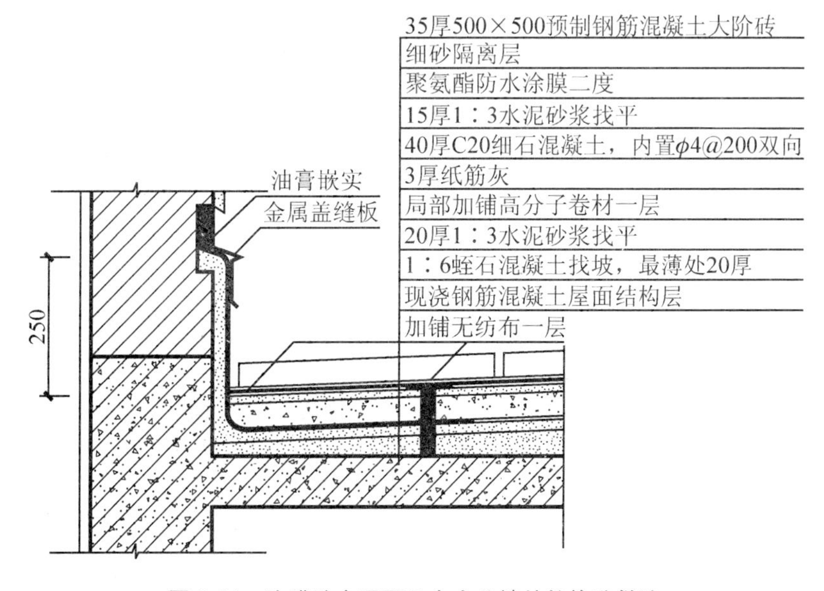

图 8.31 涂膜防水屋面及在女儿墙处的构造做法

1) 涂膜防水材料

以前的涂膜防水屋面由于涂料的抗老化及抗变形能力较差，施工方法落后，多用在构件自防水屋面或小面积现浇钢筋混凝土屋面板上。随着材料和施工工艺的不断改进，现在的涂膜防水屋面具有防水、抗渗、黏结力强、耐腐蚀、耐老化、延伸率大、弹性好、不易燃、无毒、施工方便等诸多优点，已广泛用于建筑各部位的防水工程中。

涂膜防水材料主要有各种涂料和胎体增强材料两大类。

(1) 涂料。防水涂料的种类很多，按其溶剂或稀释剂的类型可分为溶剂型、水溶型、乳液型等；按施工时涂料液化方法的不同则可分为热熔型、常温型等。

(2) 胎体增强材料。某些防水涂料(如氯丁胶乳沥青涂料)需要与胎体增强材料(即所谓的布)配合，以增强涂层的贴附覆盖能力和抗变形能力。目前，使用较多的胎体增强材料为0.1mm×6mm×4mm及0.1mm×7mm×7mm的中性玻璃纤维网格布或中碱玻璃布、聚酯无纺布等。

2) 涂膜防水屋面的构造及做法

(1) 氯丁胶乳沥青防水涂料屋面。氯丁胶乳沥青防水涂料以氯丁胶乳和石油沥青为主要原料，选用阳离子乳化剂和其他助剂，经软化和乳化而成，是一种水乳型涂料。其构造做法如下。

① 找平层。先在屋面板上用1∶2.5或1∶3的水泥砂浆做15～20mm厚的找平层并设分仓缝，分仓缝宽20mm，其间距不大于6m，缝内嵌填密封材料。找平层应平整、坚实、洁净、干燥，方可作为涂料施工的基层。

② 底涂层。将稀释涂料均匀涂布于找平层上作为底涂层，干后再刷2～3层涂料。

③ 中涂层。中涂层为加胎体增强材料的涂层，要铺贴玻纤网格布，有干铺和湿铺两种施工方法。

干铺法：在已干的底涂层上干铺玻纤网格布，展开后加以点粘固定，当铺过两个纵向搭接缝以后依次涂刷防水涂料2～3层，待涂层干后按上述做法铺第二层网格布，然后再涂刷1～2度涂料。干后在其表面刮涂增厚涂料。

湿铺法：在已干的底涂层上边涂防水涂料边铺贴网格布，干后再刷涂料。一布二涂的厚度通常大于2mm，二布三涂的厚度大于3mm。

④ 面层。根据需要可做细砂保护层或涂覆着色层。细砂保护层是在未干的中涂层上抛撒20目浅色细砂并辊压，使砂牢固地黏结于涂层上；着色层可使用防水涂料或耐老化的高分子乳液做胶粘剂，加上各种矿物颜料配制成品着色剂，涂布于中涂层表面。全部涂层的做法如图8.32所示。

(2) 焦油聚氨酯防水涂料屋面。焦油聚氨酯防水涂料又名851涂膜防水胶，是以异氰酸酯(甲)为主剂和以煤焦油(乙)为填料的固化剂构成的双组分高分子涂膜防水材料，其甲、乙两液混合后经化学反应能在常温下形成一种耐久的橡胶弹性体，从而起到防水的作用。具体做法是将找平以后的基层面吹扫干净并待其干燥后，用配制好的涂液(甲、乙两液的质量比为1∶2)均匀涂刷在基层上。不上人屋面可待涂层干后在其表面刷银灰色保护涂料；上人屋面在最后一遍涂料未干时撒上绿豆砂，三天后在其上做水泥砂浆或浇混凝土贴地砖的保护层。

(3) 塑料油膏防水屋面。塑料油膏以废旧聚氯乙烯塑料、煤焦油、增塑剂、稀释剂、防老化剂及填充材料等配制而成。具体做法是，先用预制油膏条冷嵌于找平层的分仓缝中，在油膏条与基层的接触部位和油膏条相互搭接处刷冷粘剂1～2遍，然后按产品要求的温度将油膏热熔液化，按基层表面涂油膏、铺贴玻纤网格布、压实、表面再刷油膏、刮板收齐边缘的顺序进行。根据设计要求可做成一布二油或二布三油。涂膜防水屋面的细部构造要求及做法类同于卷材防水屋面，如图 8.33 和图 8.34 所示。

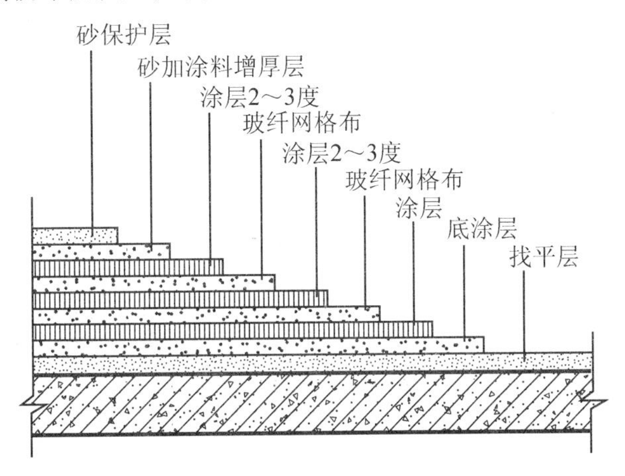

图 8.32　涂膜防水屋面构造

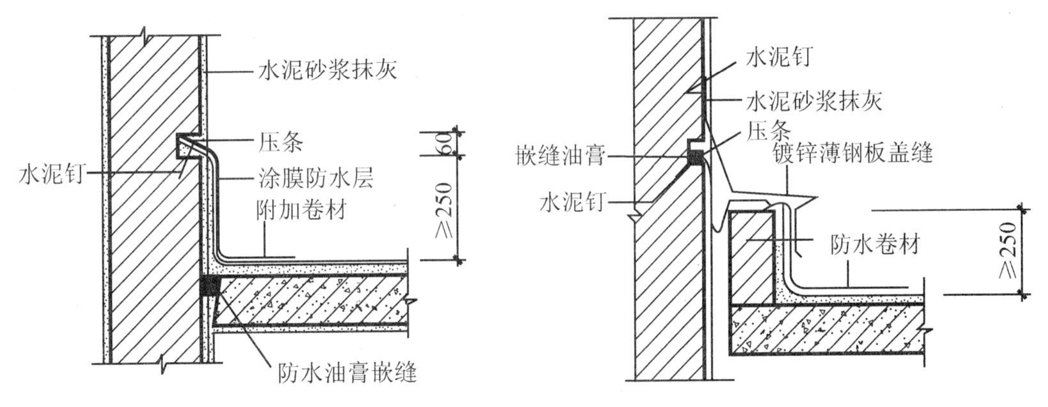

图 8.33　涂膜防水屋面的女儿墙泛水　　图 8.34　涂膜防水高低屋面的泛水构造

8.2.4　平屋顶的保温、隔热构造

1. 平屋顶的保温

1) 保温材料的类型

(1) 松散保温材料，如膨胀矿渣、粉煤灰、膨胀蛭石、膨胀珍珠岩、矿棉、岩棉、玻璃棉等。

(2) 整体保温材料，用水泥或沥青等与松散保温材料拌和而成，如沥青膨胀珍珠岩、水泥膨胀珍珠岩、水泥蛭石、水泥炉渣等。

(3) 板状保温材料，如加气混凝土板、泡沫混凝土板、矿棉板、泡沫塑料板、岩棉板等。应根据建筑物的使用性质、工程造价、铺设的具体位置及构造来综合考虑选择保温材料。

2) 保温构造

在平屋顶的构造层中，保温材料的设置位置有正置式和倒置式两种，如图 8.35 所示。

正置式保温是将保温材料层设置在结构层之上、防水层之下。正置式保温层要求防水层有较好的防水性能，以确保保温材料不受潮。为了防止室内水蒸气透过结构层侵入保温层，在保温层下增设隔汽层，其材料为涂刷热沥青1～2道或铺油毡(一毡二油)。为了在保温层上铺设其他构造，在保温层上应设置找平层。正置式保温构造层如图8.35(a)所示。

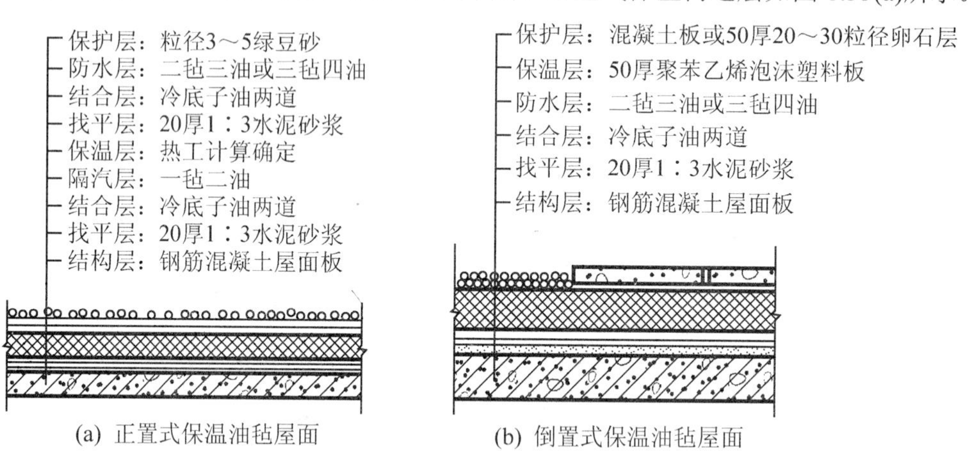

(a) 正置式保温油毡屋面 (b) 倒置式保温油毡屋面

图8.35 平屋顶的保温构造

倒置式保温是将保温层设置于防水层之上，这种做法有效地保护了防水层，使防水层不直接受自然因素和人为因素的影响，但这种做法的保温材料，自身应具有吸水性小或憎水的性能，如聚苯乙烯泡沫塑料板、聚氨酯泡沫塑料板等憎水材料。在倒置式保温层上还应设置保护层，如钢筋混凝土屋面板、粗粒径卵石层等。倒置式保温构造层如图8.35(b)所示。

2. 平屋顶的隔热

1) 通风隔热屋面

在屋顶中设置通风间层，使上层表面起到遮挡阳光的作用。利用风压和热压作用把通风间层中的热空气不断带走，以减少传到室内的热量，从而达到隔热降温的目的。通风隔热屋面一般有架空通风隔热屋面(图8.36)和顶棚通风隔热屋面(图8.37)两种做法。

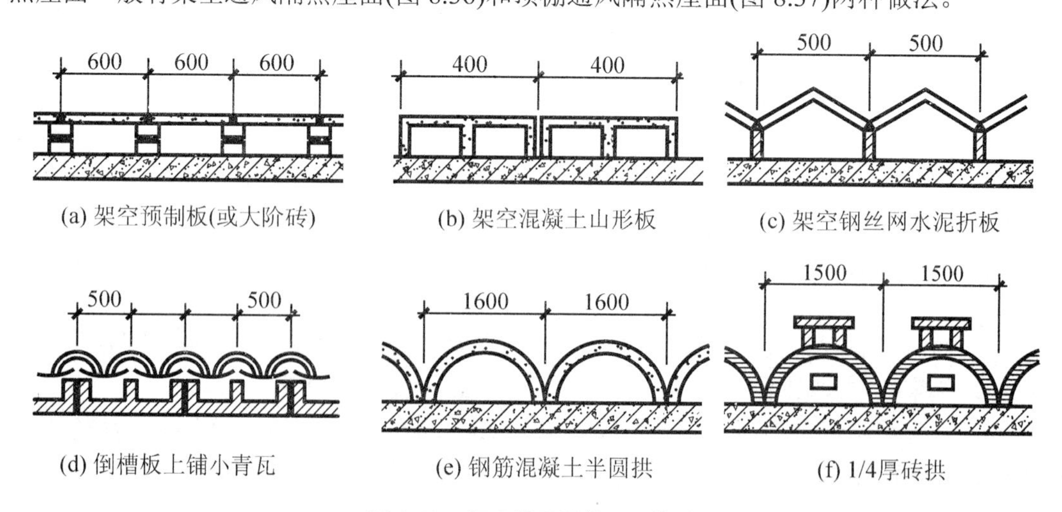

(a) 架空预制板(或大阶砖) (b) 架空混凝土山形板 (c) 架空钢丝网水泥折板

(d) 倒槽板上铺小青瓦 (e) 钢筋混凝土半圆拱 (f) 1/4厚砖拱

图8.36 架空通风隔热屋面构造

① 架空通风隔热屋面：用预制板块架空搁置在防水层上形成架空层，净高一般以180～

240mm 为宜；架空层周边设一定数量的通风孔，以保证空气流通；当女儿墙上不宜开设通风孔时，距女儿墙 250mm 范围内应不铺架空板。

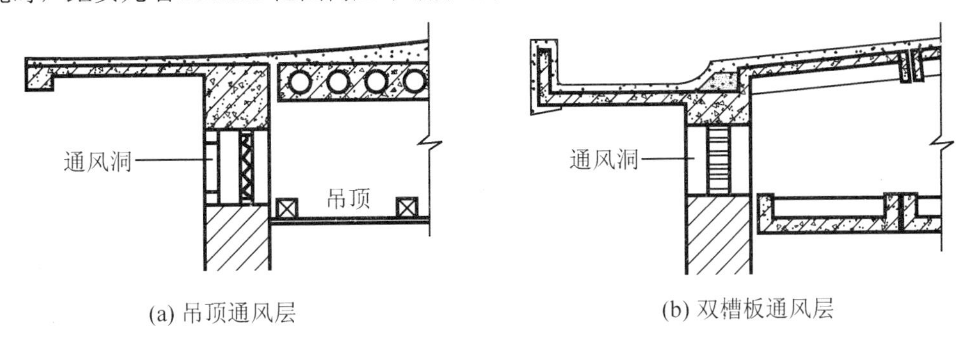

图 8.37 顶棚通风隔热屋面构造

② 顶棚通风隔热屋面：将通风层设在结构层的下面，即利用屋顶与室内顶棚之间的空间作隔热层，同时利用檐墙上的通风口将大部分的热量带走；净高为 500mm 左右，并设置一定数量的通风孔，以利于空气对流；通风孔应考虑防飘雨措施。

2) 蓄水隔热屋面

在屋顶蓄积一层水，利用水蒸发时需要大量的汽化热，从而大量消耗晒到屋面的太阳辐射热，以减少屋顶吸收的热能，从而达到降温隔热的目的。蓄水隔热屋面构造与刚性防水屋面基本相同，主要区别是增加了一壁三孔，即蓄水分仓壁、溢水孔、泄水孔和过水孔，如图 8.38 所示。

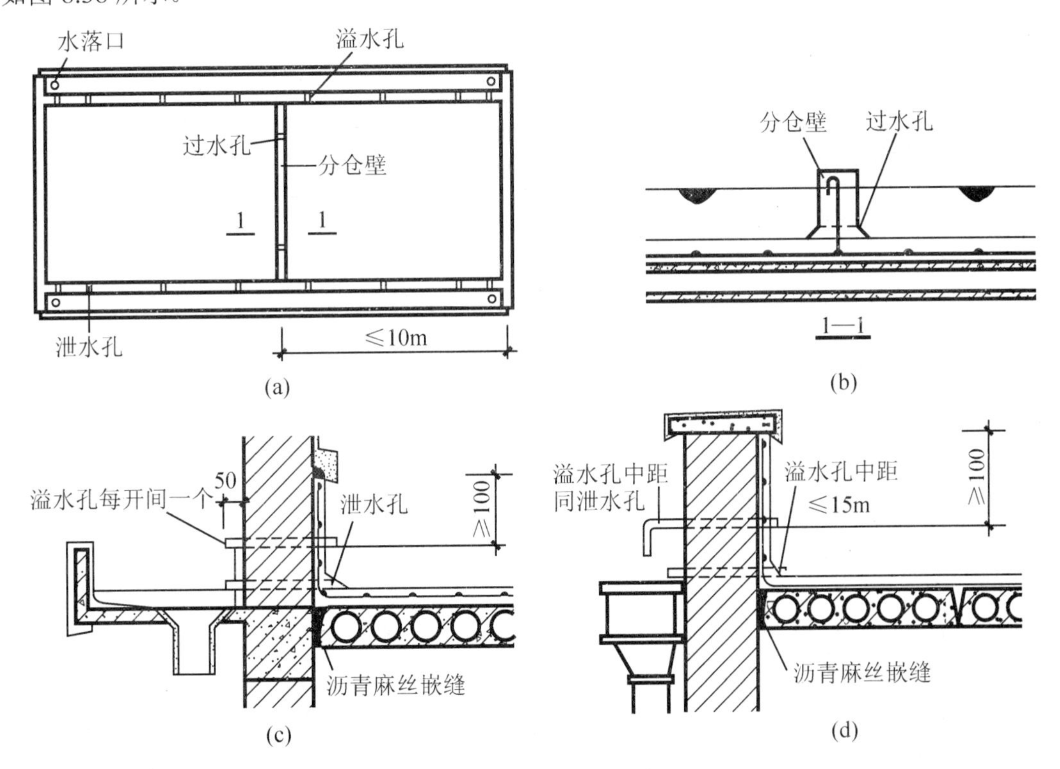

图 8.38 蓄水隔热屋面构造

3) 种植隔热屋面

在屋顶上种植植物，利用植物的蒸腾作用和光合作用，吸收太阳辐射热，从而达到降温隔热的目的。种植隔热屋面构造与刚性防水屋面基本相同，不同之处是需增设挡墙和种植介质。

有些平屋面，特别是上人的屋顶平台，会被选择来进行绿化处理。这样就需要在上面覆土，而且种植部分会一直处于潮湿的状态之下。其构造特点一是需要选择专用的轻质屋面种植土，以减小屋面荷载；二是需要在种植土下用聚酯无纺布，或者是具有良好内部结构、可以渗水但不让土的微小颗粒通过的土工布作为隔离层，使得土中多余的水可以滤出，进入再下面一层的陶粒或卵石层中，最后通过屋面排水系统排出，以防止积水。图 8.39 是种植隔热屋面的构造做法示意图。

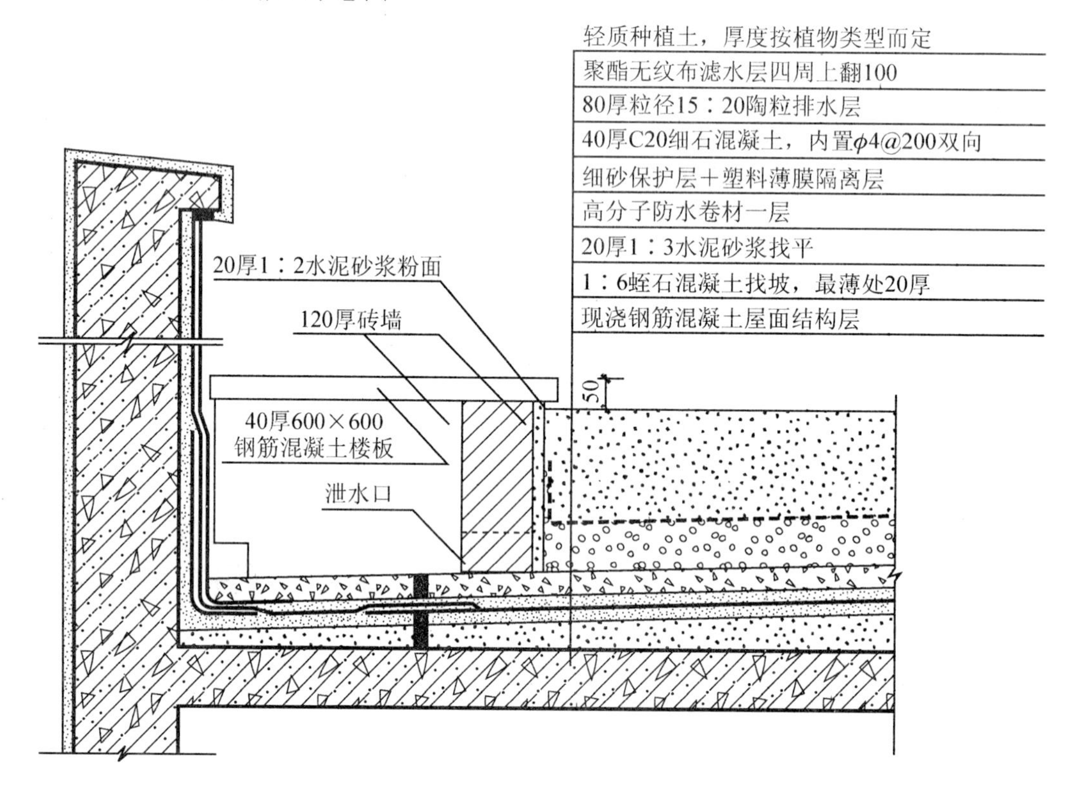

图 8.39　种植隔热屋面构造

在有女儿墙的屋面上，女儿墙周边 600mm 的范围内要用半砖墙垒起架空的走道，上面覆盖预制钢筋混凝土走道板，走道板表面应高过覆土面 50mm 以上。如果屋面上采取大面积绿化的做法，则应当在种植部分每隔 6m 做一道架空的走道。

4) 反射降温屋面

反射降温屋面利用材料的颜色和光滑度对热辐射的反射作用，将一部分热量反射回去，从而达到降温的目的。例如，采用浅色的砾石、混凝土做面，或在屋面上涂刷白色涂料，对隔热降温都有一定的效果。如果在通风隔热的顶棚基层中加铺一层铝箔纸板，利用第二次反射的作用，其隔热效果将会进一步提高，因为铝箔的反射率在所有材料中是最高的。

8.3 坡 屋 顶

8.3.1 坡屋顶的组成

坡屋顶造型丰富多彩，构造简单，并能就地取材，已得到广泛的应用。坡屋顶的屋面坡度大于10%，常用的有单坡、双坡、四坡、歇山等，如图8.1所示。

坡屋顶主要由承重结构层和屋面层两部分组成。根据需要还可以设置保温层、隔热层及顶棚。坡屋顶的构造如图8.40所示。

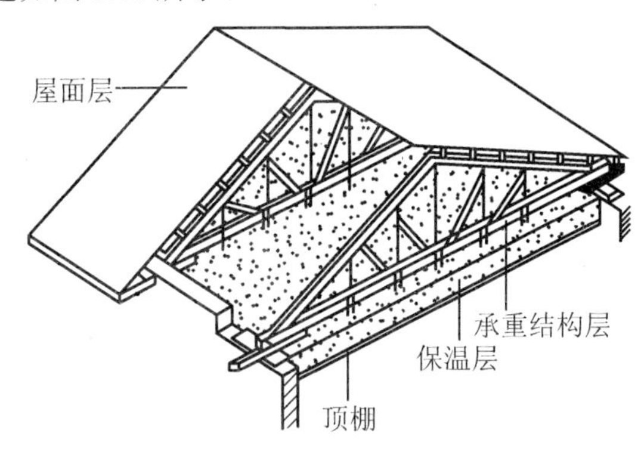

图8.40 坡屋顶的构造

1) 承重结构层

承重结构层是指屋架、檩条、屋面大梁或山墙等。它承受屋面荷载并把荷载传递到墙或柱。

2) 屋面层

屋面层包括屋面瓦材(防水层)和屋面基层(如木椽、挂瓦条、屋面板等)两部分。防水材料为各种瓦材及与瓦材配合使用的各种涂膜和防水卷材。在有檩体系中，瓦通常铺设在檩条、屋面板、挂瓦条等组成的基层上，无檩体系的瓦屋面基层则由各类预制或现浇的钢筋混凝土屋面板构成。屋面的种类根据瓦的种类而定，如块瓦屋面、油毡瓦屋面、块瓦形钢板彩瓦屋面等。

3) 保温层和隔热层

保温层和隔热层是屋顶对气温变化的围护部分，北方寒冷地区常用保温材料设保温层，南方炎热地区可在顶棚上设隔热层。

4) 顶棚

顶棚是屋顶下面的遮盖部分，可使室内上部平整，同时又起着保温、隔热和装饰的作用。

8.3.2 坡屋顶的承重结构

1. 坡屋顶的承重结构形式

坡屋顶的承重结构一般可分为桁架结构、梁架结构和空间结构几种系统。

桁架多采用三角形屋架，为防止屋架倾斜和加强屋架的稳定性，应在屋架之间设置支撑。当房屋的内横墙较少时，常将檩条搁在屋架之间构成屋架承重结构，如图8.41(a)所示。

当房屋采用横墙承重方案时，可将横墙砌至屋盖代替屋架，常称为山墙承檩，如图 8.41(b)所示。民间传统建筑多采用木柱、木梁构成的梁架结构，如图 8.41(c)所示，这种结构又被称为穿斗结构或立贴式结构。

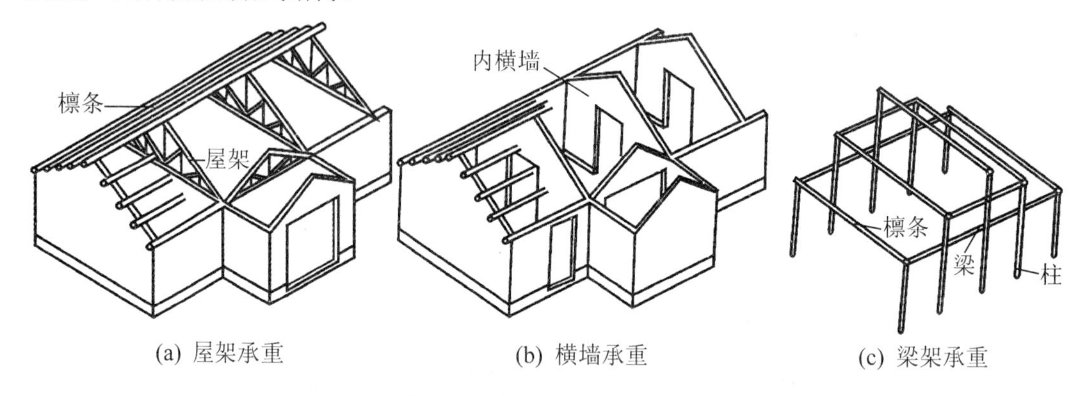

(a) 屋架承重　(b) 横墙承重　(c) 梁架承重

图 8.41　坡屋顶的承重结构

(1) 三角形屋架：一般有木屋架、钢木屋架和钢筋混凝土屋架等诸多形式，如图 8.42 所示。

(2) 檩条：一般可用木材制成，也可用钢檩条和钢筋混凝土檩条，如图 8.43 所示。

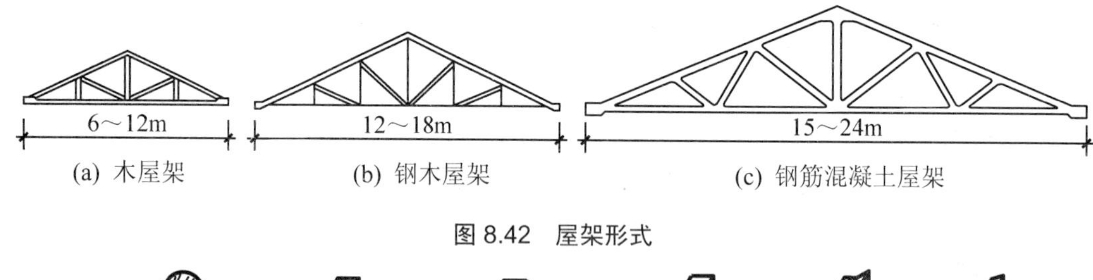

(a) 木屋架　(b) 钢木屋架　(c) 钢筋混凝土屋架

图 8.42　屋架形式

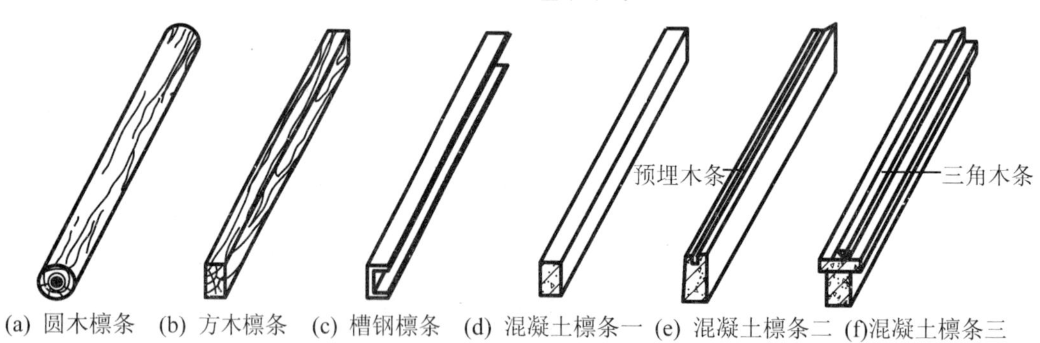

(a) 圆木檩条　(b) 方木檩条　(c) 槽钢檩条　(d) 混凝土檩条一　(e) 混凝土檩条二　(f)混凝土檩条三

图 8.43　檩条断面形式

2. 坡屋顶的承重结构布置

屋架与檩条的布置方式视屋顶的形式而定。双坡屋顶的布置较简单，一般按开间尺寸的间距布置屋架即可。四坡顶、歇山顶、丁字形交接的屋顶和转角屋顶的布置则较为复杂，其布置示意如图 8.44 所示。

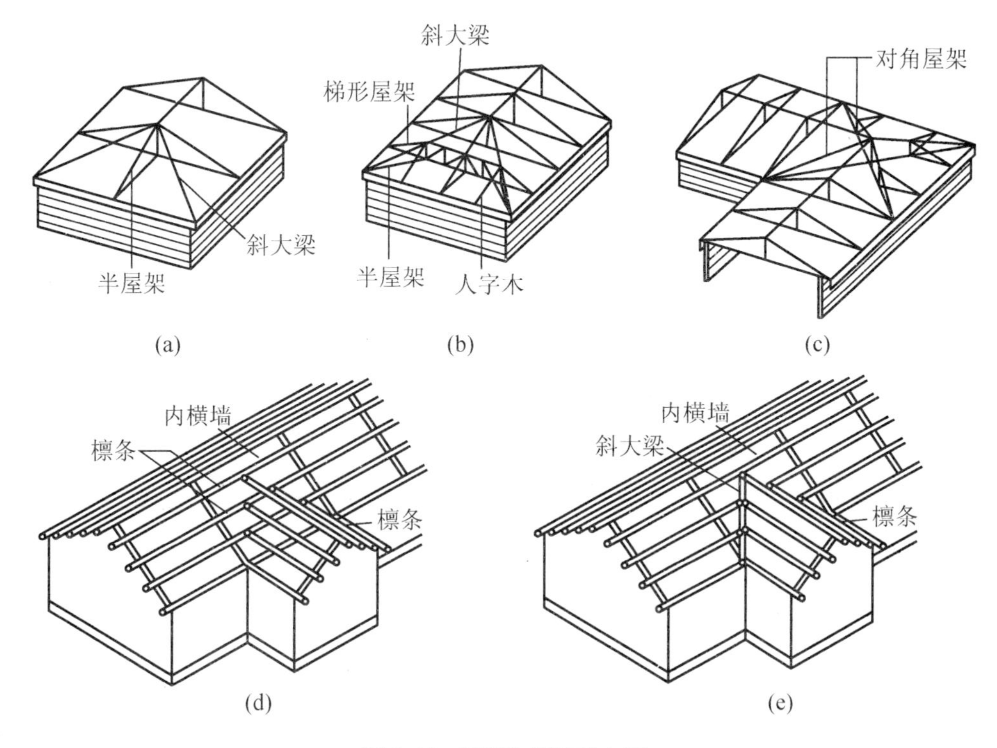

图 8.44　屋架和檩条的布置

8.3.3　坡屋顶的构造

1. 坡屋顶的分类及其构造

一般根据瓦的种类区分不同的屋面构造，如块瓦屋面、钢板彩瓦屋面、油毡瓦屋面等。

1) 块瓦屋面

(1) 空铺平瓦屋面：冷摊瓦屋面，在檩条上固定椽条，再在椽条上钉挂瓦条并直接挂瓦。常用于临时建筑。如图 8.45 所示。

(2) 实铺平瓦屋面：木望板瓦屋面，在檩条上铺钉一层 15～20mm 厚的平口毛木板(木望板)，木望板上平行于屋脊方向干铺一层油毡，再用 30mm×10mm 的板条(称压毡条或顺水条)将油毡钉牢，最后在压毡条上平行于屋脊方向钉挂瓦条并挂瓦。多用于质量要求较高的建筑中。如图 8.46 所示。

(3) 钢筋混凝土挂瓦板平瓦屋面：用预应力或非预应力的钢筋混凝土挂瓦板直接搁置在横墙或屋架上，为三合一的构件。如图 8.47 所示。

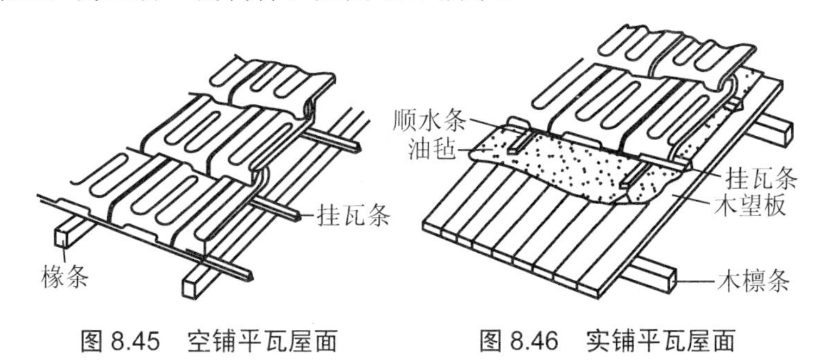

图 8.45　空铺平瓦屋面　　图 8.46　实铺平瓦屋面

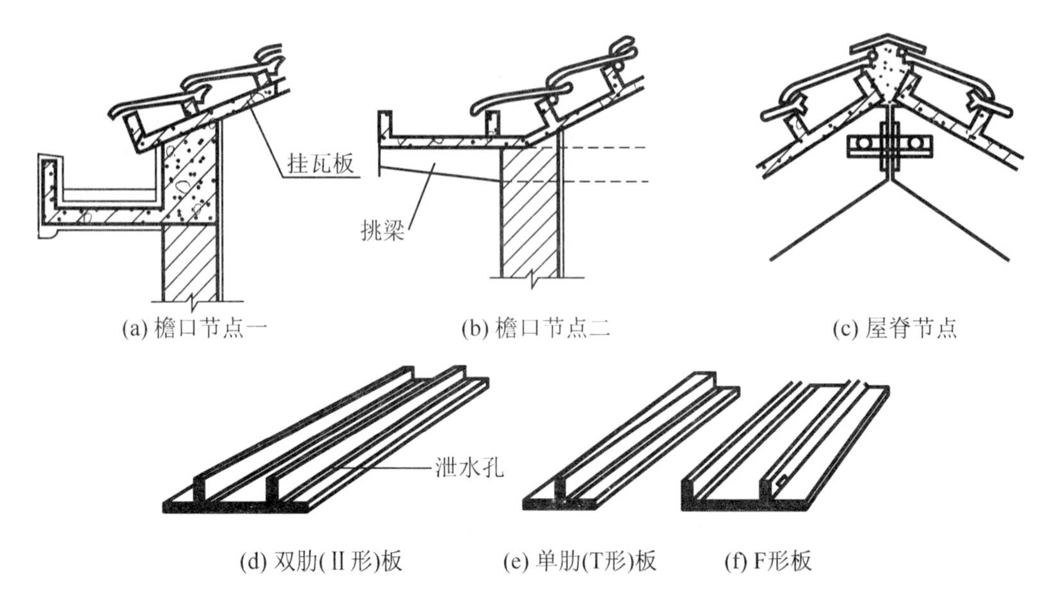

(a) 檐口节点一　(b) 檐口节点二　(c) 屋脊节点

(d) 双肋(Ⅱ形)板　(e) 单肋(T形)板　(f) F形板

图 8.47　钢筋混凝土挂瓦板平瓦屋面

盖瓦的方式有三种：钉挂瓦条挂瓦或用钢筋混凝土挂瓦板直接挂瓦，如图 8.48(a)所示；用草泥或煤渣灰窝瓦，如图 8.48(b)所示，泥背的厚度宜为 30～50mm；在屋面板上直接粉防水水泥砂浆并贴瓦或齿形面砖(又称装饰瓦)，如图 8.48(c)所示。

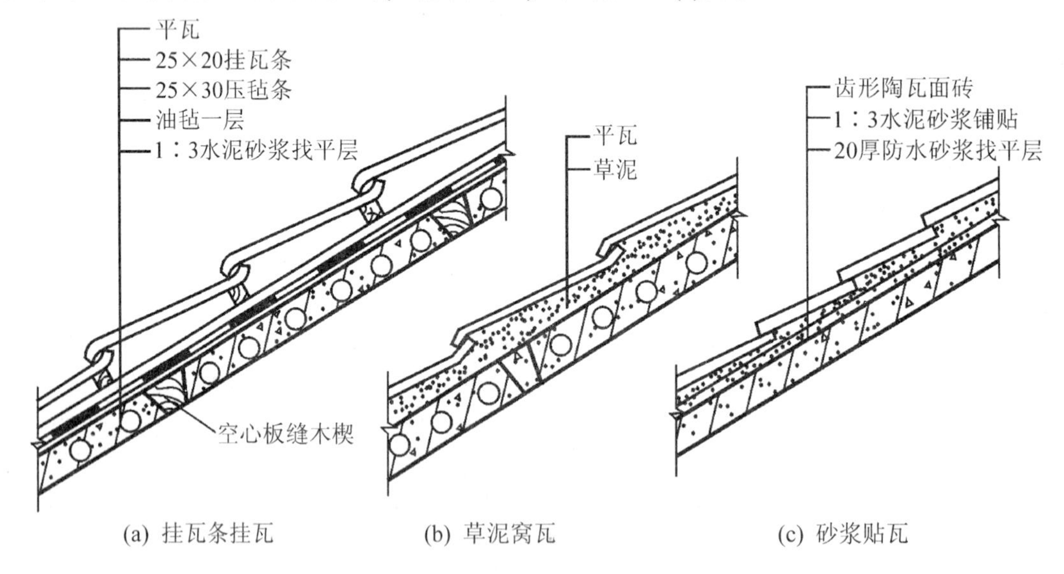

(a) 挂瓦条挂瓦　(b) 草泥窝瓦　(c) 砂浆贴瓦

图 8.48　钢筋混凝土屋面板盖瓦屋面

2) 钢板彩瓦屋面

钢板彩瓦是用彩色薄钢板冷压成型呈连片块瓦形状的屋面防水板材。瓦材用自攻螺钉固定于冷弯型钢挂瓦条上。其屋面构造如图 8.49 所示。

(1) 单彩板屋面：彩板屋面将彩板直接支撑于檩条上，一般为槽钢、工字钢或轻钢檩条。檩条间距视屋面板型号而定，一般为 1.5～3.0m。屋面板与檩条的连接采用各种螺栓、螺钉等紧固件，把屋面板固定在檩条上。屋面板坡度与降雨量、板型、拼缝方式有关，一般不小于 3°。

(2) 保温夹心板屋面：由彩色涂层钢板做表层，自熄性聚苯乙烯泡沫塑料或硬质聚氨酯泡沫做芯材，通过加压加热固化制成的夹心板，具有防寒、保温、体轻、防水、装饰、承力等多种功能，是一种高效的结构材料。

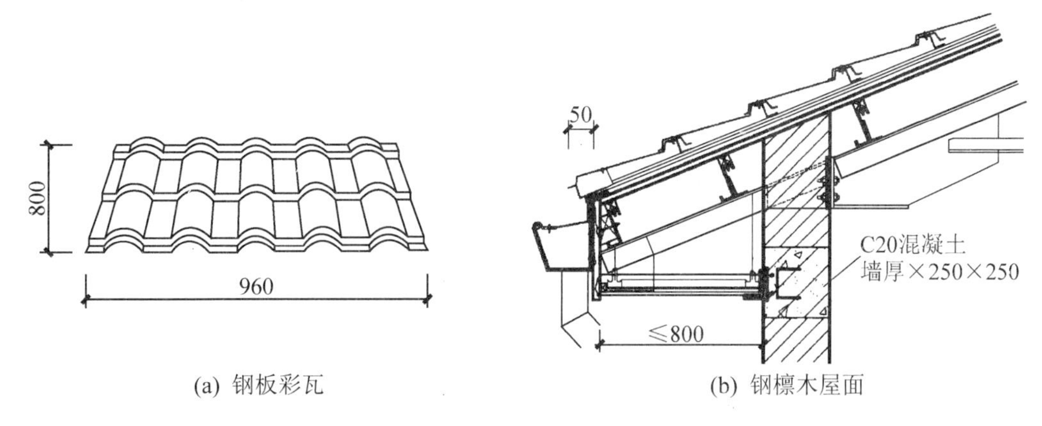

(a) 钢板彩瓦　　(b) 钢檩木屋面

图 8.49　钢板彩瓦屋面构造

知识链接

工业厂房车间常用的彩色镀锌压型钢板(简称压型钢板)由于自重轻，强度高，防水性能好，且施工、安装方便，色彩绚丽，质感、外形现代新颖，因而被广泛应用于平直坡屋顶外，还根据建筑造型与结构形式的需要在各曲面屋顶上使用。

压型钢板按保温性能分为单层板和夹心板；按外形分为波形板、梯形板和带肋梯形板等。

单层板是由厚度为 0.5～1mm 的钢板，经连续式热浸处理后，在钢板两面形成镀铝锌合金层。然后在其上先涂一层防腐的化学皮膜，皮膜上涂覆底漆，最后涂耐候性强的有色化学聚酯来长久保持其色彩和光泽。夹心板为由压型钢板面板及底板与保温芯材通过黏结剂或发泡黏结而成的保温隔热复合屋面板材。

压型钢板的连接方式，用各种螺钉、螺栓或拉铆钉等紧固件和连接件固定在檩条上。檩条的间距一般为 1.5～3m，常采用槽钢、工字钢或轻钢做檩条。

3) 油毡瓦屋面

玻璃纤维油毡瓦(简称油毡瓦)是以玻纤毡为胎基的彩色块瓦状屋面防水片材，规格一般为 1000mm×333mm×2.8mm。铺瓦方式采用钉粘结合，以钉为主的方法。其屋面构造的做法如图 8.50 所示。

2. 坡屋顶的防水构造

传统坡屋面防水的关键构件是屋面瓦。瓦片的形状主要分曲面和平面两种。平瓦大多并不平整，往往正面带有浅沟，叠放后可以排水；反面则带有挂钩，可以挂在屋面挂瓦条上，防止下滑，在中间还有穿有小孔的凸出物，风大地区可用铅丝扎在挂瓦条上。像这样的瓦片形式，在世界各地大同小异。多年来，就是依靠瓦片本身良好的设计，虽然在屋面上铺放搭接后并不密封，但只要屋面坡度符合所用瓦片的需要，即便屋盖系统不做基层屋面板，仍然能够达到防水的基本要求。

设置屋面板基层，对于加强屋面刚度、隔热、保温和取得内部较好的视觉效果都有益。因此，铺瓦片的屋面通常会选择先铺一层屋面板，再在上面铺一层油毡，用顺屋面坡度方向的薄板条(又称顺水条)加以钉固，然后在顺水条上按平行于檐口的方向钉挂瓦条，最后自下而上地铺设屋面瓦。这样，即便在雨水被压入瓦片之间时，进去的雨水也能够在油毡之上顺着屋面坡度流出去，相当于用防水材料又增加了一道防线。其间的油毡可平行屋脊方向铺设，从檐口铺到屋脊，搭接长度不小于 80mm，如图 8.51 所示。

3. 坡屋顶的保温

坡屋顶的保温有屋面层保温和顶棚层保温两种做法。当采用屋面层保温时，其保温层可设置在瓦材下面或檩条之间。当屋顶为顶棚层保温时，通常需在吊顶龙骨上铺板，板上设保温层，可以收到保温和隔热的双重效果。坡屋顶的保温构造举例如图 8.52 所示。

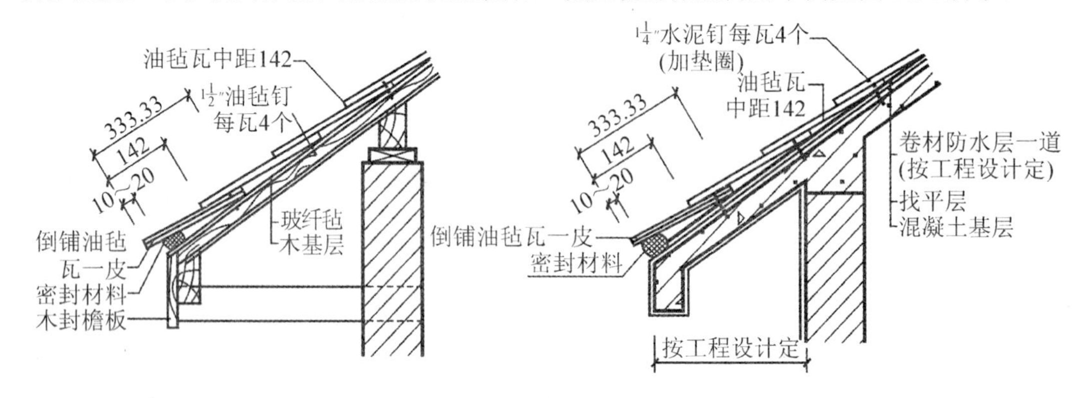

图 8.50　油毡瓦屋面

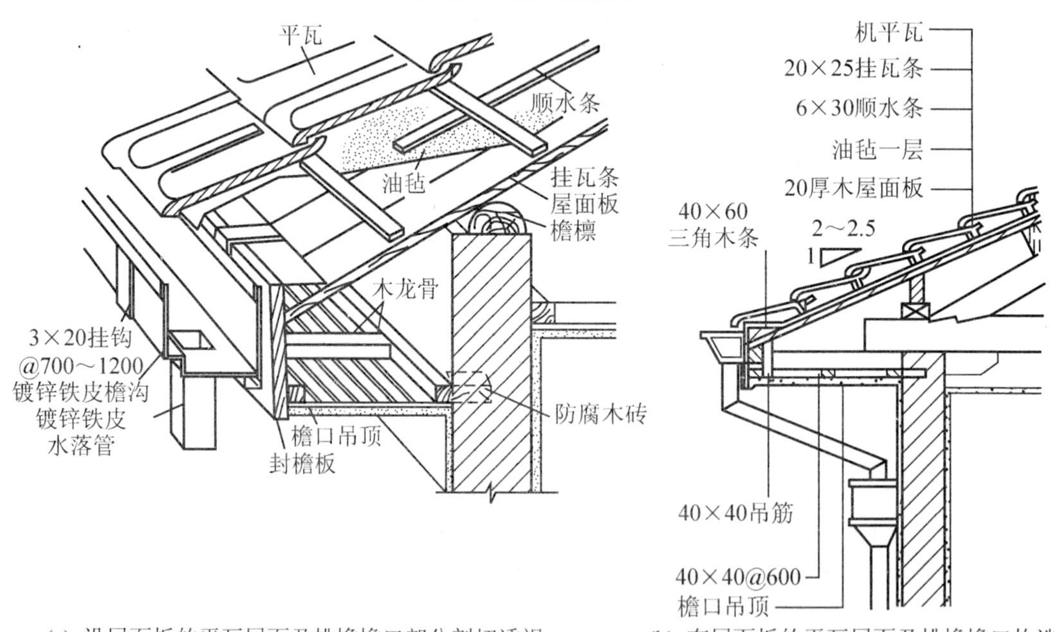

(a) 设屋面板的平瓦屋面及挑檐檐口部分剖切透视　(b) 有屋面板的平瓦屋面及挑檐檐口构造

图 8.51　平瓦坡屋面防水构造

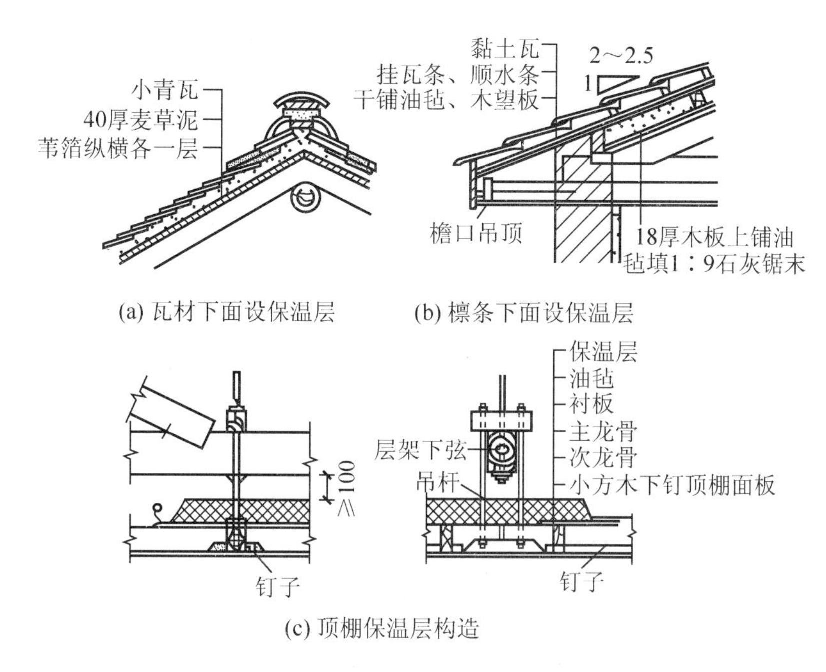

(a) 瓦材下面设保温层　(b) 檩条下面设保温层

(c) 顶棚保温层构造

图 8.52　坡屋顶保温层的设置

4. 坡屋顶的隔热

炎热地区在坡屋顶中设进气口和排气口，利用屋顶内外的热压差和迎风面的压力差，组织空气对流，形成屋顶内的自然通风，以减少由屋顶传入室内的辐射热，从而达到隔热降温的目的。进气口一般设在檐墙上、屋檐部位或室内顶棚上；出气口最好设在屋脊处，以增大高差，有利于加速空气流通。图 8.53 为几种通风屋顶的示意图。

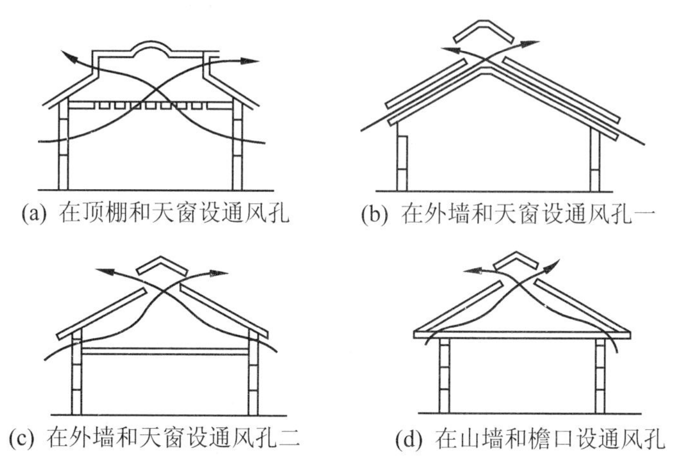

(a) 在顶棚和天窗设通风孔　(b) 在外墙和天窗设通风孔一

(c) 在外墙和天窗设通风孔二　(d) 在山墙和檐口设通风孔

图 8.53　坡屋顶通风屋顶示意图

8.3.4　坡屋顶的细部构造

1. 檐口构造

建筑物屋顶与外墙的顶部交接处称为檐口。坡屋顶的檐口一般分挑檐和包檐两种。挑檐是将檐口挑出墙外，做成露檐头或封檐头形式。包檐是将檐口与檐墙齐平或用女儿墙将檐口封住。

1) 纵墙檐口

(1) 无组织排水檐口。无组织排水檐口应将屋面伸出纵墙形成挑檐，常见的做法是，钢筋混凝土板式结构坡屋顶可由现浇钢筋混凝土屋面板直接悬挑，如图 8.54 所示。对于砖挑檐、木望板挑檐、木挑檐、椽条挑檐和附木挑檐等，如图 8.55 所示。

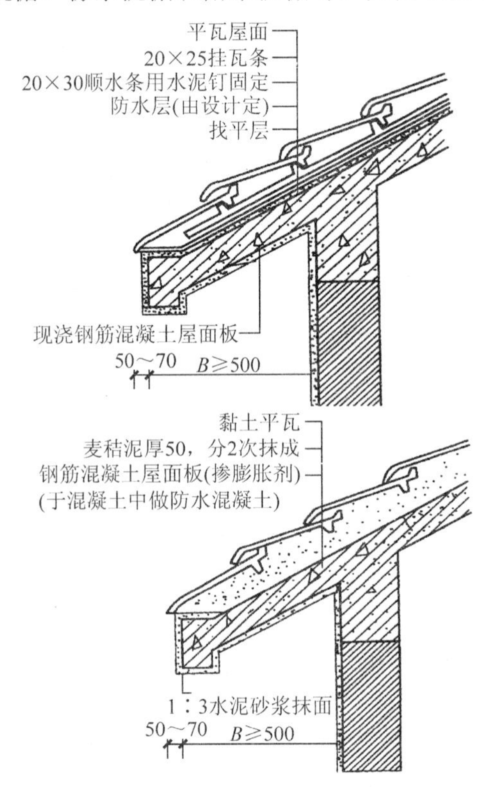

图 8.54 现浇钢筋混凝土屋面板直接悬挑

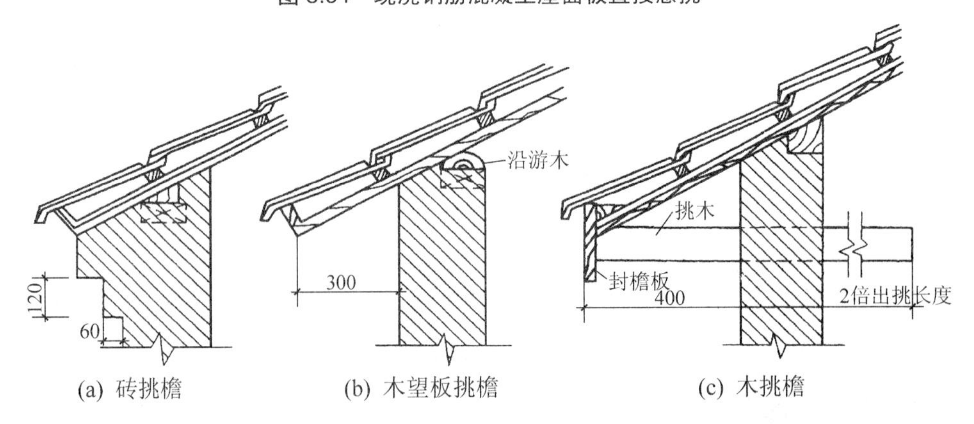

图 8.55 无组织排水檐口构造

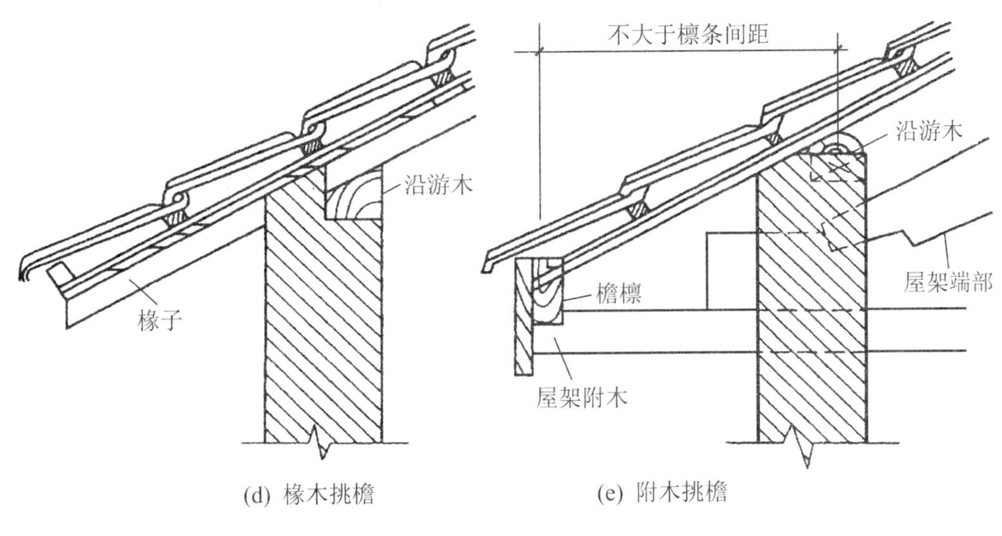

(d) 椽木挑檐　　(e) 附木挑檐

图 8.55　无组织排水檐口构造(续)

(2) 有组织排水檐口。有组织排水檐口有挑檐沟和女儿墙内檐沟两种，其做法有镀锌铁皮檐沟和现浇钢筋混凝土檐沟、内檐沟等，如图 8.56 所示。

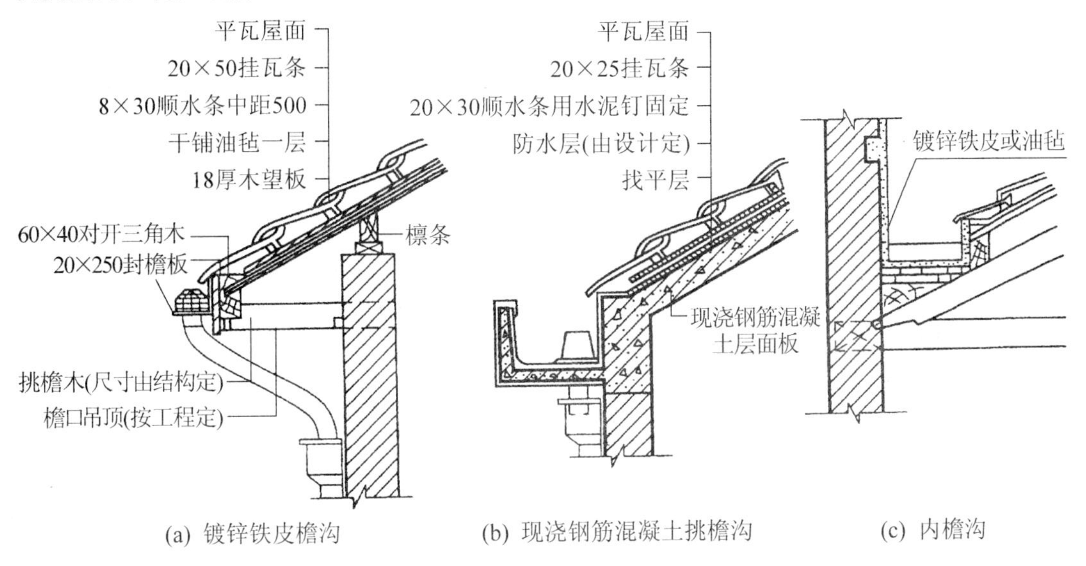

(a) 镀锌铁皮檐沟　　(b) 现浇钢筋混凝土挑檐沟　　(c) 内檐沟

图 8.56　有组织排水檐口构造

知 识 链 接

应该注意的是，在坡屋面上做各种构造层次，必须牢固，防止材料下滑，最好不要在钢筋混凝土坡屋面上粘贴装饰瓦，因为这种装饰瓦实际上是一种面砖，而水泥砂浆是刚性材料，在温度作用下热胀冷缩容易开裂，从而造成饰面材料下滑，是不安全的。在实际工程中，已经有过不少失败的例子。例如在如图 8.57 所示的例子中，在屋面卷材之上又做了一道配筋的细石混凝土，虽说细石混凝土与卷材之间相对滑动有利于防止防水层开裂，但在屋面板檐口处预先浇筑了一道高起的挡台，就能够预防由此带来的不安全因素。

1：2.5水泥砂浆20厚
密封膏封严
水泥钉或射钉@500
镀锌垫片20×20×0.75
木条垫成同样角度
檐沟分水线
200
150
10
60
卷材或涂膜防水层
钢筋混凝土屋面板内
预埋φ10钢筋一排@1500
100
高聚物改性沥青卷材防水层3厚
高聚物改性沥青卷材附加层2厚
1：3水泥砂浆找平层20厚
轻集料混凝土找坡层最薄处30厚
钢筋混凝土檐沟

图 8.57　盖黏土瓦的钢筋混凝土坡屋面檐口处构造示意

2) 山墙檐口

(1) 硬山。将山墙砌至屋面收头，或者山墙高出屋面形成女儿墙的做法称为硬山。当墙顶与屋面平齐，瓦片要盖过山墙并用混合砂浆抹“瓦出线”，如图 8.58 所示；当山墙高出屋面时，山墙和屋面交接处要做泛水，如图 8.59 所示。

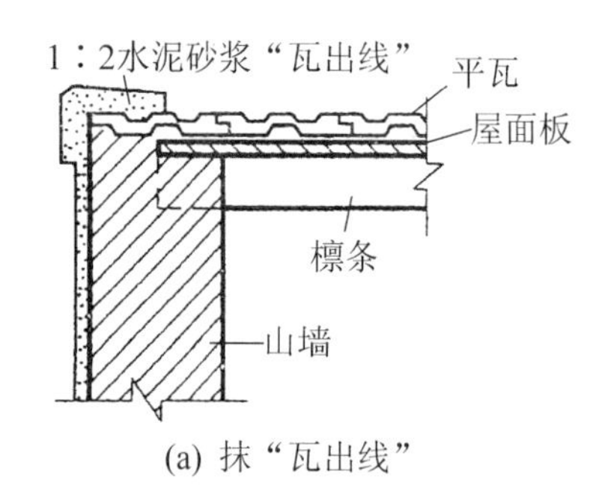

(a) 抹“瓦出线”

砖压顶抹水泥砂浆
平瓦
屋面板
檩条
山墙

(b) 女儿墙

图 8.58　硬山构造(一)

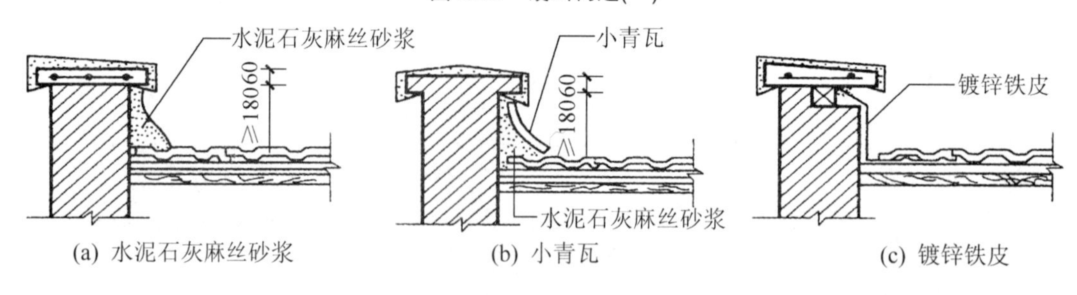

(a) 水泥石灰麻丝砂浆　　(b) 小青瓦　　(c) 镀锌铁皮

图 8.59　硬山构造(二)

(2) 悬山。将檩条和屋面板伸出山墙的做法称为悬山。通常檩条的端部用木封檐板(也称博风板)封住，下部做顶棚进行处理，如图 8.60 所示。

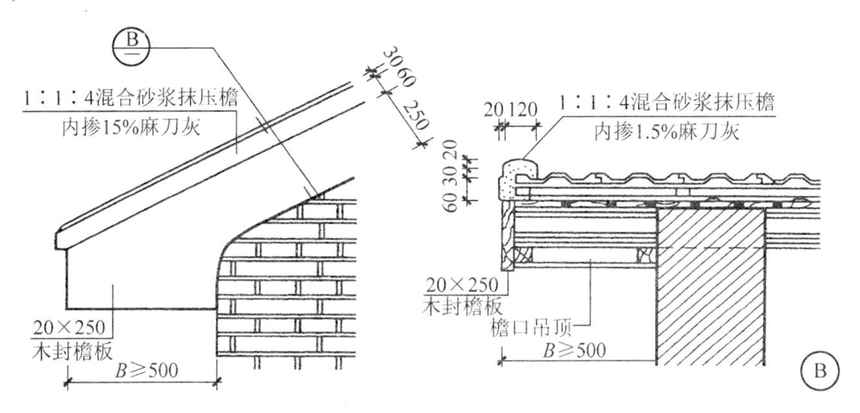

图 8.60　悬山构造

2. 天沟、斜天沟构造

坡屋面中两个斜面相交的阴角处做天沟或斜天沟，一般用镀锌薄钢板或彩色钢板制作，两边各伸入瓦底 100mm，并卷起包在瓦下的木条上。沟的净宽应在 220mm 以上，如图 8.61 所示。

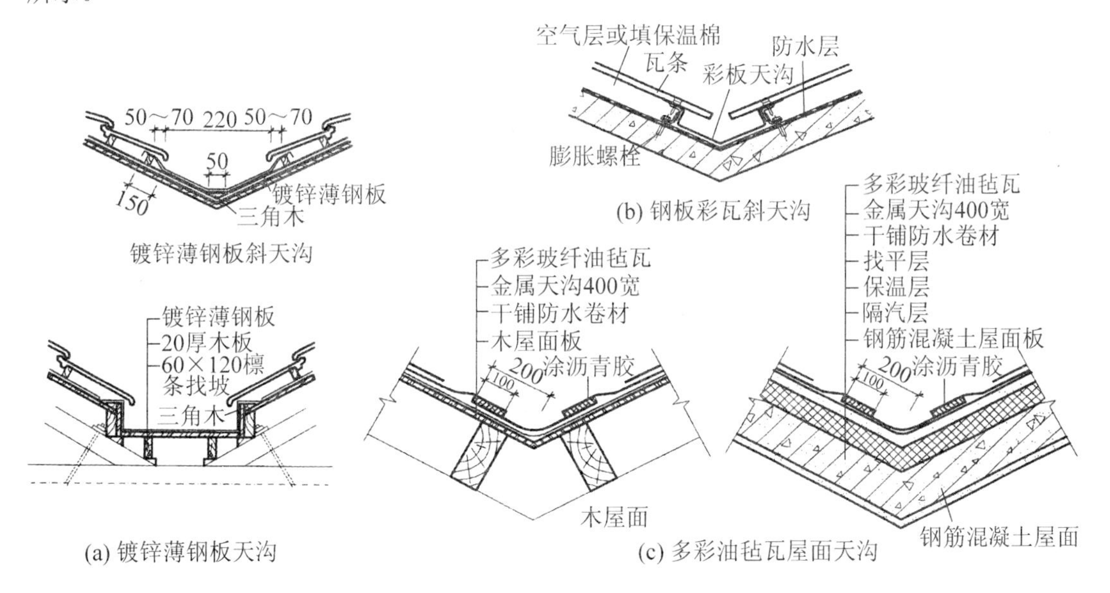

图 8.61　天沟及斜天沟

3. 水落斗与水落管

水落斗可用镀锌薄钢板、铸铁或聚氯乙烯及玻璃管等材料制成。断面有圆形和方形两种(图 8.62)。水落管一般设在建筑物的窗间墙或转角处，间距不超过 15m。一般按每平方厘米雨水管截面排除 2.25m^2 屋面的雨水计算。

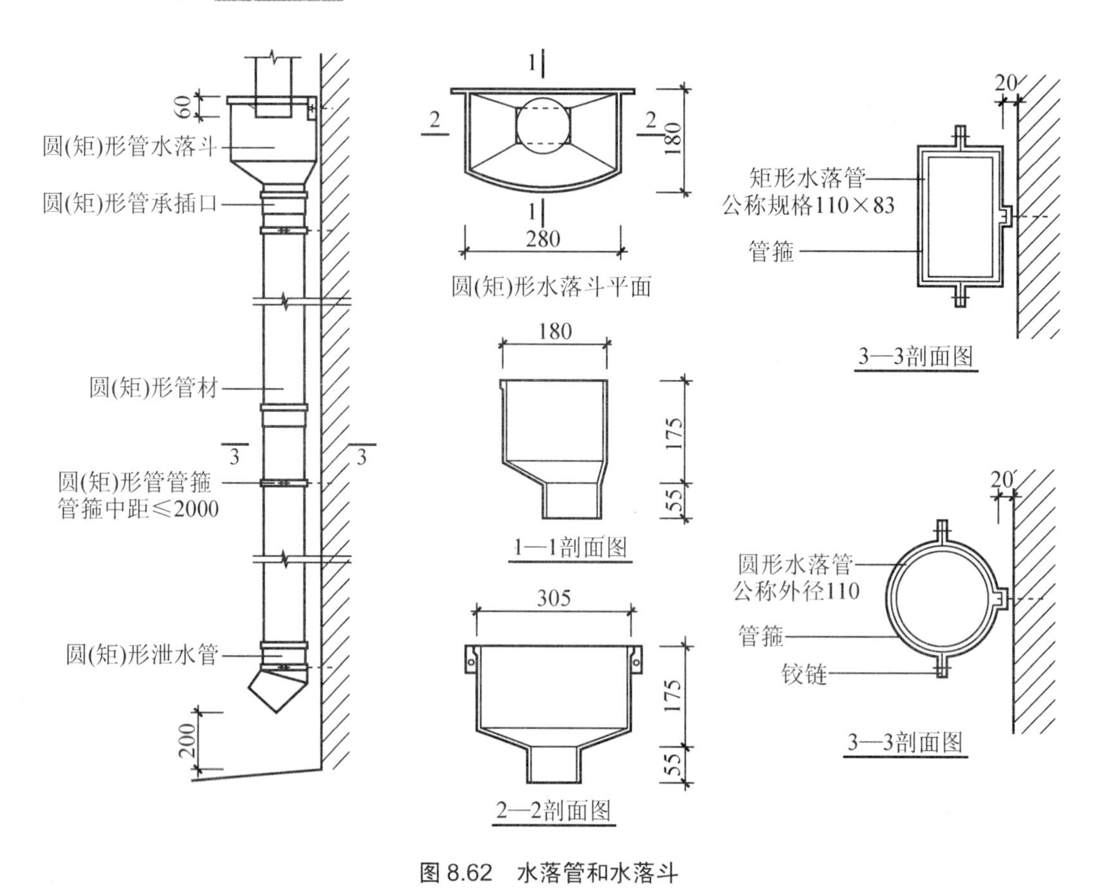

图 8.62　水落管和水落斗

4. 泛水构造

山墙、女儿墙与屋面相交处的泛水做法可参照图 8.59。凸出屋面的排气管、烟囱及老虎窗等与屋面相连接处均需做泛水，以防接缝处漏水。泛水材料常用 1∶2.5 水泥砂浆抹灰及镀锌薄钢板或不锈钢板等金属材料制作。

1) 排气管伸出屋面处泛水

排气管伸出屋面处的泛水，应先将屋面上开孔处的四周以镀锌薄钢板的一端沿竖管盖在瓦上，而另一端沿竖管折包在管的四周，高度不小于 200mm，并用钢夹子衬硬橡皮圈夹紧，如图 8.63 所示。

2) 烟囱的泛水构造

用镀锌薄钢板做烟囱泛水时，烟囱上方将镀锌薄钢板伸入瓦底 100mm 以上，在下方应搭盖在瓦的上方，两侧同一般泛水处理，四周应折上。烟囱墙面应高出屋面至少 200mm 以上。较宽的烟囱上方，则可用镀锌薄钢板做成两坡水小屋面形式，与瓦屋面相交成斜天沟，使雨水顺天沟排到瓦屋面上，如图 8.64 所示。

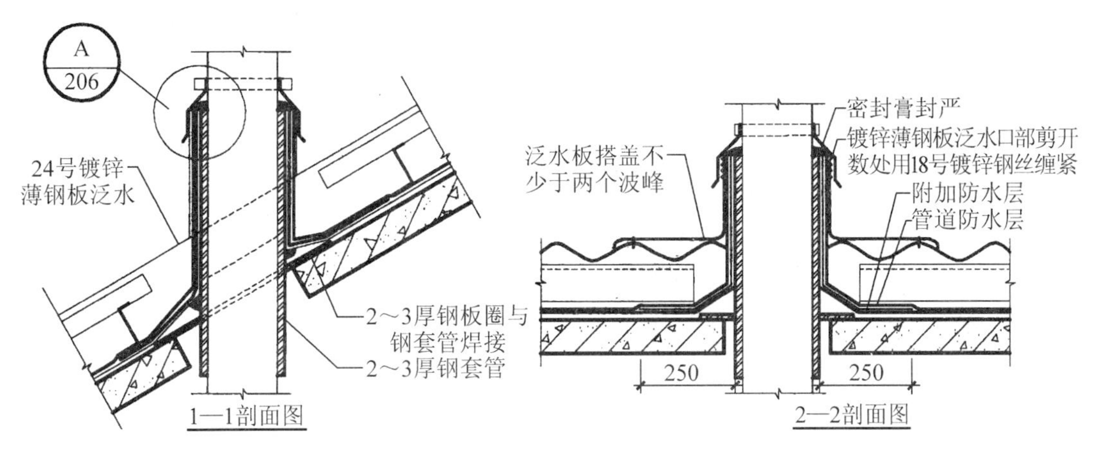

图 8.63 排气管与钢筋混凝土屋面连接处的泛水

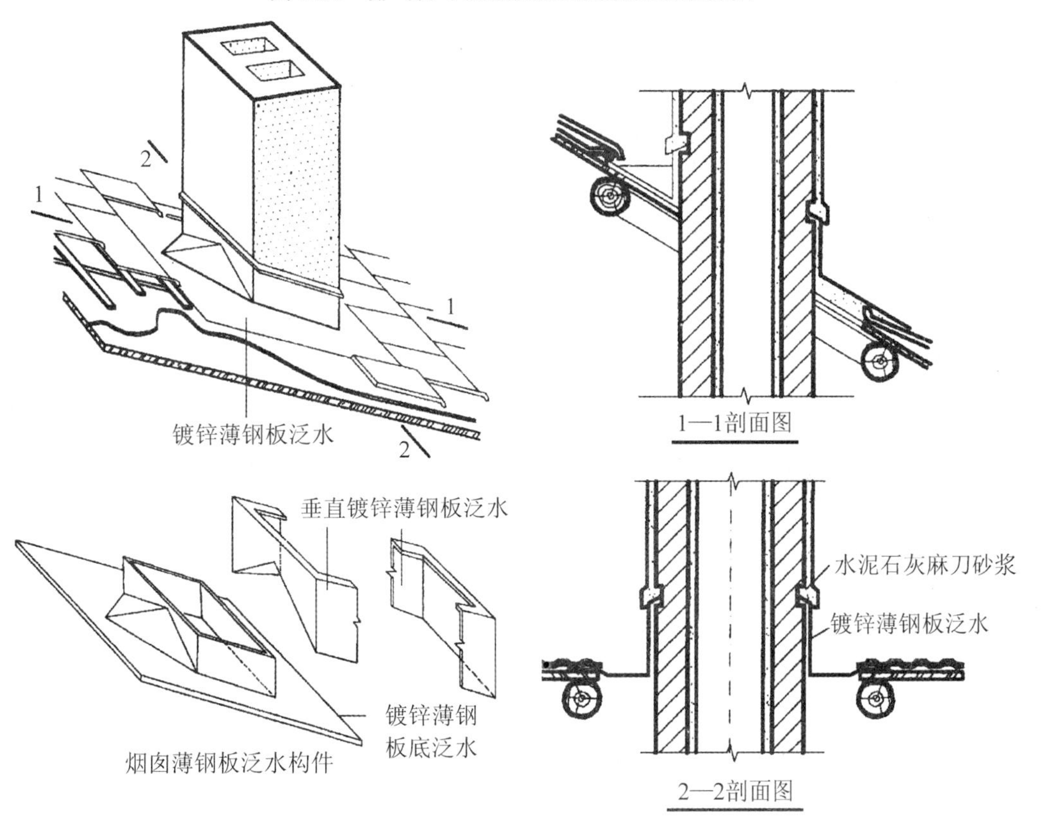

图 8.64 烟囱与屋面交接处的泛水构造

3) 老虎窗与屋面连接处的泛水构造

利用坡屋顶上面的空间做阁楼供居住或储藏用时，为了室内采光和通风在屋顶开口架立窗扇，称老虎窗。老虎窗支承在屋顶檩条或椽子上，一般在檩条上立柱，柱顶架梁，上盖老虎窗的小屋面。小屋面可采用单坡或双坡等形式(图 8.65)，也可采用现浇钢筋混凝土小屋面和侧墙与坡屋面钢筋混凝土基层相连接(图 8.66)。

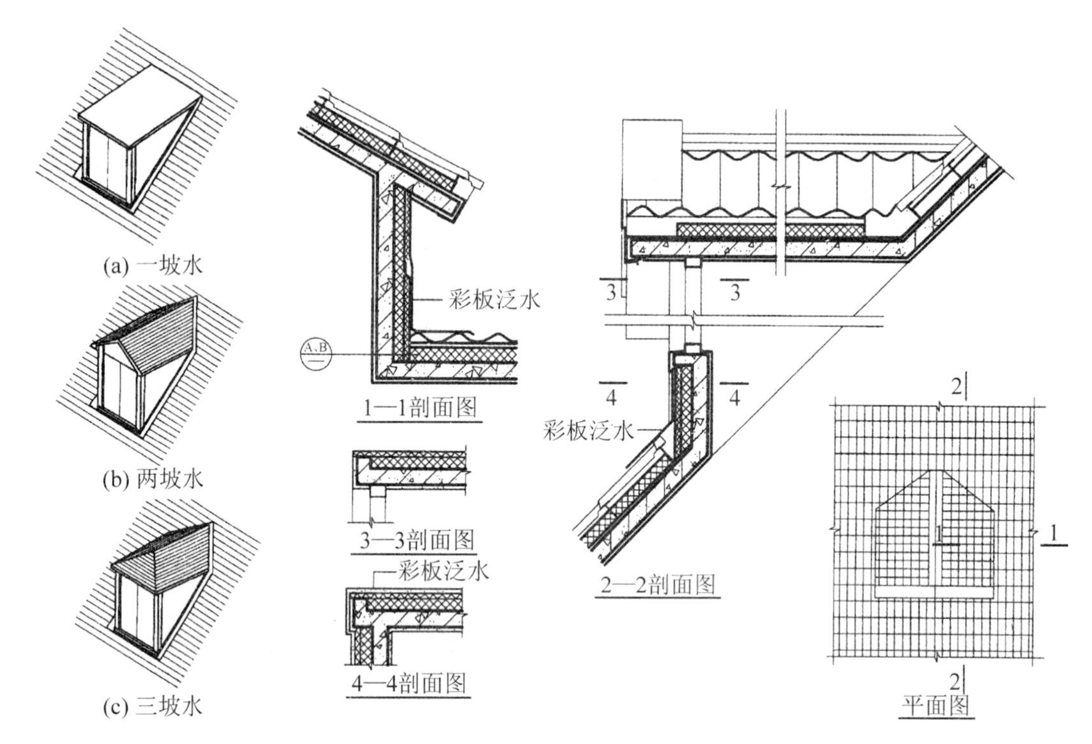

图 8.65 老虎窗小屋顶形式

图 8.66 钢筋混凝土屋面老虎窗构造

本章小结

屋顶的设计要求主要是防水、排水及保温隔热。屋顶的主要类型为平屋顶、坡屋顶、大空间结构屋顶等。

屋顶的坡度主要与防水材料、降雨量和结构形式有关。屋顶排水坡度的形成方式有材料找坡和结构找坡两种。屋面排水方式分为无组织排水和有组织排水两种。无组织排水方式主要适用于少雨地区或一般低层建筑，不宜用于临街建筑和高度较高的建筑。有组织排水方案可分为外排水和内排水两种基本形式。常用的外排水方式有檐沟外排水、女儿墙外排水、带女儿墙的檐沟外排水三种。

钢筋混凝土平屋顶的应用较普遍，排水坡度为2%～3%。屋面分为卷材防水、刚性防水和涂膜防水三种常用的防水屋面。

卷材防水屋面是用胶结材料将防水卷材黏结形成防水层，卷材防水屋面的基本构造层次为结构层、找平层、结合层、防水层、保护层；细部构造中重点处理好泛水、挑檐口、水落口、屋面变形缝、屋面检修孔、屋面出入口等处。

刚性防水屋面是以细石混凝土做防水层的屋面。其基本构造层次为防水层、隔离层、找平层、结构层；刚性防水屋面要采取防止开裂的措施，并做好分仓缝、泛水、管道出屋面、檐口、水落口等细部构造处理。

涂膜防水屋面是用防水材料涂刷在屋面基层上，利用涂料干燥或固化以后的不透水性来达到防水的目的。要注意氯丁胶乳沥青防水涂料屋面、焦油聚氨酯防水涂料屋面、塑料油膏防水屋面的做法。

坡屋顶主要由承重结构层和屋面层组成，目前主要用屋架或现浇钢筋混凝土屋面板作为坡屋顶的承重构件。屋面的种类根据瓦的种类而定，如块瓦屋面、油毡瓦屋面、块瓦形钢板彩瓦屋面等。

在寒冷地区或有空调要求的建筑中，屋顶应做保温处理。保温材料多为轻质多孔材料，一般有散料类、整体类、板块类三种类型；平屋顶根据保温层在屋顶中的具体位置有正置式和倒置式铺法两种处理方式，坡屋顶的保温有屋面层保温和顶棚层保温两种做法。在气候炎热地区，屋顶应采取隔热降温措施。平屋顶隔热措施通常有通风隔热屋面、蓄水隔热屋面、种植隔热屋面和反射降温屋面；坡屋顶的隔热主要采用通风屋顶。

习 题

一、选择题

1. (　　)不属于卷材防水屋面的基本构造层次之一。

A. 防水层　　B. 隔离层　　C. 结构层　　D. 找平层

2. 钢筋混凝土平屋顶的排水坡度用得最多的是(　　)。

A. 5%～10%　　B. 1%～5%　　C. 2%～3%　　D. 7%～8%

3. 在坡屋顶的构造层次中，下列(　　)构件属于承重结构层。

A. 三角形钢屋架　　B. 钢板彩瓦　　C. 油毡　　D. 吊顶龙骨

二、填空题

1. 平屋顶的排水方式分为________和________两种。
2. 屋顶排水坡度的形成方式有________和________两种。
3. 平屋顶常用的外排水方式有________和________两种。

三、简答题

1. 屋顶的作用是什么？对屋顶有何要求？
2. 平屋顶由哪几部分组成？它们的主要功能是什么？
3. 平屋顶的排水坡度如何形成？简述各种方法的优缺点。
4. 屋面的排水方式有几类？简述各自的优缺点和适用范围。
5. 何谓卷材防水屋面？其基本构造层次有哪些？各层次的作用是什么？分别可采用哪些材料做法？并看懂相应的构造图。
6. 何谓刚性防水屋面？其基本构造层次有哪些？各层次的作用是什么？并看懂相应的构造图。
7. 刚性防水屋面设置分仓缝的目的是什么？通常在哪些部位设置分仓缝？识读典型构造图。
8. 平屋顶的保温材料有哪几类？其保温隔热措施有哪些？并看懂构造图。
9. 坡屋顶的承重结构有哪几种？其保温隔热措施有哪些？并看懂构造图。

综合实训

1. 实训目标

为提高学生实践能力，根据本书的工程实例，或在老师的指导下，画屋面构造图。

2. 实训要求

根据本章所学内容，也可参考本书后的工程实例绘制。

(1) 绘图内容：教师根据教学实际需要提出要求，指导学生根据所学内容画屋面的建筑构造。

(2) 绘图要求：教师要指导学生按照教学内容绘制，尽量做到规范化、标准化。

① A3 横式图纸一张，上墨线。

② 用 1∶10 或 1∶20 的比例绘制卷材防水屋面或刚性防水屋面的构造详图。

③ 要求把泛水、屋面的构造层次表达清楚。

④ 图面准确，图线粗细分明，尺寸标注正确。

第9章

楼　　梯

教学目标

通过本章的学习，要求学生掌握楼梯的组成、类型、尺寸及构造；熟悉楼梯踏步、栏杆、扶手等的细部构造及连接方式；熟悉台阶和坡道的形式、尺寸和构造；了解电梯和自动扶梯的基本知识；初步了解楼梯的设计要求。

教学要求

能力目标	知识要点	权重	自测分数
掌握楼梯的组成和主要尺寸；了解楼梯的类型和设计要求；熟悉楼梯踏步、栏杆、扶手等的细部构造和连接方式	楼梯组成类型和尺寸	35%	
掌握现浇钢筋混凝土楼梯的构造	钢筋混凝土楼梯	40%	
熟悉台阶和坡道的形式、尺寸和构造做法	台阶与坡道	15%	
了解电梯和自动扶梯的基本知识	电梯与自动扶梯	10%	

引 例

在建筑物(单层、多层、高层)中，为解决垂直交通和高差，常采用的措施有哪些?

(1) 坡道：由于其无障碍流线，多用于多层车库通行汽车和医疗建筑中通行担架车等，在其他建筑中，坡道也作为残疾人轮椅车的专用交通设施。

(2) 台阶：用于室内外高差之间和室内局部高差之间的联系。

(3) 楼梯：作为竖向交通和人员紧急疏散的主要交通设施。

(4) 电梯：用于高层建筑或使用要求较高的宾馆等多层建筑。

(5) 自动扶梯：仅用于人流量大且使用要求高的公共建筑，如商场、候车楼等。

(6) 爬梯：专用于不常用的消防和检修等。

特别提示

楼梯的作用是垂直交通和安全疏散；电梯、自动扶梯、坡道、爬梯的作用仅是垂直交通，不能取代楼梯的安全疏散作用。

9.1 楼梯概述

9.1.1 楼梯的设计要求

楼梯是联系建筑物上下层的主要垂直交通设施，也是人员紧急情况下安全疏散的主要交通设施，其位置、数量、平面形式应符合有关标准与规范的规定。楼梯的设计需满足以下要求。

(1) 楼梯有适宜的宽度和坡度，以保证通行。

(2) 根据具体要求使其具备防火、防烟、防滑功能及足够的强度、刚度，以保证通行安全。

(3) 楼梯造型要美观大方。

9.1.2 楼梯的组成

一般楼梯由楼梯段、平台(楼梯平台和中间平台)、扶手与栏杆(或栏板)三大部分组成。楼梯示意如图9.1所示。

1. 楼梯段

楼梯段是联系两个不同标高平台的倾斜构件，设有踏步和梯段。供层间上下行走的通道构件称为梯段。梯段的坡度由踏步的高宽比确定。踏步又由踏面和踢面组成，踏步的水平上表面称踏面，与踏面垂直部分称踢面。

楼梯段和平台之间的空间称楼梯井。当公共建筑楼梯井净宽大于200mm，住宅楼梯井净宽大于110mm时，必须采取措施来保证安全。

2. 平台

平台是指连接楼板面与梯段端部的水平部分。有楼层平台和中间平台之分，与楼层标高一致的平台称为楼层平台，介于上下两楼层之间的平台称为中间平台。中间平台的作用是解决楼梯段的转折和缓解疲劳。

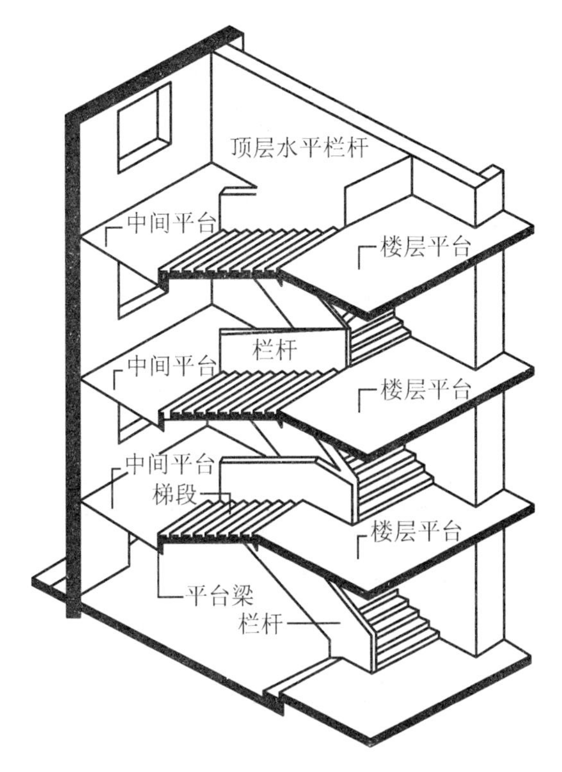

图 9.1 楼梯的组成

3. 扶手、栏杆(或栏板)

为了保证人们在楼梯上行走安全，楼梯段和平台的临空边缘应安装栏杆或栏板。栏杆或栏板上部供人用手扶持的配件称扶手。当梯段宽度较大时，非临空面也应加设靠墙扶手。当梯段宽度很大时，则需在梯段中间加设中间扶手。

特别提示

当人们连续上楼梯时，容易疲劳，故规定一个楼梯段的踏步数一般不应超过 18 级。又由于人的行走有习惯性，所以楼梯段的踏步数也不应少于 3 级。

9.1.3 楼梯的类型

1. 按楼梯材料分

按楼梯材料分，楼梯可分为钢筋混凝土楼梯、钢楼梯、木楼梯与组合楼梯。

2. 按楼梯位置分

按楼梯位置分，楼梯可分为室内楼梯和室外楼梯。

3. 按楼梯使用性质分

按楼梯使用性质分，楼梯可分为主楼梯、辅助楼梯、疏散楼梯、消防楼梯。

4. 按楼梯平面形式分

楼梯平面形式很多，如图 9.2 所示，主要有以下几种。

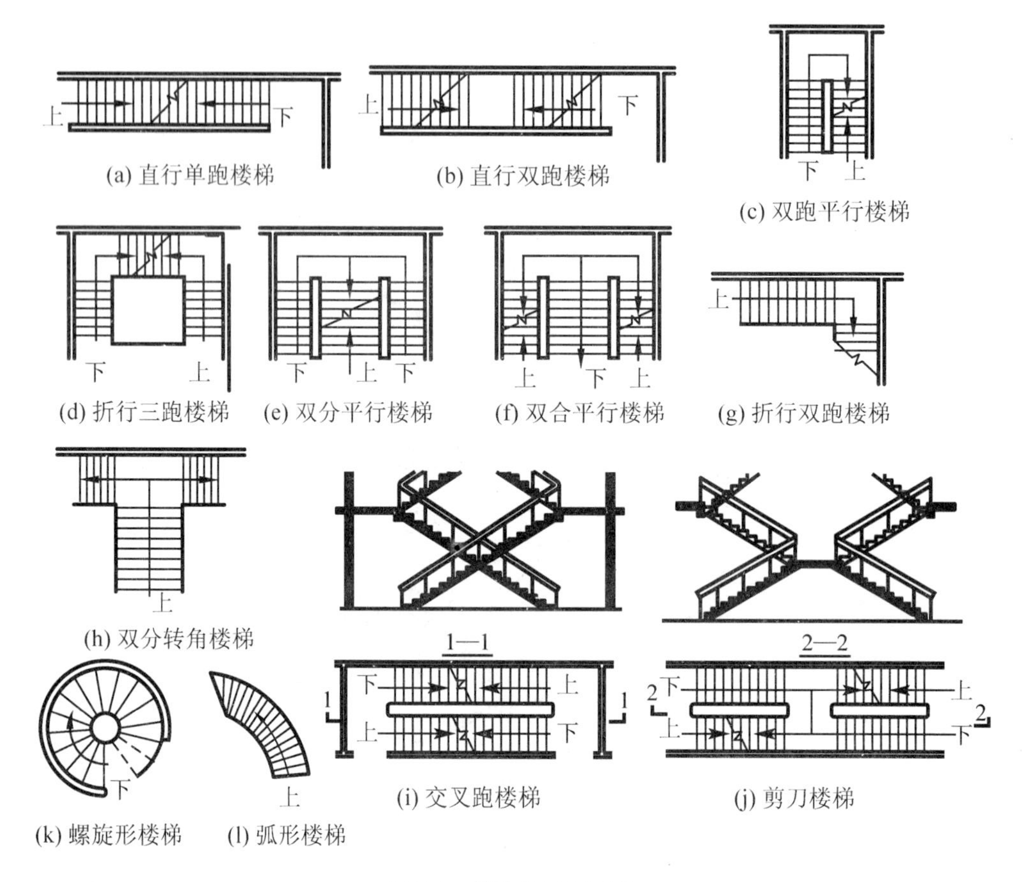

(a) 直行单跑楼梯　(b) 直行双跑楼梯　(c) 双跑平行楼梯　(d) 折行三跑楼梯　(e) 双分平行楼梯　(f) 双合平行楼梯　(g) 折行双跑楼梯　(h) 双分转角楼梯　(i) 交叉跑楼梯　(j) 剪刀楼梯　(k) 螺旋形楼梯　(l) 弧形楼梯

图 9.2　楼梯的平面形式

1) 直行单跑楼梯

如图 9.2(a)所示为直行单跑楼梯。此种楼梯无中间平台，由于踏步数一般不超过 18 级，故仅用于层高不高的建筑。

2) 直行多跑楼梯

如图 9.2(b)所示为直行多跑楼梯。此种楼梯是在直行单跑楼梯的基础上增设了中间平台，将单梯段变为多梯段。一般为双跑梯段，适用于层高较大的建筑。直行多跑楼梯给人以直接、顺畅的感觉，导向性强，在公共建筑中常用于人流较多的大厅。

3) 双跑平行楼梯

如图 9.2(c)所示为双跑平行楼梯。此种楼梯由于上完一层楼刚好回到原起步方位，比直跑楼梯节约交通面积并缩短行走距离，是最常用的楼梯形式之一。

4) 折行三跑楼梯

如图 9.2(d)所示为折行三跑楼梯。此种楼梯中部形成较大梯井。在设有电梯的建筑中，可利用梯井作为电梯位置，常用于层高较大的公共建筑中。

5) 双分平行、双合平行楼梯

如图 9.2(e)所示为双分平行楼梯。此种楼梯形式是在双跑平行楼梯基础上演变来的，第一跑在中部上行，然后在中间平台处往两边各上一跑到达上部楼层，通常在人流多、楼段宽度较大时采用。

如图 9.2(f)所示为双合平行楼梯。此种楼梯与双分平行楼梯类似，区别仅在于楼层平台起步第一跑梯段前者在中间而后者在两边。

6) 折行双跑、双分转角楼梯

如图 9.2(g)所示为折行双跑楼梯。此种楼梯人流导向较自由，且折角可变，可为 90°，也可大于或小于 90°。

7) 交叉跑、剪刀楼梯

如图 9.2(i)所示为交叉跑楼梯，可认为是由两个直行单跑楼梯交叉并列布置而成，通行的人流量较大，且为上下楼层的人流提供了两个方向，但仅适合层高小的建筑。

当层高较大时，如图 9.2(j)所示的剪刀楼梯可设置中间平台，中间平台为人流变换方向提供了条件，适用于层高较大且有楼层人流多向性选择要求的建筑，如商场、多层食堂等。

8) 螺旋形楼梯

如图 9.2(k)所示，螺旋形楼梯通常是围绕一根单柱布置，平面呈圆形。其平台和踏步均为扇形平面，踏步内侧宽度很小，并形成较陡的坡度，行走时不安全，且构造较复杂。

9) 弧形楼梯

如图 9.2(l)所示，弧形楼梯与螺旋形楼梯的不同之处在于它围绕一个较大的轴心空间旋转，未构成水平投影圆。其结构和施工难度较大，通常采用现浇钢筋混凝土结构。

楼梯形式的选择取决于其所处位置、楼梯间的平面形状与大小、楼层高低与层数、人流多少与缓急等因素。

特别提示

在众多楼梯类型中最不适合作为疏散楼梯的是螺旋形楼梯，但由于其流线型造型美观，常作为建筑小品布置在庭院或室内。为了克服螺旋形楼梯内侧坡度过陡的缺点，在较大型的楼梯中，可将其中间的单柱变为群柱或筒体。

9.1.4 楼梯的尺寸和设计方法

1. 楼梯的坡度

楼梯的坡度是指楼梯段的坡度。它有两种表示方法：一种是用斜面和水平面所夹角度表示；另一种表示方法是斜面的垂直投影高度与斜面的水平投影长度之比。楼梯坡度一般为 20°～45°，即 1/2.75～1。坡度小于 20°时，采用坡道形式。坡度大于 45°时，通常称爬梯。

公共建筑的楼梯坡度应较平缓，常用 1/2 左右。住宅建筑的楼梯坡度可较陡，常用 1/1.5 左右。楼梯、坡道、爬梯的坡度范围如图 9.3 所示。

2. 楼梯的净空高度

楼梯的净空高度包括楼梯段的净空高度和平台过道处的净空高度。楼梯段净空高度为自踏步前缘线(包括最低和最高一级踏步前缘线以外 300mm 范围内)垂直量至上方突出物下缘间的铅垂高度，其不应小于 2.2m。楼梯平台上部及下部过道处的净空高度不应小于 2m。楼梯的净空高度如图 9.4 所示。

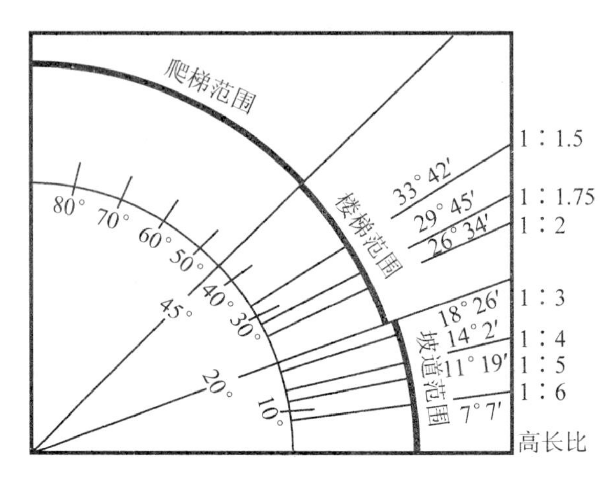

图 9.3　楼梯的坡度

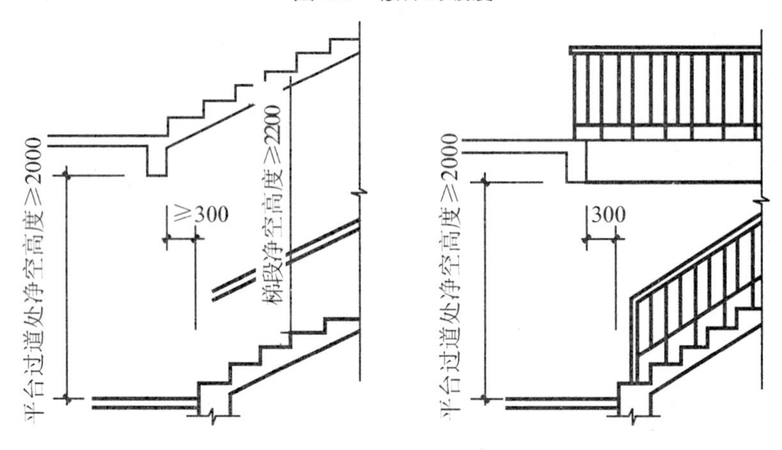

图 9.4　楼梯的净空高度

3. 楼梯的宽度和数量要求

楼梯的宽度包括楼梯段的宽度和平台宽度。从保证安全疏散出发，防火规范规定了疏散楼梯的总宽度。学校、商店、办公楼、候车室等一般民用建筑疏散楼梯的总宽度，应通过计算确定。疏散宽度指标不应小于表 9-1 的规定。

表 9-1　楼梯的宽度指标　(单位：m/百人)

层数 \ 耐火等级	一、二级	三级	四级
一、二层	0.65	0.75	1.00
三层	0.75	1.00	—
四层	1.00	1.25	—

注：当每层人数不等时，其总宽度可分层计算，下层楼梯总宽度按其上层人数最多一层计算。

梯段或平台的净宽，是指扶手中心线间的水平距离或墙面至扶手中心线的水平距离。根据人体尺度每股人流宽可考虑取[550+(0～150)]mm，这里 0～150mm 是人流在行进中人体的摆幅。

楼梯段宽度和人流股数关系要处理恰当，如图 9.5 所示。

注：住宅共用楼梯梯段净宽 b 不应小于 1.1m；六层及以下，一边设栏杆时，b 不小于 1.0m。扶手处平台的最小宽度不应小于梯段净宽，并不得小于 1.1m。

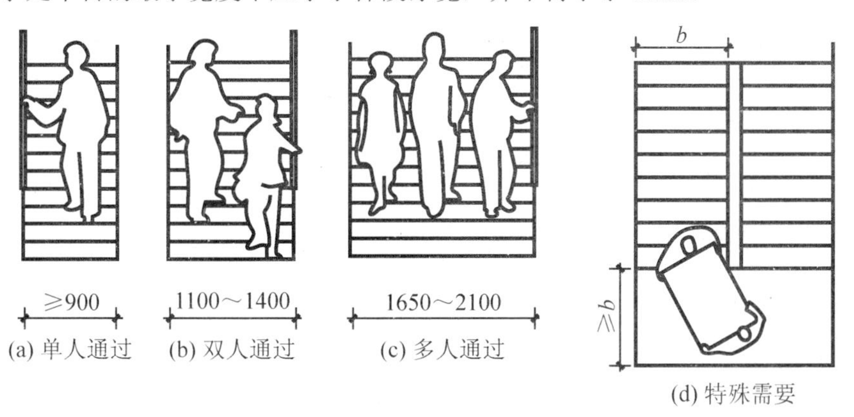

图 9.5　楼梯梯段和平台的通行宽度

知识链接

一幢楼房至少设两部楼梯，但下列情况可设一部楼梯。

(1) 二、三层公共建筑(医院、疗养院、托儿所、幼儿园、敬老院除外)设置一部疏散楼梯的条件见表 9-2。

表 9-2　设置一部疏散楼梯的条件

耐火等级	层数	每层最大建筑面积/m^2	人数
一、二级	二、三层	500	第二、三层人数之和不应超过 100 人
三级	二、三层	200	第二、三层人数之和不应超过 50 人
四级	二层	200	第二层人数不应超过 30 人

(2) 九层及九层以下，每层建筑面积不超过 500m^2 的塔式住宅；或每层建筑面积不超过 300m^2，且每层人数不超过 30 人的单元式宿舍。

(3) 十八层及十八层以下，每层不超过 8 户、建筑面积不超过 650m^2，且设有一座防烟楼梯间和消防电梯的塔式住宅。

(4) 设有不少于两部疏散楼梯的一、二级耐火等级的公共建筑，当顶层局部升高，其高出部分的层数不超过两层，每层面积不超过 200m^2，人数之和不超过 50 人时，可设一部楼梯，但应另设一个直通平屋顶的安全出口。

4. 梯井宽度

所谓梯井，是指梯段之间形成的空间，此空间从顶层到底层贯通。在平行多跑楼梯中，可无梯井。为了安全，以 60～200mm 为宜。公共建筑的梯井宽度应不小于 150mm。

5. 踏步尺寸

在实际应用中，楼梯的坡度均由踏步高宽比决定。常用的坡度为 1/2 左右。

注：踏面宽 b 不宜小于 240mm。$2h+b$＝600～620mm 或 $h+b$＝450mm。

楼梯踏步的高宽尺寸一般根据经验数据确定，见表 9-3。

表 9-3 常用踏步高宽尺寸 (单位：mm)

名称	住宅	幼儿园	学校、办公楼	医院	剧院、会堂
踏步高 h	150～175	120～150	140～160	120～150	120～150
踏步宽 b	260～300	260～280	280～340	300～350	300～350

特别提示

踏步的高度，成人以 150mm 左右较适宜，不应高于 175mm。踏步的宽度(水平投影宽度)以 300mm 左右为宜，不应窄于 260mm。为了增加行走舒适度，常将踏步出挑 20～30mm，使实际宽度增加，如图 9.6 所示。

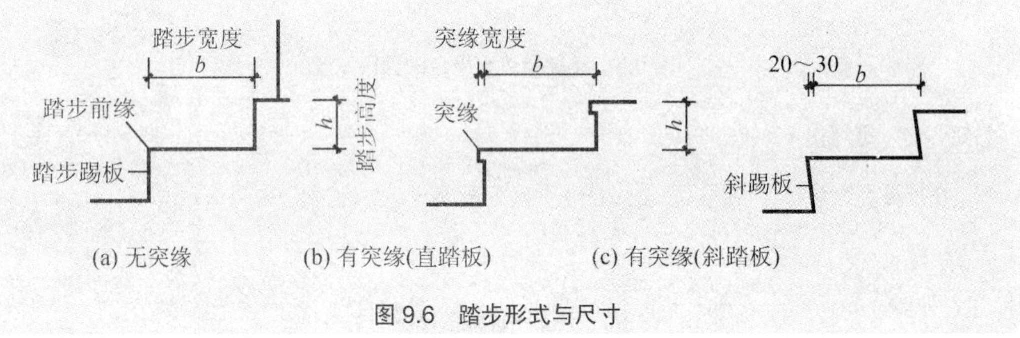

图 9.6 踏步形式与尺寸

6. 栏杆扶手的高度

梯段栏杆扶手的高度应从踏步前缘垂直量至扶手顶面，应不小于 900mm。当梯井一侧水平扶手长度大于 500mm 时，其栏杆高度不应小于 1000mm，但住宅楼梯扶手高度不应小于 1050mm。幼儿园建筑的楼梯应增设幼儿扶手，其高度不应大于 600mm，如图 9.7 所示。

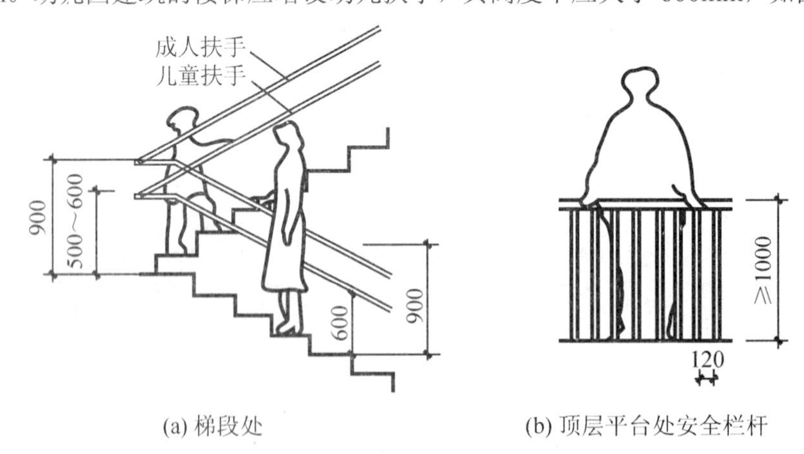

图 9.7 扶手高度位置

7. 楼梯设计方法

1) 设计步骤

现以常用的双跑平行楼梯为例，说明其设计步骤，如图 9.8 所示。

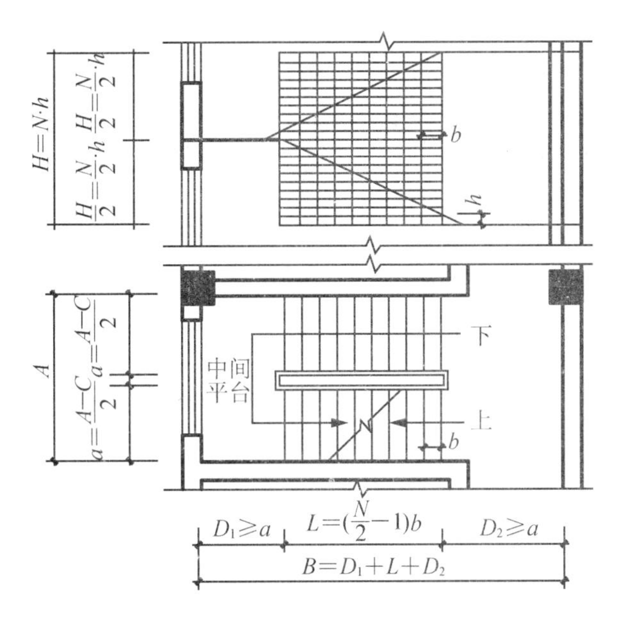

图 9.8 楼梯尺寸计算

(1) 根据建筑物的类别和楼梯在平面中的位置，确定楼梯的形式。

(2) 根据楼梯的性质和用途，确定楼梯的适宜坡度，选择踏步高 h，踏步宽 b。

(3) 确定每层踏步数 N。用房屋的层高 H 除以踏步高 h，得出踏步级数 $N=H/h$。一般尽量采用等跑梯段，故踏步宜为偶数。如所求出 N 为奇数或非整数，可反过来调整步高 h。

(4) 根据步数 N 和初选踏步宽 b 确定梯段水平投影长度 L，$L=(0.5N-1)b$。

(5) 确定是否设置梯井。供少年儿童使用的楼梯梯井不应大于 120mm。

(6) 根据楼梯间开间净宽 A 和梯井宽 C 确定梯段宽度 a，$a=(A-C)/2$，同时检验是否满足紧急疏散要求，如不满足，对 C 或 A 进行调整。

(7) 根据初选中间平台宽 $D_1(D_1\geq a)$、楼层平台宽 $D_2(D_2\geq a)$及梯段水平投影长度 L 检验楼梯间进深净长度 B，$B=D_1+L+D_2$。如不能满足，可对 L 值进行调整(即调整 b 值)。必要时，调整 B 值。当 B 值尺寸有富余时，可加宽 b 值以减缓坡度或加宽 D_2 以利于楼层平台分配人流。

(8) 进行楼梯净空的计算，使之符合净空高度的要求。

(9) 最后绘制楼梯平面图及剖面图。

2) 设计实例

【例】 某学生宿舍楼的层高为 3.3m，楼梯间开间尺寸 4.0m，进深尺寸 6.6m。楼梯平台下做出入口，室内外高差 600mm，试设计双跑楼梯。

【解】 (1) 该建筑为一栋学生宿舍，楼梯通行人数较多，楼梯的坡度应平缓些，初选踏步高 $h=150$mm，踏步宽 $b=300$mm。

(2) 确定踏步级数 N。$N=3300/150=22$(级)。确定为等跑楼梯，每个楼梯段的级数为 $N/2=22/2=11$。

(3) 开间净尺寸 $A=4000-120\times2=3760$(mm)，楼梯井宽 C 取 60mm。计算出楼梯段的宽度 $a=(A-C)/2=(3760-60)/2=1850(mm)>1100$(mm)，楼梯段宽度满足通行两股人流的要求。

(4) 计算梯段水平投影长度 L。$L=(N/2-1)\times b=(22/2-1)\times300=3000$(mm)。

(5) 确定平台宽度 D_1 和 D_2。楼梯间进深尺寸 $B=6600-120+120=6600$(mm)，$D_1+D_2=B-L=6600-3000=3600$(mm)。取 $D_1=2000\text{mm}>1850\text{mm}$，$D_2=3600-2000=1600(\text{mm})>550(\text{mm})$。

(6) 进行楼梯净空高度计算。首层平台下净空高度等于平台标高减去平台梁高，考虑平台梁高为 350mm 左右(约为平台梁净跨的 1/10)。$150\times11-350=1300$(mm)。不满足 2000mm 的净空要求，采取两种措施。一是将首层楼梯做成不等跑楼梯，第一跑为 13 级，第二跑为 9 级。二是利用室内外高差，本例室内外高差为 600mm，由于楼梯间地坪和室外地面还必须有至少 100mm 的高差，故利用 450mm 高差，设 3 个 150mm 高的踏步。此时平台梁下净空高度为 $150\times13+450-350=2050$(mm)，满足净空要求。下面进一步验算进深方向尺寸是否满足要求：$D_2=B-L-D_1=6600-300\times12-2000=1000(\text{mm})>550(\text{mm})$。由于第一跑增加 2 级踏步，使二层中间平台处净空高度减小，故应验算二层中间平台处净空高度。$3300-350-150\times2=2650(\text{mm})>2000(\text{mm})$，满足要求。

(7) 将上述设计结果绘制成图 9.9 所示。

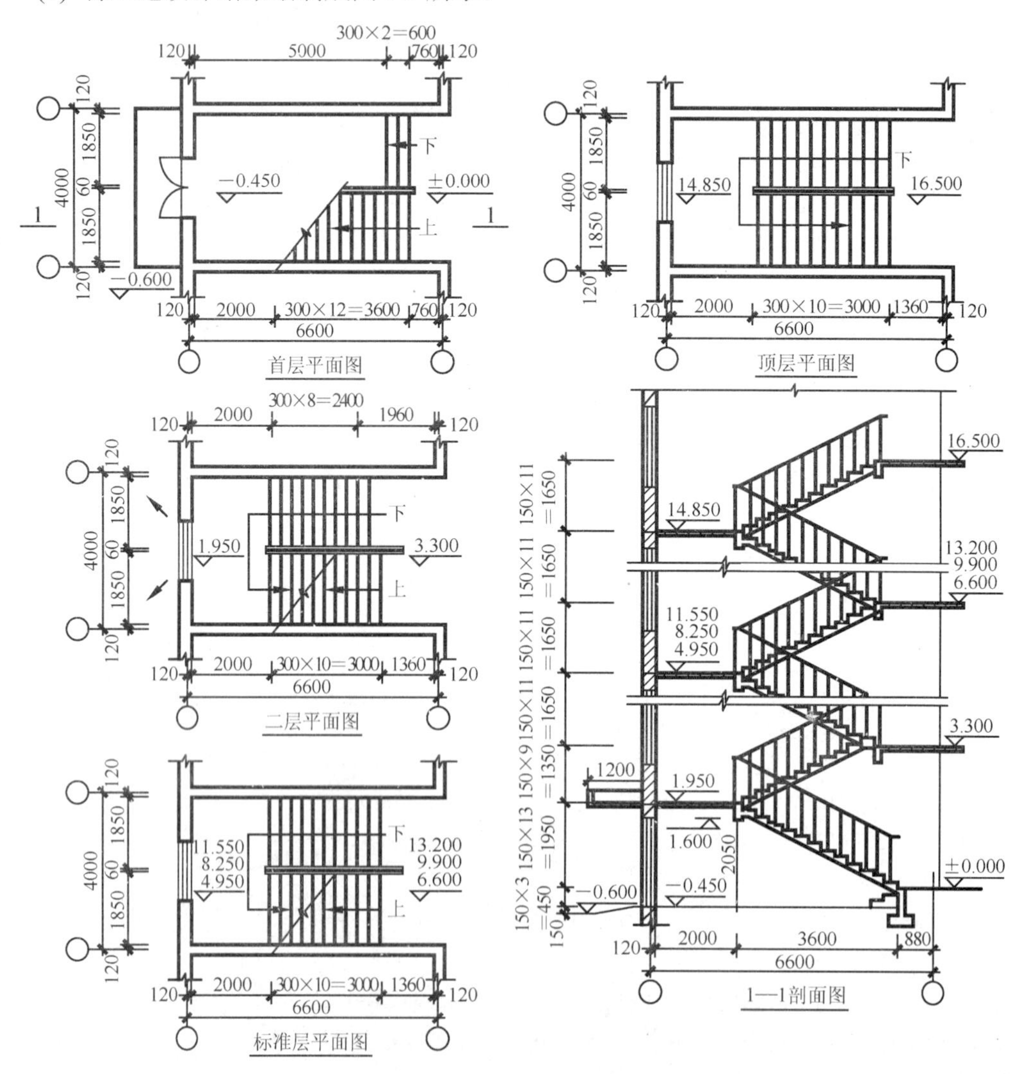

图 9.9　学生宿舍楼梯设计图

【练习】

(1) 某住宅的开间尺寸为 2700mm，进深尺寸为 5100mm，层高 2700mm，封闭式楼梯间。内墙厚 240mm，轴线居中；外墙厚 360mm，轴线外侧为 240mm，内侧为 120mm；室内外高差 750mm。楼梯间底部有出入口，门高 2000mm。设计该建筑的楼梯。

(2) 某建筑物开间 3300mm，层高 3300mm，进深 5100mm，开敞式楼梯间。内墙厚 240mm，轴线居中；外墙厚 360mm，轴线外侧为 240mm，内侧为 120mm；室内外高差 450mm。楼梯底层平台下无通行要求。试设计该建筑物的楼梯。

(3) 三层楼办公建筑，墙厚均为 240mm，室内外高差为 450mm，层高 3300mm。楼梯间开间 3300mm，进深 5700mm。钢筋混凝土楼梯。一层楼梯间下要求设建筑的辅助出口，门宽 1500mm。楼梯间窗宽 1200mm，高度自定。

3) 楼梯净空高度的几种处理方法

由于楼梯各部位的净空高度应保证人流通行和家具搬运，一般要求不应小于 2000mm，梯段范围内净空高度不应小于 2200mm。当在双跑平行楼梯底层中间平台下需设置通道时，为保证平台下净高满足通行要求，可采用以下几种方式来进行处理。

(1) 在底层变作长短跑梯段。起步第一跑为长跑，以提高中间平台标高，如图 9.10(a)所示。这种方式仅在楼梯间进深较大、底层平台宽 D_2 富余时适用。

(2) 局部降低底层中间平台下地坪标高，使其低于底层室内地坪标高±0.000 而高于室外地坪标高，以满足净空高度要求，如图 9.10(b)所示，同时可保持等跑梯段。但这种处理常依靠底层室内地坪±0.000 标高绝对值的提高来实现，可能增加填土土方量或可将底层地面架空。

(3) 综合以上两种方式，在采取长短跑梯段的同时，又适当降低底层中间平台下地坪标高，如图 9.10(c)所示。这种处理方式可兼有前两种方式的优点，并弱化其缺点。

(4) 底层用直行单跑或直行双跑楼梯直接从室外上二层，如图 9.10(d)所示。这种方式常用于住宅建筑，设计时需注意入口处雨篷底面标高的位置，保证净空高度在 2.2m 以上。

当楼梯不上屋顶时，由于局部净空高度大，空间浪费，可在满足楼梯净空要求情况下局部加以利用，如做成小储藏间。

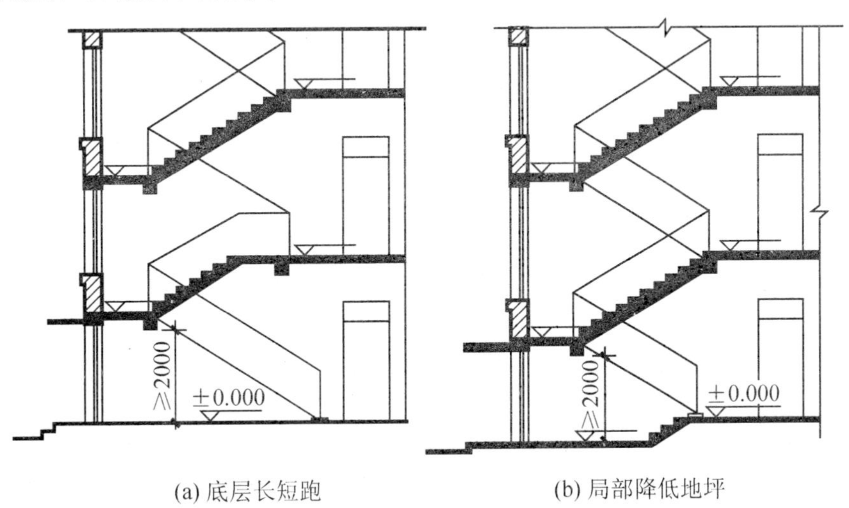

(a) 底层长短跑　　(b) 局部降低地坪

图 9.10　底层中间平台下做出入口的处理方式

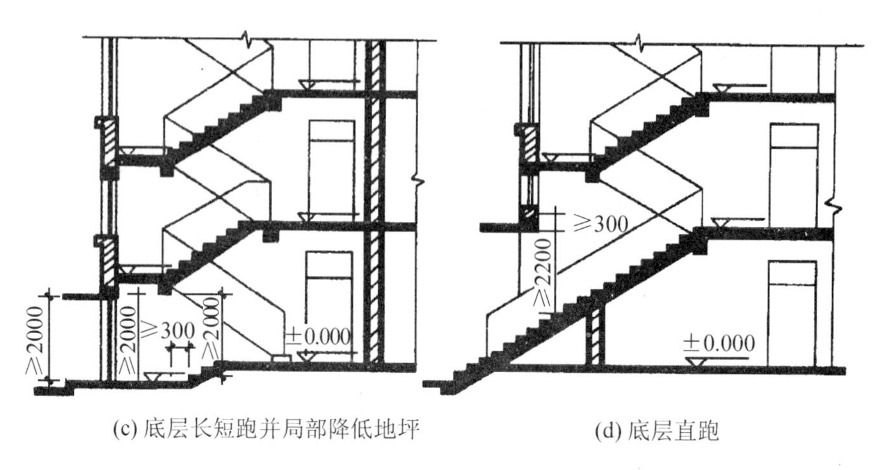

(c) 底层长短跑并局部降低地坪　　(d) 底层直跑

图 9.10　底层中间平台下做出入口的处理方式(续)

9.2　现浇钢筋混凝土楼梯

楼梯按构成材料不同，可以分为钢筋混凝土楼梯、木楼梯和钢楼梯。钢筋混凝土楼梯应用最广泛，按其施工方法不同可分为现浇和预制装配两大类。预制装配式楼梯现在在实际工程中应用极少，故本书中不再赘述。

9.2.1　现浇钢筋混凝土楼梯概述

现浇钢筋混凝土楼梯又称整体式钢筋混凝土楼梯，是指在施工现场将楼梯段、楼梯平台等构件支模板、绑扎钢筋和浇筑混凝土而成。这种楼梯整体性好，刚度大，对抗震较为有利；但施工速度慢，模板耗费多，施工周期长，且受季节限制。现浇钢筋混凝土楼梯按结构形式不同，分为板式楼梯和梁板式楼梯。

1. 板式楼梯

楼梯段搁置在平台梁上，楼梯段相当于一块斜放的板，如图 9.11 所示。平台梁之间的距离即为板的跨度。板式楼梯常用于楼梯荷载较小、楼梯段跨度也较小的住宅等房屋。

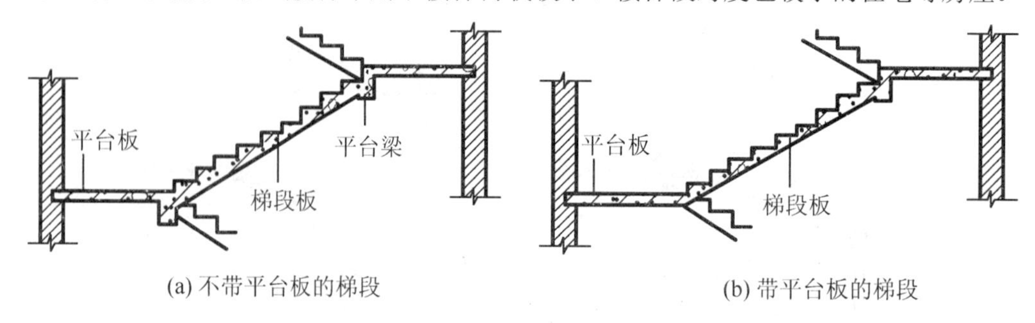

(a) 不带平台板的梯段　　(b) 带平台板的梯段

图 9.11　现浇钢筋混凝土板式楼梯

2. 梁板式楼梯

梁板式楼梯一般由梯段板、斜梁、平台梁、平台板组成。板承受荷载先传给梯段板的边梁，再由边梁将荷载传给平台梁。楼梯段边梁间的距离为板的跨度。靠墙的楼梯段，可只在临空一侧设梁。斜梁在下面时可布置在一侧(单梁式)、两侧(双梁式)或中部(梁悬臂式)，如图 9.12(a)所示。斜梁布置在侧面时有正梁式(明步)、反梁式(暗步)两种做法。

明步做法是指斜梁在踏步板下面露出一部分，且踏步外露，这种做法梯段形式较为明快，但在板下露出的梁其阴角容易积灰，如图 9.12(a)、图 9.13(a)所示。

暗步做法是指斜梁上翻包住踏步板，梯段底面平整且可防止污水污染梯段下面。但凸出的斜梁将占据梯段一定的宽度，如图 9.12(b)、图 9.13(b)所示。

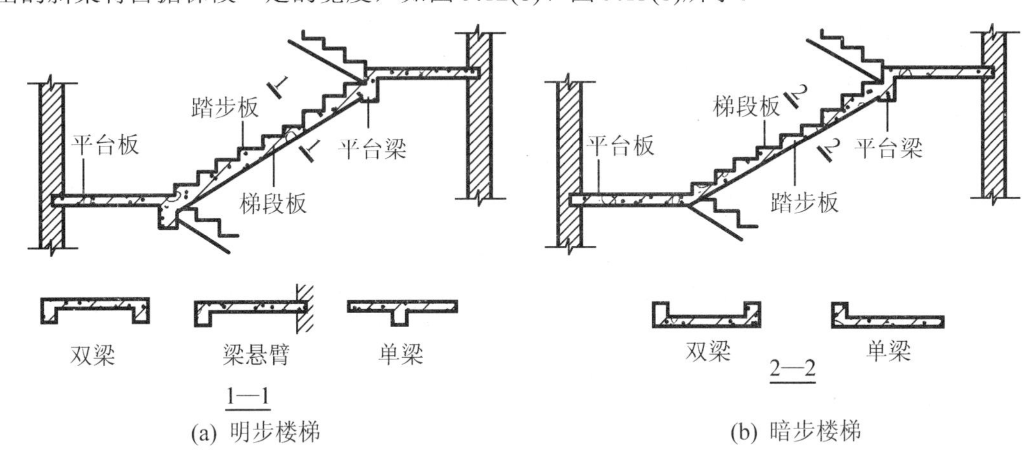

图 9.12　现浇钢筋混凝土梁板式楼梯(一)

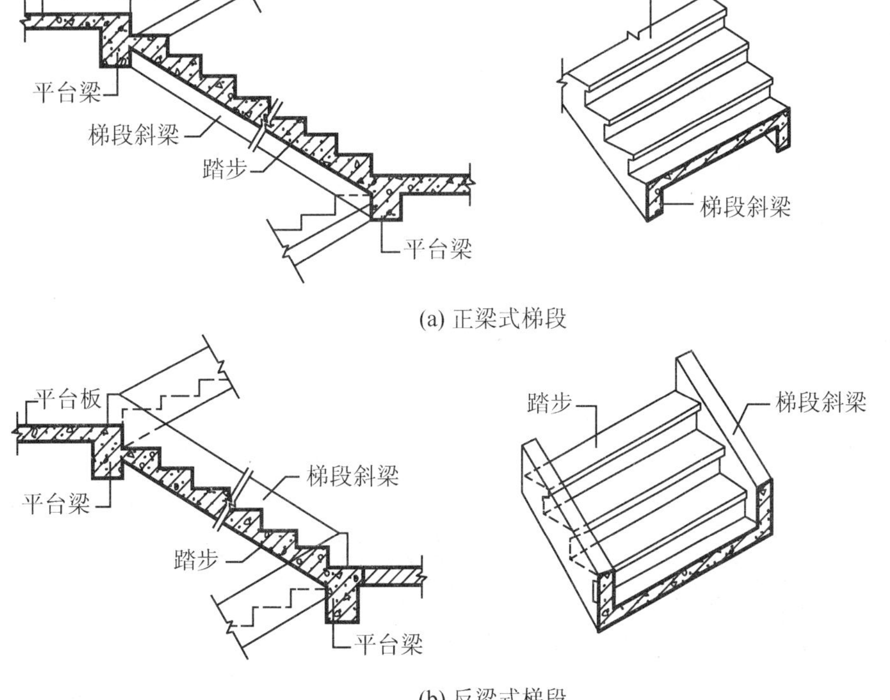

图 9.13　现浇钢筋混凝土梁板式楼梯(二)

9.2.2　楼梯的细部构造

1．踏步面层和防滑措施

楼梯踏步面层装修做法与楼层面层装修做法基本相同。楼梯踏步要求面层耐磨、防滑、易于清洁。根据造价和装修标准的不同，常用的有水泥豆石面层、普通水磨石面层、彩色水磨石面层、缸砖面层、大理石面层、花岗石面层等，如图 9.14 所示，还可在面层上铺设地毯。

在踏步上设置防滑条的目的在于避免行人滑倒，并起到保护踏步阳角的作用。其设置位置靠近踏步阳角处。常用的防滑条材料有铁屑水泥、金刚砂、金属条(铸铁、铝条、铜条)、陶瓷锦砖及带防滑条缸砖等，如图 9.15 所示。实际工程中防滑条应凸出踏步面 2～3mm，但不能太高。防滑条长度一般按踏步长度每边减去 150mm。

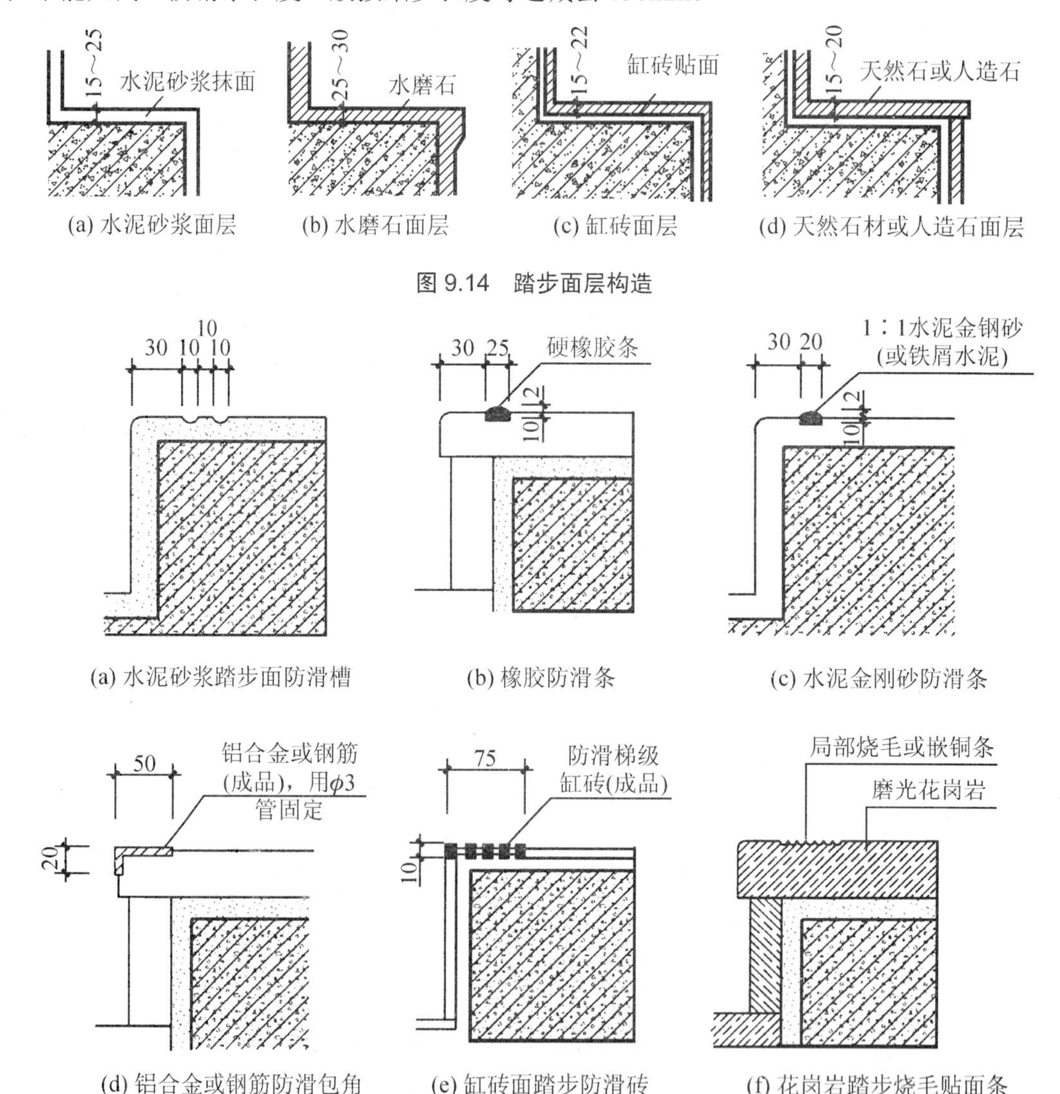

(a) 水泥砂浆面层　(b) 水磨石面层　(c) 缸砖面层　(d) 天然石材或人造石面层

图 9.14　踏步面层构造

(a) 水泥砂浆踏步面防滑槽　(b) 橡胶防滑条　(c) 水泥金刚砂防滑条

(d) 铝合金或钢筋防滑包角　(e) 缸砖面踏步防滑砖　(f) 花岗岩踏步烧毛贴面条

图 9.15　踏步防滑措施

2. 栏杆、栏板和扶手

栏杆或栏板是楼梯的安全设施，设置在楼梯或平台临空的一侧。栏杆(栏板)的上缘为扶手。较宽的楼梯还应在梯段中间及靠墙一侧设置扶手。栏杆、栏板和扶手还有一定的装饰作用。

1) 栏杆和栏板

栏杆多用方钢、圆钢、扁钢等型材焊接或铆接成各种图案，既起防护作用，又有一定的装饰效果。为了确保安全，栏杆与梯段必须有可靠的连接，栏杆高度不得小于 0.9m，栏杆垂直杆件的净空隙不应大于 110mm。栏杆形式举例如图 9.16 所示，栏杆与梯段的连接如图 9.17 所示。

用实体构造做成的栏板，多用钢筋混凝土或加筋砖砌体制作。

2) 扶手

扶手的断面大小应便于扶握，顶面宽度一般不宜大于 90mm。扶手的材料应手感舒适。楼梯扶手可用硬木、钢筋、塑料制品、水磨石制作，或在栏板上缘抹水泥砂浆等。钢栏杆用木扶手及塑料扶手时，用木螺钉连接扶手与栏杆。钢栏杆与钢管扶手则焊接在一起。扶手类型及与栏杆的连接如图 9.18 所示。

3) 栏杆扶手与墙或柱的连接

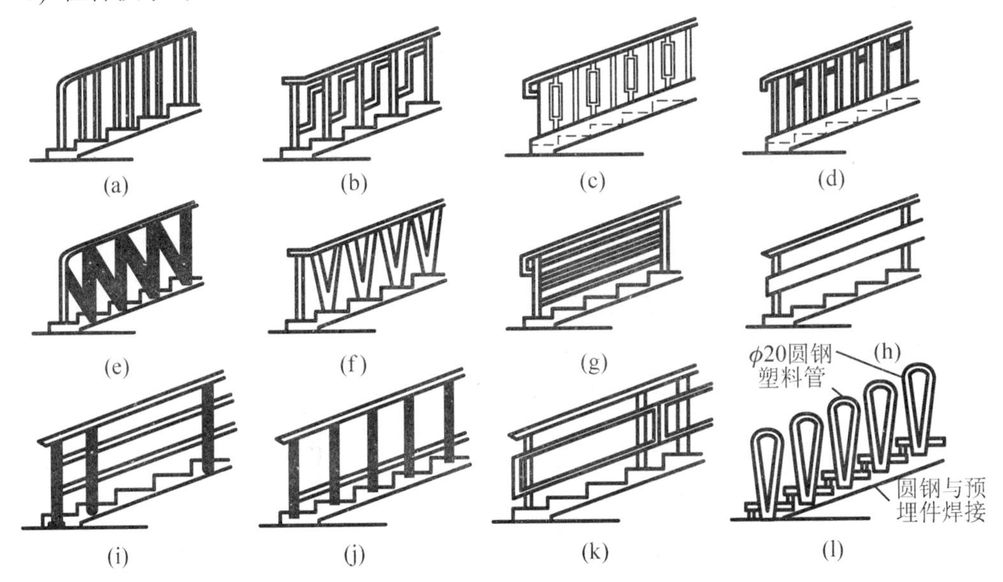

图 9.16　空花栏杆

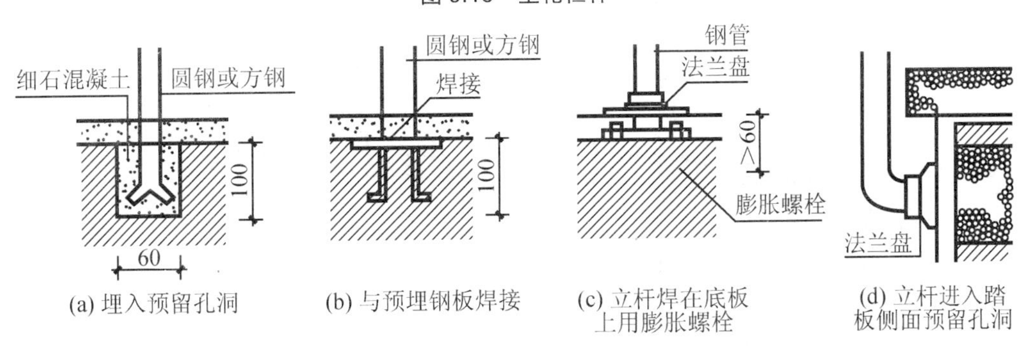

图 9.17　栏杆与梯段的连接

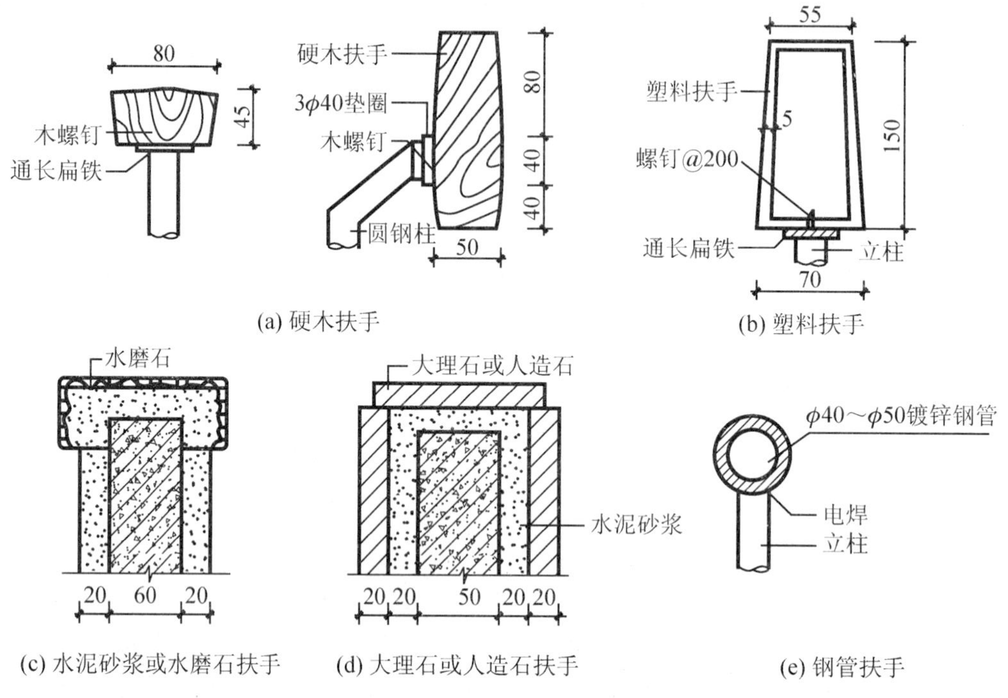

(a) 硬木扶手　(b) 塑料扶手

(c) 水泥砂浆或水磨石扶手　(d) 大理石或人造石扶手　(e) 钢管扶手

图 9.18　扶手的形式及扶手与栏杆的连接构造

当需在靠墙一侧设置栏杆和扶手时，其与墙和柱的连接做法通常有两种：一种是在墙上预留孔洞，将栏杆铁件插入洞内，再用细石混凝土或水泥砂浆填实；另一种是在钢筋混凝土墙或柱的相应位置上预埋铁件与栏杆扶手的铁件焊接，也可用膨胀螺栓连接。具体做法如图 9.19 所示。

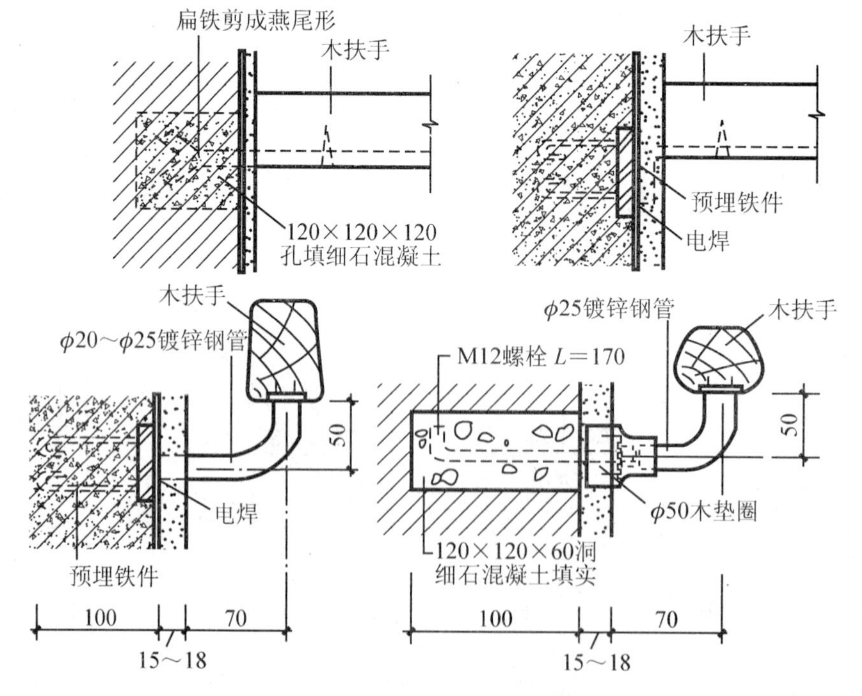

图 9.19　栏杆扶手与墙和柱的连接

4) 栏杆、扶手的转弯处理

在双折式楼梯的平台转弯处，当上下行楼梯的第一个踏步口平齐时，两段扶手在此不能方便地连接，需延伸一段后再连接，或做成“鹤颈”扶手，如图9.20(b)所示。这种扶手使用不便且制作麻烦，应尽量避免。常用的改进方法有以下几种。

(1) 将平台处栏杆向里缩进半个踏步距离，可顺应连接。其特点是连接简便，易于制作，省工省料，但是由于栏杆扶手伸入平台，使平台净宽变小，如图9.20(a)所示。

(2) 将上下行楼梯段的第一个踏步相互错开，扶手可顺应连接。其特点是简便易行，但必须增加楼梯间的进深，如图9.20(e)、(f)所示。

(3) 将上下行扶手在转折处断开各自收头。因扶手断开，栏杆的整体性受到影响，需在结构上互相连接牢固，如图9.20(d)所示。

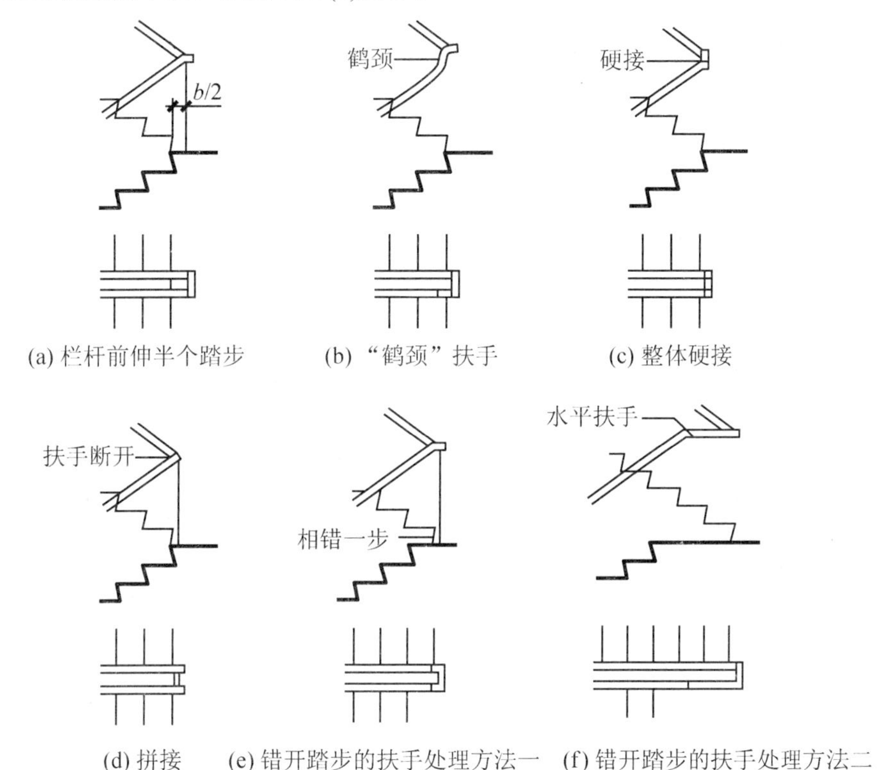

(a) 栏杆前伸半个踏步　(b) “鹤颈”扶手　(c) 整体硬接

(d) 拼接　(e) 错开踏步的扶手处理方法一　(f) 错开踏步的扶手处理方法二

图9.20 梯段转折处栏杆扶手处理

9.3 台阶与坡道

室外台阶与坡道是建筑出入口处室内外高差之间的交通联系部件。由于其位置明显，人流量大，并需考虑无障碍设计，又处于半露天位置，特别是当室内外高差较大或基层土质较差时，须慎重处理。

9.3.1 台阶

1. 台阶的形式和尺寸

台阶的平面形式多种多样，应当与建筑的级别、功能及周围的环境相适应。常见的台阶形式有单面踏步、两面踏步、三面踏步及单面踏步带花池或花台等，如图9.21所示。

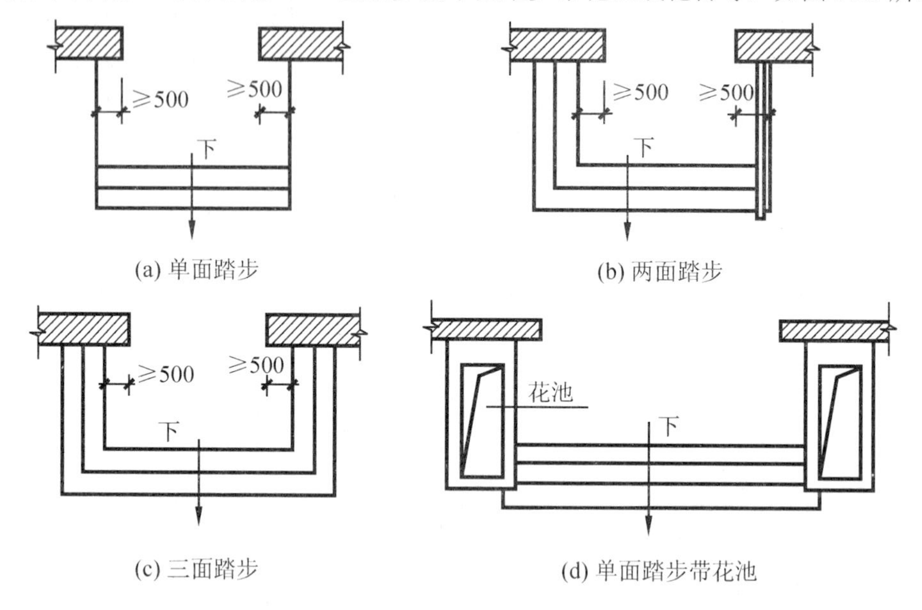

(a) 单面踏步　(b) 两面踏步　(c) 三面踏步　(d) 单面踏步带花池

图 9.21　台阶的形式

台阶处于室外，踏步宽度应比楼梯大一些，使坡度平缓，以提高行走舒适度。其踏步高一般为100～150mm，踏步宽300～400mm，步数根据室内外高差确定。在台阶与建筑出入口大门之间，常设一个缓冲平台，作为室内外空间的过渡。平台宽度一般要比门洞口每边至少宽出500mm，平台深度一般不应小于1000mm，并需做3%左右的排水坡度，以利雨水排除，如图9.22所示。考虑无障碍设计坡道时，出入口平台深度不应小于1500mm。平台处铁箅子空格尺寸不大于20mm。

2. 台阶面层

由于台阶处于易受雨水侵蚀的环境中，需考虑防滑和抗风化问题。其面层材料应选择防滑和耐久的材料，如水泥屑、斩假石(剁斧石)、天然石材、防滑地面砖等。对于人流量大的建筑台阶，还宜在台阶平台处设刮泥槽。需注意刮泥槽的刮齿应垂直于人流方向，如图9.22所示。

3. 台阶垫层

步数较少的台阶，其垫层做法与地面垫层做法类似。一般采用素土夯实后按台阶形状尺寸做C15混凝土垫层或砖、石垫层。标准较高或地基土质较差的台阶还可在垫层下加铺一层碎砖或碎石层。对于步数较多或地基土质太差的台阶，可根据情况架空成钢筋混凝土台阶，以避免过多填土或产生不均匀沉降。

严寒地区的台阶还需考虑地基土冻胀因素，可用含水率低的砂石垫层换土至冰冻线以下。

图9.23为几种台阶做法示例。

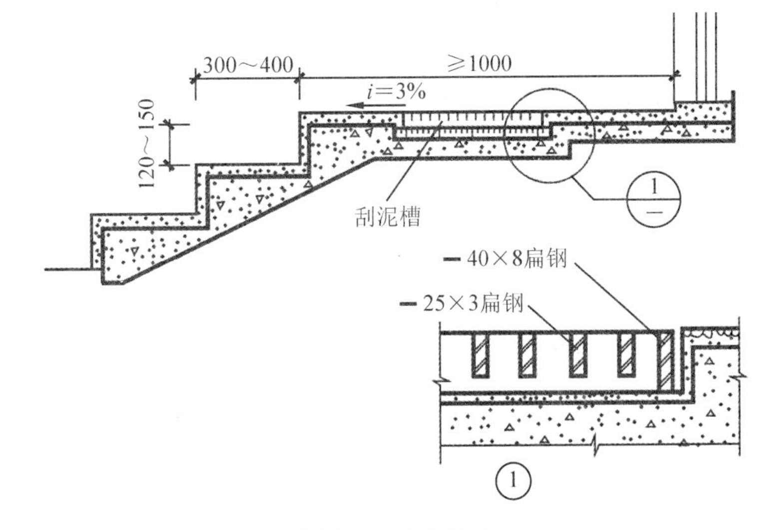

图 9.22　台阶尺寸

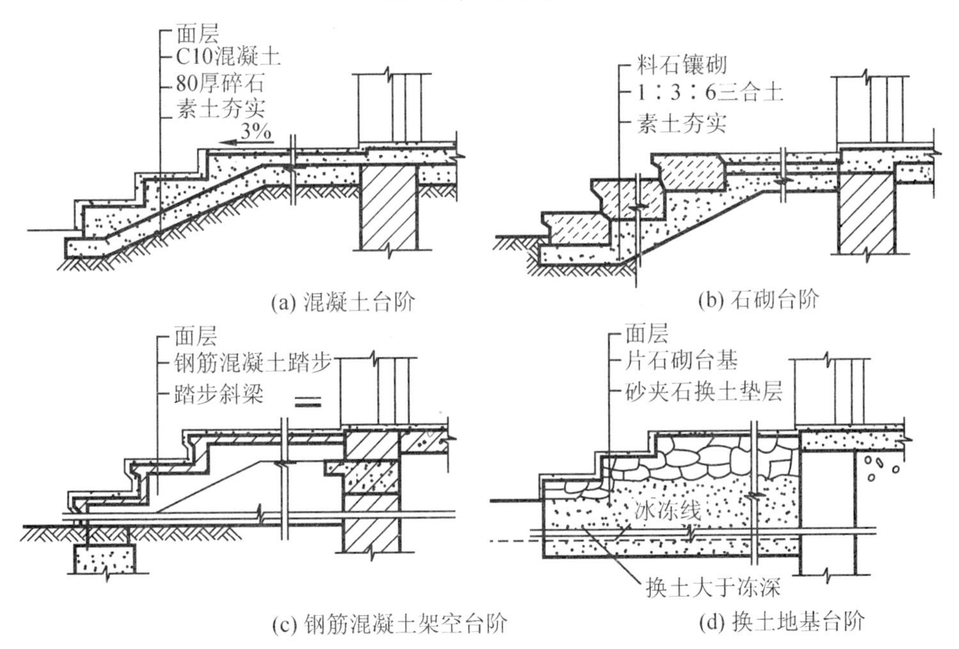

(a) 混凝土台阶　(b) 石砌台阶

(c) 钢筋混凝土架空台阶　(d) 换土地基台阶

图 9.23　台阶构造示例

9.3.2　坡道

坡道按用途的不同，可分为行车坡道和轮椅坡道两类。行车坡道分为普通行车坡道和回车坡道两种，如图 9.24 所示。

1. 坡道尺度

普通行车坡道的宽度应比门洞宽度每边大于等于 500mm。坡道的坡度与建筑的室内外高差和坡道的面层处理方法有关。回车坡道的宽度与坡道半径及车辆规格有关，不同位置的坡道坡度和宽度应符合表 9-4 的规定。坡道的坡度、坡段高度和水平长度的最大容许值见表 9-5。

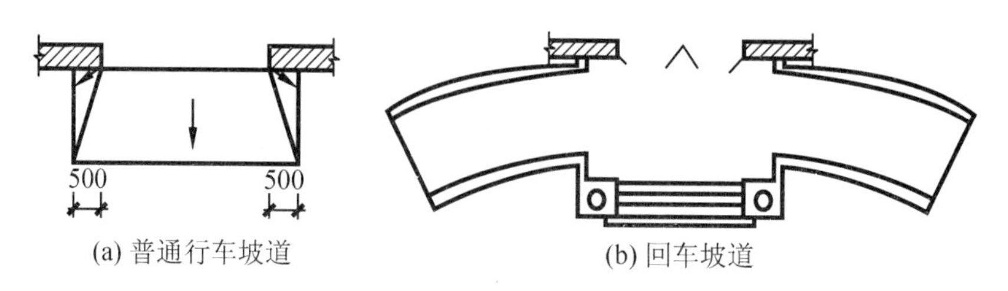

图 9.24 行车坡道

表 9-4 不同位置的坡道坡度和宽度

坡道位置	最大坡度	最小宽度/m
有台阶的建筑入口	1∶12	1.20
只设坡道的建筑入口	1∶20	1.50
空内走道	1∶12	1.00
室外走道	1∶20	1.50
困难地段	1∶10～1∶8	1.20

表 9-5 每段坡道的坡度、高度和水平长度

坡道坡度(高∶长)	1∶8	1∶10	1∶12	1∶16	1∶20
每段坡道允许高度/m	0.35	0.60	0.75	1.00	1.50
每段坡道允许水平长度/m	2.80	6.00	9.00	16.00	30.00

2. 坡道扶手

坡道两侧宜在 900mm 高度处设上下层扶手，扶手应安装牢固，能承受身体重量，扶手的形状要易于抓握。两段坡道之间的扶手应保持连贯性。坡道起点和终点处的扶手，应水平延伸 300mm 以上。坡道侧面凌空时，在栏杆下端宜设高度不小于 50mm 的安全挡台，如图 9.25 所示。

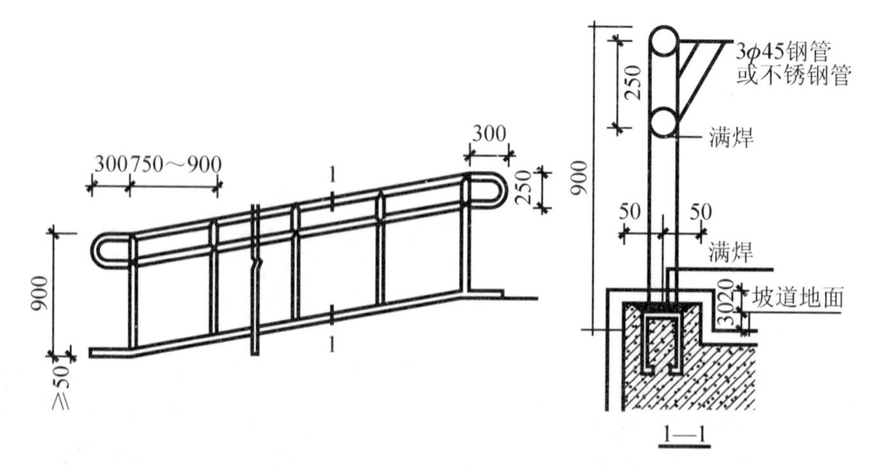

图 9.25 坡道扶手

3. 坡道的构造

坡道的构造与台阶基本相同，一般采用实铺，垫层的强度和厚度应根据坡道的长度及上部荷载大小进行选择。严寒地区垫层下部设置砂垫层。当坡度大于 1/8 时，坡道表面应做防滑处理，一般将坡道表面做成锯齿形或设防滑条防滑，亦可在坡道的面层上做划格处理。坡道地面应平整，面层宜选用防滑及不宜松动的材料，构造做法如图 9.26 所示。

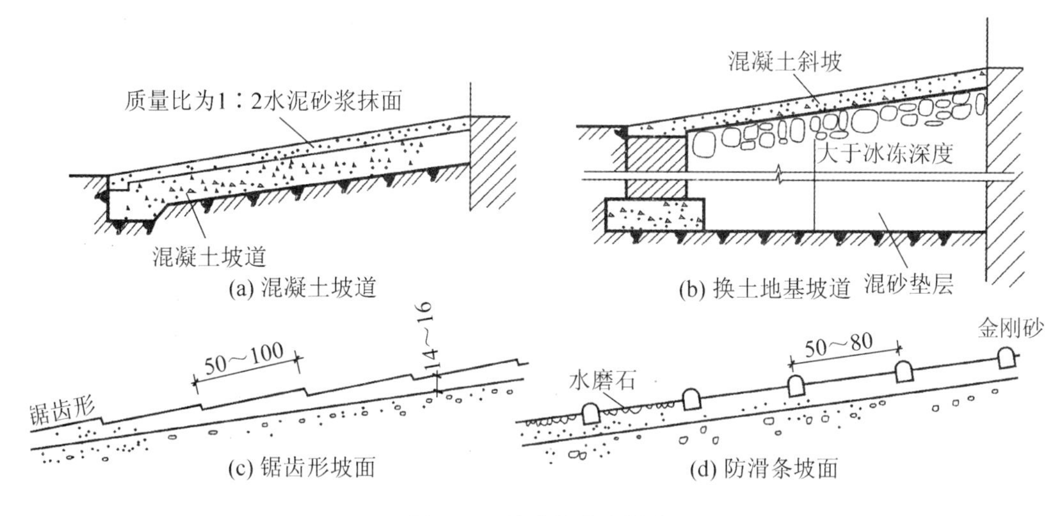

图 9.26 坡道的构造做法

9.4 电梯与自动扶梯

9.4.1 电梯

电梯是建筑物中的垂直交通设施。下列情况应设置电梯：住宅七层及以上(含底层为商店或架空层)或住户入口层楼面距室外设计地面的高度超过 16m；六层及以上的办公建筑；四层及以上的医疗建筑和老年人建筑、图书馆建筑、档案馆建筑；宿舍最高居住层楼面距入口层地面高度超过 20m；一、二级旅馆三层及以上；三级旅馆四层及以上；四级旅馆六层及以上；五、六级旅馆七层及以上；高层建筑。另外，有些建筑如商店、多层仓库、厂房，经常有较重的货物要运送，也需设置电梯。

1. 电梯的类型

1) 按使用性质分

电梯按使用性质可分为乘客电梯、客货电梯、医用电梯、载货电梯、杂物电梯、消防电梯等，如图 9.27 所示。

2) 按行驶速度分

电梯按行驶速度分为三类：①高速电梯，速度大于 2m/s，目前最高速度达到 9m/s 以上；②中速电梯，速度在 1.5～2m/s 之间；③低速电梯，速度在 1.5m/s 以内。

3) 其他分类

电梯还可以按单台、双台分类，按交流电梯、直流电梯分类，按轿厢容量分类，按升降驱动方式分类，按电梯门开启方向分类等。

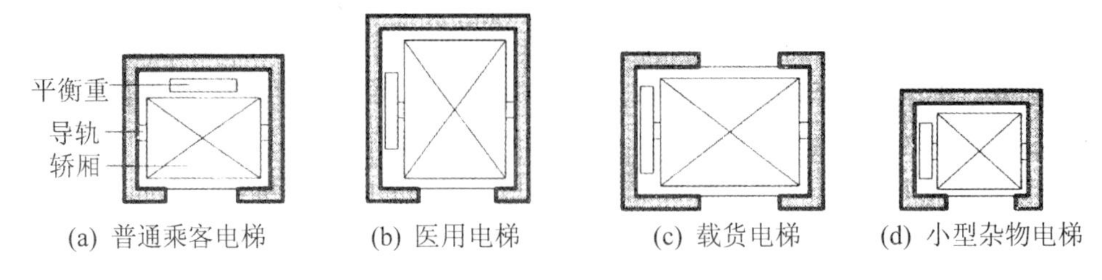

图 9.27 电梯类型与井道平面

4) 观光电梯

观光电梯是把竖向交通工具和登高流动观景相结合的电梯。电梯从封闭的井道中解脱出来，透明的轿厢使电梯内外景观视线相互流通。

2. 电梯的组成

1) 电梯井道

不同性质的电梯，其井道根据需要有各种井道尺寸，以配合不同的电梯轿厢。井道壁多为钢筋混凝土井壁或框架填充墙井壁。电梯井道应只供电梯使用，不允许布置无关的管线。井道可供单台或两台电梯使用，如图 9.28 所示。

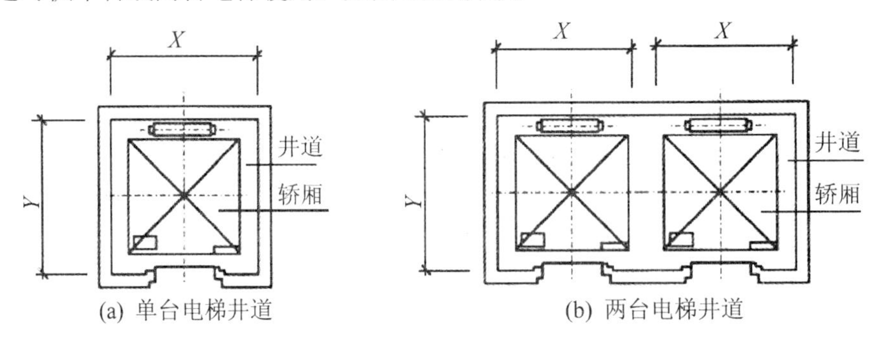

图 9.28 电梯井道平面

2) 电梯机房

电梯机房和井道的平面相对位置允许电梯机房向任意一个或两个相邻方向伸出，并满足电梯机房有关设备安装的要求。

3) 井道地坑

井道地坑在最底层平面标高 1.3m 以下，作为轿厢下降时所需的缓冲器的安装空间。

4) 组成电梯的有关部件

(1) 轿厢。轿厢是直接载人、运货的厢体。

(2) 井壁导轨和导轨支架。它是支承、固定轿厢上下升降的轨道。

(3) 牵引轮及其钢支架、钢丝绳、平衡重、轿厢开关门、检修起重吊钩等。

(4) 有关电器部件：交流电动机、直流电动机、控制柜、继电器、选层器、动力照明、电源开关、厅外层数指示灯和厅外上下召唤盒开关等。

电梯机房与井道的关系如图 9.29 所示。

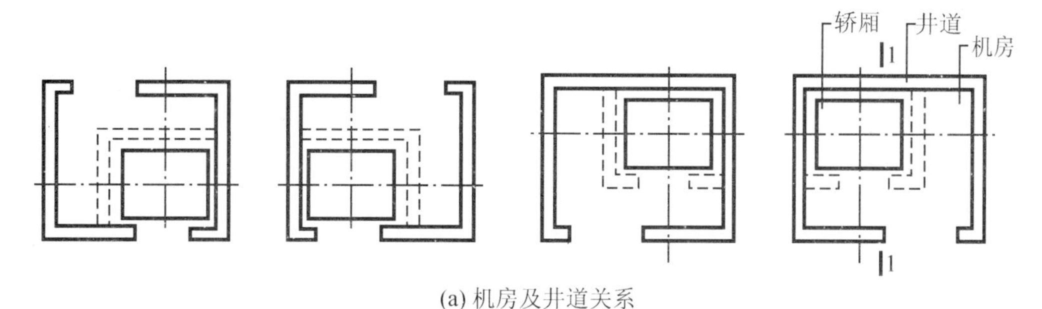

(a) 机房及井道关系

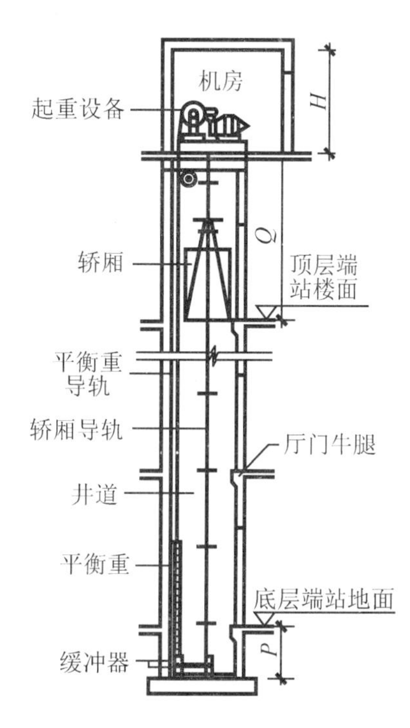

(b) 电梯井道内部透视示意

(c) 电梯井道剖面示意

图 9.29 电梯机房与井道

3. 电梯与建筑物相关部位构造

1) 电梯井道

电梯井道平面净空尺寸需根据选用的电梯型号决定，一般为(1800～2500)mm×(2100～2600)mm。电梯安装导轨支架分预留孔插入式和预埋铁焊接式，井道壁为混凝土时，应预留孔洞，垂直中距 2m，以便安装支架。井道壁为框架填充墙时，框架(圈梁)上应预埋铁板，铁板后面的焊件与梁中钢筋焊牢。每层中间加圈梁一道，并需设置预埋铁板。当电梯为两台并列时，中间可不用隔墙而按一定的间隔放置钢筋混凝土梁或型钢过梁，以便安装支架。电梯构造组成如图 9.30 所示。

2) 电梯井道地坑

电梯井道地坑深度一般在电梯底层平面标高下 1300～2000mm，作为轿厢下降到底层时所需的缓冲器空间。地坑需注意防潮、防水，消防电梯的井道地坑还需设置排水装置。

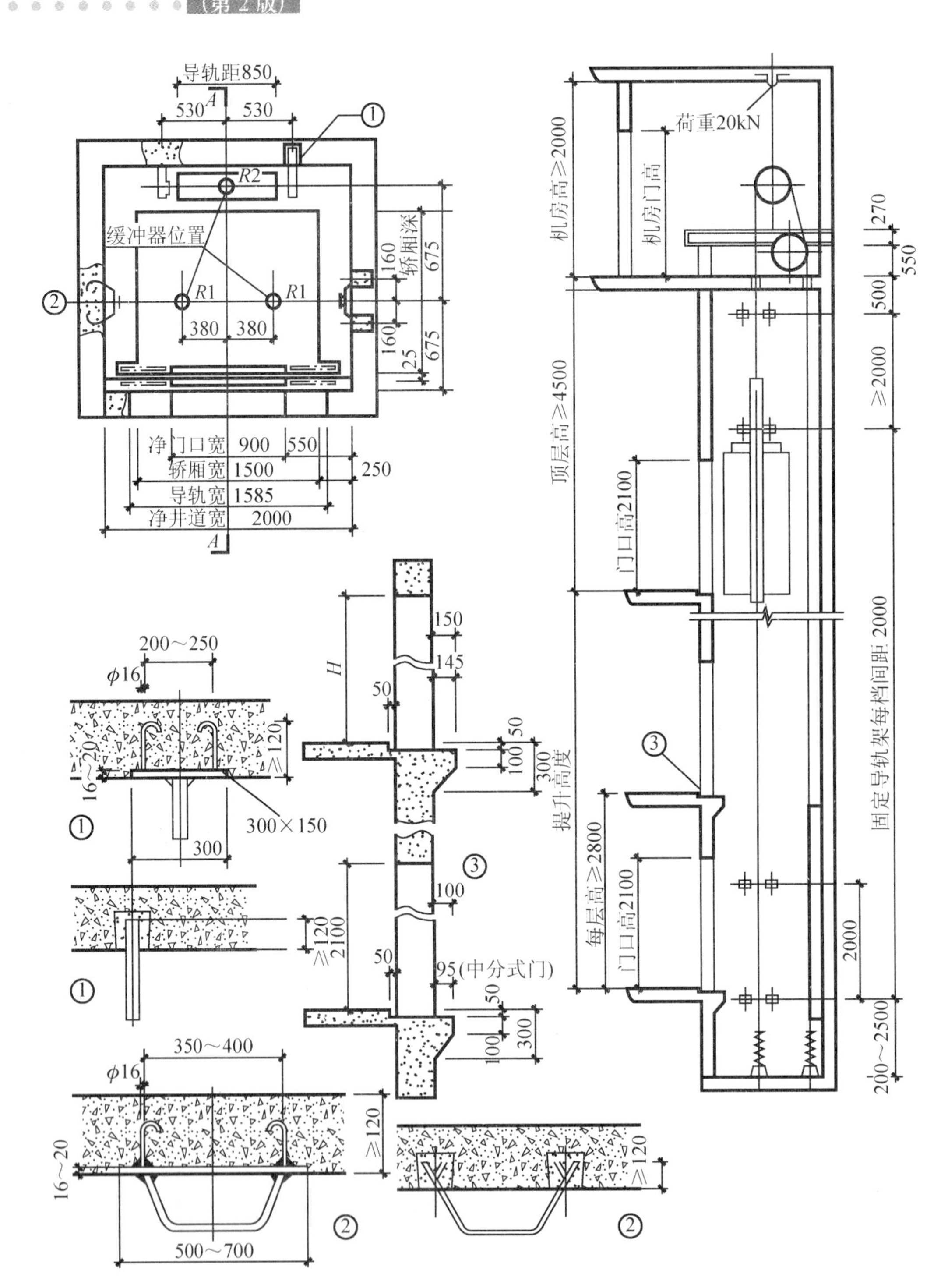

图 9.30 电梯构造组成

3) 电梯机房

电梯机房除特殊需要设在井道下部外，一般均设在井道顶板之上。机房平面净空尺寸变化幅度很大，为(1600～6000)mm×(3200～5200)mm，需根据选用的电梯型号要求决定。电梯机房中电梯井道的顶板面需根据电梯型号的不同，高于顶层楼面 4000～4800mm，故通常需使井道顶板部分高于屋面或使整个机房地面高于屋面。机房需有良好的通风、隔热、防寒、防尘、减噪措施。

4. 消防电梯

消防电梯是在火灾发生时供运送消防人员及消防设备，抢救受伤人员用的垂直交通工具，应根据国家有关规范设置。消防电梯的数量与建筑主体每层建筑面积有关，多台消防电梯在建筑中应设置在不同的防火分区之内。

下列高层建筑应设消防电梯：一类公共建筑，塔式住宅，12 层及 12 层以上的单元式住宅或通廊式住宅，高度超过 32m 的其他二类公共建筑。

消防电梯的设置应符合下列规定。

(1) 消防电梯宜分别设在不同的防火分区内。

(2) 消防电梯应设置前室，前室面积：居住建筑不小于 $4.5m^2$，公共建筑不小于 $6.0m^2$，与防烟楼梯间共用前室时，居住建筑不小于 $6.0m^2$，公共建筑不小于 $10.0m^2$。

(3) 消防电梯间前室宜靠外墙设置，在首层应设直通室外的出口或经过长度不超过 30m 的通道通向室外。

(4) 消防电梯间前室的门，应采用乙级防火门或具有停滞功能的防火卷帘。

(5) 消防电梯的载重质量不应小于 800kg。

(6) 消防电梯井道、机房与相邻其他电梯井道、机房之间，应采用耐火极限不低于 2h 的隔墙隔开；当在隔墙上开门时，应设甲级防火门。

(7) 消防电梯的行驶速度，按从首层到顶层的运行时间不超过 60s 计算确定。

(8) 消防电梯轿厢的内装修应采用不燃烧材料。

(9) 动力与控制电缆、电线应采用防水措施。

(10) 消防电梯轿厢内应设专用电话；并应在首层设供消防队员专用的操作按钮。

(11) 消防电梯间前室门口宜设挡水设施。井底应设排水设施，排水井容量不应小于 $2m^3$，排水泵的排水量不应小于 10L/s。

(12) 消防电梯可与载客或工作电梯兼用，但应符合消防电梯的要求。

9.4.2 自动扶梯

自动扶梯(也称滚梯)是通过机械传动，在一定方向上能大量连续输送人流的装置。其运行原理，是采取机电系统技术，由电动机、变速器及安全制动器所组成的推动单元拖动两条环链，而每级踏板都与环链连接，通过轧轮的滚动，踏板便沿主构架中的轨道循环地运转，而在踏板上面的扶手带以相应速度与踏板同步运转，如图 9.31 所示。

自动扶梯可用于室内或室外。用于室内时，运输的垂直高度最低为 3m，最高可达 11m 左右；用于室外时，运输的垂直高度最低为 3.5m，最高可达 60m 左右。自动扶梯倾角有 27.3°、30°、35° 几种，常用 30°。速度一般为 0.45～0.75m/s，常用速度为 0.5m/s。可正向逆向运行。自动扶梯的宽度一般有 600mm、800mm、1000mm、1200mm 几种，理论载客量为 4000～10000 人次/h。

自动扶梯应布置在经合理安排的流线上。自动扶梯平面布置可单台或多台设置。双台并列式往往采取一上一下的方式，求得垂直交通的连续性，也有两台自动扶梯平行布置的。

并列的两者之间应留有足够的结构间距，规定不小于380mm，以保证装修的方便与使用者的安全。自动扶梯宜上下成对布置，即在各层换梯时，不需沿梯绕行，使上行或下行者能连续到达各层。

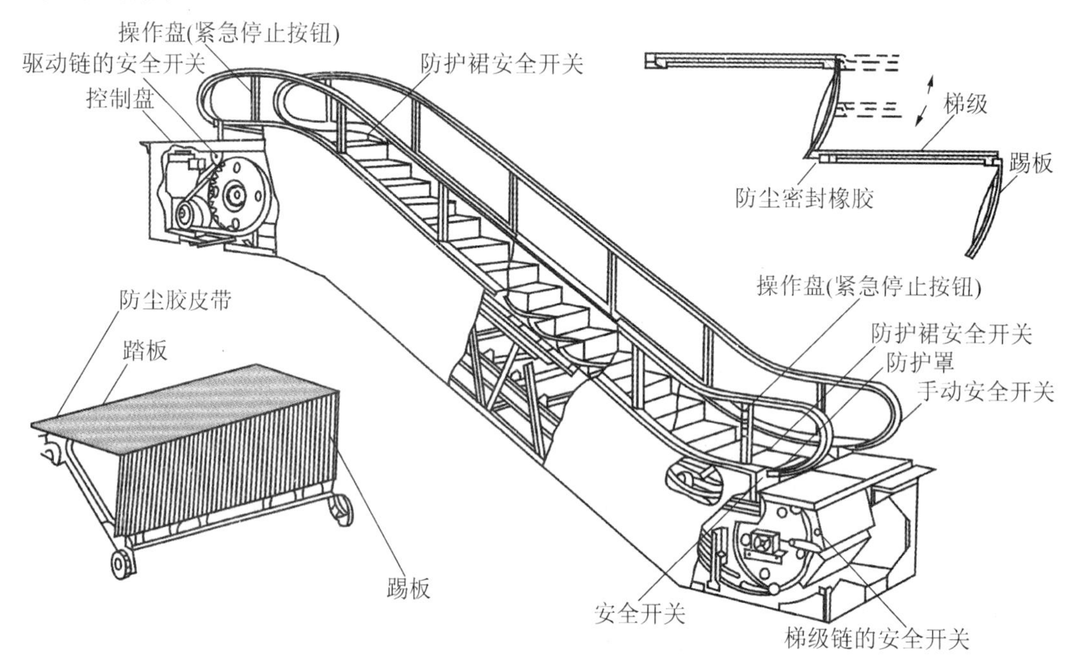

图9.31　自动扶梯构造示意

自动扶梯的几种布置形式如图9.32所示。

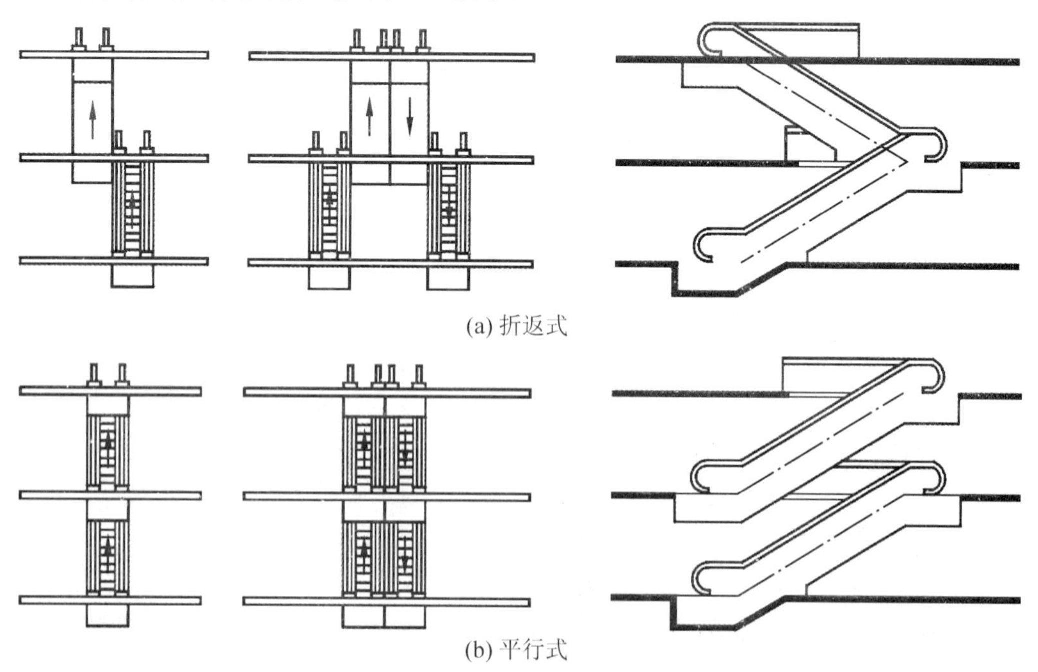

图9.32　自动扶梯的几种布置形式

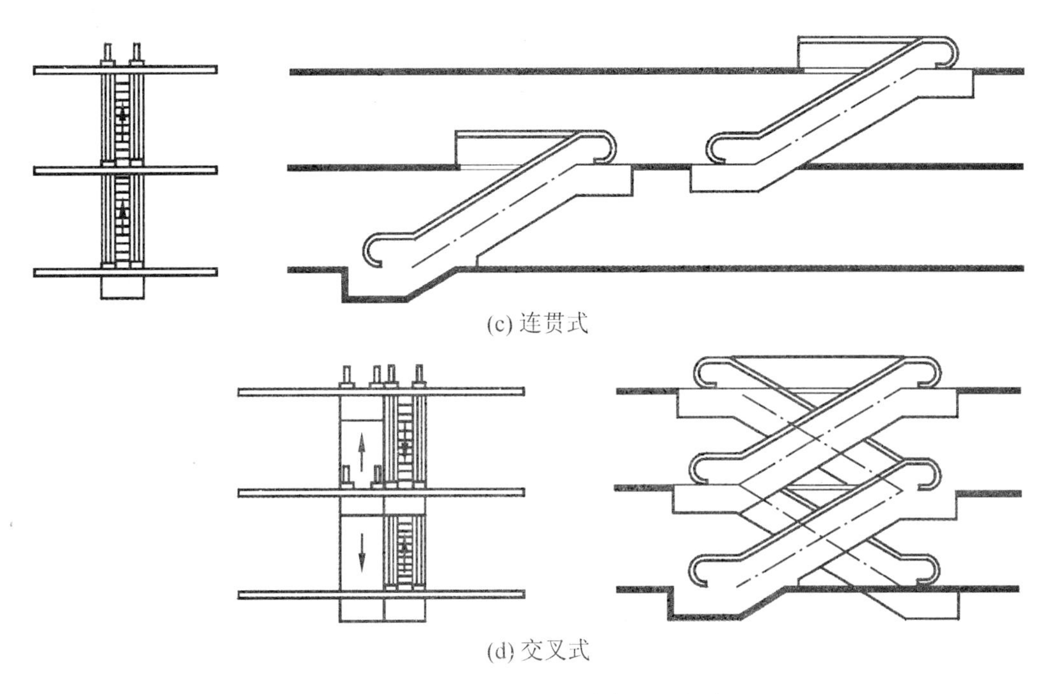

(c) 连贯式

(d) 交叉式

图 9.32 自动扶梯的几种布置形式(续)

自动扶梯作为整体性设备与土建配合需注意其上下端支承点在楼顶处的平面空间尺寸关系；注意楼层梁板与梯段上人流通行安全的关系；还需满足支承点的荷载要求；自动扶梯使上下楼层空间连续为一体，当防火分区面积超过规范限定时，需进行特殊处理。

本章小结

楼梯、电梯和自动扶梯是建筑的垂直交通设施，虽然在有些建筑中电梯已成为主要的垂直交通设施，但楼梯要担负紧急情况下安全疏散的任务，是其他垂直交通设施所不能替代的。

楼梯的基本要求是通行顺畅、行走舒适、坚固、耐久、安全。楼梯的类型较多。楼梯一般坡度为 20°～45°，踏步高宽应符合建筑设计规范的要求；一般扶手的高度不小于900mm，平台处净空高度不应小于 2.0m，梯段处净空高度不应小于 2.2m。楼梯段是楼梯的重要组成部分，其坡度、踏步尺寸和细部构造处理对楼梯的使用影响较大。

钢筋混凝土楼梯应用最广泛，按其施工方法不同可分为现浇和预制装配两大类。钢筋混凝土楼梯具有很多优点，应用非常广泛，又以现浇钢筋混凝土楼梯居多，现浇钢筋混凝土楼梯可分为板式楼梯和梁板式楼梯。

楼梯面层可用不同的材料，踏口要做防滑处理；栏杆、栏板及扶手种类繁多且可用不同材料制作，任何情况下，它们之间，以及与梯段间均要有可靠的连接。台阶和坡道作为楼梯的一种特殊形式，在建筑中主要用于室内外有高差地面的过渡。其高宽值、坡道的坡度都有具体的要求；台阶有架空式和分离式两种处理方法。

电梯在高层建筑和部分多层建筑中使用频繁，要注意其布置形式；它由井道、机房、井道地坑、轿厢等相关部件组成。自动扶梯主要用于商场等人流较多的大型公共建筑。

习题

一、选择题

1．在众多楼梯形式中，不宜用于疏散楼梯的是(　　)。

A．直行单跑楼梯　　B．双跑楼梯　　C．剪刀楼梯　　D．螺旋楼梯

2．为了安全，双跑平行楼梯的梯井宽度一般以(　　)为宜。

A．20～100mm　　B．0～60mm　　C．60～200mm　　D．100～260mm

3．楼梯的坡度一般为(　　)。

A．20°～60°　　B．30°～60°　　C．20°～50°　　D．20°～45°

二、填空

1．在一般情况下，特别是公共建筑的楼梯，一个梯段不应少于________步，也不应大于________步。

2．楼梯的净空高度在平台处不应小于________m，在梯段处不应小于________m。

3．现浇钢筋混凝土梁板式楼梯根据梯段结构形式的不同可分为________和________两种。

三、简答题

1．常见的楼梯有哪些类型？楼梯由哪几部分组成？各部分的作用是什么？

2．双跑平行楼梯底层中间平台下需设置通道时，为增加净高常有哪些措施？

3．现浇钢筋混凝土楼梯常见的结构形式有哪几种？各有何特点？

4．栏杆与踏步和扶手的连接构造如何？栏杆扶手与墙和柱的连接构造如何？并看懂构造图。

5．台阶的形式有哪几种？台阶和坡道的构造如何？并看懂构造图。

6．电梯有哪些种类？电梯主要由哪几部分组成？

综合实训

1．实训目标

为提高学生实践能力，根据本书的工程实例，或在老师的指导下，识读楼梯图。

2．实训要求

根据所给出的条件，参照本书后附的工程楼梯实例，绘制楼梯建筑图和详图。

(1) 绘图内容：某5层公共建筑层高3300mm，内有一个双跑平行楼梯。楼梯间为开敞式，进深5100mm，开间3300mm，内外墙厚均为240mm。试设计此楼梯并绘制楼梯建筑详图。

(2) 绘图要求：教师要指导学生按照教学内容绘制，尽量做到规范化、标准化。

① A2横式图纸1张，上墨线。

② 图纸上画楼梯首层、标准层及顶层平面图，楼梯剖面图，栏杆、扶手及踏步详图。

③ 平面图和剖面图比例为1∶50，详图比例为1∶10。

④ 要求图面布置合理、恰当，图线粗细分明，尺寸标注正确。

第10章

门　　窗

教学目标

通过本章的学习，要求学生熟悉门窗的分类；熟悉平开木门的组成及各部分的构造；掌握门窗按施工方法不同所分的两种安装方式；掌握铝合金和塑钢门窗的构造及安装；熟悉门窗的尺寸；熟悉构造遮阳的类型、作用及适用范围。

教学要求

能力目标	知识要点	权重	自测分数
熟悉门窗的分类及作用	门窗的分类	30%	
掌握各类门窗的组成及各部分的构造；熟悉门窗的尺寸	门窗的组成及构造	65%	
熟悉构造遮阳	构造遮阳	5%	

10.1 门窗的形式与尺寸

门窗的形式主要取决于门窗的开启方式，不论其材料如何，开启方式均大致相同。本节所举例子主要是木门窗。

10.1.1 门的形式与尺寸

1. 门的形式

(1) 按位置分，门可分为外门和内门。

(2) 按控制方式分，门可分为手动门、传感控制自动门等。

(3) 按功能分，门可分为普通门、保温隔声门、防火门、防盗门、人防门、防爆门、防 X 射线门等。

(4) 按材料分，门可分为木门、钢门、铝合金门及塑钢门等。

(5) 按开启方式分，门可分为平开门、弹簧门、推拉门、折叠门、转门等，如图 10.1 所示。

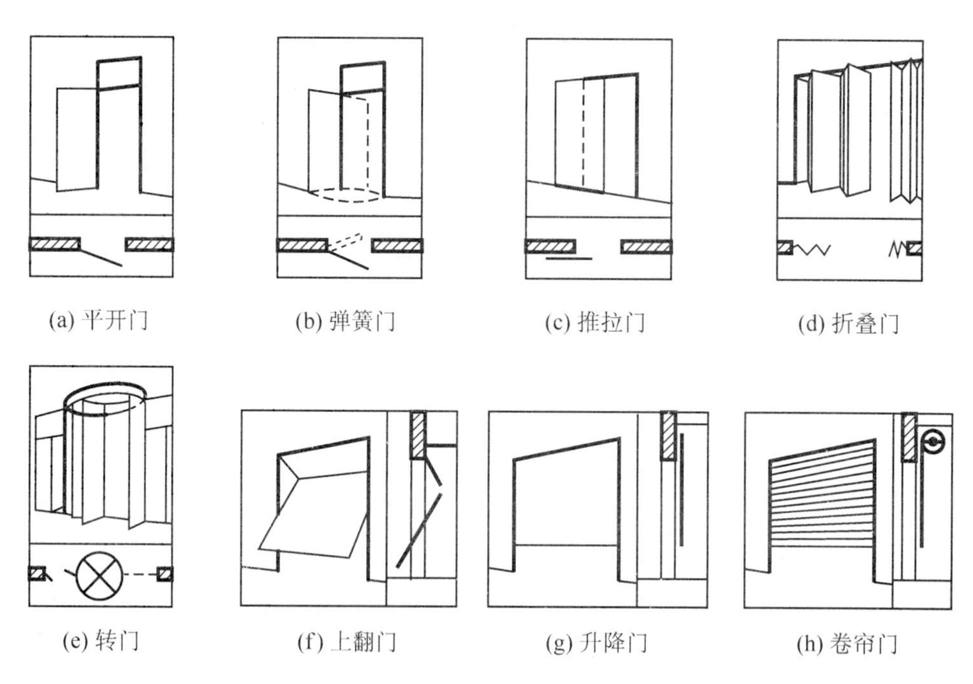

图 10.1 门的开启方式

① 平开门。平开门是水平开启的门，铰链装于门扇的一侧与门框相连，使门扇围绕铰链轴转动。其门扇有单扇、双扇，内开、外开之分。平开门构造简单，开启灵活，制作简便，易于维修，是应用最广泛的门。

② 弹簧门。弹簧门的开启方式同平开门，只是侧边用弹簧铰链或下面用地弹簧与门框相连，开启后能自动关闭。其门扇有单扇和双扇之分。它使用方便，美观大方，广泛应用于商店、医院等人流出入较频繁或有自动关闭要求的场所。为避免人流相撞，门扇或门扇上部都应镶嵌玻璃。

③ 推拉门。推拉门开启时门扇沿上或下轨道左右滑行，通常为单扇和双扇，也可做成双轨多扇或多轨多扇，开启时门扇可隐藏于墙内或悬于墙外。根据轨道的位置，推拉门可分为上挂式和下滑式。当门扇高度小于 4m 时，一般采用上挂式推拉门，当门扇高度大于 4m 时，一般采用下滑式推拉门。推拉门的导轨必须平直且有一定的刚度，以保证推拉门的稳定运行。可采用光电管或触动设施使其自动启闭。

推拉门占用空间小，不易变形，但在关闭时难以严密，构造亦较复杂，较多用作仓库和车间大门。在民用建筑中，一般采用轻便推拉门分隔内部空间。

④ 折叠门。折叠门分为侧挂式折叠门和推拉式折叠门两种。可由一扇或多扇门构成，每扇门宽为 500～1000mm。侧挂式折叠门与普通平开门类似，只是门扇之间用铰链相连而成。推拉式折叠门与推拉门相似，在门顶或门底装滑轮及导向装置，每扇门之间连以铰链，开启时门扇通过滑轮沿着导向装置移动。

折叠门开启时占空间少，但构造较复杂，其五金件制作复杂，安装要求较高，一般用作商业建筑的门，或公共建筑中作灵活分隔空间用。

⑤ 转门。转门一般是两到四扇门连成风车形，在两个固定弧形门套内转动。转门疏散人流能力较弱，所以必须同时在转门两旁设平开门作人流疏散之用。转门对隔绝室外气流有一定作用，可作为寒冷地区公共建筑的外门。

转门加工制作复杂，造价高，不易大量采用。

此外，门还有上翻门、升降门、卷帘门等形式，一般适用于门洞口较大或有特殊要求的房间。

2. 门的尺寸

门作为交通疏散通道，其尺度取决于人的通行要求、家具器械的搬运及与建筑物的比例关系等，并要符合现行《建筑模数协调统一标准》(GBJ 2—1986)的规定。

门的宽度要根据各种不同的使用情况来确定，通常有单扇、双扇、多扇组合几种宽度形式。供少数人出入，如居室、办公室的门洞宽度一般为 900mm(实际通行宽度等于洞口宽度减去门框厚度)；住宅中的厨房、阳台和厕所门洞宽为 700mm；医院病房的门，常用洞宽 1100～1400mm 双扇门；住宅单元入口外门常用 1500～1800mm 双扇门；公共建筑中使用人数较多的房间，如会议室、展览厅、餐厅等一般采用 1800mm 双扇门或由几组双扇门组合在一起；至于某些有特殊使用要求的门，如汽车库、剧场舞台侧门等需要通行车辆或搬运大型设备，门的宽度应根据实际需要来确定。

一般民用建筑的高度不宜小于 2100mm。如门设有亮子时，亮子高度一般为 300～600mm。公共建筑大门高度可视需要适当提高。

为了使用方便，一般民用建筑门(木门、铝合金门、塑钢门)均编制成标准图集，在图上注明类型及相关尺寸，设计时可按需要直接选用。

10.1.2 窗的形式与尺寸

1. 窗的形式

(1) 按材料分，窗可分为木窗、钢窗、铝合金窗和塑钢窗等。

(2) 按层数分，窗可分为单层窗和多层窗。

(3) 按镶嵌材料分，窗可分为玻璃窗、百叶窗和纱窗。

(4) 按开启方式分，窗可分为固定窗、平开窗、横式悬窗、立式转窗和推拉窗，如图 10.2 所示。

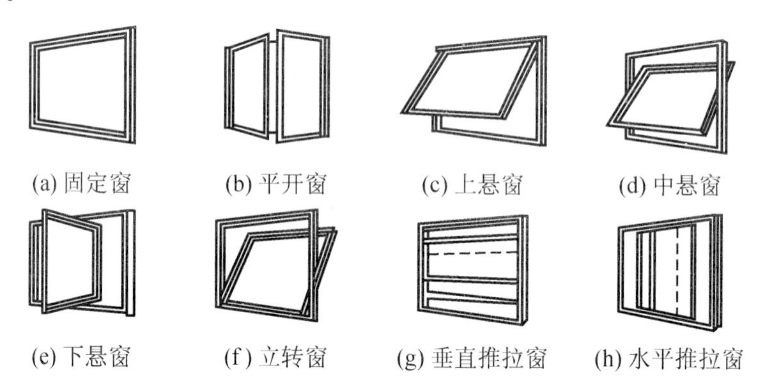
(a) 固定窗　(b) 平开窗　(c) 上悬窗　(d) 中悬窗
(e) 下悬窗　(f) 立转窗　(g) 垂直推拉窗　(h) 水平推拉窗

图 10.2　窗的开启方式

① 固定窗：无窗扇、不能开启的窗。固定窗构造简单，仅作采光、眺望用，密封性能好，多与门亮子和开启窗配合使用。

② 平开窗：可水平开启的窗，有单扇、双扇、多扇及外开启、内开启之分。其构造简单，开启灵活，制作、安装、维修方便，是民用建筑中使用最广泛的窗。

③ 横式悬窗：按转轴位置和转动铰链的不同有上悬、中悬和下悬之分。一般上悬窗和中悬窗向外开启，防雨效果较好，且有利于通风，常用于高窗。下悬窗不能防雨，只适用于内墙高窗及门上腰头窗。

④ 立式转窗：立向转动的窗，转轴可设在窗扇中心，也可偏向一侧。

⑤ 推拉窗：分为垂直推拉窗和水平推拉窗两种。开启时不占据室内空间，有利于采光和眺望，水平推拉窗特别适用于铝合金及塑钢门窗，而垂直推拉窗常用于通风柜或递物窗。

2. 窗的尺寸

窗的尺寸主要取决于房间的采光、通风、构造做法和建筑造型等要求，并要符合现行《建筑模数协调统一标准》(GBJ 2—1986)的规定。

一般标准窗应符合 3M 的扩大模数要求，如 600mm 的单扇，900mm、1200mm 的双扇，1500mm、1800mm 的三扇等。平开窗的标准尺寸如图 10.3 所示。

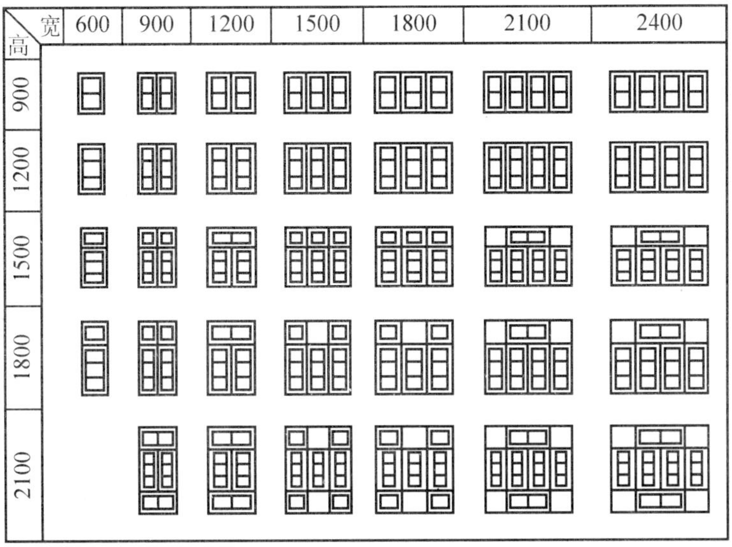

图 10.3 平开窗的标准尺寸

上下悬窗的窗扇高度为 300～600mm，中悬窗窗扇高不宜大于 1200mm，推拉窗高度均不宜大于 1500mm。

知 识 链 接

1. 门的位置

门的位置要考虑室内人流活动特点和家具布置的要求，尽可能缩短室内交通路线，避免人流拥挤和方便家具布置，同时应符合防火规范的要求。

2. 窗的位置

窗的平面位置直接影响到房间照度是否均匀和是否会产生眩光。为使室内照度均匀，窗宜布置在房间或开间的中部，这样房间的阴角小，采光效率高。同时还要考虑有室内通风，以免出现涡流现象。窗的平面位置对结构也有一定的影响，对于墙体承重的建筑，窗间墙要有一定的宽度来承受上部的荷载，且不宜有较大集中荷载的进深梁压在窗洞上方。

3. 门的开启方式

以应用最广泛的平开门为例，其开启方式一般原则为：人数少的小房间，当走廊宽度不大时，一般尽量向房间里开启，以免影响走廊交通；人数较多的房间，如会议室、餐厅等，考虑安全疏散要求，门应向外开启。由于使用需要，有时几个门的位置比较集中，通常要防止门扇开启时发生碰撞或遮挡。

10.2 门窗一般构造

10.2.1 木门构造

1. 平开木门的构造

平开木门一般由门框、门扇、亮子和五金零件组成。有的还有贴脸板、筒子板等部分，如图 10.4 所示。

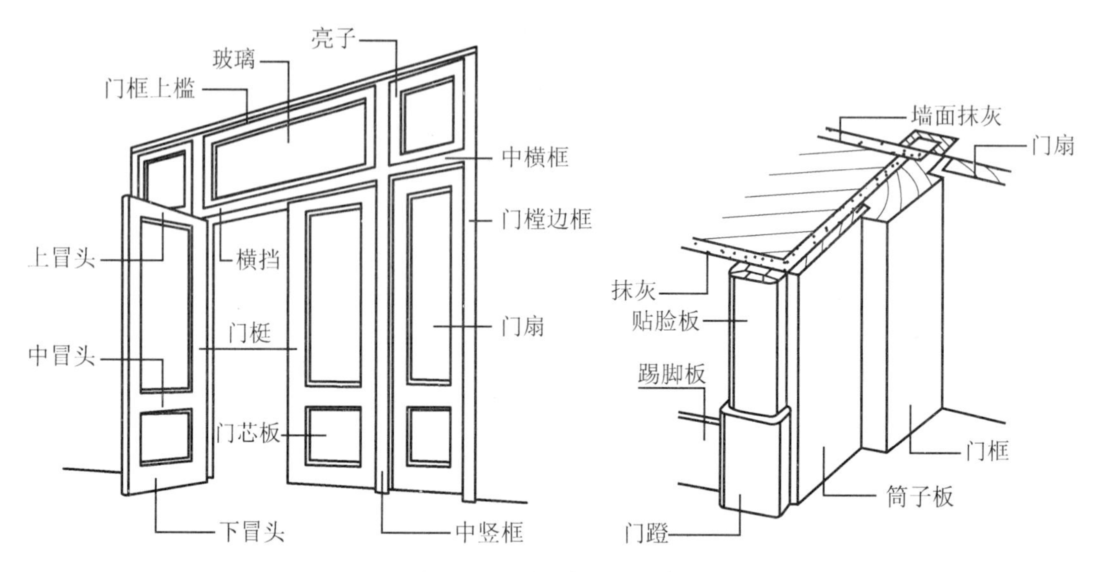

图 10.4 平开木门的组成

1) 门框

(1) 门框的构成。门框又称门樘，由上框和两根边框组成，有亮子的门还有中横框(横挡)，多扇门还有中竖框(门框中梃)，有保温、防风、防水和隔声要求的门应设下槛。

(2) 门框的断面、形状和尺寸。常见的门框的断面形式和尺寸如图 10.5 所示。

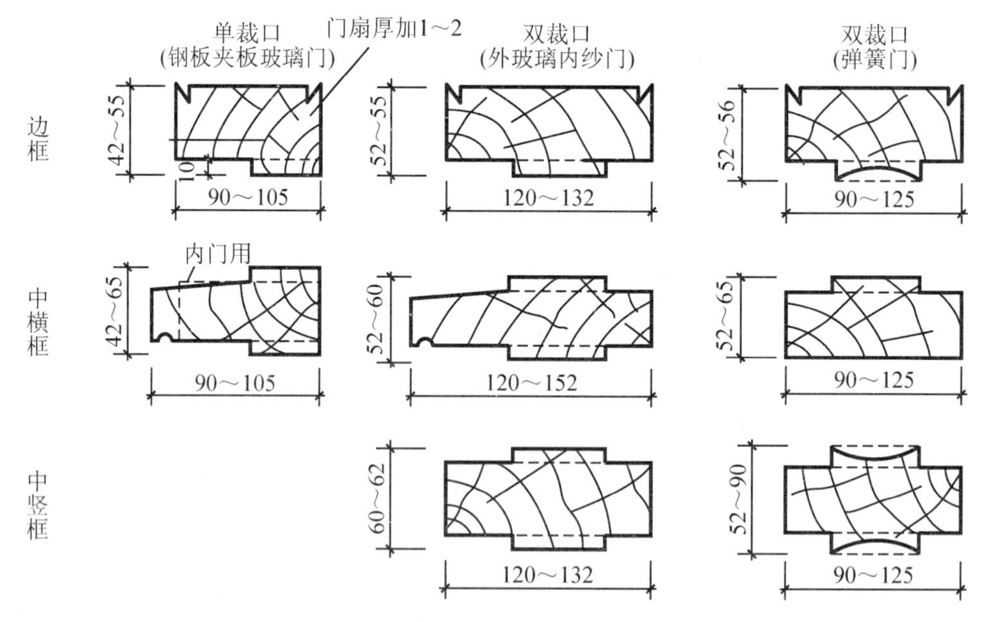

图 10.5 门框的断面形式和尺寸

(3) 门框的安装。门框的安装根据施工方法的不同可分为立口(站口)法和塞口法两种。安装方式不同，门框与墙的连接构造也不同。成品门多采用塞口法。塞口法是在墙砌好后再安装门框，而立口法是在砌墙前先用支撑将门框原位立好，然后砌墙。门框的安装与窗框相同。

(4) 门框与墙的关系。门框与墙的相对位置有内平、外平和居中几种情况，如图 10.6 所示。

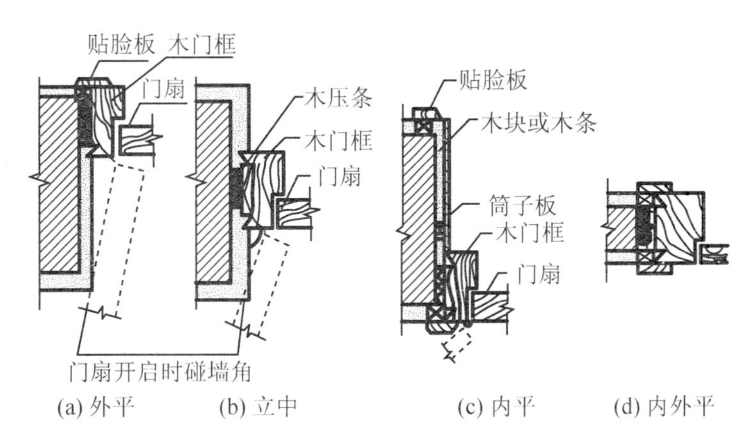

图 10.6 门框的安装位置

门框靠墙一边为防止受潮变形多设置背槽，门框外侧的内外角做灰口，缝内填弹性密封材料。

2) 门扇

(1) 门扇的组成。门的名称通常是由门扇的名称决定的，门扇的名称反映了它的构造。门扇一般由上、中、下冒头(或称上、中、下梃)，边梃、门芯板、玻璃等组成，如图 10.4 所示。平开木门常用的门扇有镶板门、夹板门、拼板门等几种。

(2) 镶板门。镶板门以冒头、边框用全榫组成骨架，中镶木板(门芯板)或玻璃。常见门扇骨架的厚度为 40～50mm。镶板门上冒头尺寸为(45～50)mm×(100～120)mm，中冒头、下冒头为了装锁和坚固的要求，宜用(45～50)mm×150mm，边框至少为 50mm×150mm。另外，根据习惯，下冒头的宽度同踢脚高度，一般为 120～200mm。门芯板可用 10～15mm 厚木板拼装成整块，镶入边框和冒头中，或用多层胶合板、硬质纤维板及塑料板等代替。门芯板若换成玻璃，则称为玻璃门。图 10.7 所示是常用的镶板门实例。

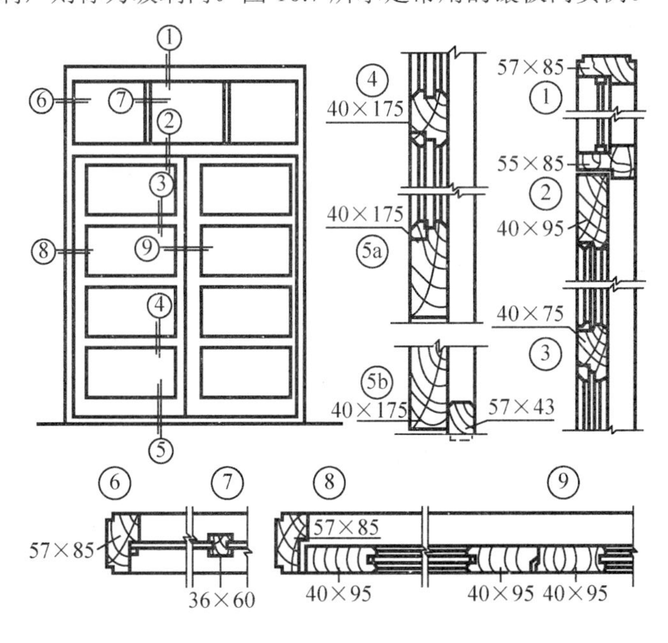

图 10.7 镶板门的构造

(3) 夹板门。夹板门一般是胶合成的木框格表面再胶贴或钉盖胶合板或其他人工合成板材，骨架如图 10.8 所示，夹板门的内框一般边框用料 35mm×(50～70)mm，内芯用料 33mm×(25～35)mm，中距 100～300mm。面板可整张或拼花粘贴。应当注意在装门锁和铰链的部位，框料须加宽。为保持门扇外观效果及保护夹板层，常在夹板门四周钉 10～15mm 厚木条收口。

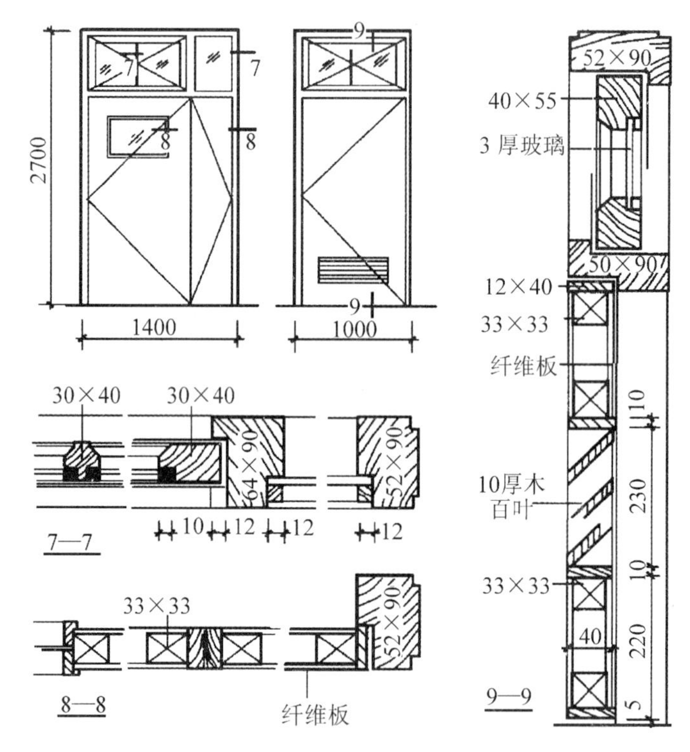

图 10.8　夹板门的构造图

(4) 纱门、百叶门。在门扇骨架内镶入窗纱或百叶，即为纱门或百叶门。

(5) 镶玻璃门和半截玻璃门。如将镶板门中的全部门芯板换成玻璃，即为镶玻璃门。如将镶板门中的部分门芯板换成玻璃，即为半截玻璃门。

3) 门的五金

门的五金主要有把手、门锁、铰链、闭门器和定门器等。其中，铰链连接门窗扇与门窗框，供平开门和平开窗开启时转动使用。如图 10.9 所示为门窗五金实物。

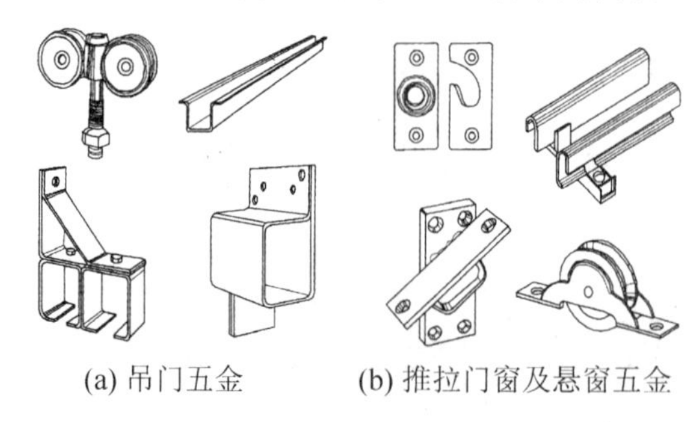

(a) 吊门五金　　(b) 推拉门窗及悬窗五金

图 10.9　门窗五金实物

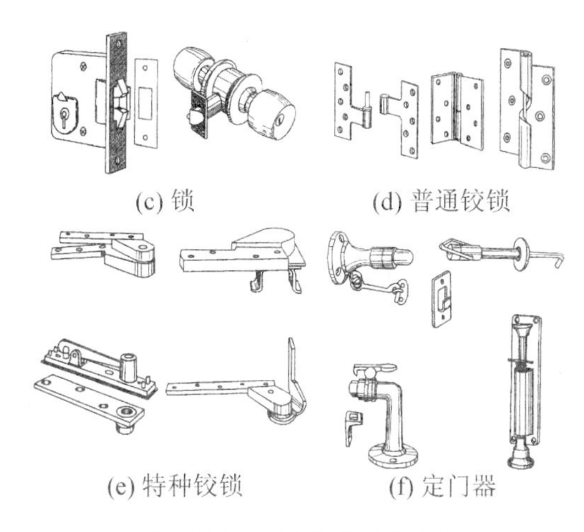

图 10.9 门窗五金实物(续)

2. 成品装饰木门

在酒店、宾馆、办公大楼、中高档住宅等民用建筑中广泛使用成品装饰木门，该门采用标准化、工厂化生产，现场组装成型，有很好的装饰效果。

成品装饰木门为无钉胶接固定，施工工期短，施工现场无噪声、垃圾、污染等。木门的木材为松木、榉木或其他优良材种，内框骨架采用指接工艺，榫接胶合严密，填充芯料选用电热拉伸定型蜂窝芯。

门套基材一般选用优质密度板，背面覆防潮层。面层饰面选用 0.6mm 优质天然实木单板或仿真饰面膜，常用品种有枫木、红榉木、樱桃木、黑胡桃木等。

成品装饰木门分为平板门、装板门、玻璃门三类。

10.2.2 木窗构造

1. 平开木窗的组成

平开木窗主要由窗框(窗樘)、窗扇和五金零件组成，有时要设贴脸板、窗台板、窗帘盒等附件。平开木窗的组成如图 10.10 所示。

2. 窗框

(1) 窗框的组成。窗框也称窗樘，用来悬挂窗扇。它由上框、下框、边框、中横框、中竖框等榫接而成，上框和下框每边比窗宽各长 120mm 砌入墙内，以便使窗框与墙连接牢固。

(2) 窗框的断面形状和尺寸。窗框断面尺寸为经验数据，各地稍有不同。单层窗框的上框、下框和边框用料厚度约为 60mm，用料宽度为 70～110mm。双层窗的窗框用料尺寸要大些，如图 10.11 所示。

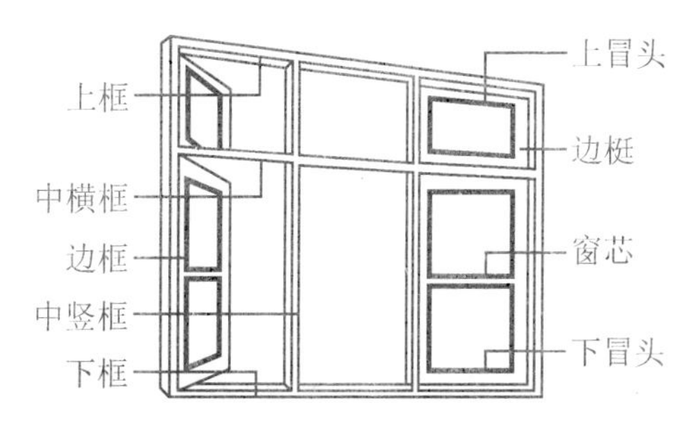

图 10.10 平开木窗的组成

窗框与门框相同，在构造上应有裁口和背槽处理，裁口分单裁口和双裁口两种。另外，窗框与墙接触的面应在两角铲出灰口，抹灰时用灰浆填塞，使窗框与墙接缝严密。

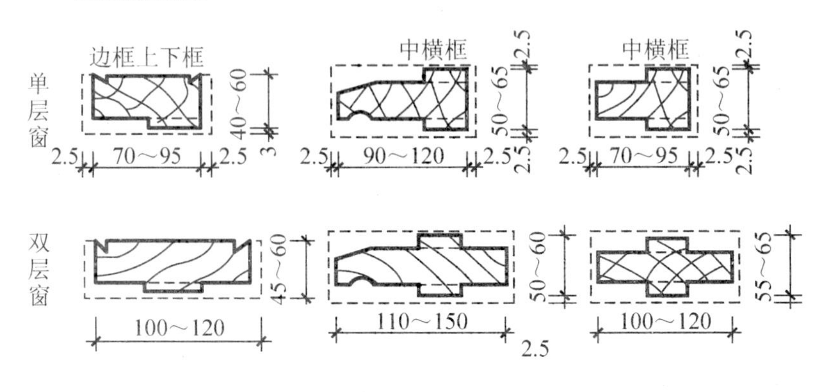

图 10.11　窗框的断面形状和尺寸

(3) 窗框的安装。窗框的安装与门框相同，分立口和塞口两种方法。窗框和墙的固定方法视墙体的材料而异。砖墙常用预埋木砖固定，混凝土墙体常用预埋木砖或预埋螺栓、铁件固定。

立口也称站口或站套子，是当墙砌至窗台标高时，把窗框立在相应位置，而后砌墙。窗框上、下框伸出的长度(羊角)砌入墙内。在边框外侧每隔 500～700mm 设一块木砖，它可以用鸽尾榫与窗框拉结，如图 10.12(a)所示，也可以用铁钉钉在窗框上。所有砌入墙内的木砖和与墙接触的木材面，均应涂刷沥青进行防腐处理。在北方地区，为了防止窗框与砖墙之间的缝隙散失热量，还要在框的四周加钉一层毛毡，使墙与窗框紧密连接。塞口是在砌墙时先留出比窗框周围大 30～50mm 的洞口，以后将窗框塞入洞口中。为使窗框与墙连接牢靠，砌墙时在窗洞两侧沿高度每隔 500～700mm 砌入一块经过防腐处理的木砖，用铁钉将窗框固定在木砖上，周围缝隙用毛毡和灰浆填塞，如图 10.12(b)所示。

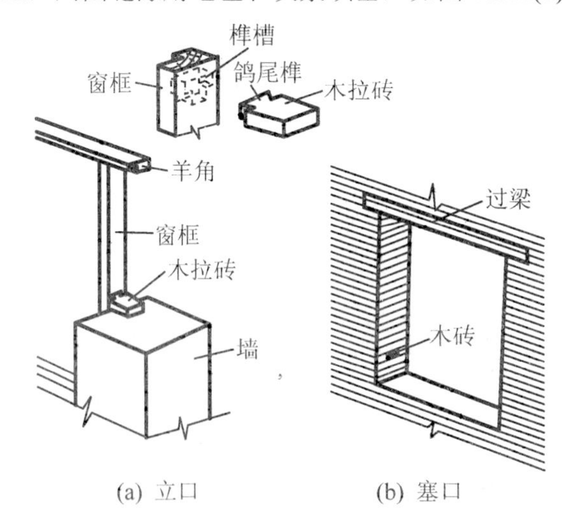

图 10.12　窗框与墙的连接

3. 窗扇

(1) 窗扇的构成。常见的平开窗扇有玻璃扇、纱窗扇、百叶扇等，玻璃扇最常用。窗扇由上、下冒头和左右边梃组成。有的还设有窗芯(窗棂)分格，如图 10.13 所示。

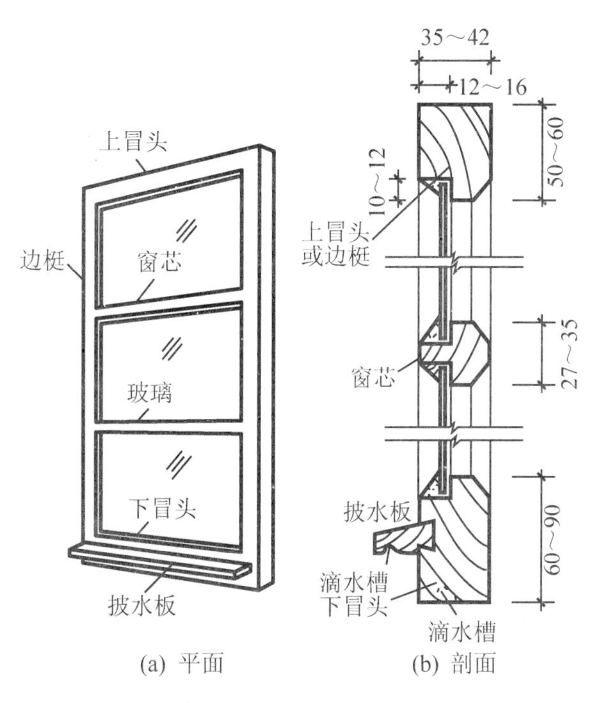

图 10.13 窗扇的组成和构造

(2) 窗扇的断面形状和尺寸。窗扇的厚度为 35～42mm，多采用 40mm，上、下冒头和边梃的宽度视木料材质和窗扇大小而定，一般为 50～60mm，下冒头若设置披水板或滴水槽，可将下冒头的宽度适当加大 10～25mm，窗芯的宽度为 27～40mm。为镶嵌玻璃，在冒头、边框和窗芯上设有裁口，宽度为 8～12mm，深度一般为 12～15mm，多设在窗扇外侧，以利于防水、抗风和美观。

10.3 铝合金门窗

10.3.1 铝合金门窗的特点

铝合金门窗具有自重轻、强度高、色彩较丰富、外形美观、密封性好、耐腐蚀、易保养等优点。它适用于有密闭、保温、空调等使用要求的房间。

(1) 质量轻。铝合金门窗用料省，自重轻，每平方米耗材只有 80～120N(钢门窗为 170～200N)，较钢门窗轻 50%左右。

(2) 性能好。密封性好，气密性、水密性、隔声性、隔热性都较钢门窗、木门窗有显著的提高。

(3) 耐腐蚀，坚固耐用。铝合金门窗不需要涂涂料，氧化层不褪色、不脱落，表面不需要维修。铝合金门窗强度高，刚性好，坚固耐用，开闭轻便灵活，无噪声，安装速度快。

(4) 色泽美观。铝合金门窗框料型材的表面经过氧化着色处理，可保持铝材的银白色，也可以制成各种柔和的颜色或带色的花纹，还可以在铝材表面涂刷一层聚丙烯酸树脂保护装饰膜，制成的门窗造型新颖大方，表面光洁，外形美观，色泽牢固，增加了建筑立面和内部的美观。

10.3.2 铝合金门窗框料系列

铝合金门窗框料的系列名称是以门窗框的厚度构造尺寸来区分的。例如，门框厚度构造尺寸为50mm的铝合金平开门，就称为50系列铝合金平开门；窗框厚度构造尺寸为90mm的铝合金推拉窗，就称为90系列铝合金推拉窗。我国各地铝合金门窗加工厂都有系列标准产品供选用，需特殊制作时一般也只需提供立面图纸和使用要求，委托加工即可。

10.3.3 铝合金门窗构造

不同部位、不同开启方式的铝合金门窗，其壁厚均有规定。普通铝合金门窗型材壁厚不得小于0.8mm；地弹簧门型材壁厚不得小于2mm；用于多层建筑室外的铝合金门窗型材壁厚一般为1.0～1.2mm；高层建筑室外的铝合金门窗型材壁厚不应小于1.2mm。

铝合金门窗玻璃视玻璃面积大小和抗风等强度要求及隔声、遮光、热工等要求可选用3～8mm厚的平板玻璃、镀膜玻璃、钢化玻璃或中空玻璃。玻璃的安装要求各边加弹性垫块，不允许玻璃侧边直接与铝合金门窗接触。安上玻璃后，要用橡胶密封条或密封胶将四周压牢或填满。

常用的各种铝合金门窗都用不同断面型号的铝合金型材和配套零件及密封件加工制成。图10.14为铝合金平开门的构造。

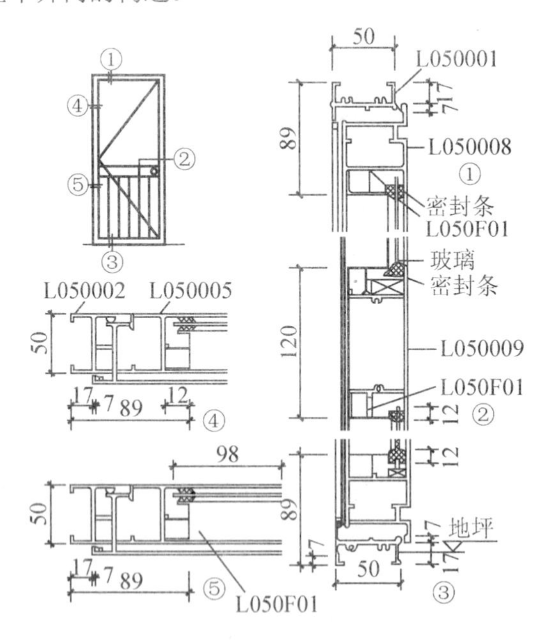

图10.14 铝合金平开门(50系列)构造

铝合金窗常见形式有固定窗、平开窗、滑轴窗、推拉窗、立轴窗和悬窗等，一般多采用水平推拉式，图10.15是铝合金水平推拉窗(70系列)的构造。

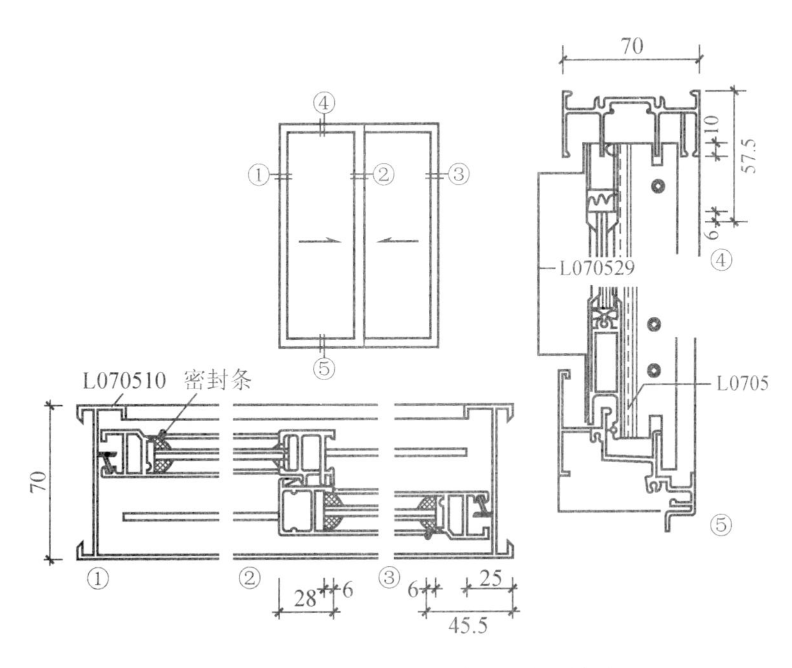

图 10.15　铝合金水平推拉窗(70 系列)构造

10.3.4　铝合金门窗的安装

铝合金门窗框与墙体的连接用塞口法，在结束土建工程、粉刷墙面前进行。门窗框的固定方式是将镀锌锚固板的一端固定在门框外侧，另一端与墙体中的预埋铁件焊接或锚固在一起，再填以矿棉毡、泡沫塑料条、聚氨酯发泡剂等软质保温材料，填实处用水泥砂浆抹好，留 6mm 深的弧形槽，槽内用密封胶封实。玻璃则嵌固在铝合金窗料的凹槽内，并加密封条。其连接方法有：采用射钉固定，采用墙上预埋铁件连接，采用金属膨胀螺栓连接，墙上预留孔洞埋入燕尾铁角连接，如图 10.16 所示。铝合金门窗安装节点处缝隙处理示意如图 10.17 所示。

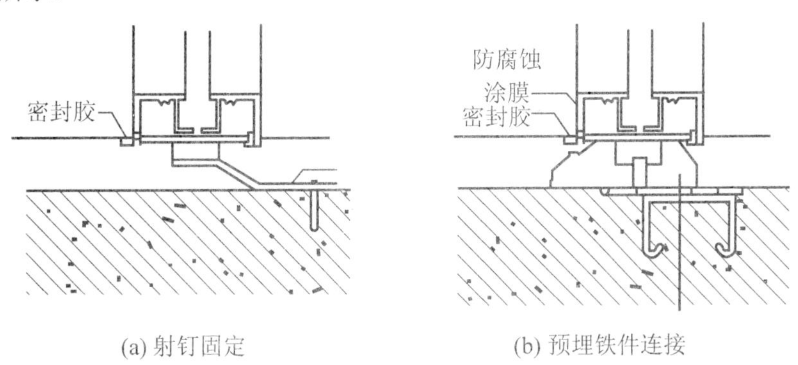

(a) 射钉固定　　(b) 预埋铁件连接

图 10.16　铝合金窗的安装

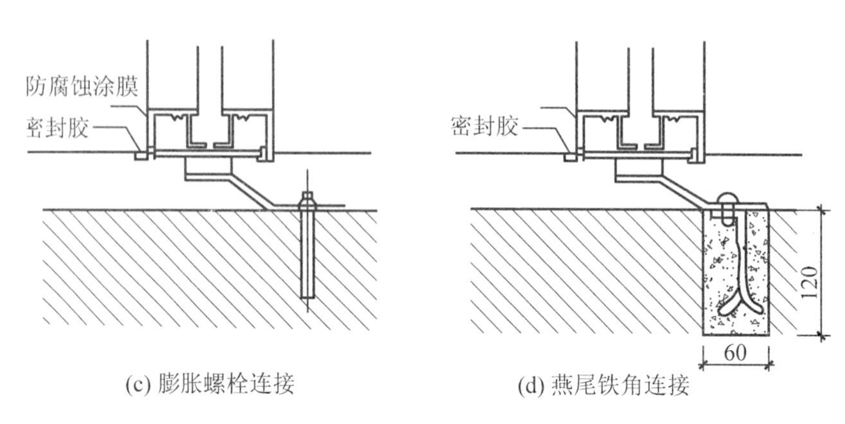

(c) 膨胀螺栓连接　　(d) 燕尾铁角连接

图 10.16　铝合金窗的安装(续)

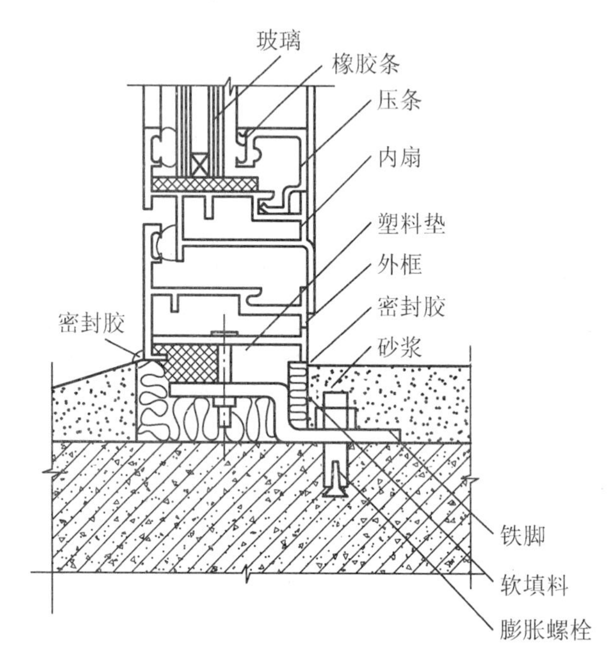

图 10.17　铝合金门窗安装节点缝隙处理

10.4　塑　钢　窗

塑钢窗是以改性聚氯乙烯(UPVC)为原料，并添加一定比例的稳定剂、改进剂、填充剂等，经过挤出机挤出成型为各种断面的多腔中空型材，定长切割后，用热熔焊接成门窗框、扇，装配上密封条、毛刷条、玻璃、五金配件等构成成品门窗。为了增加 UPVC 中空型材的刚性，在其内腔内衬入钢质型材加强筋，形成塑钢结构，故称塑钢窗。

10.4.1　塑钢窗的用料

塑钢窗线条清晰、挺拔、造型美观，表面光洁细腻，不但具有良好的装饰性，而且具有良好的抗风压强度、阻燃、耐候性、密闭性，且抗腐蚀、使用寿命长、防潮、隔热、耐低温、色泽优美、自重轻和造价适宜，以及由于其生产过程省能耗、少污染而被公认为节能型产品，故得到了广泛的应用。

塑钢窗按其框料截面宽度分，有 45、58、60、70、80、85 系列多种。

10.4.2 塑钢窗的构造

塑钢窗的构造按其开启方式分，有平开窗、推拉窗、上提窗、悬窗、半玻窗、板式窗等多种形式；按其构造层次分，有单层玻璃窗、双层玻璃窗、纱窗等。图 10.18 为推拉塑钢窗构造。

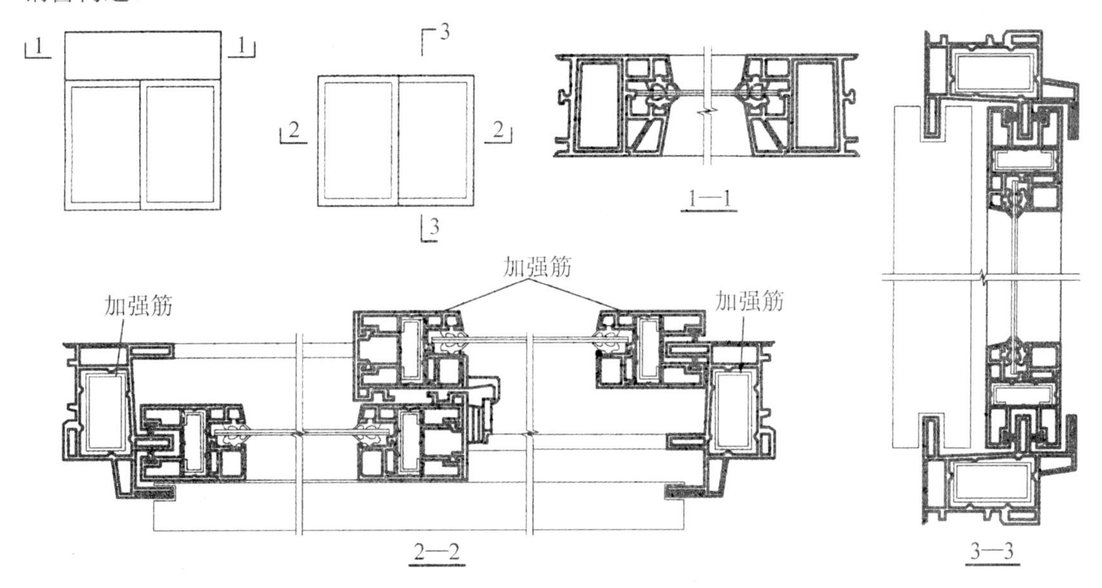

图 10.18 推拉塑钢窗构造

10.4.3 塑钢窗的安装

塑钢窗的安装用塞口法。窗框与墙体的连接固定方法一般有以下两种。

1. 连接铁件固定法

窗框通过固定铁件与墙体连接，将固定铁件的一端用自攻螺钉安装在门框上，固定铁件的另一端用射钉或塑料膨胀螺钉固定在墙体上，如图 10.19(a)所示。

为了确保塑钢窗正常使用的稳定性，需给窗框热胀冷缩留有余地，为此要求塑钢窗与墙体之间的连接必须是弹性连接，因此在窗框和墙体间的缝隙处分层填入毛毡卷或泡沫塑料等，再用 1∶2 水泥砂浆嵌入抹平，用嵌缝膏进行密封处理。

2. 直接固定法

用木螺钉直接穿过窗框型材与墙体内预埋木砖相连接，如图 10.19(b)所示，或者用塑料膨胀螺钉直接穿过窗框将其固定在墙体上。

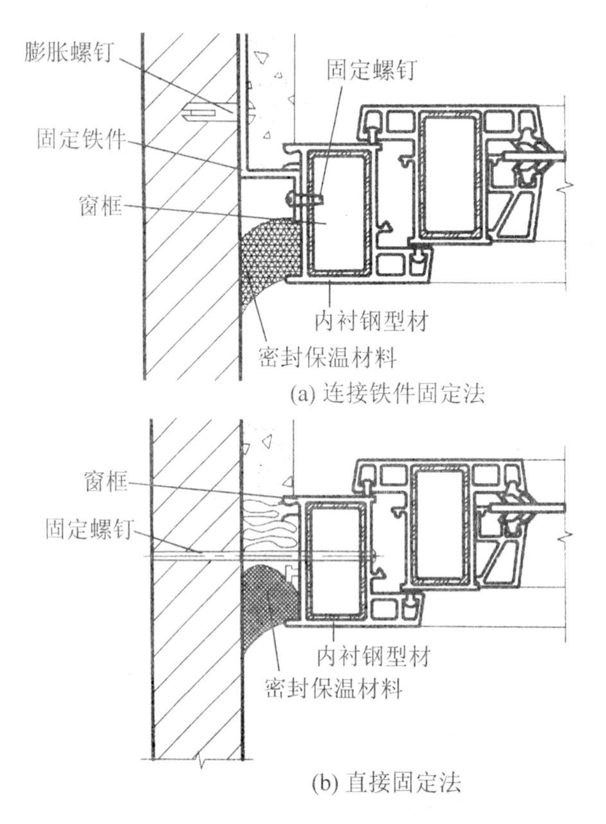

图 10.19 塑钢窗窗框与墙体的连接节点

10.5 其他类型门窗

10.5.1 其他类型的门

1. 玻璃自动门

现在很多大型公共建筑的主入口采用无框玻璃门，大大丰富了建筑的立面效果。无框玻璃门是用整块安全平板玻璃直接做成门扇，立面简洁。玻璃门扇有弧形门和直线门之分，门扇能够由光感设备自动启闭，常见的有脚踏感应和探头感应两种方式，如图 10.20 所示。若为非自动启闭时，应有醒目的拉手或其他识别标志，以防止发生安全问题。

2. 防火门

防火门有钢质防火门、木质防火门、玻璃防火门、防火卷帘门等。钢质防火门由槽钢组成门扇骨架，如图 10.21 所示。内填防火材料，如矿棉毡等，根据防火材料的厚度不同，确定防火门的等级，然后外包 1.5mm 厚的薄钢板。

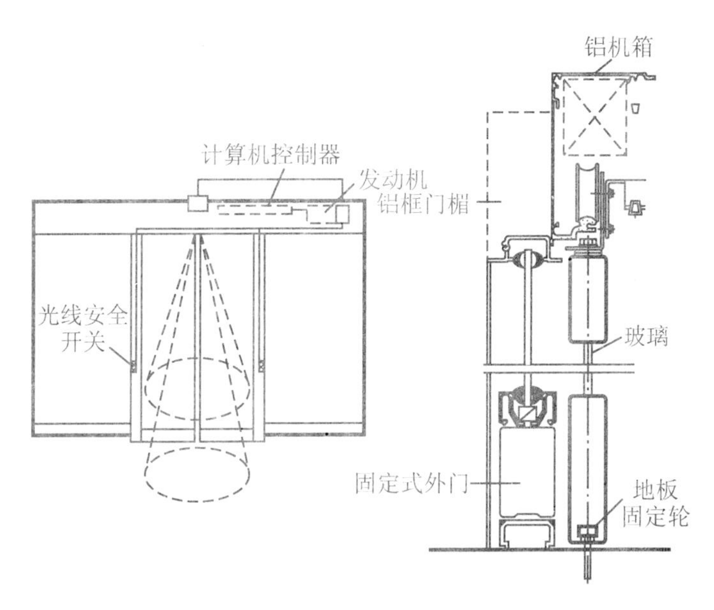

图 10.20 全玻自动门

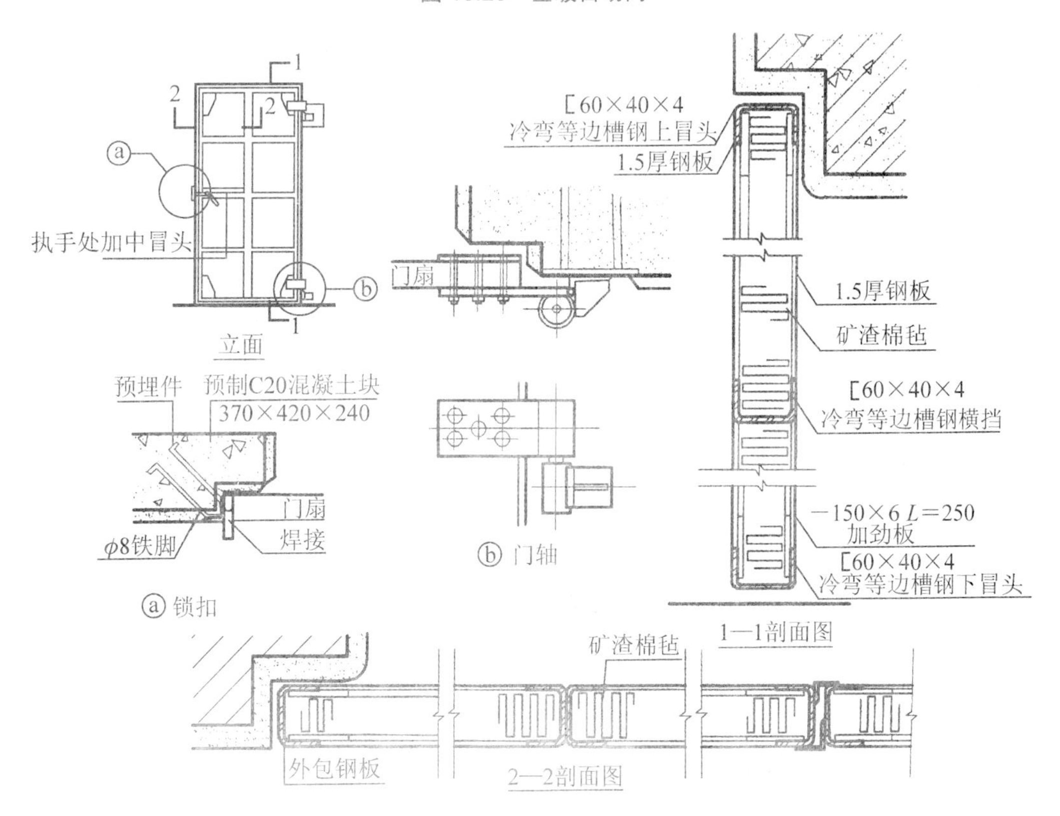

图 10.21 钢质防火门

3. 隔声门

隔声门的门扇材料、门缝的密闭处理及五金件的安装处理，都会影响隔声效果。因此，门扇的面层应采用整体板材，门扇的内层应尽量利用其空腔构造及吸声材料来增加门扇的隔声能力，如图 10.22 所示。

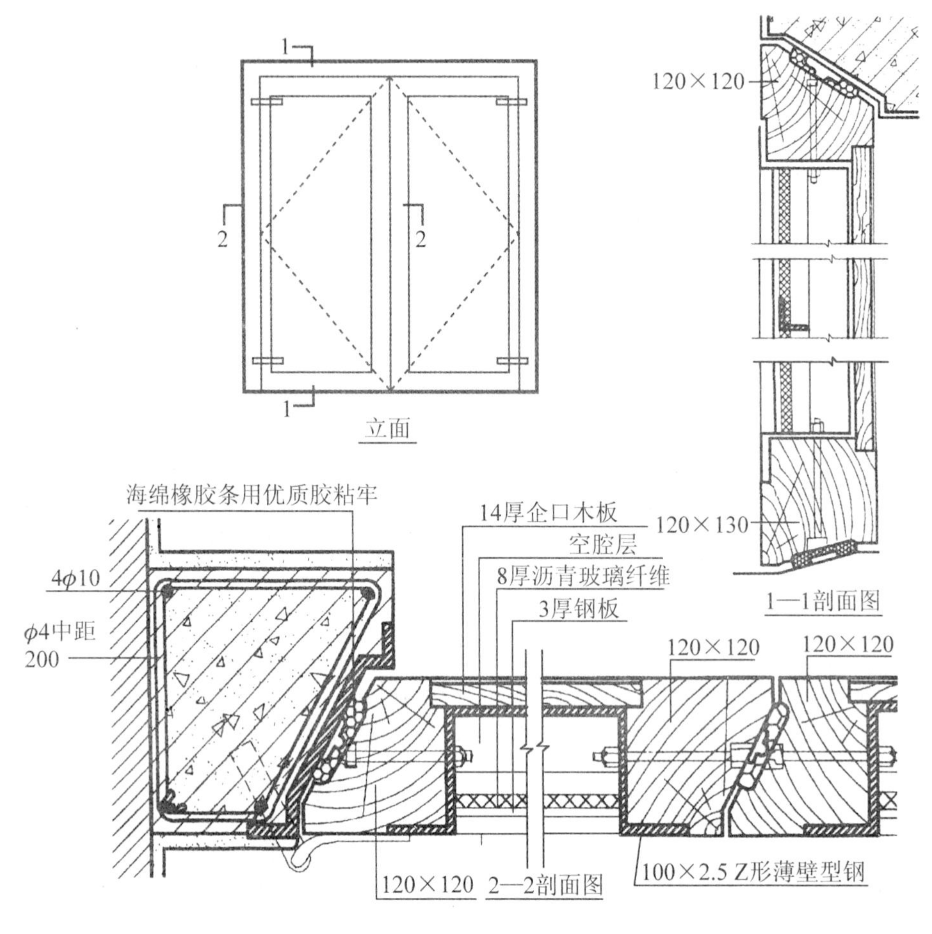

图 10.22　钢木隔声门

10.5.2　其他类型的窗——密闭保温隔声窗

为提高窗的隔声性能，可采用双层窗扇或单层窗中空玻璃，玻璃层间距以 80～100mm 为宜，窗间四周应设置吸声材料，或将其中一层玻璃斜置，避免发生空气层共振，以确保隔声效果，如图 10.23 所示。

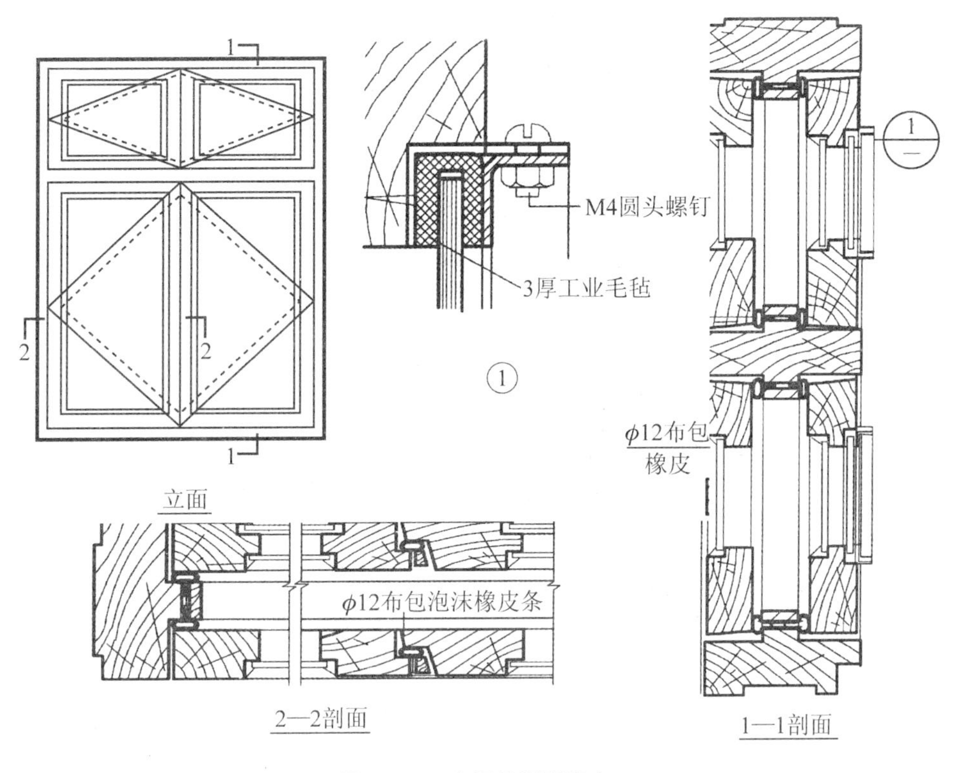

图 10.23 密闭保温隔声窗

10.6 门 窗 节 能

门窗是建筑围护结构中热工性能最薄弱的部位，其耗能占建筑围护结构总能耗的40%～50%，同时它也是建筑中的得热构件，可以通过太阳光透射入室内而获得太阳热能，因此门窗是影响建筑室内热环境和建筑节能的重要因素。

门窗要到达好的节能效果，应综合考虑气候条件、功能要求、建筑形式等因素，满足国家节能设计标准对门窗设计指标的要求。

10.6.1 门窗节能设计指标

1. 传热系数

外门窗材料不同、构造方法不同，其传热系数也不同。外门窗传热系数应采用计量认证质检机构提供的检测值。

2. 门窗综合遮阳系数

我国南方炎热地区，因日照时间长，所以外窗应采取适当的遮阳措施，以降低建筑空调能耗。门窗遮阳包括玻璃遮阳和建筑外遮阳，建筑外遮阳分为水平遮阳、垂直遮阳、综合遮阳及挡板遮阳，如图 10.24 所示。

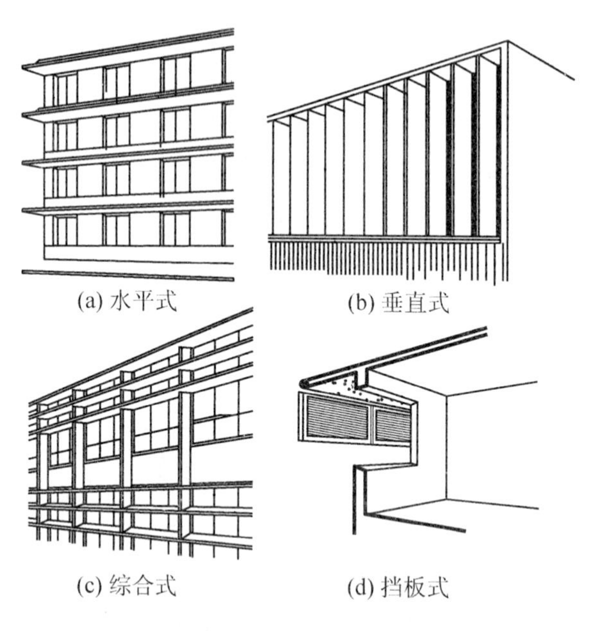

图 10.24　遮阳设施的形式

1) 水平遮阳

水平遮阳能够遮挡高度角较大、从窗户上方照射的阳光。适用于南向及北回归线以南地区的北向窗口。遮阳板的种类有实心板、栅形板、百叶板等；按形式分有单层、双层，离墙或靠墙几种。

2) 垂直遮阳

垂直遮阳能够遮挡太阳高度角较小、从窗两侧斜射的阳光，适用于东、西及接近东、西朝向的窗口。遮阳板常用钢筋混凝土现浇或预制，也有用钢板网水泥砂浆做成外观轻巧的薄板，或用金属材料制作。

3) 综合遮阳

综合遮阳包含水平和垂直遮阳，能遮挡窗上方及左右两侧的阳光，故适用于南向、南偏东和南偏西的窗口。常用的有格式综合遮阳、板式综合遮阳、百叶综合遮阳三种。

4) 挡板遮阳

挡板遮阳能够遮挡高度较小、正射窗口的阳光，适用于东、西及其附近朝向的窗口。常用的有格式挡板、板式挡板等。

3. 门窗气密性指标

外窗应具有良好的密闭性能，我国《建筑外窗气密性能分级及检测方法》(GB/T 7107—2002)将建筑外窗气密性能分为5级，1级气密性最差，5级最好。门窗应满足相应热工地区节能设计标准对门窗气密性的要求。

10.6.2 门窗节能设计

1. 选择适宜的窗墙比

由于外窗传热系数通常比墙体大很多，因此，建筑物的冷、热耗量随窗墙面积比的增加而增加。由此可以得出，从节约能耗来说，窗墙比越小越好，但窗墙比过小又会影响窗户的正常采光、通风和太阳能的利用。因此应根据建筑所处的气候分区、建筑的类型、使用功能、门窗方位等选择适宜的窗墙比，达到既满足建筑造型的需要，又满足建筑节能的要求。

2. 加强门窗的保温隔热性能

改善门窗的保温性能主要是提高热阻，选用导热系数小的门窗框、玻璃材料，从门窗的制作、安装提高其气密性能。

提高隔热性能主要有两种措施：一是采用合理的建筑外遮阳；二是选择玻璃时，选用合适的遮蔽系数，也可以采用对太阳红外线反射能力强的热反射材料贴膜。

本章小结

门、窗是房屋建筑中的两个非承重围护构件。门的主要功能是交通出入、分隔和联系内部和外部空间，有的兼有通风和采光的作用；窗的主要功能是采光和通风，并起到空间之间视觉联系的作用。同时两者还应具有保温、隔热、隔声、防水、防火、节能、装饰和工业化生产等功能。

门的宽度、数量、位置及开启方式一般由使用人数和使用要求，交通疏散及防火规范的要求确定的。窗的大小、位置主要取决于室内采光要求、房间照度、通风要求、结构受力是否合理及建筑立面美观等。

平开木门一般由门框、门扇、亮子和五金零件及附件组成。平开木窗是由窗框、窗扇和五金零件及附件组成。门窗的安装方法根据施工方式的不同可分为立口法和塞口法。门、窗框与墙体的位置关系有内平、居中和外平三种。

木门的名称通常是由门扇的名称决定的。通常有镶板门、夹板门、纱门、百叶门、镶玻璃门及半截玻璃门等。

铝合金门窗的称谓一般由框料的系列决定，如50系列、90系列等；铝合金门窗的形式有平开门窗、推拉门窗等。

塑钢窗按其框料截面宽度分，有45、58、60、70、80、85系列多种。

习题

一、选择题

1. 办公室、居室的门洞宽度一般为(　　)mm。

A. 900　　B. 600　　C. 700　　D. 1200

2. 门的开启方式有很多种，其中(　　)应用最为广泛。

A. 弹簧门　　B. 推拉门　　C. 转门　　D. 平开门

二、填空

1. 门按开启方式可分为________、________、________、________等。
2. 使用人数多的房间，如会议室、餐厅等，考虑安全疏散要求，门应向________开。
3. 构造遮阳的形式一般可分为________、________、________、________四种。

三、简答题

1. 门窗在建筑中的主要功能是什么？
2. 门窗按开启方式分哪几种？各适用何种情况？
3. 平开木门窗主要由哪几部分组成？
4. 门窗安装方法根据施工方式的不同分为哪几种？各有何特点？
5. 门的宽度、数量、位置及开启方式由哪些因素决定？
6. 窗的大小、位置及宽度由何因素决定？
7. 门窗框与墙间的缝隙如何处理？
8. 铝合金窗和塑钢窗的特点和构造要点是什么？
9. 建筑构造遮阳的形式有几种？简述各自的作用及适用范围。
10. 如何进行门窗节能设计？

综合实训

参观所在学校的教学楼、公寓楼、餐厅等门窗，说明其种类、材质及其安装方式等。

附　　录

某多层单元式住宅楼施工图(节选)

为配合本教材的学习，更好地掌握房屋建筑施工图和房屋建筑的构造原理和做法，附录选取了一套房屋施工图的部分内容，介绍了某多层单元式住宅楼的建筑施工图，作为本课程综合实训的参考资料。注：不得照此施工。

该建筑为某小区住宅楼工程项目，由某建筑设计研究院设计。

该建筑为某小区一栋六层三单元住宅楼，一层下设层高为 2.2m 的半地下室，六层上设阁楼，一～六层层高均为 2.8m，该建筑平面外围尺寸：总长为 44.00m，总宽为 12.50m，建筑总高度为 19.20m。该住宅楼设计合理，功能完善，美观大方。

为了提高学生施工图的识图能力、制图技能，以及对建筑构造综合分析的应用能力，提出如下实训要求。

1) 施工图识读练习

(1) 认真识读附图中建筑施工图的全部内容，要求做好识读记录。

(2) 在读懂建筑施工图后，仔细做好识读记录。

2) 施工图绘制练习

(1) 参照绘制附图建筑施工图中的主要平面图、立面图、剖面图。

(2) 要求图幅为 2 号图纸，比例为 1∶100，汉字用长仿宋字，严格按照相关标准绘制。

3) 建筑构造做法分析练习

(1) 在认真识读附图中施工图的基础上，全面了解分析该住宅楼建筑的构造组成与构造做法。并重点识读附图中建筑详图。

(2) 参照绘制附图建筑施工图中的建筑详图。

要求通过对这套图纸的识读、绘制与分析等多环节的练习，来逐步提高学生房屋施工图识读水平和房屋建筑构造理解应用能力，以全面实现本课程的教学目标。

图纸目录

序号	图别	图号	图名	备注
1	建施	1	图纸目录、标准图统计表、门窗统计表	
2	建施	2	地下室层平面图	
3	建施	3	一层平面图	
4	建施	4	二～五层平面图	
5	建施	5	六层平面图	
6	建施	6	阁楼层平面图	
7	建施	7	屋顶平面图	
8	建施	8	①～⑲轴立面图	
9	建施	9	⑲～①轴立面图	
10	建施	10	Ⓐ～Ⓔ轴立面图　YTC-1立面图	
11	建施	11	Ⓔ～Ⓐ轴立面图　阳台平面示意图	
12	建施	12	1—1剖面图　地下室外墙做法	
13	建施	13	*E*—*E*剖面图	
14	建施	14	*A*—*A*剖面图	
			节点详图	
			楼梯平面图	

标准图集统计表

序号	类别	图集编号	图集名称	需用页次	备注
1	国标	99SJ403	楼梯建筑构造		
2	国标	00SJ202(一)	坡屋面建筑构造		
3	国标	98(03)SG372	钢筋混凝土雨篷		
4	国标	99(03)J201-1	平屋面建筑构造(一)		
5	国标	03J930-1	住宅建筑构造		
6	国标	02J003	室外工程		
7	国标	92SJ704(一)	硬聚氯乙烯塑钢门窗		
8	省标	辽92J602	常用木门		
9	省标	辽92J101(一)	室外工程　墙体构造		
10	省标	辽2002G303	钢筋混凝土现浇板式住宅楼梯		
11	省标	辽2002J205	柔性防水工程建筑构造(一)		
12	省标	辽2001J709	PVC塑料门窗(欧美式)		
13	省标	辽2002SJ113	硅酸镁保温墙体构造		
14	省标	辽2004J602	常用木门		
15	省标	辽2000J108	GSJ板墙体保温及内隔墙构造		

门窗统计表

序号	设计编号	规格	樘数	图集编号	立面编号	立面页次	备注
1	M-1	1300×2000	3	电子门			
2	M-2	900×2100	18	三防门			
3	M-3	900×2100	54	辽2004J602	0921M1-1	23	
4	M-4	800×2100	18	辽2004J602	0821M1-1	23	
5	M-5	900×(1570-2000)	36	辽2004J602	0921M1-1	23	参照
6	M-6	900×1870	6	辽2004J602	0921M1-1	23	参照
7	M-7	800×2000	6	保温门			
8	M-5′	900×1940	3	丙级防火门			
9							
10							
11	C-1	1800×1500	18	辽2001J709	TSC-25	16	
12	C-2	1500×1500	18	辽2001J709	TSC-24	16	
13	C-3	1200×1500	21	辽2001J709	TSC-23	16	
14	C-4	1200×1200	3	辽2001J709	TSC-16	16	
15	C-5	2100×1370	6	辽2001J709	TSC-41	17	参照
16	C-6	1800×600	6	辽2001J709	TSC-04	16	
17	C-7	1500×600	5	辽2001J709	TSC-03	16	
18	C-8	1200×600	10	辽2001J709	TSC-02	16	
19	C-9	480×1200	6	92SJ704(一)	PSC-215(216)	24	45系列
20	C-10	1200×400	6	辽2001J709	TSC-02	16	参照
21	C-11	930×400	12	辽2001J709	TSC-01	16	参照
22	C-12	1800×400	6	辽2001J709	TSC-04	16	参照
23	C-13	1500×400	6	辽2001J709	TSC-03	16	参照
24	YTC-1	建施-11	12	建施-11			95系列
25	YTC-2	建施-11	24	建施-11			95系列

××建筑设计研究院	
××公司住宅楼	建施-1
目录·统计表	

附图 1

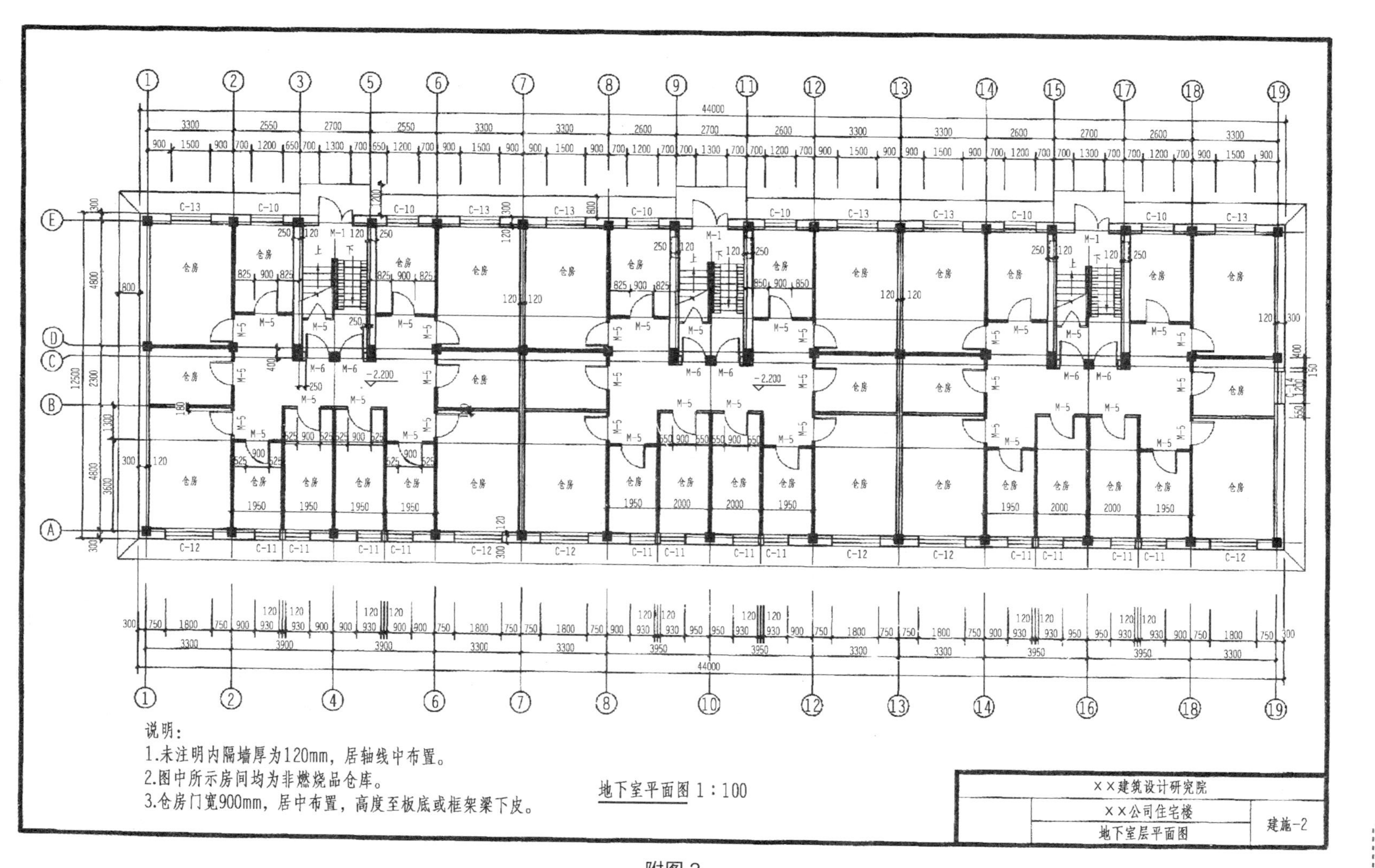
说明：
1.未注明内隔墙厚为120mm，居轴线中布置。
2.图中所示房间均为非燃烧品仓库。
3.仓房门宽900mm，居中布置，高度至板底或框架梁下皮。
地下室平面图 1:100
××建筑设计研究院
××公司住宅楼
地下室层平面图
建施-2

附图 2

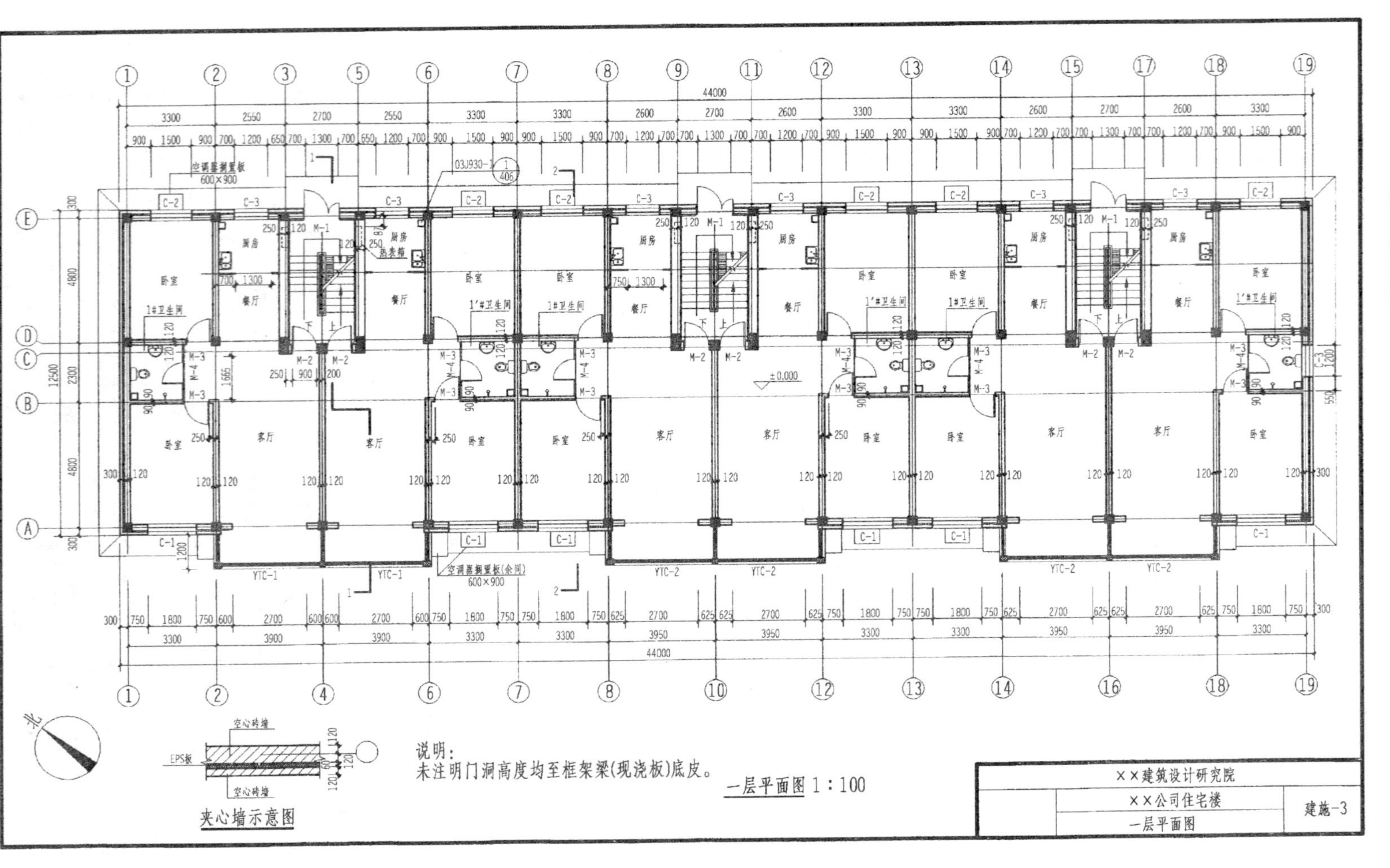

卧室
厨房
餐厅
客厅
1#卫生间
1'#卫生间
空调器搁置板
600×900
空调器搁置板(余同)
热表箱
±0.000
03J930-1
说明：
未注明门洞高度均至框架梁(现浇板)底皮。
一层平面图 1:100
夹心墙示意图
空心砖墙
EPS板
××建筑设计研究院
××公司住宅楼
一层平面图
建施-3

附图3

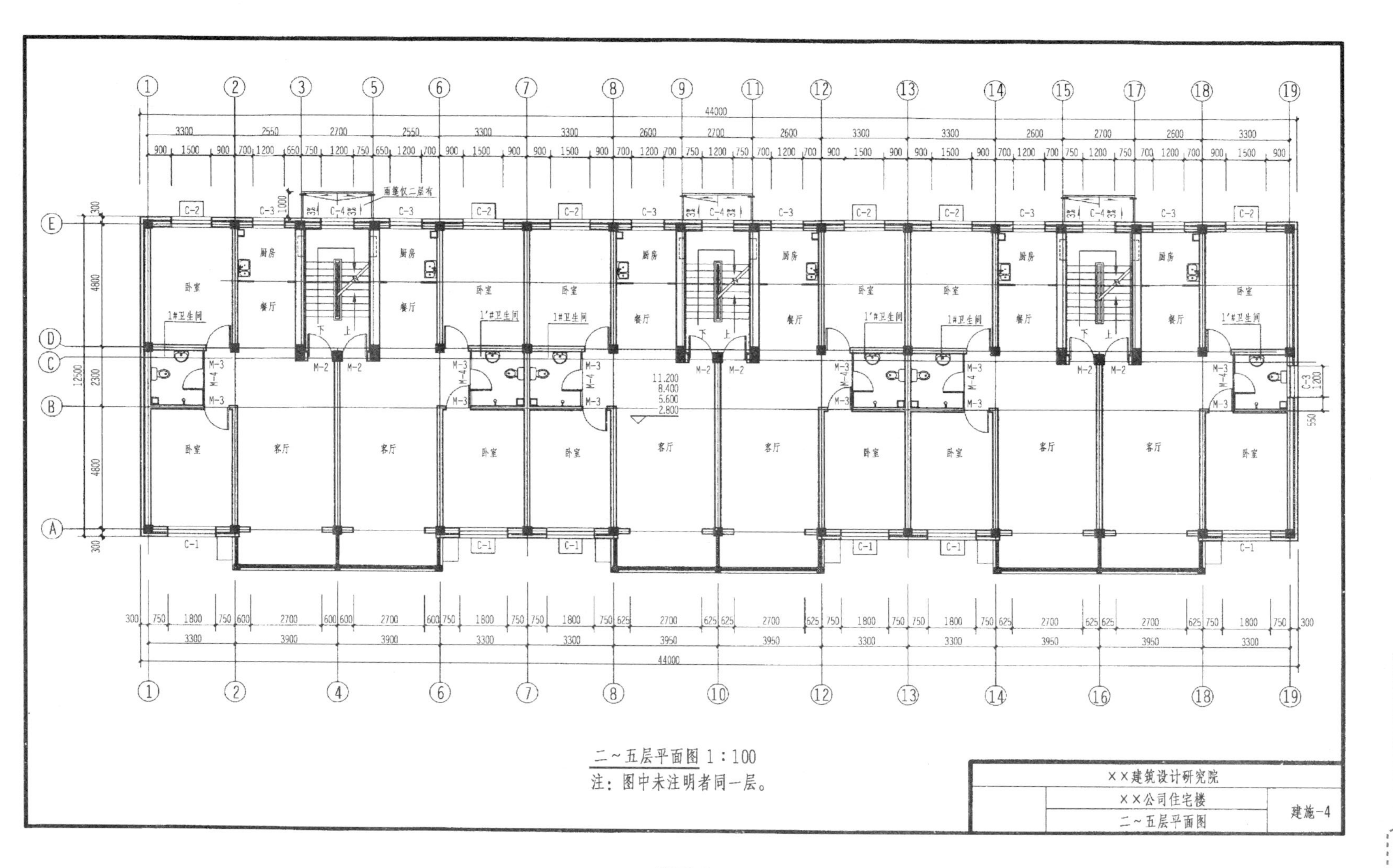

附图 4

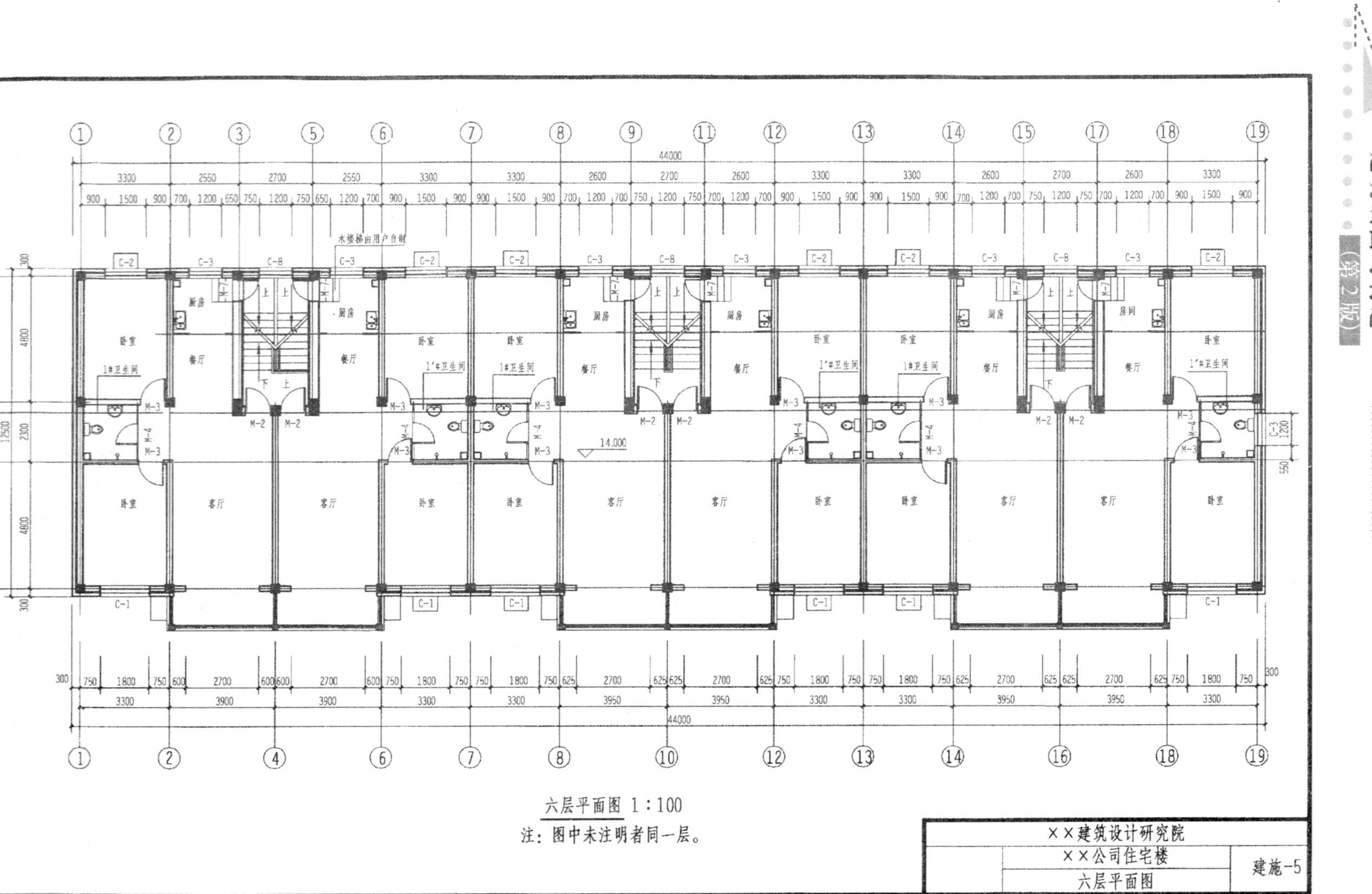

六层平面图 1:100

注：图中未注明者同一层。

附图5

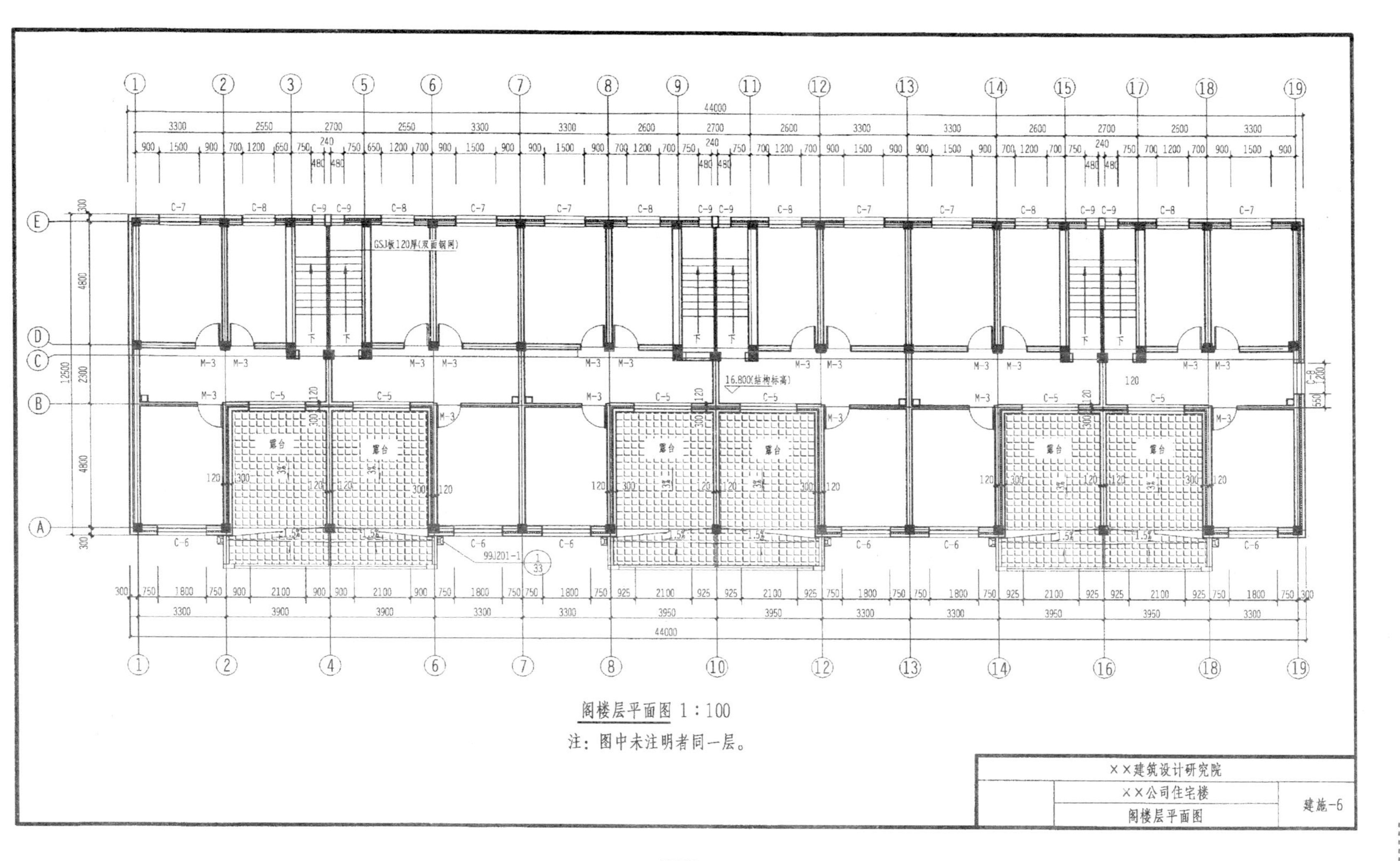
阁楼层平面图 1:100
注：图中未注明者同一层。
××建筑设计研究院
××公司住宅楼
阁楼层平面图
建施-6
GSJ板120厚(双面钢网)
16.800(结构标高)
露台
99J201-1

附图6

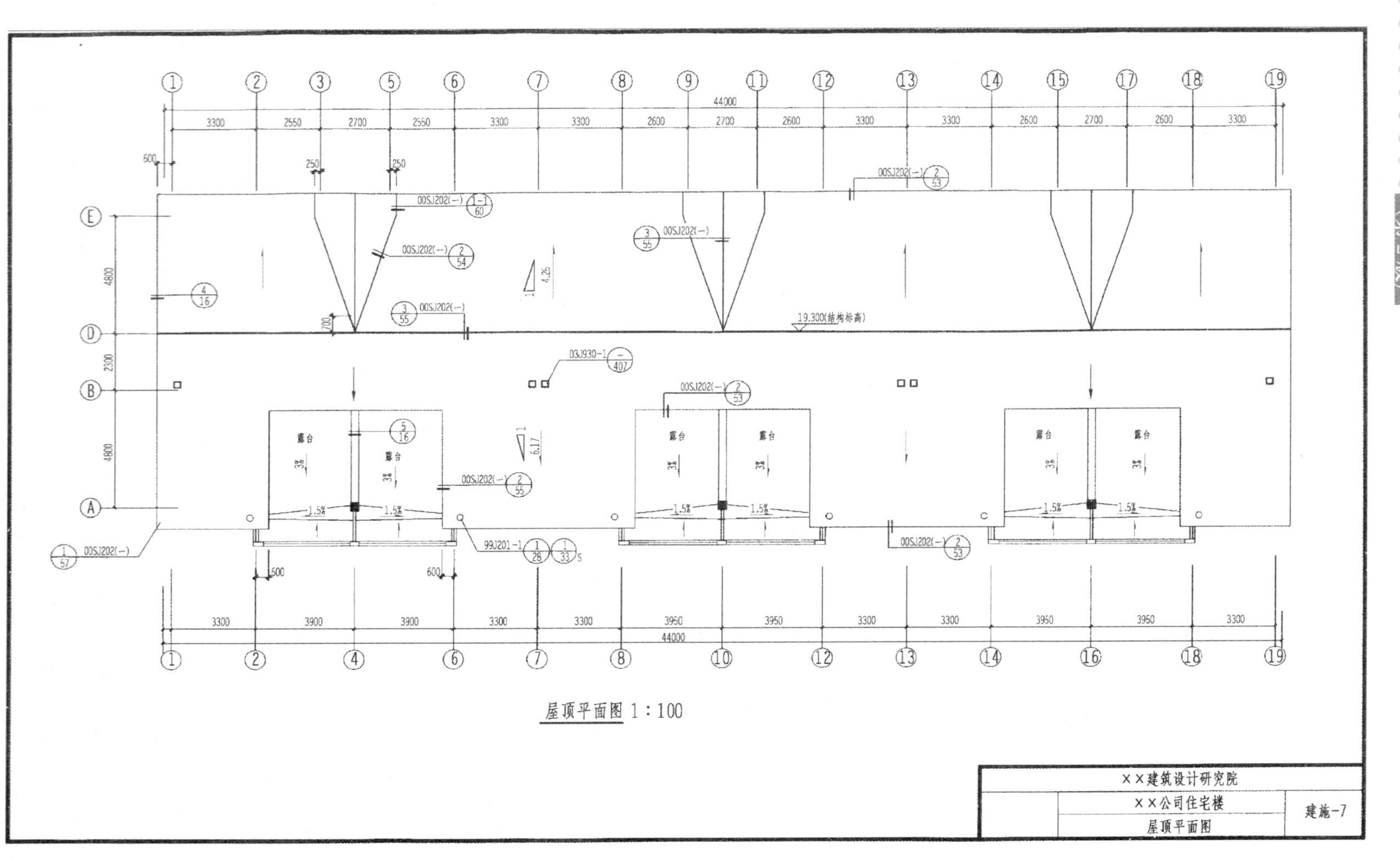

附图 7

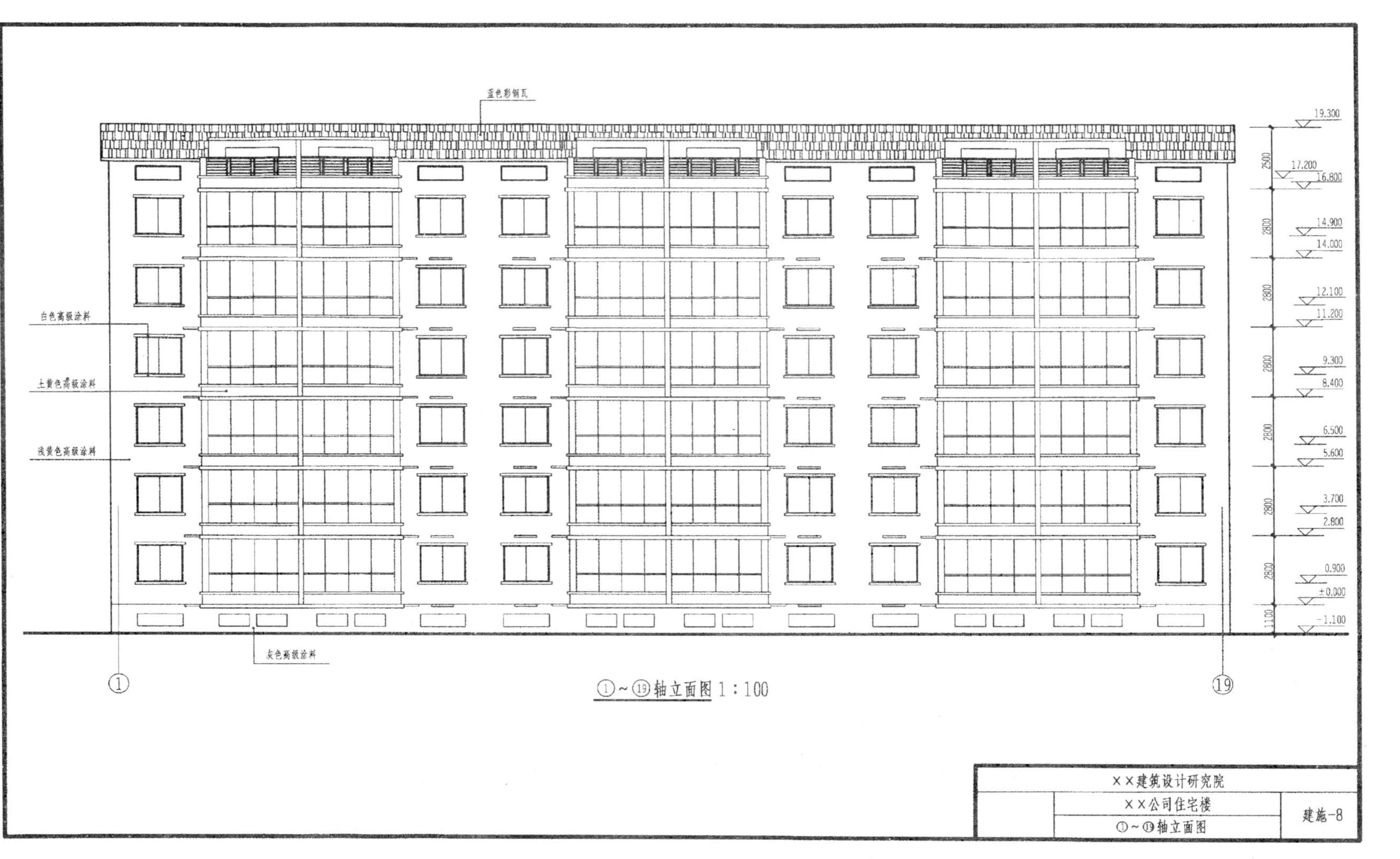
蓝色彩钢瓦
白色高级涂料
土黄色高级涂料
浅黄色高级涂料
灰色高级涂料
19.300
17.200
16.800
14.900
14.000
12.100
11.200
9.300
8.400
6.500
5.600
3.700
2.800
0.900
±0.000
-1.100
2500
2800
2800
2800
2800
2800
2800
1100
①
⑲
①～⑲轴立面图 1:100
××建筑设计研究院
××公司住宅楼
①～⑲轴立面图
建施-8

附图 8

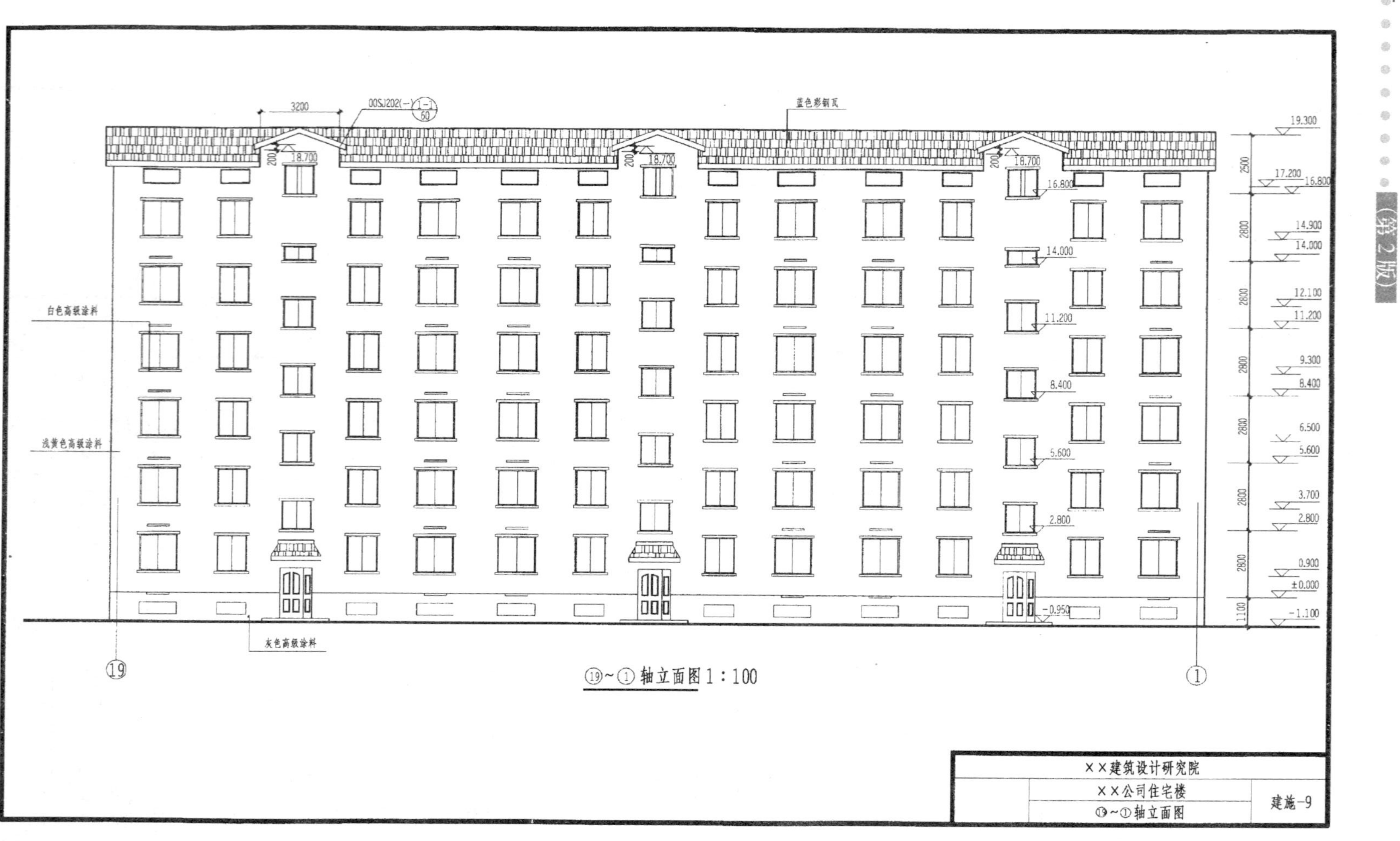
蓝色彩钢瓦
3200
00SJ202(一) 1-1 50
白色高级涂料
浅黄色高级涂料
灰色高级涂料
19.300
17.200
16.800
14.900
14.000
12.100
11.200
9.300
8.400
6.500
5.600
3.700
2.800
0.900
±0.000
-1.100
-0.950
18.700
⑲~① 轴立面图 1:100
××建筑设计研究院
××公司住宅楼
⑲~①轴立面图
建施-9

附图9

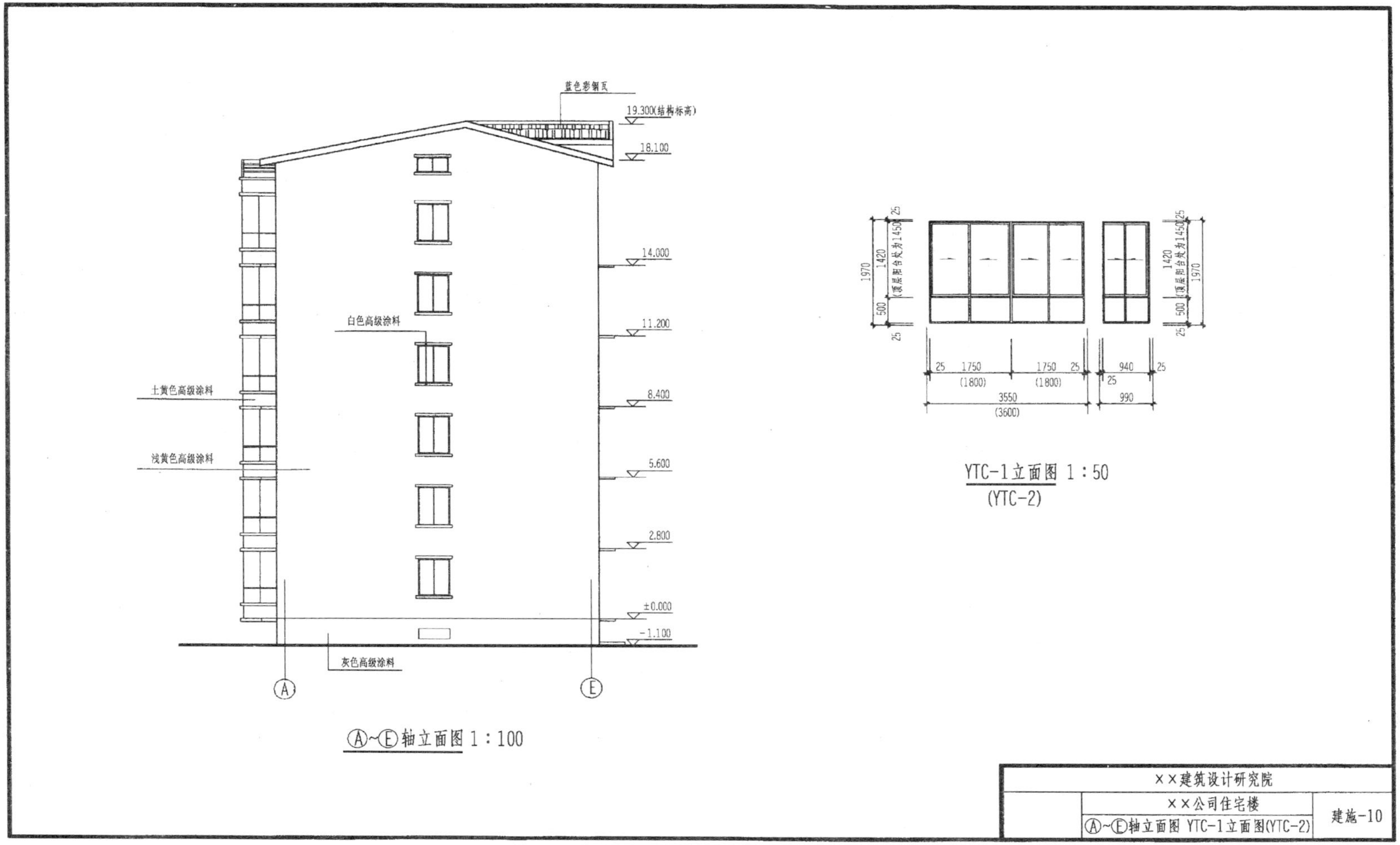

Ⓐ~Ⓔ轴立面图 1∶100

YTC-1立面图 1∶50
(YTC-2)

××建筑设计研究院	
××公司住宅楼	建施-10
Ⓐ~Ⓔ轴立面图 YTC-1立面图(YTC-2)	

附图 10

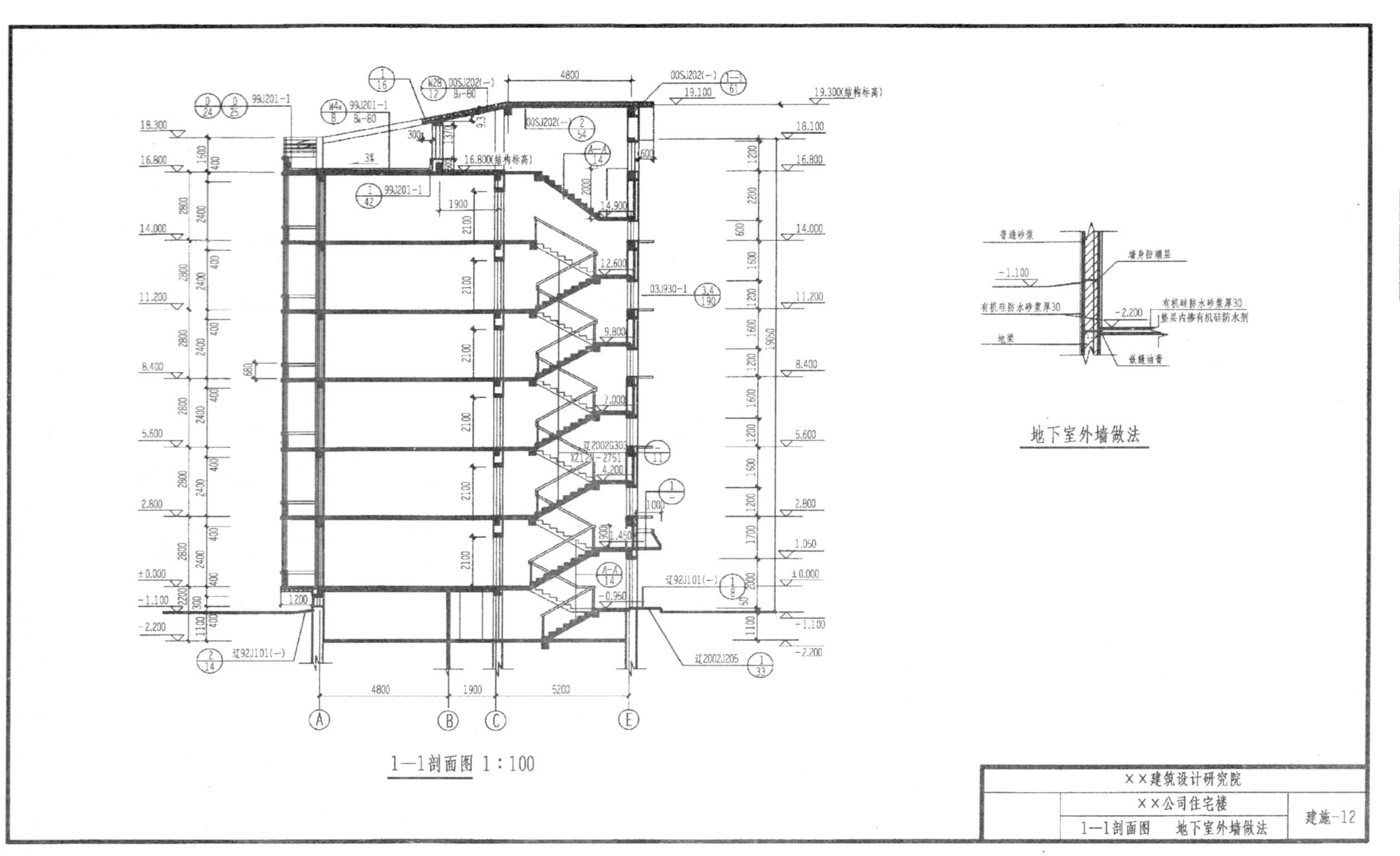
1—1剖面图 1:100
地下室外墙做法
普通砂浆
墙身防潮层
有机硅防水砂浆厚30
垫层内掺有机硅防水剂
地梁
嵌缝油膏
××建筑设计研究院
××公司住宅楼
1—1剖面图　地下室外墙做法
建施-12

附图 11

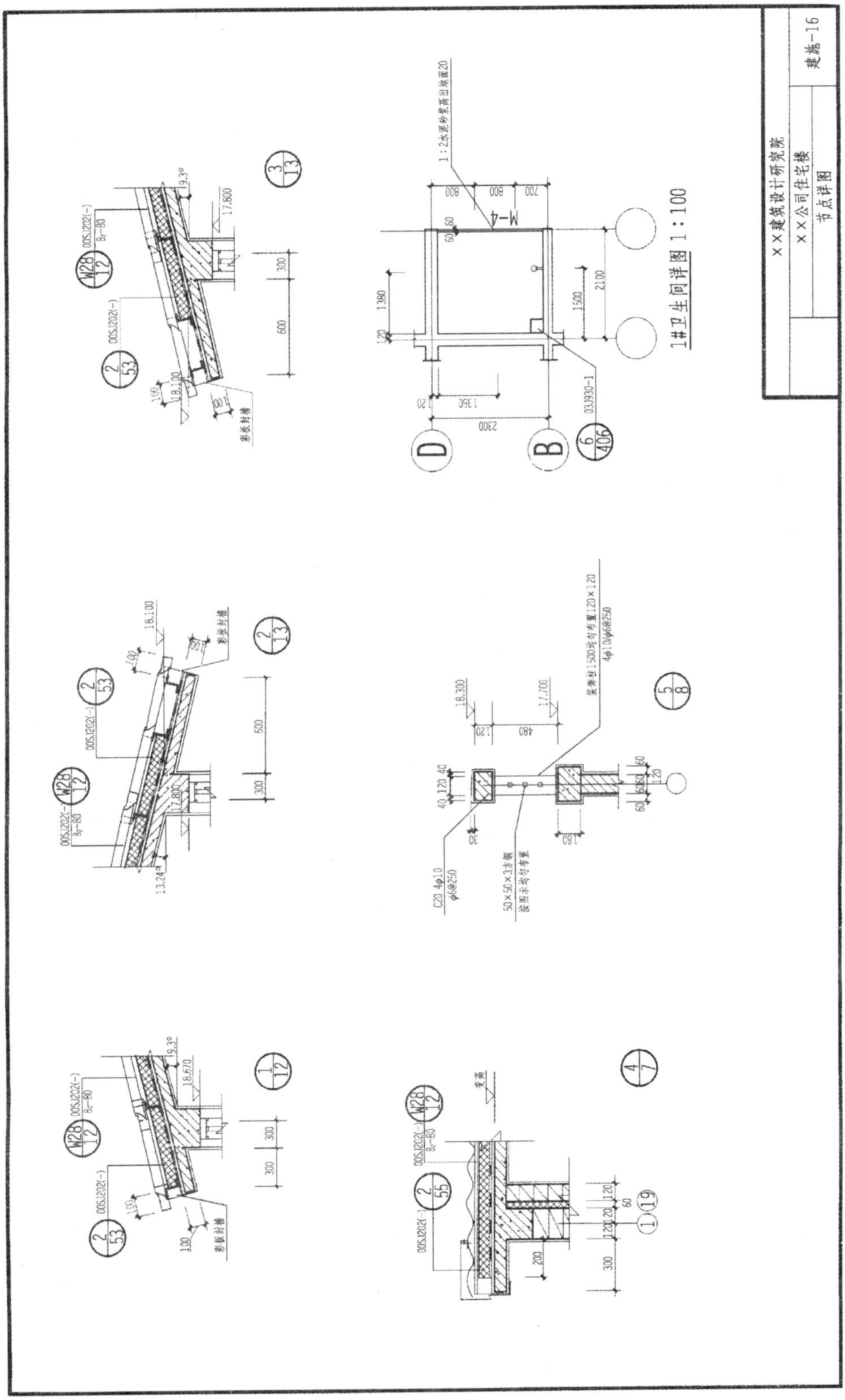

1#卫生间详图 1：100

1：2水泥砂浆高出地面20

03J930-1

装饰柱1500均匀布置120×120

4φ10/φ6@250

C20 4φ10

φ6@250

50×50×3方钢

按图示均匀布置

彩板封檐

00SJ202(-)

B_2-80

××建筑设计研究院	
××公司住宅楼	建施-16
节点详图	

附图 12

参 考 文 献

[1] 赵研．建筑识图与构造[M]．北京：中国建筑工业出版社，2004．
[2] 王强，张小平．建筑工程制图与识图[M]．北京：机械工业出版社，2004．
[3] 刘志杰，廉文山，等．轻松识读房屋建筑施工图[M]．北京：北京航空航天大学出版社，2007．
[4] 尚久明．建筑识图与房屋构造[M]．北京：电子工业出版社，2006．
[5] 焦鹏寿．建筑制图[M]．北京：中国电力出版社，2004．
[6] 关俊良，孙世青．土建工程制图与 AutoCAD[M]．北京：科学出版社，2004．
[7] 丁春静．建筑识图与房屋构造[M]．重庆：重庆大学出版社，2003．
[8] 韦清权，周华，武金良．建筑制图与 AutoCAD[M]．武汉：武汉理工大学出版社，2008．
[9] 高远，张艳芳．建筑构造与识图[M]．北京：中国建筑工业出版社，2004．
[10] 姜庆远．怎样看懂土建施工图[M]．北京：机械工业出版社，2003．
[11] 杨忠贤．建筑工程制图[M]．郑州：黄河水利出版社，2002．
[12] 杨为邦，唐明怡．土木工程制图[M]．北京：中国水利水电出版社，2005．
[13] 张岩．建筑制图与识图[M]．济南：山东科学技术出版社，2004．
[14] 宋兆全．画法几何及制图基础[M]．武汉：武汉大学出版社，1989．
[15] 高霞，杨波．建筑施工图识读技法[M]．合肥：安徽科学技术出版社，2007．
[16] 同济大学，等．房屋建筑学[M]．北京：中国建筑工业出版社，2006．
[17] 杨维菊．建筑构造设计[M]．北京：中国建筑工业出版社，2005．
[18] 李祯祥．房屋建筑学[M]．北京：中国建筑工业出版社，1995．
[19] 沈先荣，等．建筑构造[M]．北京：中央广播电视大学出版社，2006．
[20] 李必瑜，等．建筑构造[M]．北京：中国建筑工业出版社，2005．
[21] 吴舒琛．建筑识图与构造[M]．2 版．北京：高等教育出版社，2006．
[22] 高远．建筑装饰制图与识图[M]．2 版．北京：机械工业出版社，2007．

北京大学出版社高职高专土建系列规划教材

序号	书名	书号	编著者	定价	出版时间	印次	配套情况
基础课程							
1	工程建设法律与制度	978-7-301-14158-8	唐茂华	26.00	2012.7	6	ppt/pdf
2	建设法规及相关知识	978-7-301-22748-0	唐茂华等	34.00	2014.9	2	ppt/pdf
3	建设工程法规(第2版)	978-7-301-24493-7	皇甫婧琪	40.00	2014.12	2	ppt/pdf/答案/素材
4	建筑工程法规实务	978-7-301-19321-1	杨陈慧等	43.00	2012.1	4	ppt/pdf
5	建筑法规	978-7-301-19371-6	董伟等	39.00	2013.1	4	ppt/pdf
6	建设工程法规	978-7-301-20912-7	王先恕	32.00	2012.7	3	ppt/ pdf
7	AutoCAD 建筑制图教程(第2版)	978-7-301-21095-6	郭　慧	38.00	2014.12	6	ppt/pdf/素材
8	AutoCAD 建筑绘图教程(第2版)	978-7-301-20540-8	唐英敏等	44.00	2014.7	1	ppt/pdf
9	建筑 CAD 项目教程(2010 版)	978-7-301-20979-0	郭　慧	38.00	2012.9	2	pdf/素材
10	建筑工程专业英语	978-7-301-15376-5	吴承霞	20.00	2013.8	8	ppt/pdf
11	建筑工程专业英语	978-7-301-20003-2	韩薇等	24.00	2014.7	2	ppt/ pdf
12	★建筑工程应用文写作(第2版)	978-7-301-24480-7	赵立等	50.00	2014.7	1	ppt/pdf
13	建筑识图与构造(第2版)	978-7-301-23774-8	郑贵超	40.00	2014.12	2	ppt/pdf/答案
14	建筑构造	978-7-301-21267-7	肖　芳	34.00	2014.12	4	ppt/ pdf
15	房屋建筑构造	978-7-301-19883-4	李少红	26.00	2012.1	4	ppt/pdf
16	建筑识图	978-7-301-21893-8	邓志勇等	35.00	2013.1	2	ppt/ pdf
17	建筑识图与房屋构造	978-7-301-22860-9	贠禄等	54.00	2013.8	1	ppt/pdf /答案
18	建筑构造与设计	978-7-301-23506-5	陈玉萍	38.00	2014.1	1	ppt/pdf /答案
19	房屋建筑构造	978-7-301-23588-1	李元玲等	45.00	2014.1	1	ppt/pdf
20	建筑构造与施工图识读	978-7-301-24470-8	南学平	52.00	2014.8	1	ppt/pdf
21	建筑工程制图与识图(第2版)	978-7-301-24408-1	白丽红	29.00	2014.7	1	ppt/pdf
22	建筑制图习题集(第2版)	978-7-301-24571-2	白丽红	25.00	2014.8	1	pdf
23	建筑制图(第2版)	978-7-301-21146-5	高丽荣	32.00	2013.2	4	ppt/pdf
24	建筑制图习题集(第2版)	978-7-301-21288-2	高丽荣	28.00	2014.12	5	pdf
25	建筑工程制图(第2版)(附习题册)	978-7-301-21120-5	肖明和	48.00	2012.8	3	ppt/pdf
26	建筑制图与识图(第2版)	978-7-301-24386-2	曹雪梅	36.00	2014.9	1	ppt/pdf
27	建筑制图与识图习题册	978-7-301-18652-7	曹雪梅等	30.00	2012.4	4	pdf
28	建筑制图与识图	978-7-301-20070-4	李元玲	28.00	2012.8	5	ppt/pdf
29	建筑制图与识图习题集	978-7-301-20425-2	李元玲	24.00	2012.3	4	ppt/pdf
30	新编建筑工程制图	978-7-301-21140-3	方筱松	30.00	2014.8	2	ppt/ pdf
31	新编建筑工程制图习题集	978-7-301-16834-9	方筱松	22.00	2014.1	2	pdf
建筑施工类							
1	建筑工程测量	978-7-301-16727-4	赵景利	30.00	2013.8	11	ppt/pdf /答案
2	建筑工程测量(第2版)	978-7-301-22002-3	张敬伟	37.00	2013.5	5	ppt/pdf /答案
3	建筑工程测量实验与实训指导(第2版)	978-7-301-23166-1	张敬伟	27.00	2013.9	2	pdf/答案
4	建筑工程测量	978-7-301-19992-3	潘益民	38.00	2012.2	2	ppt/ pdf
5	建筑工程测量	978-7-301-13578-5	王金玲等	26.00	2011.8	3	pdf
6	建筑工程测量实训	978-7-301-19329-7	杨凤华	27.00	2013.5	5	pdf
7	建筑工程测量(含实验指导手册)	978-7-301-19364-8	石　东等	43.00	2012.6	3	ppt/pdf/答案
8	建筑工程测量	978-7-301-22485-4	景　铎等	34.00	2013.6	1	ppt/pdf
9	建筑施工技术	978-7-301-21209-7	陈雄辉	39.00	2013.2	3	ppt/pdf
10	建筑施工技术	978-7-301-12336-2	朱永祥等	38.00	2012.4	7	ppt/pdf
11	建筑施工技术	978-7-301-16726-7	叶　雯等	44.00	2013.5	6	ppt/pdf /素材
12	建筑施工技术	978-7-301-19499-7	董伟等	42.00	2011.9	2	ppt/pdf
13	建筑施工技术	978-7-301-19997-8	苏小梅	38.00	2013.5	3	ppt/pdf
14	建筑工程施工技术(第2版)	978-7-301-21093-2	钟汉华等	48.00	2013.8	5	ppt/pdf
15	基础工程施工	978-7-301-20917-2	董伟等	35.00	2012.7	2	ppt/pdf
16	建筑施工技术实训(第2版)	978-7-301-24368-8	周晓龙	30.00	2014.12	2	pdf
17	建筑力学(第2版)	978-7-301-21695-8	石立安	46.00	2014.12	5	ppt/pdf
18	★土木工程实用力学	978-7-301-15598-1	马景善	30.00	2013.1	4	pdf/ppt
19	土木工程力学	978-7-301-16864-6	吴明军	38.00	2011.11	2	ppt/pdf

序号	书名	书号	编著者	定价	出版时间	印次	配套情况
20	PKPM 软件的应用(第 2 版)	978-7-301-22625-4	王　娜等	34.00	2013.6	2	pdf
21	建筑结构(第 2 版)(上册)	978-7-301-21106-9	徐锡权	41.00	2013.4	2	ppt/pdf/答案
22	建筑结构(第 2 版)(下册)	978-7-301-22584-4	徐锡权	42.00	2013.6	2	ppt/pdf/答案
23	建筑结构	978-7-301-19171-2	唐春平等	41.00	2012.6	4	ppt/pdf
24	建筑结构基础	978-7-301-21125-0	王中发	36.00	2012.8	2	ppt/pdf
25	建筑结构原理及应用	978-7-301-18732-6	史美东	45.00	2012.8	1	ppt/pdf
26	建筑力学与结构(第 2 版)	978-7-301-22148-8	吴承霞等	49.00	2014.12	5	ppt/pdf/答案
27	建筑力学与结构(少学时版)	978-7-301-21730-6	吴承霞	34.00	2014.8	3	ppt/pdf/答案
28	建筑力学与结构	978-7-301-20988-2	陈水广	32.00	2012.8	1	pdf/ppt
29	建筑力学与结构	978-7-301-23348-1	杨丽君等	44.00	2014.1	1	ppt/pdf
30	建筑结构与施工图	978-7-301-22188-4	朱希文等	35.00	2013.3	2	ppt/pdf
31	生态建筑材料	978-7-301-19588-2	陈剑峰等	38.00	2013.7	2	ppt/pdf
32	建筑材料(第 2 版)	978-7-301-24633-7	林祖宏	35.00	2014.8	1	ppt/pdf
33	建筑材料与检测	978-7-301-16728-1	梅　杨等	26.00	2012.11	9	ppt/pdf/答案
34	建筑材料检测试验指导	978-7-301-16729-8	王美芬等	18.00	2014.12	7	pdf
35	建筑材料与检测	978-7-301-19261-0	王　辉	35.00	2012.6	5	ppt/pdf
36	建筑材料与检测试验指导	978-7-301-20045-2	王　辉	20.00	2013.1	3	ppt/pdf
37	建筑材料选择与应用	978-7-301-21948-5	申淑荣等	39.00	2013.3	2	ppt/pdf
38	建筑材料检测实训	978-7-301-22317-8	申淑荣等	24.00	2013.4	1	pdf
39	建筑材料	978-7-301-24208-7	任晓菲	40.00	2014.7	1	ppt/pdf /答案
40	建设工程监理概论(第 2 版)	978-7-301-20854-0	徐锡权等	43.00	2013.7	4	ppt/pdf /答案
41	★建设工程监理(第 2 版)	978-7-301-24490-6	斯　庆	35.00	2014.9	1	ppt/pdf /答案
42	建设工程监理概论	978-7-301-15518-9	曾庆军等	24.00	2012.12	5	ppt/pdf
43	工程建设监理案例分析教程	978-7-301-18984-9	刘志麟等	38.00	2013.2	2	ppt/pdf
44	地基与基础(第 2 版)	978-7-301-23304-7	肖明和等	42.00	2014.12	2	ppt/pdf/答案
45	地基与基础	978-7-301-16130-2	孙平平等	26.00	2013.2	3	ppt/pdf
46	地基与基础实训	978-7-301-23174-6	肖明和等	25.00	2013.10	1	ppt/pdf
47	土力学与地基基础	978-7-301-23675-8	叶火炎等	35.00	2014.1	1	ppt/pdf
48	土力学与基础工程	978-7-301-23590-4	宁培淋等	32.00	2014.1	1	ppt/pdf
49	建筑工程质量事故分析(第 2 版)	978-7-301-22467-0	郑文新	32.00	2014.12	3	ppt/pdf
50	建筑工程施工组织设计	978-7-301-18512-4	李源清	26.00	2014.12	7	ppt/pdf
51	建筑工程施工组织实训	978-7-301-18961-0	李源清	40.00	2014.12	4	ppt/pdf
52	建筑施工组织与进度控制	978-7-301-21223-3	张廷瑞	36.00	2012.9	3	ppt/pdf
53	建筑施工组织项目式教程	978-7-301-19901-5	杨红玉	44.00	2012.1	2	ppt/pdf/答案
54	钢筋混凝土工程施工与组织	978-7-301-19587-1	高　雁	32.00	2012.5	2	ppt/pdf
55	钢筋混凝土工程施工与组织实训指导(学生工作页)	978-7-301-21208-0	高　雁	20.00	2012.9	1	ppt
56	建筑材料检测试验指导	978-7-301-24782-2	陈东佐等	20.00	2014.9	1	ppt
57	★建筑节能工程与施工	978-7-301-24274-2	吴明军等	35.00	2014.11	1	ppt/pdf
工程管理类							
1	建筑工程经济(第 2 版)	978-7-301-22736-7	张宁宁等	30.00	2014.12	6	ppt/pdf/答案
2	★建筑工程经济(第 2 版)	978-7-301-24492-0	胡六星等	41.00	2014.9	1	ppt/pdf/答案
3	建筑工程经济	978-7-301-24346-6	刘晓丽等	38.00	2014.7	1	ppt/pdf/答案
4	施工企业会计(第 2 版)	978-7-301-24434-0	辛艳红等	36.00	2014.7	1	ppt/pdf/答案
5	建筑工程项目管理	978-7-301-12335-5	范红岩等	30.00	2012. 4	9	ppt/pdf
6	建设工程项目管理(第 2 版)	978-7-301-24683-2	王　辉	36.00	2014.9	1	ppt/pdf/答案
7	建设工程项目管理	978-7-301-19335-8	冯松山等	38.00	2013.11	3	pdf/ppt
8	★建设工程招投标与合同管理(第 3 版)	978-7-301-24483-8	宋春岩	40.00	2014.12	2	ppt/pdf/答案/试题/教案
9	建筑工程招投标与合同管理	978-7-301-16802-8	程超胜	30.00	2012.9	2	pdf/ppt
10	工程招投标与合同管理实务	978-7-301-19035-7	杨甲奇等	48.00	2011.8	3	pdf
11	工程招投标与合同管理实务	978-7-301-19290-0	郑文新等	43.00	2012.4	2	ppt/pdf
12	建设工程招投标与合同管理实务	978-7-301-20404-7	杨云会等	42.00	2012.4	2	ppt/pdf/答案/习题库
13	工程招投标与合同管理	978-7-301-17455-5	文新平	37.00	2012.9	1	ppt/pdf

序号	书名	书号	编著者	定价	出版时间	印次	配套情况
14	工程项目招投标与合同管理(第 2 版)	978-7-301-24554-5	李洪军等	42.00	2014.12	2	ppt/pdf/答案
15	工程项目招投标与合同管理(第 2 版)	978-7-301-22462-5	周艳冬	35.00	2014.12	3	ppt/pdf
16	建筑工程商务标编制实训	978-7-301-20804-5	钟振宇	35.00	2012.7	1	ppt
17	建筑工程安全管理	978-7-301-19455-3	宋　健等	36.00	2013.5	4	ppt/pdf
18	建筑工程质量与安全管理	978-7-301-16070-1	周连起	35.00	2014.12	8	ppt/pdf/答案
19	施工项目质量与安全管理	978-7-301-21275-2	钟汉华	45.00	2012.10	1	ppt/pdf/答案
20	工程造价控制(第 2 版)	978-7-301-24594-1	斯　庆	32.00	2014.8	1	ppt/pdf/答案
21	工程造价管理	978-7-301-20655-3	徐锡权等	33.00	2013.8	3	ppt/pdf
22	工程造价控制与管理	978-7-301-19366-2	胡新萍等	30.00	2014.12	4	ppt/pdf
23	建筑工程造价管理	978-7-301-20360-6	柴　琦等	27.00	2014.12	4	ppt/pdf
24	建筑工程造价管理	978-7-301-15517-2	李茂英等	24.00	2012.1	4	pdf
25	工程造价案例分析	978-7-301-22985-9	甄　凤	30.00	2013.8	1	pdf/ppt
26	建设工程造价控制与管理	978-7-301-24273-5	胡芳珍等	38.00	2014.6	1	ppt/pdf/答案
27	建筑工程造价	978-7-301-21892-1	孙咏梅	40.00	2013.2	1	ppt/pdf
28	★建筑工程计量与计价(第 2 版)	978-7-301-22078-8	肖明和等	58.00	2014.12	5	pdf/ppt
29	★建筑工程计量与计价实训(第 2 版)	978-7-301-22606-3	肖明和等	29.00	2014.12	4	pdf
30	建筑工程计量与计价综合实训	978-7-301-23568-3	龚小兰	28.00	2014.1	1	pdf
31	建筑工程估价	978-7-301-22802-9	张　英	43.00	2013.8	1	ppt/pdf
32	建筑工程计量与计价——透过案例学造价(第 2 版)	978-7-301-23852-3	张　强	59.00	2014.12	3	ppt/pdf
33	安装工程计量与计价(第 3 版)	978-7-301-24539-2	冯　钢等	54.00	2014.12	2	pdf/ppt
34	安装工程计量与计价综合实训	978-7-301-23294-1	成春燕	49.00	2014.12	3	pdf/素材
35	安装工程计量与计价实训	978-7-301-19336-5	景巧玲等	36.00	2013.5	4	pdf/素材
36	建筑水电安装工程计量与计价	978-7-301-21198-4	陈连姝	36.00	2013.8	3	ppt/pdf
37	建筑与装饰装修工程工程量清单	978-7-301-17331-2	翟丽旻等	25.00	2012.8	4	pdf/ppt/答案
38	建筑工程清单编制	978-7-301-19387-7	叶晓容	24.00	2011.8	2	ppt/pdf
39	建设项目评估	978-7-301-20068-1	高志云等	32.00	2013.6	2	ppt/pdf
40	钢筋工程清单编制	978-7-301-20114-5	贾莲英	36.00	2012.2	2	ppt / pdf
41	混凝土工程清单编制	978-7-301-20384-2	顾　娟	28.00	2012.5	1	ppt / pdf
42	建筑装饰工程预算	978-7-301-20567-9	范菊雨	38.00	2013.6	2	pdf/ppt
43	建设工程安全监理	978-7-301-20802-1	沈万岳	28.00	2012.7	1	pdf/ppt
44	建筑工程安全技术与管理实务	978-7-301-21187-8	沈万岳	48.00	2012.9	2	pdf/ppt
45	建筑工程资料管理	978-7-301-17456-2	孙　刚等	36.00	2014.12	5	pdf/ppt
46	建筑施工组织与管理(第 2 版)	978-7-301-22149-5	翟丽旻等	43.00	2014.12	3	ppt/pdf/答案
47	建设工程合同管理	978-7-301-22612-4	刘庭江	46.00	2013.6	1	ppt/pdf/答案
	建筑设计类						
1	中外建筑史(第 2 版)	978-7-301-23779-3	袁新华等	38.00	2014.2	2	ppt/pdf
2	建筑室内空间历程	978-7-301-19338-9	张伟孝	53.00	2011.8	1	pdf
3	建筑装饰 CAD 项目教程	978-7-301-20950-9	郭　慧	35.00	2013.1	2	ppt/素材
4	室内设计基础	978-7-301-15613-1	李书青	32.00	2013.5	3	ppt/pdf
5	建筑装饰构造	978-7-301-15687-2	赵志文等	27.00	2012.11	6	ppt/pdf/答案
6	建筑装饰材料(第 2 版)	978-7-301-22356-7	焦　涛等	34.00	2013.5	1	ppt/pdf
7	★建筑装饰施工技术(第 2 版)	978-7-301-24482-1	王　军	37.00	2014.7	1	ppt/pdf
8	设计构成	978-7-301-15504-2	戴碧锋	30.00	2012.10	2	ppt/pdf
9	基础色彩	978-7-301-16072-5	张　军	42.00	2011.9	2	pdf
10	设计色彩	978-7-301-21211-0	龙黎黎	46.00	2012.9	1	ppt
11	设计素描	978-7-301-22391-8	司马金桃	29.00	2013.4	2	ppt
12	建筑素描表现与创意	978-7-301-15541-7	于修国	25.00	2012.11	3	Pdf
13	3ds Max 效果图制作	978-7-301-22870-8	刘　晗等	45.00	2013.7	1	ppt
14	3ds max 室内设计表现方法	978-7-301-17762-4	徐海军	32.00	2010.9	1	pdf
15	Photoshop 效果图后期制作	978-7-301-16073-2	脱忠伟等	52.00	2011.1	2	素材/pdf
16	建筑表现技法	978-7-301-19216-0	张　峰	32.00	2013.1	2	ppt/pdf
17	建筑速写	978-7-301-20441-2	张　峰	30.00	2012.4	1	pdf
18	建筑装饰设计	978-7-301-20022-3	杨丽君	36.00	2012.2	1	ppt/素材
19	装饰施工读图与识图	978-7-301-19991-6	杨丽君	33.00	2012.5	1	ppt

序号	书名	书号	编著者	定价	出版时间	印次	配套情况
20	建筑装饰工程计量与计价	978-7-301-20055-1	李茂英	42.00	2013.7	3	ppt/pdf
21	3ds Max & V-Ray 建筑设计表现案例教程	978-7-301-25093-8	郑恩峰	40.00	2014.12	1	ppt/pdf
			规划园林类				
1	城市规划原理与设计	978-7-301-21505-0	谭婧婧等	35.00	2013.1	2	ppt/pdf
2	居住区景观设计	978-7-301-20587-7	张群成	47.00	2012.5	1	ppt
3	居住区规划设计	978-7-301-21031-4	张　燕	48.00	2012.8	2	ppt
4	园林植物识别与应用	978-7-301-17485-2	潘利等	34.00	2012.9	1	ppt
5	园林工程施工组织管理	978-7-301-22364-2	潘利等	35.00	2013.4	1	ppt/pdf
6	园林景观计算机辅助设计	978-7-301-24500-2	于化强等	48.00	2014.8	1	ppt/pdf
7	建筑·园林·装饰设计初步	978-7-301-24575-0	王金贵	38.00	2014.10	1	ppt/pdf
			房地产类				
1	房地产开发与经营(第2版)	978-7-301-23084-8	张建中等	33.00	2014.8	2	ppt/pdf/答案
2	房地产估价(第2版)	978-7-301-22945-3	张　勇等	35.00	2014.12	2	ppt/pdf/答案
3	房地产估价理论与实务	978-7-301-19327-3	褚菁晶	35.00	2011.8	2	ppt/pdf/答案
4	物业管理理论与实务	978-7-301-19354-9	裴艳慧	52.00	2011.9	2	ppt/pdf
5	房地产测绘	978-7-301-22747-3	唐春平	29.00	2013.7	1	ppt/pdf
6	房地产营销与策划	978-7-301-18731-9	应佐萍	42.00	2012.8	2	ppt/pdf
7	房地产投资分析与实务	978-7-301-24832-4	高志云	35.00	2014.9	1	ppt/pdf
			市政与路桥类				
1	市政工程计量与计价(第2版)	978-7-301-20564-8	郭良娟等	42.00	2013.8	5	pdf/ppt
2	市政工程计价	978-7-301-22117-4	彭以舟等	39.00	2013.2	1	ppt/pdf
3	市政桥梁工程	978-7-301-16688-8	刘　江等	42.00	2012.10	2	ppt/pdf/素材
4	市政工程材料	978-7-301-22452-6	郑晓国	37.00	2013.5	1	ppt/pdf
5	道桥工程材料	978-7-301-21170-0	刘水林等	43.00	2012.9	1	ppt/pdf
6	路基路面工程	978-7-301-19299-3	偶昌宝等	34.00	2011.8	1	ppt/pdf/素材
7	道路工程技术	978-7-301-19363-1	刘　雨等	33.00	2011.12	1	ppt/pdf
8	数字测图技术实训指导	978-7-301-22679-7	赵　红	27.00	2013.6	1	ppt/pdf
9	城市道路设计与施工	978-7-301-21947-8	吴颖峰	39.00	2013.1	1	ppt/pdf
10	建筑给排水工程技术	978-7-301-25224-6	刘　芳等	46.00	2014.12	1	ppt/pdf
11	建筑给水排水工程	978-7-301-20047-6	叶巧云	38.00	2012.2	1	ppt/pdf
12	市政工程测量(含技能训练手册)	978-7-301-20474-0	刘宗波等	41.00	2012.5	1	ppt/pdf
13	公路工程任务承揽与合同管理	978-7-301-21133-5	邱　兰等	30.00	2012.9	1	ppt/pdf/答案
14	★工程地质与土力学(第2版)	978-7-301-24479-1	杨仲元	41.00	2014.7	1	ppt/pdf
15	数字测图技术应用教程	978-7-301-20334-7	刘宗波	36.00	2012.8	1	ppt
16	数字测图技术	978-7-301-22656-8	赵　红	36.00	2013.6	1	ppt/pdf
17	水泵与水泵站技术	978-7-301-22510-3	刘振华	40.00	2013.5	1	ppt/pdf
18	道路工程测量(含技能训练手册)	978-7-301-21967-6	田树涛等	45.00	2013.2	1	ppt/pdf
19	桥梁施工与维护	978-7-301-23834-9	梁　斌	50.00	2014.2	1	ppt/pdf
20	铁路轨道施工与维护	978-7-301-23524-9	梁　斌	36.00	2014.1	1	ppt/pdf
21	铁路轨道构造	978-7-301-23153-1	梁　斌	32.00	2013.10	1	ppt/pdf
			建筑设备类				
1	建筑设备基础知识与识图(第2版)	978-7-301-24586-6	靳慧征等	47.00	2014.12	2	ppt/pdf/答案
2	建筑设备识图与施工工艺	978-7-301-19377-8	周业梅	38.00	2011.8	4	ppt/pdf
3	建筑施工机械	978-7-301-19365-5	吴志强	30.00	2014.12	5	pdf/ppt
4	智能建筑环境设备自动化	978-7-301-21090-1	余志强	40.00	2012.8	1	pdf/ppt

相关教学资源如电子课件、电子教材、习题答案等可以登录 www.pup6.com 下载或在线阅读。

扑六知识网(www.pup6.com)有海量的相关教学资源和电子教材供阅读及下载(包括北京大学出版社第六事业部的相关资源)，同时欢迎您将教学课件、视频、教案、素材、习题、试卷、辅导材料、课改成果、设计作品、论文等教学资源上传到 www.pup6.com，与全国高校师生分享您的教学成就与经验，并可自由设定价格，知识也能创造财富。具体情况请登录网站查询。

如您需要样书用于教学，欢迎登录第六事业部门户网(www.pup6.cn)申请，并可在线登记选题来出版您的大作，也可下载相关表格填写后发到我们的邮箱，我们将及时与您取得联系并做好全方位的服务。

联系方式：010-62756290，010-62750667，yangxinglu@126.com，pup_6@163.com，欢迎来电来信咨询。